의료윤리와 비판적 글쓰기

Medical Ethics & Critical Writing

의료윤리와 비판적 글쓰기
Medical Ethics & Critical Writing

2016년 11월 15일 초판 1쇄 발행
2017년　8월 25일 초판 2쇄 발행

지은이 | 전대석
교정교열 | 정난진
펴낸이 | 이찬규
펴낸곳 | 북코리아
등록번호 | 제03-01240호
주소 | 13209 경기도 성남시 중원구 사기막골로 45번길 14
　　　우림2차 A동 1007호
전화 | 02-704-7840
팩스 | 02-704-7848
이메일 | sunhaksa@korea.com
홈페이지 | www.북코리아.kr
ISBN | 978-89-6324-519-5 (93500)

값 29,000원

의료윤리와
비판적
글쓰기

전대석 지음

Medical Ethics &
Critical Writing

북코리아

추천의 글

이 책은 의학과 의료의 문제를 올바로 분석하고 판단하는 데 비판적 사고와 글쓰기를 적용하는 이론적 원리를 소개 및 설명하고, 이를 실제로 적용 및 활용하는 방법을 교육하거나 스스로 학습할 수 있도록 구성한 기념비적인 작업의 결과물이다. 물론 의학과 의료의 인식론적 문제와 윤리적 문제를 전문적으로 다룬 책이나 비판적 사고와 글쓰기 교육에 필요한 지침서 또는 학생들이 사용할 수 있는 교재는 공식적 또는 비공식적 출판물로 이미 존재하고 있기는 하다. 하지만 이 둘을 유기적으로 종합한 책은 국내에서뿐만 아니라 해외에서도 전례를 찾아볼 수 없다. 더 나아가 이 책은 단순히 전문가용 연구서가 아니라 교수자용 지침서와 학생용 교재로도 사용될 수 있도록 개발되었다는 점에서 다양한 독자의 관심과 필요를 충족하고 있다. 그렇다면 좀 더 구체적으로 이 책은 누구에게 왜 필요한가?

당연히 이 책은 환자를 치료하는 의사나 의학 연구를 하는 의과학자에게 반드시 필요하다. 이제 우리나라 의료와 의학의 수준은 국제적으로 최상위로 평가받고 있지만, 안타깝게도 몇몇 의사와 의과학자는 사회적으로 이슈가 되는 여러 문제를 야기하고 있다. 예컨대 의료 분야에서는 환자 성추행, 상업적인 과잉 진료, 제약사의 리베이트 지급, 비합리적인 의료체계나 의사

개인의 부주의로 인한 의료사고 등이 끊임없이 언론에서 보도되고 있다. 의학 분야에서는 연구 대상인 인간이나 동물의 권리 침해, 연구결과의 과장 또는 조작 등의 문제가 대중에게도 상당한 피해를 주고 있다.

그런데 이런 문제들은 모두 과학적인 문제를 넘어서 윤리적인 문제라는 공통점이 있다. 인간의 삶에 지대한 영향을 주는 진료와 인간을 대상으로 하는 모든 연구는 과학의 적용 이전에 윤리적 판단이기 때문이다. 따라서 의사와 의과학자는 진료와 연구의 윤리적 문제를 합리적으로 분석하고 윤리적으로 판단함으로써 의료윤리 문제를 예방하고 해결할 수 있어야 하고, 이를 위해서는 의료윤리 지식, 비판적 사고와 글쓰기 능력이 필수적으로 요구된다. 사실 우리나라에서는 의료윤리가 의과대학에서 본격적으로 교육된 지가 오래되지 않았기 때문에 학창시절에 의료윤리를 배우지 못한 의사와 의과학자는 지금이라도 이 책으로 공부하기를 권하고 싶다.

요컨대 이 책을 통해 의사전문직업성(Medical Professionalism)의 부재 또는 이에 대한 무지에서 비롯된 우리나라 의료계와 의학계의 많은 문제를 의사와 의과학자 스스로가 해소하거나 해결하고, 환자 또는 대중과 좀 더 합리적이고 효율적으로 소통하는 능력을 키운다면, 사회적으로도 존경받는 의사와 의과학자가 될 것이라고 확신한다.

다음으로 이 책은 미래의 의사인 의대생에게는 교재로, 의료윤리를 교육하는 교수에게는 지침서로 반드시 필요하다. 의학은 환자를 진료하는 임상의학, 의학을 연구하는 기초의학, 이 두 분야의 토대인 인문사회의학으로 구성된다. 역사적으로 수세기 전부터 이 세 분야는 의학의 필수 분야로 인정되어 왔고, 이 분야 중 어느 하나라도 충분히 교육을 받지 못했다면 의사 또는 의과학자로서 기본적인 자격이 없는 것으로 간주되어왔다. 의학의 본질에 대한 이런 정의와 특히 의과대학에서 인문사회의학 교육의 중요성은 세계의학교육연합회(WFME)를 비롯해 최근에는 한국의학교육평가원(KIMEE)과 한국의과대학·의학전문대학원협회(KAMC)에서도 인정하고 있다.

하지만 이렇게 필수적으로 교육되어야 할 분야에 대한 학생용 교재와 교수자용 지침서가 국내외에 많지 않아 지금까지 교육에 많은 어려움이 있었다. 이제 이 책이 출판됨으로써 미래의 의사에게 요구되는 의료윤리 지식, 비판적 사고와 글쓰기를 좀 더 체계적이고 효율적으로 교육하는 것이 가능하게 되었다. 만일 이 책이 향후에 외국어로 번역되어 출판된다면 해외 의과대학의 의료윤리 교육에도 큰 기여를 할 수 있을 것으로 기대된다.

그런데 의과대학 인문사회의학 분야 교육에서 핵심적인 의료윤리학(Medical Ethics)과 생명윤리학(Bioethics)은 학문분류학적 관점에서 과연 어떻게 이해될 수 있는가? 의료윤리학과 생명윤리학은 윤리학(Ethics)과 응용철학(Applied Philosophy)이 종합된 대표적인 분야이고, 의철학(醫哲學, Philosophy of Medicine)의 하위 세부분야다. 사실 의철학은 우리에게 주로 사회학의 아버지로만 알려져 있는 오귀스트 콩트(Auguste Comte, 1798~1857)가 정초한 매우 오래된 분야다. 의인문학 또는 의료인문학[醫(療)人文學, Medical Humanities]의 하위 세부분야인 의철학은 10여 년 전에서야 우리나라에 소개·도입되고 있다. 의인문학은 20세기 후반에 북미를 중심으로 새롭게 각광을 받기 시작한 분야로, 인문학의 전통적인 분야인 '文(문학), 史(역사), 哲(철학)' 차원에서 의학의 문제를 연구하고 교육하는 전형적인 학제적(interdisciplinary) 분야다.

의료윤리학과 생명윤리학의 토대가 되는 학문(Infra-Ethics)이라고 정의되기도 하는 의철학의 근본 과제는 의학(Medical Science, 의과학, 지식), 의술(Medical Technology, 의기술, 수기, 기술), 의료(Medical Practice, 개인과 사회에 대한 실천)에 대해 올바로 '비판'하는 것이다. 따라서 과학, 기술, 실천이 종합된 의학의 의료윤리나 생명윤리 문제에 대해 비판적이고 윤리적으로 판단하려면, 철학의 기본 이념이며 방법인 비판적 사고와 글쓰기를 잘 할 수 있어야 하고, 이 책은 이런 능력을 키울 수 있는 최고의 교재이며 지침서다.

이 책은 의학을 전공하지 않지만 비판적 사고와 글쓰기를 공부하는 대학생이나 이를 대학에서 교육하는 교수에게도 필수적인 교재이며 지침서다. 비판적 사고와 글쓰기는 국내외 유수 대학의 필수과목으로 교육되는 중요한 과목이며, 의료윤리와 생명윤리 문제는 이 과목에서 빠지지 않고 논의되는 핵심 주제이기 때문이다. 아울러 이 책은 대학입시 논술고사를 대비하는 고등학생이나 철학, 윤리학, 논술 등을 교육하는 고등학교 교사에게도 크게 도움이 될 것이다. 문과와 이과 구분 없이 의료윤리와 생명윤리 문제는 논술고사의 단골 주제이며, 이 주제를 비판적으로 분석하고 윤리적으로 판단한 후에 논리적으로 글을 쓰는 데 이 책만큼 도움이 되는 책을 현재 우리나라에서 찾기는 쉽지 않기 때문이다.

또한 이 책은 평소에 의료윤리와 생명윤리 문제에 관심을 갖고 있고 이런 문제에 대해 스스로 반성해보고자 하는 대중에게도 상당히 유용할 것이다. 물론 의료 행위를 하지 않고 의과학 연구를 하지 않는 대중이 의료와 의학의 문제를 이해하고 스스로 판단할 수 있는 능력이 과연 필요한가라는 질문을 할 수도 있을 것이다. 하지만 보건의료 문제는 건강한 사람, 아픈 사람, 그들의 가족 모두와 무관할 수 없는 문제이기 때문에 우리 모두가 관심을 갖고 의견을 제시할 수 있어야 한다. 실제로 최근에 의사는 일방적으로 의학적 결정을 내리지 않고 환자와 그의 가족에게 의견을 묻는 경우가 많아지고 있다. 이때 과학적 차원에서뿐만 아니라 윤리적 차원에서도 최선의 결정을 할 수 있는 능력이 우리 모두에게 요구되는 시대가 오고 있다. 의학은 결코 과학적으로나 윤리적으로 완벽한 분야가 아니며 우리 모두가 함께 힘을 모아 발전시켜야 할 분야다.

다른 한편으로 전문적으로 글을 쓰지 않는 대부분의 사람들에게 근거중심글쓰기(EBW) 능력이 과연 필요한가라는 의구심도 가질 수 있을 것 같다. 우리의 사고는 자주 오류를 범하는데 우리의 사고과정은 순식간에 눈에 보이지 않게 이뤄지기 때문에 이 오류를 파악하고 수정하는 것은 쉽지 않다. 이때 자신의 추론과정을 글로 써서 시각화하면 어디에서 논리적인 비약이나 오류가 있는지, 사용한 개념은 명확하게 정의되어 있고 정확하게 사용되었는지 등을 좀 더 쉽게 파악하고 수정할 수 있다. 따라서 평소에 논리적이고 비판적인 글쓰기를 연습하면 글을 쓰지 않고 하는 사고도 자연스럽게 논리적이고 비판적이게 된다. 또한 스스로 의료윤리와 생명윤리 사례를 비판해보면서 자신이 막연하게 갖고 있는 윤리 원칙이 무엇이었는지를 확인할 수 있고, 과연 이 원칙이 진정으로 윤리적인지를 스스로 반성해볼 수 있는 기회가 될 수도 있을 것이다.

이처럼 의료윤리와 생명윤리 문제에 관심이 있거나 비판적 사고와 글쓰기 능력을 키우고자 하는 의사, 의대생, 대학생, 고등학생, 대중 모두에게 이 책을 적극적으로 추천하는 바다.

안덕선

고려대학교 의과대학 의인문학교실 교수, 전 한국의학교육평가원(KIMEE) 원장,
전 세계의학교육연합회(WFME) 부회장

한희진

고려대학교 의과대학 의인문학교실 부교수, 현 한국의철학회 대외협력이사,
현 한국의료윤리학회 일반이사

머리말

얼마 전 하릴 없이 인터넷 기사들을 들여다보다 흥미로운 소소한 이야기를 접할 수 있었다. "아이들에게 어른을 만나면 인사하라고 가르치지만, 인사하는 어른을 본 적이 없는 아이들은 어른에게 인사를 하지 않습니다." 이 글은 어느 아파트 승강기 안에 붙여져 있었다고 한다. 그저 스쳐지나갈 수도 있을 법한 이 말이 새삼 나의 눈길을 끈 것은 아마도 대학을 포함한 모든 교육 과정에서 학생들에게 "도덕적으로 행위하라"고 말할 뿐 도덕적으로 행위하기 위해 "고려해야 할 것들은 무엇인가", "어떤 사고의 절차를 따라야 하는가" 또는 "어떻게 해야 하는가"에 관해서 소홀히 한 것은 아닌가라는 의구심에서 비롯된 것 같다. 게다가 어떤 것에 대한 이론, 원리 또는 규칙을 "안다는 것"과 그것을 적용하고 "행하는 것"이 항상 일치하는 것은 아니라는 진부하지만 중요한 의미를 담고 있는 말 또한 그러한 반성을 더 깊게 만든 것 같다. 아마도 우리가 "안다는 것"과 "행한다는 것"을 적실성 있게 연결하기 위해서는 "어떻게"에 대한 스스로의 답변을 구해야 할 것이고, 그 답변을 구하는 것은 결국 그것이 도덕적인, 실천적인, 경제적인, 사회적인, 법적인, 의학적인 또는 그 밖의 것 중 어느 것이든 올바른 "추론"에 의존해야 할 것이다.

그러한 측면에서, 이 책은 비록 초보적이고 미숙한 수준이지만 "논리와 비판적 사고", 실천적 의미에서 "도덕 및 의학 추론과 응용 윤리", 그리고 "비판적 글쓰기"의 융합을 시도하고 있다. 첫째, 논리와 비판적 사고는 우리가 올바른 추론을 하고 합리적인 의사결정을 내리기 위해 요구되는 사고의 기법이고 절차라고 할 수 있다. 둘째, 우리는 이것에 기초하여 현실에서 마주할 수 있는 다양한 문제의 배후에 놓여 있는 원인과 조건들을 추론함으로써 윤리와 도덕이 의학과 의료를 포함한 현실적인 문제에 어떻게 적용될 수 있는지를 이해할 수 있다. 마지막으로, 그러한 추론을 통해 얻은 이해와 결론을 동료를 포함한 타인과 공유할 수 있는 방식으로 표현하는 기법을 익힘으로써 전문가로서 그리고 사회의 일원으로서 대중과 충분하고 만족할만한 수준으로 의사소통할 수 있는 역량을 기를 수 있다.

〈1부〉 분석 틀 마련하기의 1장~4장은 〈2부〉 실천적 문제에 적용하기에서 다룰 8개의 개별 주제를 탐구하기 위한 사고의 절차와 분석 과정의 내용을 살펴본다. 근거중심의학(EBM)에 대응하는 의미로 사용한 근거중심글쓰기(EBW)는 논리와 비판적 사고에 기초한 합리적인 정당화 글쓰기라는 점에서 기존의 다양한 형식의 "비판적 글쓰기" 또는 "학술적 글쓰기"와 다르지 않다. 특히, 이 책에서 사용하고 있는 분석의 방법과 사고의 기법은 "논리학(Logic)"과 "비판적 사고(Critical Thinking)"의 내용과 기법을 따르고 있다. 따라서 1장~2장에서는 주장을 담고 있는 글과 문제를 분석하고 평가하기 위해 필요한 비판적 사고의 내용, 절차 그리고 기법에 관한 최소한의 내용을 정리하여 살펴본다. 3장의 〈분석적 요약〉과 4장의 〈분석적 평가〉에서 제시한 "4단계의 분석 절차"와 "4단계의 평가 과정"의 형식은 성균관대학교 〈비판적 사고 학술적 글쓰기〉에서 제시하고 있는 요약의 8요소와 평가의 5요소의 형식을 일부 빌려 구성하였다. 하지만 논리적 사고의 절차에 더 잘 부합하도록 분석과 평가의 절차와 과정을 모두 4단계로 축약하여 통일하였다.

〈2부〉 실천적 문제에 적용하기는 의학, 의료 및 의학교육과 관련된 8가지 주제를 분석적으로 탐구하고 있으며, 각 장에서 다루고 있는 세부적인 내용을 간략히 다음과 같이 정리할 수 있다.

5장은 의학과 의료 분야의 전문직업성(professionalism)을 분석적 사고의 4단계 과정을 통해 분석하고 새로운 정의를 도출한다. 이것은 전문가로서 의사가 갖추어야 할 덕목과 역량에 관한 것이다. 사회에서 전문가는 일반적으로 엘리트로 불린다. 이점에 착안하여 엘리트에 대한 새로운 정의를 도출하는 사고실험을 통해 전문가에 대한 기존의 정의를 수정하고, 그것으로부터 전문직업성을 구성하고 있는 세부적인 항목과 역량이 무엇인지를 세계의학교육연합회(WFME)의 정의를 분석함으로써 탐구한다.

6장은 의사가 갖는 중요한 두 역할 또는 자세에 대해 탐구한다. 현대 의학은 과학의 발달에 크게 의존하고 있으며 그러한 측면에서 의사는 의과학자의 역할을 수행해야 한다. 동시에 의사가 수행하는 대부분의 활동은 "의술(醫術)은 곧 인술(仁術)"이라는 명제에서 알 수 있듯이 사람을 대상으로 하고 있다. 그러한 측면에서 의사는 사람에 대한 올바른 이해 또한 갖추어야 한다. 이와 같이 의사에게 명시적으로 요구되는 두 가지 역량의 내용과 관계를 살펴봄으로써 의사의 환자에 대한 두 역할과 태도에 대해 탐구한다.

7장은 한정된 의료 자원을 어떻게 분배해야 하는가를 탐구한다. 의료 자원 또한 여타의 다른 것과 마찬가지로 무한하지 않다. 게다가 과학과 의학의 발달로 인한 인간 수명의 연장은 한정된 의료 자원의 문제를 더 심각하게 만들고 있다. 의료자원 분배와 건강보험관리체계의 관계를 분석함으로써 분배의 정의를 이루기 위한 조건들을 탐구한다. 또한 개인적 차원에서 의료 자원 분배에 결부된 딜레마 상황을 사고실험을 통해 검토한다.

8장은 의학을 포함한 과학의 특정 분야에서 이루어지는 동물 실험과 관련된 윤리적 문제를 분석한다. 동물 실험과 동물 살생은 인간의 의지에 따라 동물을 이용하는 가장 대표적인 사례라고 할 수 있다. 동물 살생에 반대하는 최근의 견해와 인간의 의지에 따라 동물을 이용하는 것을 옹호하는 전통적인 주장을 분석함으로써 동물 실험을 정당화하는 논증과 반대하는 논증의 배후에 놓여 있는 도덕적 문제를 논리적으로 분석한다. 이것을 통해 허용가능한 동물실험의 최소 조건에 대해 탐구한다.

9장은 의사 또는 의과학자가 의료 현장과 의학 연구 과정에서 겪을 수 있는 의무의 충돌에 대해 탐구한다. 충분한 설명에 근거한 자발적 동의(informed consent)의 논리적 구조를 분석함으로써 "충분한 설명"에 관한 의사와 환자의 이해의 틈이 무엇으로부터 초래되는지를 탐구한다. 또한 의사는 환자에게 충분한 정보를 제공해야 한다는 측면에서 진실을 말하는 것이 소위 '하얀 거짓말'이라고 불리는 것보다 항상 우위에 있는 도덕적 명령일 수 있는지에 대한 문제를 사고실험을 통해 추론함으로써 의사가 환자에 대해 갖는 의무에 대해 탐구한다.

10장은 전문가로서 의사 또는 의사 집단이 자율규제를 요구하는 논리적 근거를 분석하고 그러한 요구가 일반 시민 사회에 대한 신뢰와 합의를 얻기 위해 요구되는 속성에 대해 탐구한다. 자율규제는 다양한 측면에서 두 얼굴을 가진 것으로 파악될 수 있다. 자율규제에 대한 전문가 집단과 일반 시민 사회의 요구가 다를 수 있기 때문이다. 공리주의와 자유주의에 기초한 사회계약론적 자율규제의 분석은 강력한 설명적 힘이 있지만 자율규제의 도덕적 기반으로 작동하기에는 부족한 측면도 갖고 있다. 롤즈의 정의의 원리와 충심(loyalty)의 덕성에 대한 분석을 통해 자율규제의 도덕적 토대에 대해 탐구한다.

11장은 의학적 추론의 특성을 전통적인 인과적 추론, 현대 의학의 중요한한 흐름인 근거중심의학(EBM) 그리고 정보통신기술과 과학의 성과로 이루어진 빅 데이터 등을 통해 탐구한다. 의사가 질병의 원인을 찾아 진단을 내리는 것은 경험과 관찰 자료에 의지하는 귀납적 추론과 주어진 정보로부터 분석적으로 원인을 찾는 연역적 추론을 포함하고 있다. 오랜 경험에 의한 임상 사례와 의학적 지식에 의존하는 근거중심의학과 빅 데이터를 활용한 의학 추론의 관계를 살펴봄으로써 올바른 진단을 내리기 위해 요구되는 추론 역량이 무엇인지를 탐구한다.

12장은 의사에게 금언과도 같은 히포크라테스 선서에 담긴 중요한 세 가지 윤리적 명령을 논리적으로 분석한다. 충심과 신의성실의 의무, 선행의 원리와 악행금지의 원리 그리고 비밀유지의 의무는 겉으로 보기에 의사가 반드시 지켜야할 도덕적 명령처럼 보인다. 하지만 분명하고 명료해 보이는 그와 같은 원리들이 실천적인 차원에서 딜레마 상황에 놓일 수 있는 경우들이 있다. 그러한 딜레마는 도덕 원리를 안다는 것과 그것을 적실성 있게 적용하는 것의 관계로부터 비롯되는 것일 수 있다. 이와 같은 문제를 사고실험과 분석을 통해 추론한다.

현대 사회에서 의사는 변호사 등과 더불어 가장 대표적인 전문가라고 할 수 있다. 또한 전문가 또는 전문가 집단은 일반적으로 사회에 큰 영향을 줄 수 있을 뿐만 아니라 독점적 지위를 갖고 있다는 점에서 더 큰 도덕적 의무를 져야 한다고 여겨진다. 따라서 의학을 공부함으로써 장차 의업을 행할 준비를 하는 사람은 의학과 의업을 행함에 있어 마주할 수 있는 다양한 문제에 대한 철저한 고민과 숙고를 거쳐야 할 것이다. 이 책은 그러한 철저한 고민과 숙고를 시작할 수 있는 한 방편을 제시하고자 하였다. 물론, 여기서 제시하고 있는 방법은 유일한 것이 아닐뿐더러 충분하지도 않다. 충분한 검토와 고찰은 이 책을 통해 융합하고자 하였던 세 영역, 즉 "논리와 비판적 사고", "도덕 및 의학 추론과 응용 윤리" 그리고 "비판적 글쓰기" 각 영역에 대한 면밀한 이해와 연습을 통해 이루어져야 할 것이다.

이 책을 완성할 수 있도록 큰 가르침을 주시고 이끌어주신 은사 이좌용 선생님과 손동현 선생님께 깊은 존경과 감사를 드린다. 부족한 책이 은사님께 누를 끼치지 않기를 기도한다. 또한 의학과 관련된 문제들을 연구하고 강의할 수 있는 기회를 열어주신 안덕선, 정지태, 한희진, 신경호 선생님께도 깊은 감사를 드린다. 원고를 함께 읽고 논의하며 비판적인 논평을 통해 잘못된 부분을 수정하고 부족한 부분을 보완할 수 있도록 힘써준 후배이자 동료인 김치헌, 김용성 선생님께도 감사의 마음을 전한다. 이 책은 성균관대학교에서 "학술적 글쓰기"와 "비판적 사고", 고려대학교 의과대학에서 "의과학입문 I : 전문직업성과 근거중심글쓰기" 과목을 강의하는 과정에서 완성되었다. 끝으로 부족한 원고를 선뜻 출판해주신 북코리아 이찬규 사장님께 감사드린다.

2016년 11월
저자 전 대 석 드림

CONTENTS

CONTENTS

CONTENTS

1부

분석 틀 마련하기

1장
왜 비판적 사고에 근거한
정당화 글쓰기를 공부해야 하는가?

1. 근거중심글쓰기(Evidence Based Writing)의 구조와 내용

왜 우리는 비판적 사고에 근거한 정당화 글쓰기(EBW)를 공부해야 하는가? 이 물음에 대한 한 가지 답변을 제시하는 것이 이 책의 중요한 목적 중의 하나다. 따라서 이 물음에 대한 답변은 이 책에서 제시하고 있는 다양한 문제와 그것에 대한 여러 관점의 논의로부터 추론할 수 있거나 도출할 수 있는 다양한 견해를 탐구한 다음에 적절히 답해질 수 있을 것이다. 그럼에도 불구하고 우리가 이 책을 통해 앞으로 다루게 될 중요한 문제들을 살펴보고 고찰하는 데 사용할 사고의 도구와 절차에 대한 큰 그림을 먼저 살펴보는 것이 도움이 될 것이다. 따라서 우리가 이 장을 통해 먼저 해야 할 일은 근거중심글쓰기(EBW)의 전체적인 구성과 절차에 대한 대략적인 그림을 살펴보는 것이다.[1]

---

[1] 근거중심글쓰기(EBW)는 근거중심의학(Evidence Based Medicine)에 대응하는 의미로 사용한 비판적 또는 학술적 글쓰기의 이름이다. 이것은 논리와 비판적 사고에 기초한 합리적인 정당화 글쓰기라는 점에서 기존의 다양한 형식의 '비판적 글쓰기' 또는 '학술적 글쓰기'와 다르지 않다.

근거중심글쓰기(EBW)에 관한 본격적인 이야기를 하기에 앞서 이 책의 목적을 분명하게 밝히는 것이 좋을 듯하다. 당신은 근거중심글쓰기(EBW)의 사고 절차와 내용을 공부함으로써 예컨대 다음과 같은 것들을 이룰 수 있다고 기대할 수도 있다.

> 모든 사람이 감탄할 만한 명문을 쓸 수 있거나
> 좋은 글을 쓰기 위한 모든 기법과 방법을 익힐 수 있거나
> 글쓰기의 대가(大家)가 될 수 있다.

미리 말하지만, 이 책에서 다루고 있는 근거중심글쓰기(EBW)에 관한 모든 내용과 절차를 익힌다고 하여 위와 같은 목적을 단번에 이룰 수는 없다. 당신이 실망한다고 하더라도 어쩔 수 없는 일이다. 이 책은 단지 다음과 같은 것을 목표로 하고 있을 뿐이다.

[근거중심글쓰기(EBW)의 목표]
- 다루고자 하는 문제의 핵심을 올바르게 파악하고,
- 발견한 문제에 대한 나의 입장과 견해를 확인하고,
- 나의 입장, 즉 주장을 지지할 수 있는 근거(이유, 전제)를 구성하고,
- 평가를 통해 정립된 나의 주장을 비판적으로 분석한다.

근거중심글쓰기 = 합리적이고 논증적인 글쓰기
↑
(이론과 기법에 의한) 분석 + (비판적) 평가
⇑
논리(logic)와 비판적 사고(critical thinking)

간략히 정리하자면, 근거중심글쓰기(EBW)는 곧 "합리적이고 논증적인 글쓰기"라고 할 수 있다. 그리고 근거중심글쓰기(EBW)는 크게 '분석'과 '평가'의 과정으로 구분된다. '분석(analysis)'은 해결해야 할 문제 또는 분석의 대상이 되는 텍스트를 정확히 그리고 올바르게 이해하는 과정이며, '평가(evaluation)'는 분석을 통해 올바르게 이해한 문제 또는 텍스트에 대한 자신의 생각을 합리적인 근거를 제시함으로써 주장하는 과정이라고 할 수 있다. 지금까지의 설명이 적절하고 옳다면, 근거중심글쓰기(EBW)의 (단계적인 사고) '과정'과 (절차적) '구조'를 다음과 같이 간략히 정리할 수 있다.

〈근거중심글쓰기(EBW)의 (단계적인 사고) 과정〉

		단계	내용
분석	1	주요 요소 분석	잘 읽고 이해하기, 중요한 요소들 찾아내기 비분석적 통념 파괴하기
	2	논증 구성	논리적 구조 이해하기 이해를 바탕으로 요약문 쓰기
평가	3	논증 평가	논증의 정합성, 타당성, 합리성, 수용 가능성 평가하기 관련 이론 및 문헌을 통해 비교하고 평가하기
	4	(나의) 논증 구성	(관련된) 새로운 문제에 착안하여 자신의 논증 구성하기

〈근거중심글쓰기(EBW)의 (절차적) 구조〉

		ⓐ 이해하기	ⓑ 분석하기	ⓒ 평가하기	ⓓ 주장하기	
분석	① 평면적 요약	주요 요소 분석				올바른 읽기
	② 분석적 요약	평면적 요약의 재구성(논증화)				논증 분석
평가	③ 분석적 평가		논증 평가			비판적 논평
	④ 비판적 평가			(나의) 논증 구성		정당화 글쓰기

근거중심글쓰기(EBW)의 과정과 구조는 앞으로 이 책에서 다루게 될 모든 문제와 텍스트에 적용할 기본적인 도구적 틀(methodological framework)이라고 할 수 있다. (물론, 분석의 대상이 되는 문제와 다루는 텍스트의 내용에 따라 사고의 절차와 글쓰기 과정을 약간 변형하여 적용할 수 있다.)

2. 정의(definition)를 통한 개념의 이해

이제 지금까지 간략히 설명한 근거중심글쓰기(EBW)의 과정과 구조가 어떻게 적용될 수 있는지 살펴볼 차례다. 아직 합리적이고 논증적인 글을 쓰는 데 익숙하지 않은 경우에는 그와 같은 글을 쓰는 적절한 사례를 통해 근거중심글쓰기의 구조와 과정을 이해하는 데 필요한 사고(思考)의 흐름을 살펴보는 것이 도움이 될 수 있다. 우리에게 친숙하지만 깊이 있게 생각해보지 못한 주제를 가지고 시작하는 것이 좋을 것 같다. 즉, 우리가 몸담고 있는 "대학을 정의"하고 "대학생으로서 해야 할 일"을 이해하는 과정을 통해 그것을 확인해보자. 미리 말하자면, 그 물음에 대한 한 가지 답변은 다음과 같은 절차를 통해 얻어질 수 있다.

분석	1) 문제 제기: 중요한 문제 찾기 2) 문제 분석: 찾아진 문제의 중요한 내용 분석하기(논증 구성)
평가	3) 분석 내용 평가: 논증의 구조와 결론의 수용 가능성 평가하기 4) (평가에 따른) 문제 확장: 새로운 또는 실천적인 문제에 착안하기

1) 문제 제기: 중요한 문제 찾기

"대학이란 무엇인가?"

또는

"대학의 목적은 무엇인가?"

당신이 이와 같은 질문을 받는다면 어떻게 답변할 것인가? 이미 짐작하듯이, 이와 같은 물음에 답변하는 것은 쉬운 일도 아니거니와 하나의 답변만 있는 것 같지도 않다. 오늘날 우리가 놓인 현실에 비추어본다면, 아마도 "안정적이고 좋은 직장을 얻기 위한 과정"이라는 답변도 가능할 것이다. 또는 비슷한 맥락에서 "미래의 행복한 삶을 위해"라고 말할 수도 있을 것이다. 하지만 이러한 답변은 무언가 부족한 듯이 보일 뿐만 아니라 문제의 본질을 놓치고 있는 것 같다. 가장 일반적이고 쉽게 떠올릴 수 있는 답변은 다음과 같다.

"대학은 공부하는 곳이다."

하지만 이러한 답변은 곧이어 다음과 같은 물음에 직면하게 될 수 있다.

"만일 그렇다면, 대학은 무엇을 공부하는 곳인가?"

만일 이 물음이 대학의 목적과 본질에 대해 탐구하기 위한 좋은 물음이라면, 우리는 그 물음에 답함으로써 "대학의 본질과 목적"에 대한 한 가지 답변을 구할 수 있을 것이다. 우리는 이 장에서 "대학은 무엇을 공부하는 곳인가?"라는 물음에 대한 한 가지 답변을 구하는 과정을 탐구함으로써 "비판적 사고에 기초한 근거중심글쓰기(EBW)"의 구성과 절차에 대한 대략의 모습을 살펴보게 될 것이다.

"대학은 무엇을 공부하는 곳인가?"라는 물음에 답변하려면 다음과 같은 물음에 대해 생각해보는 것이 도움이 될 수 있을 것이다.

"(우리가 몸담고 있는) 세계는 무엇으로 구성되어 있는가?"

물론, 처음에 제기한 문제를 이와 같이 바꾸어 생각하는 것에 이상함을 느낄 수도 있다. 하지만 어떤 경우에는 어려운 문제를 해결하기 위해 제기된 문제의 방향을 바꾸어 생각하는 것이 도움이 되는 경우들이 있다. 아무튼 지금 여기서 우리가 해야 할 일은 근거중심글쓰기의 대략적인 구성과 절차를 파악하는 것이다. 따라서 문제의 관점을 바꾸는 것에 대한 약간의 의문점은 잠시 밀쳐두고 논의를 진행하는 것이 좋을 듯하다.

"대학이란 무엇인가?"에 대해 답하기 위해 새롭게 제시한 이와 같은 물음에 답하는 것은 결코 쉬운 일이 아니다. 오히려 이와 같은 물음은 최초의 〈문제 제기〉에서 제시한 물음보다 더 답변하기 어려워 보인다. 하지만 지금 우리가 이러한 문제를 생각해보는 것은 "대학의 목적은 무엇인가?" 또는 "대학은 무엇을 공부하는 곳인가?"에 대한 한 가지 답변을 얻으려는 것이다. 따라서 답하기 어려운 이러한 물음에 대한 엄밀한 접근법이 아닌 좀 더 쉬운 방식으로 폭넓게 생각하는 접근법을 취해보자.

2) 문제 분석: 찾아진 문제의 중요한 내용 분석하기(논증 구성)

우리의 주변을 둘러보자. 무엇이 보이는가? 아마도 당신은 많은 '물질 (material or physical thing)'들을 발견하게 될 것이다. 지금 당신이 읽고 있는 이 책은 종이와 잉크로 구성된 물질이다. 어쩌면 당신은 편안하고 푹신한 의자에 앉아 이 책을 읽고 있을 수 있다. 당신의 몸을 지탱하고 있는 의자는 나무, 플라스틱, 가죽 그리고 직물 등으로 이루어진 물질이다. 당신이 메모하기 위해 사용하는 연필, 리포트를 작성하기 위해 사용하는 컴퓨터, 여가로 야구를 할 때 사용하는 글러브와 야구공 등은 모두 물질이다. 이와 같이 우리가 보고 만지고 사용하는 많은 것들은 물질이다.

다시, 우리의 주변을 살펴보자. 앞서 거론한 물질들 외에 무엇이 보이는가? 아마도 당신은 이 책을 도서관에서 읽고 있을 수도 있고, 편안한 거실에서 소파에 비스듬히 누워 '루이'라고 불리는 강아지를 쓰다듬으면서 읽고 있을 수도 있다. 도서관 옆자리에 앉아 공부하고 있는 당신의 친구, 사랑스럽게 쓰다듬고 있는 강아지 루이, 그늘을 만들어주는 나무, 그 나무 사이로 날아다니는 참새, 거리를 배회하는 고양이 등은 모두 생명을 갖고 있는 '생물(biological or living thing)'이다. 생물은 출산과 자기복제 등을 통해 생산과 재생산을 반복하고 시간의 흐름에 따라 성장하고 사멸한다는 점에서 여타의 물질과 구분된다. 그러한 의미에서 생명이 없는 물질을 통상 '무생물'이라고 한다.

세계를 이와 같은 방식으로 파악한다면, 우리가 발딛고 있는 이 세계는 크게 '물질'과 '생물'로 구성되어 있다고 볼 수 있다. 그런데 우리는 일반적으로 수많은 생물 중에서 분명하게 구별되는 존재가 있다고 생각한다. 눈치 빠른 독자는 이미 알아챘겠지만, 여타의 생물들과 구분되면서 독특한 지위를 차지하고 있는 존재는 바로 우리 같은 '사람(human or person)'이다. 우리는 사람 또는 인간이 강아지, 고양이, 새 또는 여타의 생물들과 다르다고 생각한다.

그 이유는 무엇인가? 파스칼(B. Pascal)의 『팡세』의 한 구절을 살펴보는 것만으로도 그 이유를 쉽게 알 수 있다.

> 인간은 한 개의 갈대에 지나지 않는다. 자연 중에서 가장 약한 갈대다. 그러나 인간은 생각하는 갈대다. 그를 부수기 위해서는 온 우주가 무장하지 않아도 된다. 한 줄기의 증기, 한 방울의 물을 가지고도 그를 충분히 죽일 수 있다. 그러나 우주가 쉽게 그를 부술 수 있다고 해도 인간은 자기를 죽이는 자보다 존귀할 것이다.
>
> 인간은 자기가 반드시 죽어야 한다는 사실과 우주가 자기보다 힘이 세다는 사실을 알고 있지만 우주는 그것을 모르는 것이다. 그러므로 우리의 모든 존엄성은 사고에 있다.
>
> 파스칼, 『팡세』

인간은 여타의 다른 동물 또는 생물에 비해 월등히 뛰어난 지적 사고능력을 가지고 있다. 그러한 특성 때문에 인간을 지성적 존재(intellectual being)라고 부를 수 있으며, 우리 대부분은 바로 그 점에 기대어 인간이 여타의 다른 동물 또는 생물에 비해 우월하다고 생각한다. [물론, 이와 같은 생각은 윌리엄스(B. Williams), 싱어(P. Singer), 리건(T. Reagan) 같은 사람에게는 쉽게 수용될 수 없는 주장일 것이다. 이와 관련해서는 8장 동물 살생과 동물실험을 다루는 장에서 좀 더 깊이 있게 다룰 것이다.]

만일 매우 넓은 범위에서 세계의 구성요소를 파악하는 이와 같은 생각이 올바른 것이라면, 우리가 몸담고 있는 세계는 다음 그림과 같이 크게 '물질, 생물 그리고 지성적 존재'로 구성되어 있다고 볼 수 있을 것이다.

물질, 생물 그리고 우리와 같은 지성적 존재들은 다음 그림에서 볼 수 있듯이 그것들이 속한 층위 안에서 그리고 다른 층위들과 끊임없이 관계를 맺으며 어떤 '사건(event)'들을 일으킨다는 것 또한 분명한 사실인 듯하다. 만일

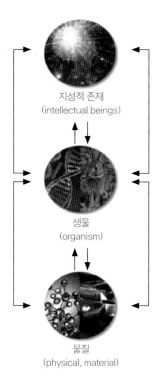

지성적 존재
(intellectual beings)

생물
(organism)

물질
(physical, material)

그렇다면, 우리는 "세계는 무엇으로 구성되어 있는가?"에 잇따르는 물음으로
다음과 같은 것들을 제기할 수 있다.

- 물질들 사이에서 일어나는 사건을 규명하거나 탐구하는 학문은 무엇
  인가?
- 생물들 사이에서 일어나는 사건을 규명하거나 탐구하는 학문은 무엇
  인가?
- 지성적 존재들 사이에서 일어나는 사건을 규명하거나 탐구하는 학문
  은 무엇인가?

첫 번째 물음에 대해 답변하는 것은 어렵지 않아 보인다. 우리를 둘러싸고 있는 수많은 물질은 눈에 보이는 거시적인 차원의 것이든 그렇지 않은 미시적인 차원의 것이든 끊임없이 부딪히고 합쳐지며 어떤 사건들을 만들어낸다. 우리가 익히 알고 있는 운동과 에너지의 법칙들과 원자와 분자들에 관한 원리들은 그러한 사건들을 설명하고 있다. 간략히 말하자면, '물리학'과 '화학' 같은 학문은 물질들 사이의 사건을 탐구하고 규명하는 일을 담당하고 있다.

두 번째 물음 또한 같은 차원에서 설명할 수 있을 듯하다. 생물의 영역 또한 물질의 영역과 마찬가지로 눈에 보이는 차원과 그렇지 않은 차원들이 있다. 식물 분류학과 동물 분류학은 우리가 주변에서 익숙하게 볼 수 있는 수많은 동물과 식물을 각각의 특성과 속성에 따라 분류한다. 또한 우리는 박테리아나 바이러스 같은 눈에 보이지 않는 생명체도 탐구하고 연구한다. 그리고 우리는 이와 같이 생명에 관한 일련의 연구와 탐구를 큰 범주에서 '생물학'이라는 학문으로 묶어볼 수 있다.

마지막 물음은 어떨까? 이 또한 앞선 두 물음과 마찬가지로 어렵지 않게 그 내용을 추론할 수 있을 것 같다. 간략히 말해서 경제학은 재화(財貨), 즉 돈의 흐름을 탐구한다. 심리학은 개별적인 인간 행동뿐만 아니라 집단 간의 행동 양태에 관해 연구한다고 할 수 있다. 사람들 사이 그리고 집단 사이의 규율에 관한 것은 법학, 윤리학 그리고 철학 등을 통해 탐구할 수 있다. 이와 유사한 방식으로 사회학, 정치학 그리고 예술 등 많은 학문들을 설명할 수 있을 것이다.

지금까지의 논의가 그럴듯한 것이라면, 우리는 앞서 넓은 의미에서 세계를 구성하는 것들로 물질, 생물 그리고 지성적 존재로 구분한 그림에서 그것들을 탐구하고 연구하는 학문의 영역들을 다음 그림과 같이 연결 지어볼 수 있을 것이다.

물론, 여기서 세계를 구성하고 있는 것들을 넓은 의미에서 구분하고 그것

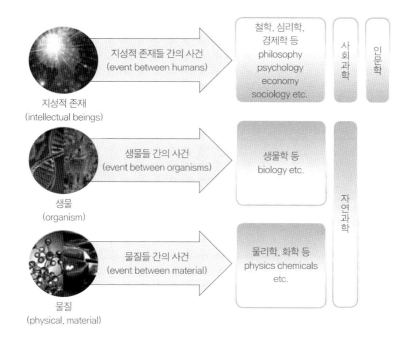

들을 연구하고 탐구하는 학문 영역을 연결 지어 생각하는 방식은 엄밀하지도 않을뿐더러 반론의 여지없이 분명한 것이라고 할 수는 없을 것이다. 그럼에도 불구하고 이와 같은 생각이 완전히 틀렸거나 그릇된 것으로는 보이지 않는다. 따라서 우리는 잠정적이나마 이와 같은 추론의 결론을 일단 수용할 수 있을 것 같다. 게다가, 만일 이러한 생각이 올바른 것이라면 위의 그림을 통해 일반적인 현대 대학의 모습을 확인할 수 있는 이점이 있다.

만일 지금까지의 논의가 올바른 것이라면, 대학에 대한 나름의 한 가지 정의를 제시하기 위해 진행한 지금까지의 추론 과정을 다음과 같이 정리할 수 있을 것이다.

[논증 1]

P₁. (간략히 말해서) 세계는 물질, 생물 그리고 지성적 존재로 구성되어 있다.

P₂. (간략히 말해서) 물질 세계를 해명하고 탐구하는 학문은 물리학과 화학 등이다.

P₃. (간략히 말해서) 생물 세계를 해명하고 탐구하는 학문은 생물학 등이다.

P₄. (간략히 말해서) 지성적 존재의 세계를 해명하고 탐구하는 학문은 경제학, 법학 그리고 철학 등이다.

P₅. 물리학, 화학, 생물학, 경제학 그리고 철학 등은 대학에서 연구하는 학문이다.

C₁. 만일 P₁~P₅가 옳다면, 대학은 세계를 탐구하는 곳이다.

만일 위의 논변이 그럴듯한 것이라면, "대학은 무엇인가?" 또는 "대학은 무엇을 공부하는 곳인가?"에 대한 가능한 한 가지 답변으로 "대학은 세계를 탐구하는 곳이고, 세계에 관해 공부하는 곳이다"라는 결론을 얻을 수 있음을 알 수 있다. 물론, 위와 같은 결론은 지금까지의 추론 방식과 다른 방식으로도 얻어질 수 있다. 예컨대 앞선 추론 방식과 반대로 대학에서 교육하고 있는 다양한 학문으로부터 그 학문의 탐구 대상이 무엇인지 도출함으로써 넓은 의미에서 세계의 구성요소를 파악할 수도 있다. 그와 같은 추론을 간략히 정리하면 다음과 같다.

[논증 2]

P₁. 대학은 물리학, 화학, 생물학, 경제학, 법학 그리고 철학 같은 다양한 학문 영역으로 구성되어 있다.

P₂. (간략히 말해서) 물리학과 화학 같은 학문은 물질 세계를 탐구하고 연구하는 학문이라고 할 수 있다.

P₃. (간략히 말해서) 생물학 같은 학문은 생물 세계를 탐구하고 연구하는 학문이라고 할 수 있다.

P₄. (간략히 말해서) 경제학, 법학 그리고 철학 같은 학문은 인간 같은 지성적 존재의 세계를 탐구하고 연구하는 학문이라고 할 수 있다.

P₅. 물질, 생물 그리고 지성적 존재는 세계를 구성하는 핵심 요소다.

C₁. 만일 P₁~P₅가 옳다면, 대학은 세계를 탐구하는 학문을 공부하는 곳이다.

물론, 아직까지는 이와 같은 사고의 절차에 따라 중요한 문제를 파악하고 분석하는 것이 익숙하지 않을 것이다. 미리 말하자면, "대학은 무엇인가?" 또는 "대학은 무엇을 공부하는 곳인가?"에 대한 한 가지 답변을 구하기 위한 이와 같은 사고 절차는 논증[또는 논변(argument)]을 구성하는 사고 과정이라고 할 수 있다. 그리고 논증을 구성하는 것, 즉 논증화(argumentation)는 주어진 텍스트의 '분석' 과정과 자신의 주장을 개진하기 위한 '평가' 과정 모두에서 중요한 역할을 한다. 논증에 관한 것은 다음 장인 '2장 근거중심글쓰기(EBW)의 기초가 되는 논리와 비판적 사고'에서 좀 더 자세히 다룰 것이다.

3) 분석 내용 평가: 논증의 구조와 결론의 수용 가능성 평가하기

'평가'는 제기된 문제에 대한 분석 내용과 절차가 적절하게 이루어졌는지를 살펴보는 과정이며 단계라고 할 수 있다. 예컨대, 우리는 앞선 사고 과정을 통해 "대학의 목적은 무엇인가?" 또는 "대학은 무엇을 공부하는 곳인가?"에 관한 나름의 한 가지 답변을 도출했다. 따라서 '평가' 또는 '분석 내용 평가' 단계에서는 추론을 통해 얻은 논증이 적절한 사고 과정을 통해 도출된 것이고, 그것의 결론을 수용할 수 있는지 여부를 평가하고 판단하는 과정이라고 할 수 있다. 그렇다면, 이제 우리는 여기서 다루고 있는 문제에 대해 문제 분석 과정을 통해 얻은 논증을 평가해보아야 할 것이다.

지금 다루고 있는 문제에 대해 〈논증 1〉과 〈논증 2〉를 통해 도출한 결론은 "C_1(대학은 세계를 탐구하는 학문을 공부하는 곳이다)"이고, 그 결론을 지지하는 근거들은 "P_1~P_5"라고 할 수 있다. 그렇다면, 우리는 평가 단계에서 다음과 같은 것들에 대한 추가적인 물음을 제기하고 그것에 대해 답변하는 과정을 통해 분석 내용을 평가할 수 있을 것이다.

[평가를 위해 제기할 수 있는 물음의 내용들]
① 개별 근거들의 합리적 수용 가능성: 결론의 전제로 사용되고 있는 P_1~P_5 같은 개별 근거들은 수용할 수 있는 것들인가?
② 전제들과 결론의 논리적 타당성: P_1~P_5의 전제들은 결론을 지지하는 데 강한 관련성이 있으며 일관적인가?
③ 논증 그 자체를 넘어서서 제기할 수 있는 의문점은 없는가?
④ 기타

우선, 우리가 얻은 결론을 물음 ①~③의 측면에서 평가해보자. 아마도 도출한 논변에 대해 즉각적으로 다음과 같은 물음을 제기할 수 있을 것이다.

Q 1. 물리학이나 화학 같은 학문 영역은 다루는 대상이 눈에 보이는 것이든 그렇지 않은 것이든 주로 생명이 없는 물질에 대해 다루고 있다고 보는 것에는 큰 문제가 없는가?
Q 2. 생물 세계에 관한 것은 오직 생물학만이 연구 영역인가?
Q 3. 지성적 존재의 세계를 탐구하는 일에 물질 세계와 생물 세계를 탐구

하는 학문이 개입하거나 관여할 수는 없는가?

Q 4. 기타

새롭게 제기될 수 있는 이와 같은 문제에 대해 어떻게 답변할 수 있을까? 말하자면, 분석을 통해 도출한 논증의 결론을 옹호하고 지지하기 위한 적절한 답변은 무엇인가? 그것에 답하기 위해 '의학(medicine)'의 경우를 생각해보는 것이 도움이 될 것 같다.

"의술(醫術)은 곧 인술(仁術)"이라는 명제에서 알 수 있듯이 의학은 근본적으로 사람을 대상으로 하는 학문이라고 할 수 있다. 겉으로 보기에도 의학은 사람을 치료(cure)하고 치유(care)하는 것을 1차적인 목적으로 삼고 있기 때문이다. 만일 그렇다면, 사람이 지성적 존재인 한 의학은 1차적으로 지성적 존재에 대한 탐구의 영역에 속한다고 할 수 있다. 하지만 이것만으로는 의학을 잘 설명하고 있는 것 같지 않다. 간략히 말해서, 사람을 치료하고 치유하기 위해서는 사람이 갖고 있는 생물학적 특성과 속성을 알아야 한다. 이것은 의학이 가진 생물학적 탐구의 속성이다. MRI, CT 그리고 X-Ray 같은 다양한 검진 도구와 수많은 수술도구는 물리학 이론에 기초한 물질적 영역의 탐구 결과라고 할 수 있다. 이것은 의학이 가진 물질적 탐구의 속성이다. 만일 그렇다면, 의학은 물질적, 생물학적 그리고 지성적인 존재적 차원 모두를 탐구 대상으로 하는 학문이라고 할 수 있다. 게다가 앞서 말했듯이, 의학은 겉으로 보기에 사람을 치료하고 치유한다는 의미에서 1차적으로 사람을 대상으로 하는 학문이지만, 그것의 의미는 겉으로 보이는 정도에서 그치지 않는다. 예컨대, 사람(환자)을 치료하는 것을 마치 기능을 상실한 기계를 고치는 것으로 간주하는 의사와 그것 이상으로 여기는 의사는 사람(환자)에 대해 서로 다른 개념을 가지고 있을 것이라고 어렵지 않게 추론할 수 있기 때문이다. [이와 관련된 주제는 '5장 전문직업성(professionalism)을 정의'하는 과정, '6장 의사의 환자에 대한 두 가지 역할

과 태도'의 규명을 통해, 그리고 '12장 히포크라테스 선서를 분석'하는 과정에서 좀 더 자세히 고찰할 것
이다.]

의학이 가진 특성과 속성을 이와 같은 방식으로 해석하는 것이 그럴듯한 것이라면, 의학은 문자 그대로 '사실(fact) 세계'와 '가치(value) 세계'를 아우르고 있는 융합학문으로서 물질적, 생물학적 그리고 지성적 영역을 통섭(consilience)하는 학문이라고 할 수 있을 것이다. 그리고 이미 짐작하듯이, 의학만이 이와 같은 융복합적(convergence)이고 통섭적인 특성과 속성을 가진 유일한 학문은 아니다. 정보통신기술의 놀라운 발전은 전통적이고 고전적인 학문 영역 또한 융합학문으로 변모시키고 있다는 것은 이미 잘 알고 있는 사실이다. 예컨 대, 문화인류학과 고고학 같은 전통적인 학문은 이제 더 이상 물리학의 도움 없이는 큰 진전을 기대할 수 없게 되었다. 새롭게 발견된 화석의 정확한 생성 시기를 파악하기 위해서는 탄소연대측정 같은 물리학에 기댈 수밖에 없기 때문이다. 인간을 포함한 생물의 유전형질, 구성 및 작동 원리 등을 규명하기 위해서는 화학과 물리학의 도움 없이는 올바른 결과를 기대할 수 없을 것이다. 심지어 이동전화기, 컴퓨터, 자동차와 같이 우리가 사용하고 있는 수많은 도구들, 기구들, 기계들과 연구실, 집, 학교 건물과 같이 우리가 머무르는 공간과 환경에 대한 탐구와 연구 또한 물질적, 생물적 그리고 지성적 존재의 차원을 모두 고려하지 않을 경우 성공할 수 없을 것이다. 아마도 이러한 특성을 잘 말해주는 것이 '인체공학적' 또는 '인간 지향적'이라는 수식어는 아닐까. 이렇듯 세 영역이 융합·복합·통섭된 예를 드는 것은 결코 어려운 일이 아니다. 그리고 만일 지금까지의 논의가 그럴듯한 것이라면, 우리는 지금까지의 논의를 다음과 같은 그림으로 단순화할 수 있을 것 같다.

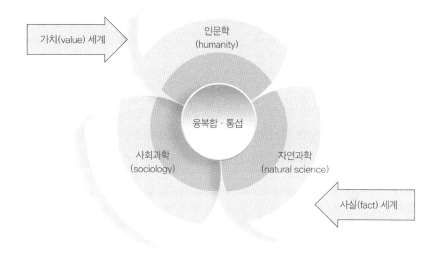

가치(value) 세계

인문학
(humanity)

융복합 · 통섭

사회과학
(sociology)

자연과학
(natural science)

사실(fact) 세계

분석을 통한 결론을 평가한 지금까지의 논의는 그럴듯한가? 만일 우리가 지금까지 논의한 평가 내용을 수용할 수 있다면, "대학은 무엇인가?"에 대해 도출한 "대학은 세계를 탐구하는 곳이다"라는 결론을 받아들이는 데 결정적인 문제는 없는 듯이 보인다. 오히려 겉으로 보기에 분별된 듯이 보이는 "다양한 학문 영역의 학제적(interdisciplinary)이고 융복합적인 연구와 탐구를 통해 세계를 더 잘 규명할 수 있다"는 결론을 도출함으로써 처음의 결론을 더 강화할 수 있다는 것을 파악할 수 있을 것이다.

4) (평가에 따른) 문제 확장: 새로운 또는 실천적인 문제 착안하기

우리가 "대학이란 무엇인가?"라는 문제에 대한 나름의 한 가지 답변을 구하기 위해 지금까지 수행한 사고 절차를 간략히 정리하면 다음과 같다.

1단계	문제 제기	대학이란 무엇인가?
2단계	문제 분석	(논증 재구성에 의거하여) 대학은 세계를 탐구하는 곳이다.
3단계	분석 내용 평가	(논증의 평가를 통해) 다양한 학문 영역의 융합과 학제적 연구를 통해 세계를 더 잘 규명할 수 있다.

지금까지 수행한 사고의 절차와 내용에 결정적인 문제가 없다면, 문제 분석을 통해 도출한 결론과 분석 내용 평가를 통해 검사하고 검증한 결론에 의거하여 관련된 새롭고 실천적인 문제를 착안해볼 수 있다. 예컨대, 만일 내가 의과대학생이라면 "의과대학생으로서 세계를 탐구한다는 것은 무엇인가?" 또는 "의과대학생으로서 세계를 올바르게 탐구하기 위해 요구되는 역량과 자세는 무엇인가?" 같은 실천적인 문제에 대한 고찰을 시작할 수 있다. 그리고 앞서 수행한 3단계의 사고 절차에 마지막 단계를 추가하여 아래와 같이 사고 과정을 정리할 수 있으며, 4단계에서 착안한 또는 착상된 실천적인 문제는 새로운 사고 절차를 거쳐야 한다는 것은 당연하다는 것을 쉽게 알 수 있을 것이다.

1단계	문제 제기	대학이란 무엇인가?
2단계	문제 분석	(논증 재구성에 의거하여) 대학은 세계를 탐구하는 곳이다.
3단계	분석 내용 평가	(논증의 평가를 통해) 다양한 학문 영역의 융합과 학제적 연구를 통해 세계를 더 잘 규명할 수 있다.
4단계	문제 확장	(논증의 결론에 기초하여) 의과대학생으로서 세계를 올바르게 탐구하기 위해 요구되는 역량과 자세는 무엇인가?

대학을 정의하기 위한 1~3단계 사고 과정으로부터 도출한 결론을 수용할 경우, 그 논증의 결론에 기초하여 (의과)대학생으로서 세계를 올바르게 탐구하기 위해 요구되는 역량과 자세는 무엇인지 그 이유를 밝혀 간략히 서술해보자.

대학생으로서 나는 ……

3. 근거중심의학(EBM, Evidence Based Medicine)과 근거중심글쓰기

의학과 의학 교육에 있어 최근의 뚜렷한 한 가지 경향은 신뢰할 만한 과학적 근거에 의거하여 실제 임상 상황에 적용하고자 하는 '근거중심의학(Evidence Based Medicine, 이하 EBM)'이다. 근거중심의학(EBM)은 다양한 방식으로 정의되고 있지만, 가장 일반적인 정의는 새켓(David L. Sackett) 등이 제시한 다음과 같은 정의다. 그는 근거중심의학을 다음과 같이 정의하면서 그것을 실현하기 위한 실천 방안으로 5단계의 실행 단계가 있다고 말한다. 그것을 간략히 정리하면 다음과 같다.

[근거중심의학(EBM)]

'근거중심의학(EBM)'은 최고의 연구 근거를 의사의 숙련도와 환자의 가치에 접목시키는 것이다. (중략) 근거중심의학이란 현재까지 발표된 것 중 가장 우수한 근거를 사려 깊게 선택하고, 내 환자의 진료과정에서 판단을 내리는 데 그 근거를 적극 이용하는 것이다.[2]

근거중심의학은 환자 문제에 대해 의학적 결정을 내릴 때 세심하고 주의 깊게 최신 의학 지식을 적용하는 것 혹은 개별 임상경험과 체계화된 연구에서 얻어진 임상적인 근거들 중에서 최선의 것을 통합하여 개개인의 환자에게 적용하는 것이다.[3]

[근거중심의학의 실천: 실행 단계]

1단계: 예방, 진단, 예후, 치료, 병인 등에 대해 궁금한 것을 답변 가능한 질문으로 전환한다.

2단계: 그 질문에 대한 답을 찾기 위해 최신의 근거를 수집한다.

3단계: 수집된 근거의 타당성, 효과의 정도, 임상 적용 가능성을 평가한다.

4단계: 비평적 분석(critical appraisal) 결과를 의사의 경험 및 환자의 신체적 조건, 가치, 상황에 접목시킨다.

5단계: 1~4단계를 실행하는 과정의 효과와 효율을 평가하고 이를 향상시키기 위한 방법을 찾는다.

---

2) David L. Sackett 외 4인, 『근거중심의학』, 안형식 외 3인 역, 아카데미아, 2004, pp.1-5

3) Trisha Greenhalgh & Anna Donald, 『근거중심의학 워크북』, EBM연구회 역, 아카데미아, 2007, p.19

우리가 이 책을 통해 익히고자 하는 것은 "합리적 추론에 따라 (의학적) 문제와 글을 분석하고, 올바른 근거에 의거하여 정당한 주장을 하는 글"을 쓰는 것이다. 따라서 여기서 근거중심의학(EBM)의 세부적인 내용과 적용 절차에 관한 모든 것을 다룰 수는 없을뿐더러 반드시 요구되는 것도 아니다. 하지만 의학 및 의학 교육에서 익숙하게 사용되는 근거중심의학의 핵심 개념과 내용적 구조가 비판적 사고의 개념과 그것에 기초한 정당화 글쓰기의 구조와 다르지 않다는 것을 이해하는 것은 매우 중요한 의미를 갖는다. 왜냐하면 그러한 이해를 통해 의학 교육에 있어 비판적 사고와 그것에 기초한 정당화 글쓰기 교육이 의학적 추론과 적용 능력을 향상시키는 데 기여할 수 있다는 점을 설명하고 설득할 수 있기 때문이다. 그렇다면, 근거중심글쓰기(EBW)를 본격적으로 논의하기에 앞서 그것의 밑바탕이 되는 '비판적 사고(critical thinking)'가 무엇인지 먼저 살펴보는 것이 도움이 될 것이다. (우리는 2장에서 비판적 사고에 관한 대략의 모습을 살펴볼 것이다.) 현대에 들어 비판적 사고를 본격적으로 논의하고 정의했다고 알려진 델피 보고서(Delphi Report, 1990)는 비판적 사고를 다음과 같이 정의하고 있다.

[비판적 사고 정의] 델피 보고서(Delphi Report, 1990)
　　우리는 비판적 사고가 해석, 분석, 평가 및 추리를 산출하는 의도적이고 자기규제적인 판단이며, 동시에 그 판단에 대한 근거가 제대로 되어 있는가, 개념적, 방법론적, 표준적 또는 맥락적 측면들을 제대로 고려하고 있는가에 대한 설명을 산출하는 의도적이고 자기규제적인 판단이라고 이해한다.
　　(중략)
　　이상적인 비판적 사고자는 습관적으로 이유를 꼬치꼬치 묻고, 잘 알고자 하고, 근거를 중요시하며, 평가에 있어서 열린 마음을 가지고 있고, 공정하고, 자신의 편견을 공정하게 다루고, 판단을 내리는 데 있어서 신중하고, 기꺼이 재고(再考)하고, 현안 문제들에 대해 명료하고, 복잡한 문제들을 다루는 데 있어서 합리적이고, 집중하여 탐구하고, 주제와 탐구의 상황이 허락하는 한 되도록 정확한 결과를 끈기 있게 추구한다. [……][4]

만일 지금까지의 논의가 적절한 것이라면, 비록 근거중심의학(EBM)은 통상 과학적인 근거로 일컬어지는 "임상 경험, 증상, 확률적 통계, 기존의 연구 자료와 성과"를 중요한 근거로 사용하는 반면에, 근거중심글쓰기에서는 "중요한 개념과 사실적 정보"를 추론의 근거로 사용한다는 점에서 겉으로 보이는 차이가 있지만, 근거중심의학(EBM)과 근거중심글쓰기(EBW) 모두 '신뢰할 만한 근거(evidence)'로부터 합리적으로 '수용할 수 있는 결론(conclusion)'을 '추론(inference)'하는 일련의 사고 과정이라는 점에서 형식적인 모습과 내용적인 측면에서 동일한 구조를 갖는다고 볼 수 있다. 그리고 미리 말하자면, 근거로부터 결론을 추론하기 위해 필요한 것이 '논리(logic)'와 비판적 사고다. 따라서 우리는 다음 장에서 근거중심글쓰기(EBW)에 대해 본격적으로 논의하기에 앞서 그것의 밑바탕이 되는 '비판적 사고와 논리'에 관해 간략히 살펴볼 것이다. 지금까지의 논의를 간략히 정리하여 다음과 같이 표로 제시할 수 있다.

	근거중심의학(EBM)	근거중심글쓰기(EBW)
근거	증상, 임상경험, 확률 통계, 연구 등	개념(정의) 사실적 정보
추론	의학적 **추론**	주관적 **추론**
결론	진단	정당화(합리적) 글쓰기

---

4) 김광수,『논리와 비판적 사고』, 철학과현실사, 2007, p.24

4. 근거중심글쓰기(EBW)의 사고 과정과 절차적 구조

　이번 장에서 논의한 내용 중에서 가장 중요한 것은 근거중심글쓰기(EBW)의 '사고 과정과 절차적 구조'가 어떻게 이루어지는지를 이해하는 것이다. 우리는 2~4장을 통해 근거중심글쓰기(EBW)의 밑바탕이 되는 비판적 사고와 논리에 대한 대략적인 설명과 근거중심글쓰기(EBW)의 구조와 내용에 대해 살펴본 다음 5~12장에서 의학, 의학교육, 의료 및 의료 환경과 관련된 주제를 분석(subject analysis)하고 논의하는 과정에서 그것을 (주제에 따라 약간 변형하여) 적용할 것이기 때문이다. 그 과정을 그림으로 간략히 표현하면 다음과 같다. 이미 예상하듯이, 가장 바깥을 에워싸고 있는 화살표 원은 어떤 경우에는 사고 과정과 절차의 4단계가 되먹임(feedback)을 통해 재검토되어야 한다는 것을 의미한다.

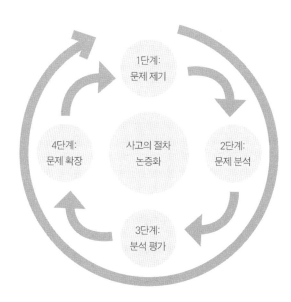

2장
근거중심글쓰기(EBW)의 기초가 되는
논리(logic)와 비판적 사고(critical thinking)

1. 왜 주장을 담고 있는 글을 쓰기 위해서는
논리와 비판적 사고가 요구되는가?

미리 말하자면, 지금부터 다루려는 글의 형식 또는 내용은 어떤 '문제', 더 정확하게 말하자면 '문제 상황'을 글감으로 삼아 자신의 주장과 생각을 담는 글쓰기다. 우리가 접하는 모든 글쓰기가 그와 같은 형식을 갖는 것은 아니다. 예컨대, 수필이나 시의 글감은 일상사가 될 터이고, 감상문의 글감은 여러 작품들, 기행문은 여행이 글감이 될 것이다. 눈치 빠른 독자는 이미 짐작했겠지만, 문제 상황에 대해 자신의 주장과 생각을 담는 글을 쓴다는 것은 (제법) 그럴듯한 이유와 근거를 들어 논리적이고 정합적인 글을 쓴다는 것을 의미한다. 간략히 말해서, 우리는 어떤 주장을 접했을 때 그것을 지지하는 이유 또는 근거의 타당성에 의지하여 그 주장을 수용하거나 반대한다. 따라서 앞으로 보게 될 많은 지문과 그것들에 대한 평가는 주로 이유 또는 근거를 분석함으로써 결론 또는 주장을 수용할 수 있는지를 따져보게 될 것이다. 다음으로 그러한 평가로부터 그 문제 상황에 대한 자신의 입장이 무엇인지를 그럴듯한 근거를 들어 주장하는 글쓰기 연습을 하게 될 것이다.

본격적인 논의에 앞서 미리 말하자면, 지금 우리의 주된 관심사는 "합당한 근거에 기초한 정당화 글쓰기"에 있으며, 논리학 또는 비판적 사고 그 자체에 있는 것은 아니다. 하지만 합당한 근거에 기초한 정당화 글쓰기를 하기 위해서는 논리와 비판적 사고에 의지할 수밖에 없다는 것 또한 사실이다. 따라서 여기에서는 근거중심글쓰기(EBW)를 하기 위해 필요한 가장 기초적이고 필수적인 논리와 비판적 사고의 내용만 간략히 소개할 것이다.

1) 글쓰기 과정에 행위 산출 원리를 대입한다면?

(괄호에 들어갈 용어는 무엇일까?)

우리가 관심을 가지고 있는 글쓰기에 관한 이야기를 시작하기에 앞서 행위 산출의 문제에 대해 간략히 살펴보자. 말과 글로 표현되는 언어 사용 능력은 인간이 가진 특유한 속성 중 하나임은 분명한 듯이 보이며, 말하는 것과 글을 쓰는 것은 인간 행위에 포함되기 때문이다. 행위를 산출하는 일반적이고 대표적인 설명인 BDA 원리를 살펴보자.[1]

행위를 설명하는 BDA 원리(principle of BDA)

B(   ) + D(   ) → Action

---

1)   Davidson, Donald, *Essays on Action and Event*, 1963 참조.

행위가 만들어지는 과정을 보여주고 있는 BDA 원리는 위에서 보는 것과 같이 "적절한 한 쌍의 B와 D가 행위를 산출"한다고 설명한다. 그렇다면, 행위를 이끄는 원인으로서 작동하고 있는 B와 D는 무엇일까? 다음과 같이 일상에서 일어날 수 있는 한 가지 사례를 통해 그것이 무엇인지 찾아보자.

(예컨대) 지섭은 연희를 만나고자 하는 (   )이 있고 △△꽃가게에 가면 그녀를 만날 수 있다는 [   ]이 있다면, 지섭은 그곳에 갈 것이다.

앞서 말했듯이, 글쓰기도 일종의 행위이기 때문에 글쓰기 과정을 행위 산출 원리에 적용해볼 수 있을 것이다. 그러면 우리가 글을 쓸 때의 한 가지 모습은 다음과 같을 수 있다.

"연희는 지섭의 오해를 풀려는 (   )을 갖고 있고 그에게 편지를 쓴다면 그의 오해를 풀 수 있다는 [   ]을 가지고 있다면, 연희는 그에게 편지를 쓸 것이다."

위의 예에서 ( )와 [ ]에 공통으로 들어갈 수 있는 단어는 무엇인가? 그것을 다시 정리하면 다음과 같다. 말하자면, ( )에 들어갈 첫 번째 항목에 해당하는 문장을 풀어 쓰면 다음과 같이 될 것이다.

지섭은 연희를 만나고자 하는 (   )이 있다. ⇒ 지섭은 연희를 만나고 <u>싶다</u>.
연희는 지섭의 오해를 풀고자 하는 (   )이 있다. ⇒ 연희는 지섭의 오해를 풀고 <u>싶다</u>.

여기서 밑줄로 표시한 '싶다'는 '원한다' 또는 '욕망한다' 등으로 표현될 수 있을 것이다. 만일 그렇다면, 행위를 만드는 적절한 한 쌍의 D와 B에서 'D'에 해당하는 것은 '욕망(Desire)'이 될 것이다.

다음으로, [ ]에 들어갈 수 있는 단어가 무엇인지 생각해보자. 우리는 앞서 ( )에 들어갈 수 있는 단어가 '욕망'이라는 것을 확인했다. 그렇다면, 나에게 어떤 욕망이 있을 때 그것에 더하여 무엇이 결합되어야 행위를 만들 수 있을까? 다시 위의 예를 통해 그 답을 찾아보자. [ ]에 들어갈 두 번째 항목에 해당하는 문장을 풀어 쓰면 다음과 같이 될 것이다.

> 지섭은 △△꽃가게에 가면 그녀를 만날 수 있다는 [　　]이 있다. ⇒ 지섭은 연희가 △△꽃가게에 있다고 믿는다.
> 연희는 지섭에게 편지를 쓴다면 그의 오해를 풀 수 있다는 [　　]을 가지고 있다. ⇒ 연희는 지섭에게 편지를 쓴다면 오해를 풀 수 있다고 믿는다.

말하자면, 지섭이 연희를 만나기 위해 △△꽃가게에 가기 위해서는 그녀가 그 꽃가게에 있다는 것을 알거나 거기에 있다고 믿어야 한다. 마찬가지로, 연희가 오해를 풀기 위해 지섭에게 편지를 쓰기 위해서는 그 편지가 오해를 푸는 좋은 방편이라고 생각하거나 그렇게 믿어야 한다는 것이다. 만일 그렇다면, 행위를 만드는 적절한 한 쌍의 D와 B에서 'B'에 해당하는 것은 바로 '믿음(Belief)'이 될 것이다.

만일 지금까지의 논의가 올바른 것이라면, 한 가지 행위는 "적절한 한 쌍의 욕망과 믿음'에 의해 초래될 수 있다. 달리 말하면, 어떤 행위는 그것을 이루고자 하는 또는 달성하고자 하는 '욕망'과 어떤 수단 또는 과정을 통해 그것을 이루거나 달성할 수 있다는 '믿음'의 적절한 묶음에 의해 초래될 수 있다.

하지만 BDA 원리 같은 행위가 만들어지는 과정을 잘 보여주는 그럴듯한 설명을 얻었다는 것이 곧 모든 인간 행위를 합리적으로 설명할 수 있다는 것을 의미하는가에 대해 의문을 제기할 수 있다. 말하자면, 적절한 한 쌍의 욕망과 믿음에 의해 초래된 모든 행위는 허용되거나 수용될 수 있는가? 미리 말하자면, 그렇지 않은 것 같다. 예컨대 우리는 다음과 같은 경우를 상상해볼 수 있을 것이다.

> 욕망: 용성은 연희와 결혼하고 싶은 욕망이 있다.
> 믿음: 용성은 연희에게 청혼하면 그녀가 흔쾌히 승낙할 것이라는 믿음이 있다.

만일 용성이 이와 같은 한 쌍의 욕망과 믿음을 갖고 있다면, 그것은 아마도 다음과 같은 행위를 만들 것이다.

> 행위: 용성은 연희에게 청혼한다.

겉으로 보기에 용성이 연희에게 청혼하는 것은 행위를 설명하는 BDA 원리에 잘 들어맞는 것 같다. 그런데 여기서 궁금한 것이 있다. 즉, "연희는 용성의 청혼을 받아들였을까?" 받아들였을 수도 있고 그렇지 않았을 수도 있다. 그런데 만일 연희가 용성의 청혼을 받아들이지 않았다면, 용성이 연희에게 청혼한 행위에는 어떤 문제가 있었던 것일까? 달리 말하면, 용성이 가진 적절한 한 쌍의 욕망과 믿음으로부터 만들어진 행위가 수용되지 않고 허용되지 않은 까닭은 무엇인가? 우리는 이와 같은 예로부터 어떤 행위가 수용되고 허용되기 위해서는 적절한 한 쌍의 욕망과 믿음이 행위를 만드는 과정에 더하여 어떤 것이 추가되어야 한다는 것을 파악할 수 있을 것이다. 그것은 무엇일까? 예컨대, 다음과 같은 도식에서 [ ]에 들어갈 단어는 무엇인가?

믿음(Belief)　　　+　　　욕망(D)　　　→　　　행위(A)

↑

[　　?　　]

이미 알고 있듯이, 통상 사람의 지적 능력은 완전하지 않기에 처음에 가진 생각이 항상 올바르거나 최선의 것이 아닐 수 있다. 말하자면, 우리가 가진 (최초의) 욕망과 믿음이 항상 올바르거나 최선의 것은 아니라는 것이다. 우리 대부분은 그러한 사정을 알기 때문에 어떤 중요한 행위를 하기에 앞서 그 행위를 하는 것이 올바른 것인지, 허용될 수 있는 것인지 또는 합리적인 것인지에 대해 이러저러한 조건들에 의거하여 따져보고 숙고한다. 만일 그렇다면, 위의 도식에서 [ ]에 들어갈 내용은 "이러저러한 조건에 의거하여 따져보고 숙고"하는 것이다. 그리고 이와 같이 어떤 행위를 하기에 앞서 이러저러한 조건에 의거하여 따져보고 숙고하는 것을 그 행위를 '정당화(justification)'하는 것으로 파악할 수 있다.[2] 그리고 만일 지금까지의 논의가 올바른 것이라면,

---

2)　앎에 대한 전통적인 해석에 따르면, "앎 또는 지식(knowledge)은 정당화된 참인 믿음(Knowledge is justified by true belief)"이다. 말하자면, 정당화는 전통적인 의미의 우리의 앎[또는 지식(knowledge)]에 관해서도 중요하다. 이러한 의미에서 댄시(J. Dancy)는 전통적인 의미의 인식론에서 우리의 앎은 "참된 믿음만으로는 지식이 될 수 없다. 왜냐하면 우리는 우연히 참된 믿음을 가질 수도 있기 때문이다. 예를 들어, …… 그렇지만 그 믿음은 정당한 근거가 없는 한 지식일 수는 없을 것이다. 결국 지식이란 정당화된(합리적으로 설명된) 참된 믿음이라고 정의되어야 한다"고 말한다. 그리고 3장의 '논증 (재)구성에 기초한 분석적 요약'에서 다시 설명하겠지만, 이와 같은 앎에 대한 정의는 다음과 같은 논증으로 구성된다. Dancy, Jonathan, *Contemporary Epistemology*, Blackwell, 1985, pp.7-10

R₁. 지식을 구성하는 믿음은 참된 믿음이어야 한다.
R₂. 우연히 참된 믿음을 가질 수 있다.
C₁. 참된 믿음만으로는 지식이 될 수 없다.
C₂. 참된 믿음이 지식이 되기 위해서는 그 참된 믿음의 필연성을 보장해줄 또 다른 요소가 필요하다.
R₃. 믿음의 필연성은 정당화 요소다.
C₃. 지식은 정당화된 참된 믿음이다.

우리는 다음으로 어떤 것을 정당화하기 위해 필요한 '사고 도구'가 무엇인지에 대해 살펴보아야 할 것이다.

2) '논리'란 무엇인가?

우리는 일상에서 '논리'라는 용어를 쉽게 접할 수 있을뿐더러 자주 사용하기도 한다. 예컨대, "지금 당신이 하는 말의 논리가 무엇입니까?", "너는 좀더 논리적으로 생각할 필요가 있어" 또는 "자신의 논리를 세워봐. 그래야 이해가 될 것 같은데" 등과 같은 말과 진술문은 결코 낯선 것이 아니다. 그렇다면, 이토록 자주 사용하고 쉽게 접할 수 있는 단어인 "논리는 무엇인가?"

아마도, "논리는 무엇인가?"라는 질문에 대해 명쾌하고 깔끔한 답변을 내놓을 수 있는 사람은 그리 많지 않을 것이다. 많은 사람들이 이와 같은 난처한 질문에 대해 다음과 같이 대답할 수 있다.

> "합리적으로 말하는 것"
> "이야기의 인과적 관계를 올바르게 말하는 것"
> "이치(理致)에 맞게 말하는 것" 또는
> "말의 앞과 뒤가 맞는 것"

그러한 답변은 모두 옳은 답변인 듯이 보인다. 그런데 문제는 그러한 답변으로도 논리가 무엇인지 정확히 파악할 수 없다는 점이다. 우선 "합리적으로 말하기"라는 첫 번째 답변을 생각해보자. 그 말을 올곧이 이해하기 위해서는 '합리적(rational)'인 것의 의미를 이해해야 한다. 이미 짐작했겠지만, 그것의 의미를 적확하게 이해하는 것은 결코 쉬운 일이 아니다. 두 번째 답변인

"인과적 관계에 들어맞게 말하기"에서 '인과적 관계(causal relation)' 또는 '인과성(causality)'이라는 것 또한 합리성 못지않게 이해하기 쉽지 않은 것이다. 따라서 앞의 두 답변으로는 "논리가 무엇인가?"에 대한 답변이 더 어려운 문제를 낳는 듯이 보인다. 그나마 세 번째와 네 번째 답변이 가장 이해하기 쉬운 일상적인 답변인 듯하다. 서양의 관점에서 본다면, '논리'라는 용어는 그리스어 로고스(logos)에서 유래한 것이다. 그런데 로고스는 말의 어법이나 질서를 의미한다. 말의 어법이나 질서라 함은 결국 말의 앞뒤가 맞음을 뜻한다. 결국, 우리가 사용하고 있는 '논리'라는 말은 대략 말의 앞뒤가 맞음을 뜻한다고 정의할 수도 있다.[3] 하지만 이와 같은 정의는 다소 애매모호하다. 말하자면, '말의 앞뒤가 맞다'는 것을 어떻게 확인할 수 있는가?

그렇다면, 논리를 쉽게 이해하고 정의할 수 있는 방법은 없을까? 우리는 일반적으로 무엇인가를 정의할 때 그것이 가진 속성(property) 또는 기능(function)에 의거하는 경우가 있다. 예컨대, 컵은 "음료를 따라서 마시는 데 쓰이는 것"으로, 연필은 "필기도구의 하나로서 흑연과 점토의 혼합물을 구워 만든 가느다란 심을 속에 넣고 겉은 나무로 둘러싸서 만든 것"으로 정의한다. 말하자면, 우리는 세상의 많은 것을 그것이 가진 기능을 기술함으로써 적절하게 정의하곤 한다. 그렇다면, 컵이나 연필을 정의한 방식과 같이 논리를 그것이 가진 기능에 의거하여 정의한다면 어떨까? 다음과 같이 일상에서 일어날법한 가상의 두 이야기를 통해 논리의 기능이 무엇인지 생각해보자.

[대화 1]

강호: 연희가 요즘 조금 수상하지 않아?

민아: 뭐가?

---

3) 국어사전에서는 논리를 다음과 같이 정의하고 있다. 즉, "말이나 글에서의 짜임새나 갈피, 생각이 지녀야 하는 형식이나 법칙, 사물의 이치나 법칙성"

강호: 선머슴 같은 아이가 지섭만 보면 평소와 달리 말도 없고 얼굴도 빨개지잖아!

민아: 연희가 지섭을 좋아하고 있는 게 아닐까?

[대화 2]

강호: 그래? 만일 그렇다면, 우리 연희와 지섭이 사귈 수 있도록 도와주자!

민아: 왜?

강호: 지섭의 최근의 태도를 보아하니 그도 연희를 좋아하고 있는 것 같아.

민아: 정말? 그렇다면 당연히 그렇게 해야지.

[대화 1]에서 강호와 민아가 하고 있는 일은 무엇인가? 이 물음에 대해 답하는 것은 어렵지 않은 것 같다. 여기서 그들은 "연희가 지섭을 좋아하는 것 같다"고 결론내리고 있다. 물론, 그들이 내린 결론은 올바른 것일 수도 있고 그렇지 않을 수도 있다. 말하자면, 강호와 민아가 도출한 결론처럼 연희는 지섭을 좋아할 수도 있지만, 그렇지 않을 수도 있다. 예컨대, 연희는 최근에 심한 감기를 앓았고 그것이 원인이 되어 평소와 달리 얼굴빛이 옅은 붉은빛 이었고 목이 아프기 때문에 말수도 적어졌을 수 있다. 그렇다면, 우리는 그들 이 내린 결론이 그럴듯한 것인지 또는 올바른 것인지 판단해보아야 한다. 그 것을 알아보기 위해 그들의 사고 과정을 다음과 같이 간략히 정리하는 것이 도움이 될 수 있다.

이유 1: 연희는 선머슴 같은 아이다.

이유 2: (그런데) 연희는 지섭만 보면 평소와 달리 말도 없고 얼굴도 빨개 진다.

이유 3: 이유 2와 같은 현상은 일반적으로 누군가를 좋아할 때 일어난다.

결론 1: (아마도) 연희는 지섭을 좋아하는 것 같다.

이와 같이 강호와 민아의 [대화 1]을 정리하면, 결국 그들은 어떤 '이유(들)'로부터 어떤 '결론'을 '추리(inference)'하고 있다는 것을 알 수 있다. 이와 같이 논리가 가진 첫 번째 기능은 '추리'다. 그리고 여기서 추리의 결과인 결론이 그럴듯한 것인지 그렇지 않은지의 여부는 그 결론을 뒷받침하고 있는 '이유(들)[reason]'라는 점을 파악하는 것은 매우 중요하다.

논리의 두 번째 기능을 알아보기 위해 [대화 2]를 검토해보자. [대화 2]에서 강호와 민아가 하고 있는 일은 무엇인가? 앞의 이야기를 통해 이미 파악했겠지만, 여기서 그들은 "연희와 지섭이 사귈 수 있도록 도와주어야 한다"는 결론을 내리고 있다. 그들이 내린 결론은 [대화 1]의 경우와 마찬가지로 올바른 것일 수도 있고 그렇지 않을 수도 있다. 그렇다면, 우리는 이것 또한 그들이 내린 결론이 그럴듯한 것인지를 판단해보아야 한다. 그것을 알아보기 위해 앞서와 마찬가지로 그들의 사고 과정을 다음과 같이 간략히 정리해보자.

이유 1: (연희가 지섭을 좋아하듯이) 지섭도 연희를 좋아하는 것 같다.

이유 2: 서로 좋아하는 사람을 사귈 수 있게 돕는 것은 좋은 일이다.

결론 2: 따라서 지섭과 연희가 사귈 수 있도록 도와주어야 한다.

이와 같이 강호와 민아의 [대화 2]를 정리하면, 결국 그들은 어떤 '이유(들)'로부터 어떤 '결론'을 '주장(argue)'하고 있다는 것을 알 수 있다. 여기서 '주장하다'는 영어 'argue'를 우리말로 옮긴 것이고, 그것의 명사형은 'argument'다. 그리고 영어 'argument'를 우리말로 옮기면 '주장함'이 되겠지만, 일반적으로 '논증' 또는 '논변'으로 번역한다. (혼동을 피하기 위해 앞으로 'argument'를 '논증'으로 옮길 것이다.) 이와 같이 논리가 가진 두 번째 기능은 '주장함', 달리 말하면 바로 '논증'이다. 그리고 논증의 결론이 그럴듯한 것인지 그렇지 않은지의 여부는 추리의 경우와 마찬가지로 그 결론을 뒷받침하고 있는 '이유(들)'라는 점을 파악하는 것이 매우 중요하다.

논리가 가진 기능에 의거한 이와 같은 분석과 논의가 올바른 것이라면, 논리가 가진 두 가지 중요한 기능은 '추리'와 '논증'이다. 그리고 두 경우 모두 각각의 추리와 결론이 그럴듯한 것인지 그렇지 않은지 여부는 그 추리와 결론을 뒷받침하고 있는 '이유'에 달려 있다는 공통점을 가진다. 지금까지의 논의를 간략히 정리하면 다음과 같은 그림을 얻을 수 있다.

추 　 ← 　 이유로부터 결론을 도출하는

논　리

이유로부터 결론을 주장하는 　 → 　 증

이러한 맥락에서, '논리학'의 일반적인 정의를 살펴보는 것이 도움이 될 것이다. 논리학은 일반적으로 "정확한 추론과 부정확한 추론을 구분하기 위해 사용되는 여러 원리와 방법을 연구하는 학문"으로 정의된다.[4] 우리가 이미 알고 있듯이, "여러 원리와 방법"은 간략히 말해서 연역추리(deductive inference)와 귀납추리(inductive inference)를 가리키며, 논리학의 주된 관심사는 다루는 주제와 영역이 무엇이든 간에 추론(推論)이다. 그리고 논증은 추론의 산물이다.[5] 그러한 의미에서, 논리학은 논증에 대한 〈분석〉과 〈평가〉를 실행할

---

4) 어빙 코피(E. Copy), 『논리학 입문(10판)』, 박만준 외 역, 경문사, 2000, p.8
5) 추론과 논증은 전제로부터 결론을 도출하는 과정이다. 따라서 추론과 논증은 좋은 추론과 논증(good reasoning & argument) 그리고 나쁜(bad) 추론과 논증으로 구분된다. 논리는 좋은 추론과 논증을 나쁜 추론과 논증으로부터 구분하는 일을 한다. 예컨대, 어떤 이가 "오늘은 비가 내린다. 따라서 올해 크리스마스는 행복할 것이다"라고 진술한다면, 이 또한 전제로부터 결론을 추론하고 있다는 점에서 논증이다. 하지만 이것은 좋은 논증일 수는 없다. 전제와 결론 사이에 논리적 유관성이 없기 때문이다.

수 있는 기회를 제공한다고 할 수 있다.

물론, 논리학을 배운 사람만이 추론을 잘할 수 있다거나 정확하게 추론할 수 있다고 생각하는 것은 잘못이다. 이것은 마치 기타를 잘 만드는 장인(匠人)만이 훌륭한 기타 연주자가 될 수 있다고 생각하는 것과 마찬가지다. 예컨대, 전설적인 기타리스트인 게리 무어나 에릭 클랩튼은 가장 훌륭한 기타 연주를 뽑낼 수 있겠지만, 가장 훌륭한 기타를 만들 수는 없다. 또한 논리학을 전혀 배우지 않은 사람도 어떤 경우에는 논리학을 열심히 공부한 사람 못지않게 훌륭한 추론을 하는 경우도 있다. 유쾌하고 좋은 예는 아니지만, 사기꾼들의 경우를 생각해보는 것이 도움이 될 것이다. 그들이 행한 사고의 절차가 매우 논리적인 추론에 의지하고 있다는 것을 어렵지 않게 파악할 수 있기 때문이다. 이와 같은 맥락에서, 코피(A. Copi)는 다음과 같이 말한다.[6]

[……] 마치 생리학을 배운 사람만이 달리기를 잘할 수 있다고 생각하는 것과 마찬가지다. 누구나 알고 있듯이, 육상 선수는 멋지게 달리고 있는 동안 자신의 몸 안에서 일어나고 있는 과정들에 대해 전혀 모른다. 논리학이 어느 누구의 추론은 정확할 것이라는 확신을 제공하는 것은 결코 아니다. 생리학을 배운 대학원생은 신체기능의 방식에 대해서는 많이 알고 있을지 몰라도 실제로 육상 선수처럼 잘 달릴 수 있는 것은 아니다.

하지만 동일한 능력을 가진 사람이라면, 논리학을 배운 사람이 추론과 관련된 일반적인 원리들에 대해 전혀 생각해보지 않은 사람보다 더 정확하게 추론할 것이라고 예상하는 것은 결코 이상하지 않다. 논리학을 공부한 사람은 다양한 추론의 정확성을 검사하는 방법을 알고 있을 것이며, 또한 추론 과정에서의 실수를 보다 쉽게 찾아낼 수 있을 것이기 때문이다.

---

6) 같은 책, p.25

3) 비판적 사고(critical thinking)란 무엇인가?

비판적 사고에 대해 자세히 알아보기에 앞서 '논리적 사고'와 '비판적 사고'의 관계에 대해 먼저 살펴보는 것이 도움이 될 것 같다. 왜냐하면 어떤 경우와 상황에서는 그 둘을 거의 같은 의미로 혼용하는 경우들이 있고, 그러한 이유로 비판적 사고는 논리적 사고와 다른 것이 아니라 같은 것이라는 오해가 있기 때문이다. 논리적 사고와 비판적 사고의 관계를 잘 보여주고 있는 다음의 글을 보자.

> 논리적 사고는 비판적 사고에 필요하지만 충분하지는 않다. 논리적 사고는 전제들에서 결론이 도출될 수 있는 올바른 연역적 또는 귀납적 원리에 따르려는 것이다. 올바른 이성적 사고는 논리적 사고의 목적을 충족시켜야 한다. 그러나 그것만으로는 충분하지 않다. 그것은 그 전제들이 받아들일 만한 진리성도 갖출 것도 요구한다. 비판적 사고는 논리적 요구와 진리성 요구에 대한 반성적 사고다. 무엇보다 중요한 것은 비판적 사고가 주어진 텍스트에 대한 분석과 평가의 전체적인 성찰이라는 점이다. 하지만 논리적 사고에서는 그와 같은 전체적 성찰이 꼭 필요한 것은 아니다.[7]

[비판적 사고 정의] 델피 보고서(Delphi Report, 1990)

> 우리는 비판적 사고가 해석, 분석, 평가 및 추리를 산출하는 의도적이고 자기규제적인 판단이며, 동시에 그 판단에 대한 근거가 제대로 되어 있는가, 개념적, 방법론적, 표준적 또는 맥락적 측면들을 제대로 고려하고 있는가에 대한 설명을 산출하는 의도적이고 자기규제적인 판단이라고 이해한다.

---

7) 이좌용 · 홍지호, 『비판적 사고: 성숙한 이성으로의 길』, 성균관대학교출판부, 2009, p.7

(중략)

　　이상적인 비판적 사고자는 습관적으로 이유를 꼬치꼬치 묻고, 잘 알고자
하고, 근거를 중요시하며, 평가에 있어서 열린 마음을 가지고 있고, 공정하
고, 자신의 편견을 공정하게 다루고, 판단을 내리는 데 있어서 신중하고, 기
꺼이 재고(再考)하고, 현안 문제들에 대해 명료하고, 복잡한 문제들을 다루는
데 있어서 합리적이고, 집중하여 탐구하고, 주제와 탐구의 상황이 허락하는
한 되도록 정확한 결과를 끈기 있게 추구한다. [……][8]

　　우리는 앞서 매우 간단하고 소박한 것이지만 논리가 가진 두 기능과 역할
을 통해 논리가 무엇인지에 대해 정의했다. 그런데 일반적으로 이론적 측면
에서의 논리는 어떤 행동의 결과 또는 행위의 산출을 포함하고 있지 않다. 우
리가 논리적 사고를 통해 이론적 타당성을 구했다면, 다음으로 행위를 산출
하는 실천적 사고를 생각해보아야 할 것이다. 일반적으로, 행위의 산출까지
를 포함하는 실천적 사고를 일컬을 때 사용하는 용어 또는 사고 도구를 '비판
적 사고'라고 한다. 만일 그렇다면, 비판적 사고는 우리가 행위할 때, 좁게는
글을 쓰는 과정에서 실천적 덕목까지 염두에 두는 것이라고 할 수 있을 것이
다. 그렇다면, 글쓰기와 비판적 사고는 어떤 관계를 맺고 있으며, 비판적으로
사고하기 위해 요구되는 자세와 내용은 무엇인가?
　　다음 절에서 다시 설명하겠지만, '비판적' 또는 '논리적' 사고를 하기 위해
서는 '열린 마음'과 '능동적 사고'가 요구된다. 그리고 그것들은 비판적 사고
를 하기 위한 기본적인 자세라고 볼 수 있으며, 그것으로부터 이끌어지는 단
계적인 절차가 비판적 사고의 내용을 구성한다.
　　여기서 중요한 것은 주어진 문제 또는 해결해야 할 문제를 '나의 문제'로

---

8)　김광수, 『논리와 비판적 사고』, 철학과현실사, 2007, p.24

받아들여야 한다는 것이다. 우리는 통상 '나'와 관련이 없는 문제에 대해서는 그것을 무시하거나 해결하려고 애쓰지 않기 때문이다. 이것이 열린 마음의 자세와 깊은 관련이 있다는 것은 자명한 듯이 보인다. 따라서 우리가 어떤 어려운 문제나 상황에 대해 나름의 의견을 제시하고 주장을 전개하기 위해 반드시 요구되는 것은 그 문제나 상황에 대한 철저한 '이해와 분석'이라고 할 수 있다. 그러한 과정을 거치지 않을 경우, 우리는 종종 문제의 핵심을 놓치거나 문제를 잘못 설정할 수 있기 때문이다. 우스갯소리로, 어떤 경우에는 "무엇이 문제인지를 모르는 것이 문제"가 될 수 있다.

이제, 이와 같은 비판적이고 분석적인 작업이 글쓰기에는 어떻게 적용될 수 있는지 살펴보자. 지금까지의 논의를 통해 주어진 문제에 대해 합리적인 대안을 내놓거나 논쟁적인 의제를 제안하는 글을 쓰기 위해 우선 요구되는 것이 '분석' 과정임을 쉽게 파악할 수 있을 것이다. 우리가 분석 과정을 통해 텍스트 또는 당면한 문제를 정확히 이해했다면, 다음으로 그것에 대해 올바른 '평가'를 내려야 할 것이다.

4) 비판적 사고의 계기와 두 가지 조건

우리는 앞서 어떤 문제를 비판적으로 사고하기 위해서는 그 문제를 '나'의 문제로 여겨야 한다는 것을 살펴보았다. 따라서 우리는 나에게 주어진 문제 또는 텍스트를 '나의 문제' 또는 '내가 이해해야 할 텍스트'로 적극적으로 받아들여야 할 것이다. 이와 같은 조건을 간략히 정리하면 다음과 같다.

- 비판적 사고를 하는 동기
  • 문제 상황을 '나'의 문제로 파악하기

• 주어진 글을 철저하게 이해하려고 마음먹기[동기(motivation)]

하지만 '비판적 사고를 하겠다는 마음을 갖는 것 또는 동기를 갖는 것'이 곧 '비판적 사고를 잘할 수 있다는 것'을 의미할 수 없다는 것은 분명하다. 예컨대, 우리가 이미 잘 알고 있듯이 '나는 훌륭한 사람이 될 것이라고 마음을 먹는다'는 것이 바로 '훌륭한 사람이 된다'는 것을 의미하지 않기 때문이다. 그런 마음가짐을 갖는 것도 중요하지만, 그것을 이루기 위해서는 올바른 방식의 부단한 노력이 필요하다는 것은 분명한 것 같다. 만일 그렇다면, 동기화된 마음가짐을 구체화하고 실현시킬 수 있는 방편이 무엇인지 살펴보아야 한다. 그리고 비판적 사고를 하려는 동기화된 마음가짐을 구체화하고 실현하는 좋은 방편은 다음과 같은 것이다.

– 비판적 사고를 하기 위한 조건
• 열린 마음을 갖고 능동적으로 사고하기
• 비판적 사고를 하기 위한 기법에 대한 앎(지식)을 습득하기

비판적 사고를 하기 위한 조건 중에서 '열린 마음'은 왜 필요한가? 우리가 열린 마음을 갖는다는 것은 직면한 문제 또는 해결해야 할 상황을 편견 없이 바라보기 위해 요구되는 것이라고 할 수 있다. 또는 그 문제를 나의 관점이나 시각에서만 접근하는 것이 아니라 타인 또는 상대방의 시각과 관점에서 다루어볼 수 있는 자세를 갖기 위해서라고 할 수 있다. 간략히 말하면, 역지사지(易地思之)의 자세를 갖고 주어진 문제를 공정하고 정확하게 이해하기 위한 것이라고 할 수 있다. 이것은 직면한 또는 해결해야 할 문제를 '정확하게 이해'한다는 것을 뜻한다. 자연스럽게, 그 문제를 정확하게 이해했다는 것은 해결해야 할 문제가 무엇인지를 올바르게 발견하고 파악했다는 것을 의미한다.

우리가 주어진 문제에 대해 열린 마음의 자세로 정확하게 이해하여 문제를 발견했다면, 다음으로 해야 할 일은 발견한 문제를 해결해야 한다고 생각하는 것이 자연스럽다. 그때 요구되는 것이 바로 '능동적 사고'라고 할 수 있다. 그렇다면, 능동적 또는 적극적으로 사고한다는 것은 무엇을 뜻하는가?

우리는 일반적으로 관심을 가질 만한 사건을 목격하거나 중요한 주장을 접했을 때 (의식적이든 그렇지 않은 간에) "왜 그 사건은 그러한 방식으로 일어났지?' 또는 "왜 그는 그 문제에 대해 그와 같이 주장하지?"라고 스스로에게 묻는다. 달리 말하면, 우리는 (의식적이든 그렇지 않은 간에) 발견한 문제나 주장에 대한 '이유(근거, 전제)'가 무엇인지를 스스로에게 묻고 있는 것이다. "왜 우리는 어떤 문제나 주장에 대한 이유가 무엇인지를 스스로에게 묻는가?" 다음과 같은 사례를 통해 그 까닭을 생각해보자.

[상황]

연희는 컴퓨터 매장에서 점원이 권한 노트북을 살지 말지 결정하려고 한다고 해보자. 연희는 돈이 많지 않으며 노트북에 대해서도 잘 모른다. 그녀는 이제 막 대학에 입학하여 수업과 학업에 활용하기 위해 노트북을 구입하려고 한다. 그 점원은 연희에게 A사 노트북의 온갖 장점에 대해 이야기했고, 심지어 할인된 가격을 제시했다.

[사례 1]

연희는 A사의 노트북에 관해 이야기를 나누는 과정에서 그 점원을 좋아하게 되었고, 믿게 되었으며(물론, 그들은 이전에 만난 적이 없으며, 연희는 그 점원에 대해 전혀 아는 것이 없다), A사 노트북의 외관이 마음에 들어 그 노트북을 사기로 결정했다.

[사례 2]

연희는 그 점원을 좋아하게 되기는 했지만, 그 사람이 말한 것을 조심스럽게 받아들였고, 노트북의 성능과 가격을 비교하고 평가한 사이트를 참조해보았으며, 믿을 만한 친구에게 A사의 그 노트북이 구매할 만한 것인지에 대해 물어보았다.

위와 같은 상황에서 [사례 1]과 [사례 2] 중에서 더 합리적인 의사결정 또는 행위는 무엇인가? [사례 2]가 더 합리적인 의사결정에 따른 행위라고 생각하는 것이 자연스러울 것이다. 그렇다면, 왜 그럴까? 그것을 설명하는 것은 어렵지 않다. [사례 1]과 [사례 2]의 사고 과정을 간략히 정리하면 다음과 같다.

[사례 1]

이유 1. 연희는 노트북을 판매하는 점원을 좋아하게 되었다.

이유 2. 연희는 A사의 노트북 외관이 마음에 든다.

결론. 연희는 A사의 노트북을 사기로 결정한다.

[사례 2]

이유 1. 연희는 노트북의 성능과 가격을 비교하고 평가한 (믿을 만한) 사이트를 참조했다.

이유 2. 연희는 노트북에 대해 잘 알고 있는 친구에게 A사의 노트북에 대한 정보를 수집했다.

결론. 연희는 A사의 노트북을 사기로 결정한다.

[사례 1]과 [사례 2]의 사고 과정을 정리한 논증을 통해 무엇을 알 수 있

는가? [사례 1]과 [사례 2]는 모두 어떤 이유(들)에 따라 "A사의 노트북을 산다"는 결론을 도출하고 있다는 점에서 겉으로 보이는 형식적인 구조는 다르지 않다. 너무 당연한 말이지만, 우리가 [사례 2]가 [사례 1]보다 더 합리적이고 좋은 의사결정이라고 생각하는 것은 [사례 2]에서 제시된 이유들이 "A사의 노트북을 산다"는 결론과 더 밀접한 관련성을 갖고 있으며 그 결론을 강하게 지지하기 때문이다. 만일 그렇다면, 비판적 사고에서 능동적 사고가 요구되는 까닭은 "이유(근거)를 찾고" 그것과 핵심 주장 또는 결론의 관계를 따져보기 위한 것이라고 할 수 있다. (사례 1과 사례 2는 모두 어떤 근거가 되는 이유로부터 결론을 추론하고 있다는 점에서 논증이다. 하지만 그 둘은 차이가 있다. 말하자면, 전자는 나쁜 논증이고 후자는 좋은 논증이라는 차이가 있다.)

지금까지의 논의를 간략히 다음과 같은 도식으로 정리할 수 있을 것이다. 또한 그것으로부터 비판적 사고에 관한 일반적인 정의와 내용을 정리할 수 있을 것이다.

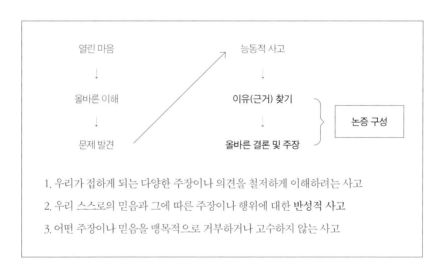

1. 우리가 접하게 되는 다양한 주장이나 의견을 철저하게 이해하려는 사고
2. 우리 스스로의 믿음과 그에 따른 주장이나 행위에 대한 **반성적 사고**
3. 어떤 주장이나 믿음을 맹목적으로 거부하거나 고수하지 않는 사고

지금까지의 설명과 논의가 올바른 것이라면, 우리가 비판적으로 사고한다는 것은 "객관적인 자세로 문제를 파악"하고 "발견한 문제를 합리적인 또는 이해할 수 있는 근거에 의거하여 결론을 추론하거나 주장"하는 것이라고 할 수 있다. 또한 "우리 스스로의 믿음과 그에 따른 주장이나 행위에 대한 반성적 사고"라는 진술문에서 알 수 있듯이, 비판적 사고는 또한 '반성적 사고(reflective thinking)'와 다른 말이 아니다. 그렇다면, '반성(reflection)'은 무엇인가? 우리가 익히 알고 있는 사전적 의미는 "자신의 언행에 대해 잘못이나 부족함이 없는지 돌이켜보는 것"을 말한다.

그런데 조금 더 쉽게 설명할 방법은 없을까? 우리는 하루에도 몇 번씩 거울을 본다. 왜 거울을 보는 것일까? 가능한 한 가지 답변은 이렇다. 당신은 아마도 머릿속에 현재 당신에 관한 모습(像, image)을 그려놓았을 것이다. 그리고 거울에 당신을 비추어 당신의 머릿속에 있는 모습과 비교할 것이다. 만일 거울에 비친 머리모양이 머릿속의 모습과 다르다면 매만질 것이고, 머릿속 모습에는 없는 얼룩이 거울에 비친 당신의 얼굴에 있다면 그것을 지울 것이다. 이와 같은 예에서, 만일 머릿속에 그려진 당신의 모습이 최선 또는 가장 이상적인 모습이라면, 반성은 '거울'이라는 도구에 자신의 현재 모습을 비추거나 '반사(reflect)'시켜 최선의 또는 가장 이상적인 모습에 들어맞지 않는 것을 수정하거나 바꾸는 것이라고 할 수 있다. 만일 그렇다면, 우리가 근거에 의거하여 글을 쓴다는 것은 '비판적 사고' 또는 '논리'에 비추거나 반사하여 최선 또는 가장 합리적인 결론을 추론하거나 주장한다는 것을 의미한다고 할 수 있다. 간략히 말해서, 우리가 글을 쓰는 과정에서 '비판적 사고와 논리'는 나의 생각과 사고 과정을 비추거나 반사하는 '거울' 역할을 한다고 할 수 있다.

5) 논증(argument)의 표준 형식

논증(논변, argument)은 근거(이유, 전제)와 주장(결론)으로 이루어진다. 그리고 논증을 구성하고 있는 각각의 문장을 '명제(proposition)'라고 한다. 만일 그렇다면, 논증은 명제(들)의 집합이라고 할 수 있다. 논증을 구성하는 명제(들) 중 근거 또는 이유의 역할을 하는 명제를 '전제(premise)'라고 하고, 주장의 역할을 하는 명제를 '결론(conclusion)'이라고 한다. 따라서 어떤 주장이나 문제 상황을 논증으로 구성하여 비판적 또는 반성적으로 사고한다는 것은 전제(들)로부터 결론이 어떻게 도출되는지 추론(inference)하는 과정이라고 할 수 있다. 이러한 관계를 간략히 도식으로 정리하면 다음과 같다.

근거 또는 이유의 역할을 하는 명제		전제(premise)
(주관적) 추론(inference)	⇒	↓
주장의 역할을 하는 명제		결론(conclusion)

논증은 일련의 전제(근거, 이유)와 결론(주장)으로 이루어지며, 논증의 표준 형식으로 (재)구성하는 데 있어 중요한 것은 생략된 전제나 결론을 채워 넣어야 하는 경우가 있다는 것이다. 왜냐하면 일상적으로 어떤 전제나 결론은 너무나 명백하고 당연한 것이어서 생략될 수 있기 때문이다. 그러나 생략되거나 숨겨진 전제나 결론이 전체적인 논증이 성립하는 데 중요한 역할을 한다고 판단되는 경우에는 논증의 표준 형식에 그것을 포함시킬 필요가 있다. 그렇게 함으로써 논리적 비약이 있는 주장을 피하거나 제시된 명시적 전제와 결론의 관계를 더 분명하게 만들 수 있다. 또한 어떤 경우에는 당연한 것이 아님에도 불구하고 생략되는 전제나 결론이 있을 수 있다. 그리고 그러한 전

제나 결론은 논란의 대상이 될 수 있다. 그러한 경우에는 생략된 전제나 결론을 찾는 것이 그 논증을 올바르게 평가하는 데 있어 핵심적인 것이 된다.

이제부터 논증의 표준 형식을 통해 텍스트를 분석하고 평가하기 위한 기본 요소들은 무엇인지, 분석적 사고의 절차는 어떻게 구성되는지 그리고 생략된 전제 또는 숨겨진 가정이 논증을 형성하는 데 어떤 역할을 하는지 등을 좀 더 자세히 살펴보자. 아래의 표는 일련의 전제(들)로부터 한 가지 결론을 추론하는 논증의 표준 형식의 모습을 보여주고 있다.

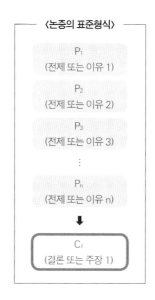

〈논증의 표준형식〉

P_1
(전제 또는 이유 1)

P_2
(전제 또는 이유 2)

P_3
(전제 또는 이유 3)

⋮

P_n
(전제 또는 이유 n)

↓

C_1
(결론 또는 주장 1)

2. 분석과 평가

　지금까지의 논의를 통해 비판적으로 사고한다는 것은 "우리가 접하게 되는 다양한 주장이나 의견을 철저하게 이해하려는 사고이며, 우리 스스로의 믿음과 그에 따른 주장이나 행위에 대해 반성적으로 사고"하는 것이라는 간략한 정의를 얻을 수 있었다. 더불어, 비판적으로 사고한다는 것은 "어떤 주장을 철저하게 이해하려는 것으로서, 그 주장을 선호함과 선호하지 않음에 따라 맹목적으로 거부하거나 고수하는 것과 다르다"는 것도 알 수 있었다. 그렇다면, 우리는 다음으로 비판적 또는 반성적으로 사고하기 위한 사고의 기법과 앎에 관해 탐구해야 할 것이다. 비판적 사고의 기법과 앎은 무엇인가? 지금까지 논의한 내용을 다음과 같이 정리한 다음 그것에 대해 살펴보자.

비판적 사고의 동기: 문제 상황을 '나'의 문제로 파악하기
　　　　　　　　　주어진 글을 철저하게 이해하려고 마음먹기[동기(motivation)]

비판적 사고의 조건: 열린 마음을 갖고 능동적으로 사고하기
　　　　　　　　　비판적 사고를 하기 위한 기법에 대한 앎(지식)을 습득하기

⇩

분석	평가
사고 과정의 중요한 요소들을 추려내어 체계적으로 재구성하는 것	분석된 내용의 개념, 논리성, 함축적 결론의 수용 가능성 등을 따져보는 것
⇧	⇧
결론적 주장(핵심 주장)	함축(적 결론): 핵심 주장과 논의의 맥락 및 추가된 정보로부터 도출할 수 있는 숨은 결론
⇧	⇧
(주장을 지지하는) 이유(근거)들 명시적 이유: 텍스트에 드러난 이유 생략된 이유: 숨은 또는 암묵적 가정	논리성(타당성과 수용 가능성) 논의의 맥락(배경, 관점)
⇧	⇧
(이유를 뒷받침하는) 중요한 요소들 사실적 정보 중요한 개념	개념의 명료함과 분명함 사실의 일치성

만일 지금까지의 논의가 적절한 것이라면, 우리는 합리적이고 논증적인 글을 쓰기 위한 대략의 요소들을 얻었다고 볼 수 있다. 그러면 각각의 요소들은 어떤 과정을 통해 관련을 맺고 있을까? 비판적인 논증을 제시하기 위한 분석적 절차를 아래와 같이 도식화한 다음 각 단계에 대해 자세히 살펴보자. 미리 말하자면, 아래의 도식에서 몇몇은 기본 구성요소이고 몇몇은 부가적인 요소다. 당연한 말이지만, 주어진 텍스트 또는 당면한 문제를 해결하기 위해 우선 요구되는 것은 기본 구성요소다. 하지만 우리가 논의 수준을 깊이 있고 폭넓게 다루기 위해서는 부가적인 요소를 아는 것 또한 중요하다. 이제 각 구성요소의 내용과 형식을 살펴보고, 그것들을 '분석'과 '평가'의 과정으로 구분해보자.

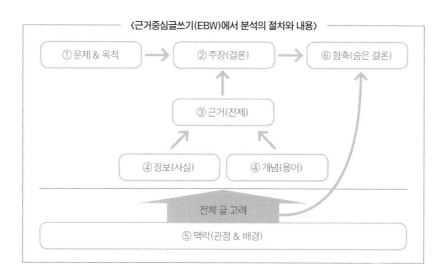

〈근거중심글쓰기(EBW)에서 분석의 절차와 내용〉

이제 올바른 읽기를 기초로 하는 비판적 또는 합리적 글쓰기의 구성요소 각각의 내용에 대해 알아볼 차례다. 자세한 내용을 살펴보기에 앞서 근거중심글쓰기(EBW)의 분석 절차에서 중요한 요소들을 정리하면 다음과 같다.

	요소	내용
①	문제(& 목적)	• 이 글은 어떤 것을 해결하려고 하는가? • 주어진 문제를 해결함으로써 이루려는 바가 무엇인가?
②	주장	• 주어진 문제에 대한 필자의 답변은 무엇인가? • 명제(proposition) 형식으로 기술: "필자는 p는 q라고 주장한다."
③	근거 (이유)	• 명시적 근거: 텍스트 내에서 직접 찾을 수 있는 근거, 이유 • 숨겨진 근거: 필자가 암묵적으로 가정하거나 전제하고 있는 근거, 이유
④-1	사실(정보)	• 정보는 사실 자료(factual data)와 관련이 있다. • 과학적·역사적·사회적 사실 등(문헌 자료와 기록 등)
④-2	개념(용어) 핵심어	• 우리가 함께 가질 수 있는 용어(term)의 의미 • 개념은 용어에 대한 정의(definition)와 관련된다.
⑤	맥락 (배경/관점)	• 필자가 다루고 있는 문제나 글의 관점과 배경 • 함축과 밀접하게 관련된다.
⑥	함축	• 결론적 주장으로부터 이끌어지는 숨은 결론 • 함축은 맥락, 배경지식 또는 추가되는 관련 지식과 밀접한 관계가 있다.

1) 문제와 주장(① & ②)

핵심 문제는 필자가 텍스트에서 제기하고 있는 문제를 말한다. 그리고 주장 또는 결론은 그 문제에 대해 필자가 제시하고 있는 답변 또는 해답이다. 따라서 문제와 주장은 함께 묶어 살펴보는 것이 도움이 될 것이다.

주어진 텍스트를 분석하는 경우, 일반적으로 주어진 텍스트에서 제기하고 있는 핵심 문제와 주장을 찾아내는 것은 비교적 어렵지 않다. 간략히 말하면, '제목 그 자체가 곧 필자가 제기하고 있는 문제'인 경우가 많다. 그리고 (핵심) 주장은 제기된 문제에 대한 필자의 답변이고 결론이다. 그렇기 때문에 필자가 제기한 문제를 찾아냈다면, 그 문제에 대해 필자가 어떤 해답을 제시하고 있는지도 비교적 어렵지 않게 파악할 수 있다.

만일 글의 1차적인 목표가 필자의 생각과 주장을 독자에게 전달하는 것일 경우 필자가 어떤 문제를 제기하고 있는지, 그리고 그 문제에 대해 어떤 답변과 주장을 하고 있는지 정확히 파악할 수 없다면 그것은 무엇을 의미하는가? 똑똑한 당신은 이미 추측했겠지만, 만일 필자가 제기한 핵심 문제가 무엇인지 쉽게 파악할 수 없다면 또는 제기된 문제에 대해 필자가 어떤 답변과 주장을 하고 있는지 정확히 알아챌 수 없다면 그 텍스트는 정보와 주장을 전달하는 데 실패했다고 볼 수도 있다. (물론, 그 텍스트를 분석하는 독자의 이해력이 부족하다고 볼 수도 있다. 하지만 대부분의 경우 필자는 자신의 글을 읽을 독자를 염두에 두기 마련이다. 만일 그렇다면, 독자의 이해력을 문제 삼는 것보다는 필자가 자신의 생각을 전달하는 데 실패했다고 보아야 할 것이다.)

당연한 이야기이지만, 어떤 문제에 대한 나름의 주장을 정당화하는 것을 목표로 하는 근거중심글쓰기(EBW)에서는 특히 제기하는 문제와 그것에 대한 결론이 잘 제시되어야 한다. 만일 제기된 문제와 그것에 대한 주장을 보여주는 데 실패한다면, 필자의 핵심 주장을 올바르게 평가할 수 있는 기회도 함께 사라져버리기 때문이다. 따라서 핵심 주장, 즉 결론은 명확하고 명료하게 파악할 수 있어야 한다.

정리하면, 텍스트에서 제기하고 있는 핵심 문제와 그것에 대한 주장(결론)은 함께 묶어 생각하는 것이 텍스트를 분석하는 데 도움이 된다. 그리고 일반적으로 필자가 자신의 생각을 전달하는 데 성공한 글은 비교적 어렵지 않게 문제와 주장(결론)을 파악할 수 있다. 미리 말하자면, 정당화 문맥의 글을 분석하는 과정에서 찾기 어려운 것은 핵심 주장을 뒷받침하는 근거(이유, 전제)들이다.

2) 근거(이유, 전제)[③]

앞서 간략히 살펴보았듯이, 주어진 텍스트를 분석할 때 핵심 문제와 주장을 찾는 것은 비교적 어렵지 않다. 핵심 주장, 즉 결론을 찾았다면 다음으로 반드시 분석해야 하는 것이 바로 그 주장을 뒷받침하고 있는 근거[evidence, 이유(reason), 전제(premise)][9]가 무엇인지 밝혀야 한다. 어떤 문제에 대한 주장이 논리적으로 타당한가, 설득력이 있는가, 또는 수용될 수 있는가 여부는 주장 그 자체에 있는 것이 아니라 그 주장을 뒷받침하고 지지하는 근거들에 달려 있기 때문이다. 예컨대, 앞서 보았던 "연희가 노트북을 구매하는 사례"를 다시 살펴보자. 그 사례는 다음과 같았다.

[사례 1]

이유 1. 연희는 노트북을 판매하는 점원을 좋아하게 되었다.

이유 2. 연희는 A사의 노트북 외관이 마음에 든다.

결론. 연희는 A사의 노트북을 사기로 결정한다.

[사례 2]

이유 1′. 연희는 노트북의 성능과 가격을 비교하고 평가한 (믿을 만한) 사이트를 참조했다.

이유 2′. 연희는 노트북에 대해 잘 알고 있는 친구에게 A사의 노트북에 대한 정보를 수집했다.

결론′. 연희는 A사의 노트북을 사기로 결정한다.

---

9) 논리학에서는 일반적으로 '전제'로 사용하지만, 여기에서는 '근거, 이유 그리고 전제'를 같은 의미로 보아도 무방하다. 현재 우리가 관심을 가지고 있는 것은 근거중심글쓰기(EBW)이므로 앞으로는 이유나 전제 대신에 논의하고 있는 중심 주제에 맞추어 주로 '근거'를 사용하고자 한다.

앞서 살펴보았듯이, 두 사례에서 연희가 "A사의 노트북을 구매한다"는 결론은 같다. 하지만 그 결론을 지지하는 근거(들)는 차이가 있다. 간략히 말해서, [사례 1]의 '이유 1 & 2'는 결론을 지지하기에 약한 근거이거나 관련성이 떨어지기 때문에 그 결론을 뒷받침하거나 지지하기에 부족하다. 반면에 [사례 2]의 '이유 1′ & 2′'는 결론과의 관련성이 높을 뿐만 아니라 그 결론을 뒷받침하거나 지지하기에 충분하기 때문에 좋은 논증이라고 할 수 있다.

근거는 일반적으로 주어진 텍스트 안에서 직접적으로 찾을 수 있는 '명시적 근거'와 필자가 텍스트 안에 직접적으로 제시하지는 않았지만 주장과 결론을 성립시키기 위해 반드시 필요한 "숨겨진 근거 또는 암묵적 가정(전제)"으로 구분할 수 있다. 만일 텍스트를 분석할 때 분석의 대상이 되는 텍스트에서 직접적으로 제시되고 있는 명시적 근거들을 모두 찾을 수 있다면, 그것들을 구성하여 핵심 주장 또는 명시적 주장이 어떻게 지지받고 있는지를 보여주는 논증을 구성할 수 있다. 예컨대, 모바일 의학(mobile medicine)에 관한 신문 기사의 한 부분에서 결론과 그것을 지지하는 근거들을 찾아 논증으로 구성하면 다음과 같다.

…… ① IT(정보기술)와 BT(생명과학기술)가 융합된 '모바일 의학'이 빠르게 성장하고 있다. ② 모바일 의학(mobile medicine)은 스마트폰 등 모바일 기기를 이용해 질병을 진단하거나 이를 돕는 모바일 의학기기 등을 말한다. ③ 최근 스마트폰 보급이 늘어나고 카메라 등 스마트폰 성능이 좋아지면서 시장이 확대되는 추세다.

모바일 의학 시장은 다양한 기능을 구현한 기기들이 등장하며 급물살을 타고 있다. 최근 출시된 스마트폰뿐 아니라 이와 연동되는 ④ 웨어러블 기기에도 심박계 등 헬스케어 기능이 적용되고 있다. ⑤ 서로 다른 분야였던 IT와 의료의 융합으로 자가진단이 가능한 '셀프케어' 시대도 머지않은 모습이다. [……]

IT와 BT의 융합 …… '모바일 의학' 열풍이 분다, 한겨레신문, 김창욱 기자

이 글에서 결론에 해당하는 주장은 무엇인가? 아마도 ①과 ⑤를 결론으로 파악할 수 있을 것이다. 그리고 ②, ③, ④는 그 결론을 지지하는 근거들이 될 것이다. 따라서 결론과 근거들에 기초하여 정리하면 다음과 같은 논증을 구성할 수 있다.

> 근거 1: 모바일 의학은 스마트폰 등 모바일 기기를 이용해 질병을 진단하거나 이를 돕는 모바일 의학기기 등을 말한다(② 모바일 의학에 관한 정의).
>
> 근거 2: 최근 성능 좋은 스마트폰과 카메라 및 웨어러블 기기의 보급이 늘고 있다(③ & ④).
>
> 근거 3: 스마트폰 등 모바일 기기에 헬스케어 기능이 적용되고 있다(④).
>
> 결론 1: IT(정보기술)와 BT(생명과학기술)가 융합된 '모바일 의학'이 성장하고 있다(①).
>
> 결론 2: IT와 의료의 융합으로 자가진단이 가능한 '셀프케어' 시대도 머지 않은 모습이다(⑤).

(1) 숨겨진 근거 또는 암묵적 가정

"숨겨진 근거 또는 암묵적 가정"은 앞서 말했듯이 분석의 대상이 되는 텍스트 안에서 바로 찾을 수 없는 근거들을 말한다. 이와 같이 필자가 텍스트 안에 근거를 명시적으로 제시하지 않는 경우는 대략 다음과 같은 경우들이라고 볼 수 있다. 즉, 숨겨진 근거 또는 암묵적 가정(전제)은 다음과 같다.

> ① 너무 당연하고 상식적인 것이어서 일부러 거론하는 것이 불필요한 경우

② 일반적으로 수용될 수 있거나 승인될 수 있는 경우

③ 핵심 주장을 약화시킬 수 있기 때문에 의도적으로 제시하지 않은 경우

하지만 어떤 경우에는 필자가 숨겨놓은 또는 암묵적으로 가정하고 있는 근거들이 필자의 핵심 주장 또는 논증을 구성하는 데 결정적으로 작용할 수 있다. 이미 짐작할 수 있듯이, 위의 3가지 경우에서 가장 문제가 될 뿐만 아니라 핵심 주장을 고의로 왜곡할 수 있는 경우는 ③이다. 이와 같은 경우 필자가 개진한 핵심 주장은 숨겨진 근거 또는 암묵적 가정이 수용할 수 없는 또는 타당하지 않은 근거임을 밝히는 것만으로도 어렵지 않게 반박할 수 있는 길이 열려 있다.

반면 겉으로 보기에 ①과 ②는 논증을 구성하는 데 있어 큰 문제를 만들지 않는 것처럼 보인다. 하지만 현실은 그렇지 않아서 어떤 경우에는 필자가 너무도 당연하고 상식적이기 때문에 일반적으로 수용되거나 승인될 수 있다고 여긴 근거나 가정이 다른 사람에게는 당연하지도 않을뿐더러 상식적이지도 않기에 일반적으로 수용하거나 승인할 수 없는 가정일 수도 있다. 만일 이와 같이 숨겨진 근거 또는 암묵적 가정(전제)에 대해 필자와 독자가 서로 다른 입장을 갖고 있다면, 이것은 반드시 보다 폭넓고 깊은 논의를 통해 명료하게 규명해야 할 문제가 될 수 있다. 매우 간단한 예로 다음과 같은 논증에 대해 생각해보자.

〈논증 1〉[10]

P₁. 수업시간에 부적절한 행위를 하는 것은 옳지 않다.

C. 수업시간에 모자를 쓰고 있는 것은 옳지 않다.

---

10) 이좌용·홍지호, 『비판적 사고: 성숙한 이성으로의 길』, 성균관대학교출판부, 2009, p.94 참조.

이 논증의 결론 C는 전제인 P₁으로부터 곧바로 도출되는가? 당연히 그렇지 않은 것 같다. 만일 그렇다면, 결론 C를 필연적으로 도출하기 위해 생략된 전제가 추가되어야 할 것 같다. 결론 C를 도출하기 위해 필요한 전제를 추가하여 논증을 재구성하면 다음과 같다.

〈논증 1〉
P₁. 수업시간에 부적절한 행위를 하는 것은 옳지 않다.
P₂. (수업시간에 모자를 쓰고 있는 것은 부적절한 행위다.)
C. 수업시간에 모자를 쓰고 있는 것은 옳지 않다.

새로운 전제인 P₂를 추가하면 결론 C를 도출하는 논증을 구성할 수 있다. 재구성된 〈논증 1〉은 수용될 수 있는 좋은 논증인가? 아니면 수용할 수 없는 논증인가? 〈논증 1〉을 수용할 수 있는지 여부를 판가름할 수 있는 결정적인 전제 또는 근거는 무엇인가?

첫 번째 전제인 P₁을 문제 삼기는 어려울 듯이 보인다. 그 행위가 어떤 것이든 간에 수업을 방해하는 부적절한 행위를 옳은 행위라고 보기에는 어려움이 있기 때문이다. 만일 그렇다면, 두 번째 전제인 P₂는 어떤가? 전제 P₂에 대해서는 입장과 의견이 갈릴 수 있다. 어떤 사람은 수업시간에 모자를 쓰는 행위가 부적절하다고 생각할 수 있다. 대부분의 수업이 교실이라는 폐쇄된 공간에서 이루어지고 있으며, 그와 같은 공간에서 모자를 쓰는 행위는 통상의 예절에 어긋난다고 여길 수 있기 때문이다. 반면에 다른 사람은 수업시간에 모자를 쓰고 있는 것이 더 이상 부적절한 행위라고 생각하지 않을 수 있다. 최근에는 모자 또한 의상의 일부이기 때문에 바지나 외투를 입는 것과 마찬가지로 크게 문제 삼을 만한 일이 아니라고 여길 수 있기 때문이다. 만일 이와 같은 해명이 그럴듯한 것이라면, 〈논증 1〉을 수용할 수 있는지 여부는 두 번째 전제인 P_2에 달려 있다고 볼 수 있다.

이와 유사하지만 좀 더 생각해볼 필요가 있는 다른 예를 통해 생략된 근거 또는 암묵적 가정이 논증을 구성하고 평가하는 데 있어 매우 중요할 수 있다는 것을 다시 확인해보자.

〈논증 2〉

P_1. 엄마(또는 아빠)의 말씀에 따르면, 학생 때 이성교제를 하는 것은 좋지 않다.

C. 학생 때는 이성교제를 하지 말아야 한다.

〈논증 2〉에서 결론 C는 전제 P_1로부터 곧바로 도출되는가? 또는 전제 P_1은 결론 C를 필연적으로 도출하기에 충분한 근거인가? 〈논증 1〉과 마찬가지로 〈논증 2〉 또한 결론을 필연적으로 도출하기 위해서는 생략된 근거 또는 암묵적 가정(전제)을 추가하여 논증을 재구성할 필요가 있는 듯이 보인다. 그렇다면, 추가해야 할 생략된 근거는 무엇인가? 위의 논증에서 결론을 도출하기 위한 근거인 전제 P_1은 "엄마(또는 아빠)의 말씀"에 의지하고 있다는 것을 알 수 있다. 만일 그렇다면, 엄마(또는 아빠)의 말씀이 참 또는 거짓인지 여부에 따라 결론 또한 참 또는 거짓이 될 수 있다. 따라서 생략된 근거 또는 암묵적 가정(전제)을 추가하여 논증을 재구성하면 다음과 같다.

〈논증 2〉

P_1. 엄마(또는 아빠)의 말씀에 따르면, 학생 때 이성교제를 하는 것은 좋지 않다.

P_2. 엄마(또는 아빠)의 말씀은 항상 옳다(또는 항상 참이다).

C. 학생 때는 이성교제를 하지 말아야 한다.

〈논증 2〉를 이와 같이 재구성하면, 이 논증을 수용할 수 있는지 여부는 생략된 근거 또는 암묵적 가정으로 사용된 두 번째 전제 P_2를 수용할 수 있는가 여부에 달려 있다는 것을 쉽게 파악할 수 있다. 따라서 만일 이성교제를 하기 위해 결론 C를 반박하거나 부정하기 위해서는 그 결론을 참으로 만드는 데 가장 결정적인 역할을 하고 있는 두 번째 전제 P_2를 반박하거나 부정해야 한다는 것을 알 수 있다. 예컨대, 당신의 부모님께서 〈논증 2〉와 같은 논리를 들어 학창시절 동안의 이성교제를 반대한다면, 당신은 "이성교제를 반대하시는 엄마(또는 아빠)의 말씀은 두 번째 전제인 P_2에 크게 의존하고 있습니다. 엄마(또는 아빠)의 말씀은 거의 항상 옳지만, 이번 경우에는 그렇지 않은 것 같습니다. 만일 그렇다면, 결론 C는 전제 P_1 & P_2로부터 도출되지 않습니다. 따라서 저는 이성교제를 하겠습니다"라고 주장할 수 있을 것이다. 만일 당신이 이와 같은 논리를 들어 이성교제에 반대하는 엄마(또는 아빠)의 말씀을 반박한다면, 다음에 어떤 일이 일어날까?

마지막으로, 한 가지 예를 더 살펴보기로 하자. 다음의 예는 '11장 의학적 추론, 근거중심의학(EBM) 그리고 빅 데이터'에서 살펴볼 내용에 대해 미리 생각해볼 수 있는 단서를 제공할 수 있기 때문이다. 예컨대, 범죄 추리를 다루고 있는 드라마나 영화에서 다음과 같은 상황을 쉽게 접할 수 있다.

〈논증 3〉[11]

P_1. 살인 현장에서 살인도구로 밝혀진 칼이 발견되었다.

P_2. 그 칼에서 루팡의 것으로 알려진 지문이 발견되었다.

C. 루팡이 범인임에 틀림없다.

---

11) 홍경남, 『과학기술과 사회윤리』, 철학과현실사, 2007, p.69 참조.

우리는 일반적으로 〈논증 3〉에서 제시된 근거를 P_1 & P_2에 따라 결론 C를 추론한다. 겉으로 보기에 〈논증 3〉과 같은 추리에는 문제가 없는 듯이 보인다. 정말 그럴까? 전제적 이유 P_1 & P_2는 결론 C를 필연적으로 도출하는 데 충분한가? 달리 말하면, 이 논증에는 생략되었거나 암묵적으로 참으로 가정하고 있는 숨은 전제는 없는 것일까?

〈논증 3〉에서 결론을 지지하는 결정적인 근거는 P_2라는 것을 알 수 있다. 그렇다면, 위의 논증은 루팡이 범인이라는 결론을 도출하기 위해 중요한 근거를 반드시 추가해야 하는 듯이 보인다. 말하자면, 범행도구로 사용된 칼에 묻어 있는 '루팡의 지문'이 그가 범인임을 지시하는 결정적이고 확실한 근거임을 보장할 수 있는 '움직일 수 없는' 근거가 추가되어야 한다. 따라서 〈논증 3〉에서 생략된 전제 또는 암묵적 가정을 추가하여 재구성하면 다음과 같은 논증으로 구성할 수 있다.

〈논증 3′〉

P_1. 살인 현장에서 살인도구로 밝혀진 칼이 발견되었다.

P_2. 그 칼에서 루팡의 것으로 알려진 지문이 발견되었다.

P_3. [사람의 지문은 고유하다. (또는 사람은 각기 다른 지문을 가진다.)]

C. 루팡이 범인임에 틀림없다.

생략된 전제 또는 암묵적 가정을 추가한 〈논증 3′〉에서 결론을 지지하는 가장 결정적인 근거는 P_3이다. 만일 "모든 사람의 지문은 고유하지 않다"거나, 적어도 "모든 사람의 지문이 고유하다"는 명제를 부분적으로라도 반박할 수 있다면, 근거 P_1~P_3으로부터 결론 C를 필연적으로 도출할 수 없기 때문이다. 이러한 문제는 '확률적 자료와 확실성'이라는 큰 문제와 맞닿아 있다. 이 문제에 관한 좀 더 깊이 있는 내용은 '11장 의학적 추론, 근거중심의학(EBM)

그리고 빅 데이터'에서 다루도록 하자.

(2) 동일한 결론을 지지하는 다른 근거들

우리가 어떤 문제를 해결하거나 그 문제에 대한 흥미롭고 논쟁적인 의제를 제안하기 위한 분석을 하려면 그것에 앞서 주어진 텍스트를 꼼꼼히 읽는 것이 필수적으로 요구된다. 여기서 더 중요한 것은 글쓴이의 생각을 의도적으로 약화시키거나 왜곡시켜서는 안 된다는 것이다. 이 세계에 발딛고 있는 사람들은 저마다 나름의 경험과 역사를 갖기 마련이고, 그것은 곧 세상만사(世上萬事)에 대한 저마다의 성향과 판단을 낳는다는 것을 상식적으로 추론할 수 있다. 자신이 갖고 있는 특유한 경험에 기초하거나 자신만의 편향된 성향과 판단에 의거하여 주어진 문제나 텍스트를 분석하는 경우, 문제의 본질을 잘못 파악할 수 있다.

올바른 분석을 하기 위해 다음으로 요구되는 것은 '같은 결론에 대해 동일한 이유'가 있을 것이라고 성급히 판단해서는 안 된다는 것이다. 달리 말하면, 결론적 주장이 자신의 생각과 일치한다고 해서 글쓴이의 생각이 자신의 생각과 항상 같지는 않다는 것이다. 일상에서 겪을 수 있는 다음의 예를 통해 그것을 알아보자. 매우 유치한 예이기는 하지만, 내가 이제 막 다섯 살이 된 연희와 지섭에게 "너는 엄마가 좋아, 아빠가 좋아?"라고 물었다고 하자. 그러

주장/ 결론	"나는 엄마(또는 아빠)가 더 좋아!"	
	연희의 경우	지섭의 경우
근거/ 이유	엄마(또는 아빠)가 장난감을 많이 사주신다. 엄마(또는 아빠)가 더 많이 놀아주신다. 엄마(또는 아빠)는 화를 덜 내신다. 기타	엄마(또는 아빠)가 더 고생하신다. 엄마(또는 아빠)의 외모가 훨씬 아름답다. 엄마(또는 아빠)가 덜 귀찮게 한다. 기타

한 물음에 대해 그들은 (나름대로 그럴듯한 이유를 찾는 과정이라고 여긴다면) 잠시 고민한 다음 "나는 엄마(또는 아빠)가 더 좋아!"라고 동일하게 답했다고 가정하자. 그러 면 연희와 지섭이 그와 같은 결론을 이끌어내기 위해 제시한 이유 또한 같을 까? 미리 말하자면, 결론을 지지하는 이유는 표에서 볼 수 있듯이 매우 다양 할 수 있다.

물론, "너는 엄마가 좋아, 아빠가 좋아?"라는 물음에 대한 답변은 위에 열 거한 것들 외에도 매우 다양할 수 있다. 예컨대, (슬픈 가정이지만) 연희(또는 지섭) 는 엄마와 아빠 모두를 좋아하지 않지만, 단지 엄마(또는 아빠)를 좋아하는 정 도보다 아빠(또는 엄마)를 더 좋아하기 때문에 나의 질문을 문자 그대로 해석하 여 그렇게 답변할 수도 있다. 만일 그와 같다면, 연희(또는 지섭)의 진짜 결론은 "나는 엄마와 아빠 모두 좋아하지 않아!"가 될 것이다.

3) (사실적) **정보**와 (중요한) **개념**(④-1 & ④-2)

앞서 '논증의 표준 형식'을 통해 확인했듯이, 결론(주장)과 그것을 지지하 기 위해 사용된 근거(이유, 전제)를 모두 찾아 구성했다면, 1차적이고 가장 기본 적인 분석 과정을 수행했다고 볼 수 있다. 하지만 이것만으로는 충분하지 않 다. 반복되는 말이지만, 어떤 주장 또는 결론이 수용될 수 있는지 여부는 근 거(이유, 전제)가 적절한가 여부에 달려 있다. 따라서 어떤 텍스트 또는 문제를 분석한 논증을 올곧이 수용하기 위해서는 그 결론을 지지하는 근거(이유, 전제) 들이 문제없이 사용할 수 있는 것인지를 반드시 따져보아야 한다. 근거(이유, 전제)로 사용되는 명제들은 대략적으로 '(사실적) 정보(information)'와 '(중요한) 개념 (concept)'으로 구성된다. 전자는 (적어도 현재까지는 참으로 여겨지는) "과학적/역사적/ 사회적 사실, 관찰 경험, 확률/통계적 자료, 문헌 자료" 등을 일컫는다. 후자는 다루고 있는 텍스트 또는 문제에서 중요하게 사용되고 있는 "단어(word) 또는 용어(term), 말하자면 핵심어(keyword)"에 관한 것이다.

너무 당연한 말이지만, (사실적) 정보에 관한 것은 그 내용과 범위가 너무 넓기 때문에 여기서 모든 것을 소개하거나 기술할 수 없다. 간략히 말하면, 그것은 우리가 대학 또는 평생을 통해 공부하는 과정에서 습득해야 할 것들이라고 할 수 있다. 따라서 여기에서 그것들 모두를 꼼꼼히 따져보는 것은 가능하지 않다. 반면에 (중요한) 개념에 관한 것은 여기서 좀 더 살펴볼 필요가 있다. 개념(어) 또는 핵심어는 논증을 구성하는 가장 기초적이고 1차적인 요소이기 때문이다.

〈근거(이유, 전제)의 적절성을 평가하기 위한 두 가지 중요한 요소〉

(사실적) 정보	과학적/역사적/사회적 사실, 관찰 경험, 확률/통계적 자료, 문헌 자료 등
(중요한) 개념	중요한 단어(word), 용어(term) 또는 핵심어(keyword)

(1) 개념(concept) 이해하기

개념(槪念)은 영어 'concept'를 번역한 것이다. 개념을 영어의 어원적 차원에서 문자 그대로 번역하면, 개념은 '함께'의 의미를 갖고 있는 'con'과 '무엇을 잡다'의 뜻을 갖고 있는 'cept'가 결합된 단어라고 할 수 있다. 말하자면, 개념(concept)은

con + cept = together + seize = 함께 + 잡다

라고 할 수 있다. 만일 우리가 개념을 이와 같은 방식으로 이해할 수 있다면,

개념은 "우리가 함께 가질 수 있는 단어(word) 또는 용어(term)의 의미"라고 할 수 있을 것이다. 말하자면, 개념은 "중요한 용어에 대한 정의(definition)"와 깊은 관련이 있다. 따라서 우리가 어떤 용어나 단어에 대해 서로 다른 개념을 가지고 있다면, 결국 우리는 서로 다른 말을 하고 있는 것과 같다고 할 수 있다. 말하자면, 우리는 상대방의 말을 전혀 이해하지 못하고 있는 셈이다.

예컨대, 우주 안에 있는 어떤 은하계에 우리와 같은 지능을 갖고 있고 우리와 유사한 정도의 문명과 문화를 발전시킨 행성이 있다고 상상해보자. 그 행성을 '쌍둥이 지구'라고 부르자. 그 별(쌍둥이 지구)은 현재 우리가 발을 딛고 있는 지구와 놀랍도록 비슷해서 그 별에 살고 있는 어떤 민족은 우리가 사용하고 있는 한글을 사용하고 있다고 해보자. 그리고 쌍둥이 지구의 한글은 우리가 살고 있는 지구의 한글과 모두 같은 뜻을 갖고 있지만, 오직 '사랑'이라는 단 하나의 단어만이 서로 다른 뜻을 가지고 있을 뿐이라고 해보자.

> 지구: 사랑 $=_{def}$ 어떤 사람이나 존재를 몹시 아끼고 귀중히 여기는 마음과 행동
>
> 쌍둥이 지구: 사랑 $=_{def}$ 어떤 사람이나 존재를 몹시 미워하고 증오하는 마음과 행동

만일 이와 같은 가정이 성립하고 우주선 기술이 발달하여 지구에서 한글을 사용하고 있는 사람과 쌍둥이 지구에서 한글을 사용하는 사람이 서로 만났다고 해보자. 지구인이 쌍둥이 지구인에게 "나는 당신을 사랑합니다"라고 말한다면 쌍둥이 지구인은 어떤 반응을 보일까? 우리는 아마도 반가움과 환대를 보일 것이라는 지구인의 예상과 달리 쌍둥이 지구인은 그의 '사랑한다'는 말에 분노하거나 적개심을 보일 것이라고 예상할 수 있다.

간략히 말해서, 글과 논증은 일련의 문장들의 묶음이라고 할 수 있다. 만

일 그렇다면, '단어'가 모여서 '문장'을 만들고, 관련된 문장이 모여서 '문단'을 구성하며, 유관한 내용의 문단이 묶여 '글'을 만든다. 그러한 의미에서, 개념은 앞서 말했듯이 단어 또는 용어이기 때문에 글과 논증에서 가장 기초적인 요소라고 할 수 있다. 예컨대 다음과 같다.

단어	개념(어)
문장	명제
문단	논증

이와 같이 논증을 구성하는 데 있어 가장 기초적인 자원인 개념을 올바르게 이해하고 사용하는 것이 중요한 까닭을 몇 가지 예를 통해 확인해보자. 지섭과 연희가 소개팅으로 처음 만난 다음과 같은 일화를 상상해보자.

지섭은 오늘 지인의 소개로 소개팅을 한다. 그는 오랜만의 소개팅에 설렌 마음을 추스르며 약속 장소로 향한다. 미리 예약한 이탈리안 레스토랑에서 10여 분을 기다리니 탁자 위에 올려놓은 휴대폰에서 오늘 만나기로 한 그녀로부터 전화가 걸려온다. 전화기를 들고 지섭에게로 다가오는 그녀(연희)를 넋을 잃고 바라보면서 지섭은 마음속으로 생각한다.

'아! 내가 기대했던 것보다 훨씬 예쁘다.'

지섭은 속말로 쾌재를 부르며 반갑게 그녀를 맞이한다. 하지만 그는 그녀에게 쉽게 말을 건네지 못한다. 아마도 긴장할 탓일 것이다. 한참을 머뭇거리다가 그가 꺼낸 첫마디는 우습게도 다음과 같은 말이었다.

지섭(진술문 1): "연희 씨는 ① 나이보다 많이 ② 어려 보이시네요."
연희(진술문 2): "예? 평소에 ③ 동안(童顔)이라는 말은 많이 들어요."

지섭(진술문 3): (웃으며) "친구에게 듣기로는 연희 씨는 얼굴만큼 행동도 ④ 어리다
    고 들었어요."
연희: (어이없는 표정을 지으며) "⋯⋯!!!"

지섭의 소개팅의 결말은 어떠했을까? 아마도 그날 연희를 만난 것이 마지막으로 그녀를 본 날이라고 추측할 수 있을 것이다. 그런데 여기서 우리가 관심을 가져야 하는 것은 지섭의 소개팅 결과가 아니다. 우리가 관심을 가져야 할 것은 지섭과 연희가 나눈 대화 속에서 볼드체로 표시한 '**나이**', '**동안**' 그리고 '**어리다**'라는 단어다. 이 단어들은 모두 '나이' 또는 '연령(年齡, age)'을 나타내고 있다. 그런데 그 단어들의 뜻은 사뭇 다르게 사용되고 있는 것 같다. 말하자면, ①~④는 모두 연령을 나타내는 단어임에도 불구하고 그것이 가진 뜻은 다르다는 것이다. ①~④ 중에서 같은 뜻을 가진 것은 무엇인가? 아마도 ②와 ③이 같은 의미로 사용되었다는 것을 어렵지 않게 파악할 수 있을 것이다. 만일 그렇다면, 나이를 나타내는 "①, ② & ③, ④'는 각각 의미하는 바가 구별된다고 볼 수 있다. 각 단어가 지시하는 의미는 무엇인가? '①, ② & ③, ④'가 담고 있는 의미를 간략히 정리하면 다음과 같다.

"(실제) 나이보다 외모가 어려 보인다."
"(실제) 나이보다 어려 보이는 행동을 한다(마음 또는 정신을 가지고 있다)."

이렇게 정리하면, '①, ② & ③, ④'의 의미가 분명하게 구별될 것이다. 말하자면, ② & ③은 겉으로 보이는 나이를 가리키고 있다. 반면에 우리가 일반적으로 '실제' 나이라고 부르는 ①은 2000년생, 2015년생과 같이 출생년도에 따른 나이를 말한다. 정리하자면, 전자는 "생물학적 또는 신체적 나이"를 후

자는 "사회적 또는 법적 나이"를 가리키고 있다. 그런데 ④는 그것들과 또 다른 의미를 가지고 있는 듯이 보인다. "행동이나 정신이 어리다는 것"은 ①과 같은 사회적 나이에 걸맞은 행동을 하지 않거나 마음가짐이 없다는 것을 의미하기 때문이다. 따라서 ④는 우리가 흔히 "정신적 나이"라고 일컫는 것을 가리키고 있다는 것을 알 수 있다. 만일 이러한 분석이 옳다면, 지섭과 연희가 나눈 그 짧은 대화 속에 등장하는 개념어 '나이'는 적어도 3가지 다른 의미를 가진다고 할 수 있다. (무미건조하고 재미없지만) 이것을 지섭과 연희의 대화에 적용하여 재해석하면 다음과 같다.

> 지섭(진술문 1): "연희 씨는 ① 사회적 나이보다 ② 신체적 나이가 많이 어려 보이시네요."
>
> 연희(진술문 2): "예? 평소에 ③ 신체적 나이가 어리다는 말은 많이 들어요."
>
> 지섭(진술문 3): (웃으며) "친구에게 들기로는 연희 씨는 신체적 나이만큼 ④ 정신적 나이도 어리다고 들었어요."
>
> 연희: (어이없는 표정을 지으며) "……!!!"

(2) 개념에 의거한 다른 해석의 가능성

위와 같이 개념 또는 개념어가 초래하는 문제가 어떻게 보면 사소한 일에 한정되어 일어날 수 있는 일이라면 그나마 다행이다. 하지만 개념 또는 개념어의 문제는 그보다는 훨씬 중요하고 심각한 문제를 초래할 수 있다. 그것을 확인하기 위해 응용윤리학(applied ethics)의 핵심 주제 중 하나인 '낙태(abortion)'와 '동성애(homosexual)' 문제에 대한 서로 다른 접근 방식을 확인하는 것이 도움이 될 것이다.

[사례 1] 낙태(abortion)

간략히 말해서, 낙태가 윤리적으로 문제가 되는 것은 그것이 태아(fetus)를 살해(killing)하는 것으로 보기 때문이다. 말하자면, 만일 태아를 산모의 배 속에서 여타의 방법으로 제거하는 것이 인간을 살해하는 행위가 아니라면, 윤리적인 차원에서 낙태는 그렇게 심각한 문제가 아니라고 할 수도 있다. 그런데 일반적으로 '살인'이라는 단어는 인간의 생명을 빼앗는 행위를 가리킨다. 말하자면, 우리는 통상 소나 돼지의 생명을 빼앗는 경우에는 '살인'이라는 용어를 사용하지 않는다. 만일 그렇다면, 낙태 문제는 결국 태아가 '인간'인가 그렇지 않은가의 문제가 된다. 만일 태아가 인간의 지위를 갖는다면, 낙태는 윤리적으로든 법적으로든 허용될 수 없다고 봐야 할 것이다. 반면에 태아가 인간의 지위를 갖지 못한다면, 낙태 문제는 앞선 경우와는 사뭇 다른 상황에 놓이는 것 같다. 따라서 낙태 문제를 해결하기 위해서는 태아가 인간인지 아닌지 여부를 따져보아야 한다. 그리고 태아가 인간의 지위를 갖는지 여부를 따져보기 위해서는 더 깊은 문제, 즉 "인간은 무엇인가?' 또는 "인간이기 위한 필요충분조건은 무엇인가?" 같은 문제에 대한 해답이 필요하다. 인간이기 위한 조건들을 마련하는 것 또는 (거의) 모든 사람이 동의할 수 있는 "인간에 대한 정의"가 마련된다면, 태아가 인간의 지위를 갖는지 여부를 판단할 수 있기 때문이다. 낙태에 관한 이러한 논의가 올바른 것이라면, 사람에 대해 어떤 개념을 수용하는가 여부에 따라 낙태 문제에 접근하는 방식이 달라질 수 있다는 것을 파악할 수 있다.

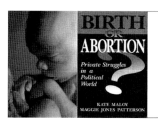

Q: 낙태(abortion) 문제에 대한 도덕적 접근

① 낙태는 살인(killing)인가?
② 태아(fetus)는 인간(person)인가?
③ 인간(사람)은 무엇인가?

[사례 2] 동성애(homosexual)

동성애에 관한 문제는 성적 소수자의 권리와 관련이 깊다. 유럽의 일부 국가와 미국의 일부 주에서는 동성연애뿐만 아니라 동성결혼까지 인정함으로써 성적 소수자로 분류되고 있는 그들의 권리를 인정하고 보호하고 있지만, 이러한 경향은 서양에서도 비교적 최근의 일이라고 볼 수 있다. 우리나라 또한 이러한 시대적 흐름에 맞추어 성적 소수자의 권리와 권익에 대한 관심이 높아지고 있지만, 유교문화의 폭넓은 영향 탓으로 서구사회에 비해 좀 더 보수적인 입장을 취하고 있는 것 또한 사실이다.

이와 같은 사회적 분위기나 성적 소수자의 권리 보호를 위한 여러 움직임과 별개로 '동성애' 문제에 관해 논의할 경우, 동성애를 어떤 '개념적 기준'으로 평가할 것인가에 따라 문제의 중요성은 사뭇 달라질 수 있다. 그것을 알아보기 위해 금연을 해야 한다고 주장하는 연희와 흡연하는 것을 금지할 수 없다는 지섭의 다음과 같은 대화를 들어보자.

연희: 어떻게 아직까지 담배를 피울 수 있니?

지섭: 왜? 내가 담배를 피우는 것에 무슨 문제가 있나?

연희: 너의 몸 생각을 좀 하렴. 너도 이미 알고 있듯이 담배는 건강에 좋지 않아.

지섭: 그렇게 보지 않는 사람도 있어. 담배를 피울 수 없다는 스트레스를 받는 것보다 담배를 피우는 것이 건강에 좋을 수도 있지.

연희: 어이가 없군. 그래, 건강은 너의 개인적인 문제라고 하더라도 담배 연기로 인한 간접흡연이나 그을음 같은 환경오염 문제는 흡연자 한 개인의 문제로 볼 수 없어. 타인에게 피해를 주는 행위이니까.

지섭: 그 점은 인정할 수 있어. 하지만 나는 타인에게 피해를 주면서 담배를 피우지는 않아. 나는 흡연을 통해 스트레스도 풀고 잠깐의 여유를 가질 수 있어 좋아할 뿐이야. 너는 달콤하고 짠맛을 좋아하기에 짜장면을 먹고, 나는 매콤한 맛을 좋아하기에 짬뽕을 먹는 것과 다를 것이 없다는 거야.

위의 대화에서 확인할 수 있듯이, 연희는 금연을 주장하고 있고 지섭은 연희의 주장에 대해 반박하고 있다. 그렇다면, 연희가 금연을 주장하는 근거는 무엇이고, 지섭이 흡연을 주장하는 근거는 무엇인가? 그것을 다음과 같은 논증으로 정리할 수 있을 것이다.

〈금연을 주장하는 연희의 논증〉

P_1. 흡연은 건강에 좋지 않다.

P_2. **흡연은 타인에게 피해를 주는 행위다.**

C. 흡연은 나쁘다.

〈흡연을 주장하는 지섭의 논증〉

P_1. 흡연이 건강에 좋지 않다고 단정적으로 말할 수 없다.

P_2. 타인에게 피해를 주지 않는 한 **개인적인 선호에 따른 흡연을 금지할 수 없다.**

C. 개인적인 선호에 따른 흡연을 강제로 금지할 수 없다.

만일 금연과 흡연에 대한 연희와 지섭의 주장을 이와 같이 정리하는 것이 올바르다면, 우리는 연희와 지섭이 금연 또는 흡연에 대해 서로 다른 개념적 접근을 하고 있다는 것을 발견할 수 있다. 우선, 연희와 지섭은 건강 문제에 대해 서로 다른 입장을 가지고 있다는 것을 확인할 수 있다(전제 P_1). 다음으로, 연희는 흡연이 '타인에게 피해를 주는 행위'라는 근거를 들어 그것이 도덕적 차원의 문제라고 보고 있는 반면에, 지섭은 타인에게 피해를 주지 않는 흡연의 경우 단지 '개인적인 선호에 의한 행위'라는 근거를 들어 그것이 도덕적 차원의 문제가 되지 않는다고 주장하고 있다. 여기서 중요한 점은 지섭이 타인에게 피해를 주는 행위는 도덕적으로 그르다는 것을 받아들이고 있다는 점을 파악하는 것이다. 말하자면, 지섭은 흡연이 타인에게 피해를 줄 경우에는 그것을 도덕적 차원의 문제로 받아들일 것이라는 것이다.

어쨌든, 여기서는 연희의 주장이 더 그럴듯한지 또는 지섭의 주장이 더 합리적인지를 따지려는 것이 아니다. 금연과 흡연에 대해 어떤 개념적 접근을 하는가에 따라 그 문제의 중요성이 달라질 수 있다는 것을 파악하는 것이 중요하다. 만일 그렇다면, 이와 같은 개념적 접근을 동성애 문제에 적용하면 어떨까?

눈치 빠른 독자들은 이미 파악했겠지만, 동성애 문제를 개인적인 선호 문제, 즉 '좋아한다'와 '좋아하지 않는다'의 차원에서 접근한다면 그것은 우리가 반드시 해결해야 할 정도로 중요한 문제로 받아들이지 않을 것이다. 그것은 점심으로 '짜장면을 먹을 것인지 짬뽕을 먹을 것인지'와 마찬가지로 '개인의 선호'에 따라 다른 결정을 내릴 수 있기 때문이다. 하지만 만일 동성애가 도덕적으로 "선(good)하거나 악(bad)한 또는 옳거나(right) 그른(wrong)" 차원에서 다루어져야 할 문제라면, 그것은 우리에게 반드시 해결해야 할 중요한 문제로 다가오게 될 것이다. 우리는 적어도 도덕적으로 나쁘거나 그른 행위를 금지해야 한다는 데 일반적으로 동의할 수 있기 때문이다. 그러한 의미에서 만일 동성애가 도덕적으로 나쁘거나 그른 행위라면, 우리는 동성애를 금지해야 한다고 주장할 수 있을 것이다. 반대로 만일 동성애가 도덕적으로 옳거나 선한 행위라면, 우리는 동성애를 적극 권장해야 한다고 주장할 수 있을 것이

Q: 동성애(homo sexual)에 어떤 개념으로 접근해야 하는가?

① good(선, 옳음) 또는 bad(악, 그름)
② like(선호함, 좋음) 또는 hate(선호하지 않음, 싫음)

다. 이 문제에 대한 여러분의 생각은 어떠한가?

　개념적 접근이 중요한 이유는 이와 같이 어떤 문제에 대해 서로 다른 개념을 적용할 경우 그 문제에 대한 접근법과 해법 또한 달라지기 때문이다.

4) 맥락(관점, 배경)과 함축(⑤)[12]

(1) 관점과 배경을 통해 맥락 이해하기

　오른쪽 사진은 다비드상, 모세상과 더불어 미켈란젤로(Michelangelo)의 3대 조각작품으로 불리는 〈피에타(The Pieta)〉 조각상이다.[13]

　미켈란젤로는 신앙심이 매우 깊었다고 한다. 그리고 그는 "자비를 베푸소서"라는 뜻을 가진 '피에타'를 통해 자신의 신앙심을 표현했을 뿐만 아니라 자식을 잃은 어머니의 아픔과 슬픔을 나타냈다고 알려져 있다. 현재 우리의 관심은 예술작품 자체에 있는 것이 아니기 때문에 〈피에타〉 조각상에 관한 예술적 가치와 의미에 대해서는 여기까지 언급하는 것으로 충분할 것이다.

　그렇다면, 우리는 근거중심글쓰기(EBW)와 관련하여 〈피에타〉 조각상을

---

12) 우리나라에 비판적 사고를 소개하고 도입하는 일에 큰 공헌과 영향을 끼친 고 김영정 교수 등은 관점, 배경 그리고 맥락을 비교적 엄밀하게 구분한다. 하지만 필자의 생각으로는 그것들을 엄밀하게 구분하는 것이 텍스트를 분석하고 이해하는 데 결정적인 영향을 주는 경우는 많지 않은 듯하다. 따라서 서로 밀접한 관련이 있는 관점, 배경 그리고 맥락을 하나의 큰 틀(framework)로 이해하고 적용하는 것이 텍스트를 실제로 분석하는 데 있어 더 나은 전략이라고 생각한다.

13) 사진 출처, google image

통해 무엇을 발견해야 할까? 위의 사진은 〈피에타〉 조각상의 정면을 보여주고 있다. 당신이 이 사진을 통해 얻을 수 있는 가장 인상적인 장면은 무엇인가? 당신이 나와 같은 것을 보았다면, 아마도 당신은 '자식을 잃은 어머니의 슬픔이 담긴 성모 마리아의 얼굴'을 가장 인상 깊게 보았을 것이다. 비록 둥 그렇게 축 처진 모습으로 표현된 예수의 몸을 통해 예수의 죽음과 고통을 느낄 수 있다고 하더라도 정면에서 바라본 〈피에타〉는 성모 마리아에 비해 예수의 얼굴과 고통은 비교적 두드러지게 나타나지 않는 듯이 보인다. 그런데 〈피에타〉를 '옆에서' 보거나 '위에서' 보면 어떨까? 아래의 사진은 〈피에타〉를 옆과 위에서 바라보았을 경우를 보여주고 있다.

당신이 확인할 수 있듯이, 옆에서 바라본 〈피에타〉는 예수와 성모 마리아의 얼굴이 한눈에 들어온다. (나의 생각으로는) 〈피에타〉를 옆에서 보았을 경우 예수와 성모 마리아의 고통을 함께 보고 느낄 수 있는 것 같다. 반면에, 위에서 바라본 〈피에타〉는 죽은 후 부활을 기다리는 고통을 담고 있는 예수의 얼굴만 보일 뿐이다. 이와 같이 위에서 바라보면 성모 마리아의 슬픔과 고통은 그녀의 얼굴을 통해서는 확인할 수 없다. 간략히 정리하자면, (적어도 나의 경우에는) 정면에서 바라본 〈피에타〉는 성모 마리아의 슬픔이, 옆에서 바라본 〈피에

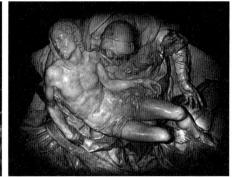

(a) 옆에서 보았을 경우   (b) 위에서 보았을 경우

타〉는 예수와 성모 마리아의 슬픔이, 그리고 위에서 바라본 〈피에타〉는 예수의 슬픔이 극대화되는 것 같다. 말하자면, 우리는 동일한 한 조각상을 '어떤 (시각적) 관점'에서 바라보는가에 따라 서로 다른 슬픔과 감정을 가질 수 있다는 것이다.

근거중심글쓰기(EBW)를 포함한 글쓰기 과정도 이와 다르지 않다. 우리가 다루려는 문제 또는 분석하려는 텍스트는 어떤 관점을 통해 접근하고 평가할 것인가에 따라 사뭇 다른 결론을 도출할 수 있기 때문이다. 우리는 동일한 어떤 문제에 대해 "사회적, 역사적, 정치적, 경제적, 문화적 그리고 도덕 (윤리)적 관점 ……" 등과 같은 다양한 관점을 통해 바라보고 평가할 수 있다는 것이다. 이와 같이 어떤 관점(point of view)으로 그 문제를 바라볼 것인가는 그 문제를 이해하고 해결하는 맥락(context) 또는 맥락적 과정과 깊은 관련을 갖고 있다. 다음의 예를 통해 관점과 배경이 맥락과 어떤 관련성을 갖고 있는지를 확인해보자.

(2) 관점과 배경을 통해 맥락 이해하기: "황제의 것은 황제에게, 하나님의 것은 하나님에게"

그때에 바리새파 사람들이 나가서, 어떻게 하면 말로 트집을 잡아서 예수를 올무에 걸리게 할까 의논했다. 그런 다음에 그들은 자기네 제자들을 헤롯 당원들과 함께 예수께 보내어 이렇게 묻게 했다. "선생님, 우리는 선생님이 진실한 분이시고, 하나님의 길을 참되게 가르치시며, 아무에게도 매이지 않으시는 줄 압니다. 선생님은 사람의 겉모습을 따지지 않으십니다. 그러니 선생님의 생각은 어떤지 말씀해주십시오. 황제에게 세금을 바치는 것이 옳습니까, 옳지 않습니까?" 예수께서 그들의 간악한 생각을 아시고 말씀하셨다. "위선자들아, 어찌하여 나를 시험하느냐? 세금으로 내는 돈을 나에게 보여 달라." 그들은 데나리온 한 닢을 예수께 가져다 드렸다. 예수께서 그들에게 물으셨다. "이 초상은 누구의 것이며, 적힌 글자는 누구를 가리키느냐?" 그들이 대답했다. "황제의 것입니다." 그때에 예수께서 그들에게 말씀하셨다. "그렇다면 황제의 것은 황제에게 돌려주고, 하나님의 것은 하나님께 돌려드려라." 그들은 이 말씀을 듣고 탄복했다. 그들은 예수를 남겨두고 떠나갔다.

[마 22:15~22]

이 글을 종교적 관점으로 바라본다면 다양한 해석이 있을 수 있다. 하지만 지금 우리의 주된 관심은 "근거에 기초한 정당화 글쓰기"에 있으므로 특정 종교의 교리 해석에 관한 논의는 잠시 접어두는 것이 좋을 것이다. 만일 그렇다면, 위 글의 명시적 주장은 무엇인가? 굵은 글씨로 표시한 부분에서 그 해답을 찾을 수 있을 것이다. 말하자면,

> 명제(P): "황제의 것은 황제에게 돌려주고, 하나님의 것은 하나님께 돌려드려라."

에서 '(로마)황제'는 정치의 영역을 나타내고 '하나님'은 신의 영역, 즉 종교의 영역을 가리키고 있음을 파악할 수 있다. 만일 그렇다면, 위 글의 명시적 주장은 "정치와 종교를 분리해야 한다[제정분리(祭政分離)]" 정도로 볼 수 있을 것이다. 예컨대, 우리나라의 시조인 단군의 공식 이름은 '단군왕검(檀君王儉)'이다. 이미 잘 알고 있듯이, '단군(檀君)'은 종교의 영역인 제사장을 의미하고, '왕검(王儉)'은 정치의 영역인 제왕을 뜻한다. 그것을 통해 고조선이 제정일치(祭政一致) 사회라는 것을 알 수 있다.

그런데 명제(P)를 통해 파악한 명시적 주장을 다음과 같은 물음을 통해 살

펴본다면, 어떤 결론을 도출할 수 있을까? 말하자면, 다음과 같은 물음에 "제정을 분리하자"는 주장을 대입한다면 어떤 결론을 추론할 수 있을까?

> Q 1: 만일 명제(P)가 대략적으로 B.C. 1세기~A.D. 2세기 무렵에 처음으로 제기된 주장이라면, 명제(P)를 주장한 사람은 제사장과 황제 중 어느 쪽이었을까?

> Q 2: 만일 명제(P)가 대략적으로 A.D. 6~13세기 무렵에 처음으로 제기된 주장이라면, 명제(P)를 주장한 사람은 제사장과 황제 중 어느 쪽이었을까?

아마도 (그리고 앞선 예문을 통해 알 수 있듯이) Q 1에 대한 답변은 종교 영역에 속하는 제사장일 것이다. 역사적으로 보았을 때, B.C. 1세기~A.D. 2세기 무렵은 로마가 카이사르와 아우구스티누스에 의해 공화정에서 제정으로 이행하고 티베리우스, 칼리굴라, 클라우디우스, 네로 황제 등과 같이 황제의 힘이 로마 제국 전체에 강력하게 투사되고 행사된 시기이기 때문이다. 반면에 Q 2에 대한 답변은 반대가 될 것이라는 것을 어렵지 않게 추론할 수 있다. 역사적 배경을 간략히 소개하면 다음과 같다.

콘스탄티누스 대제는 313년 밀라노 칙령으로 그리스도교를 로마의 국교로 공인한다. 그리스도교는 그 이래로 (적어도) 서구 역사에서 유일한 종교적 지위를 갖게 된다. 3세기 말~4세기 초에 로마 제국은 서로마와 동로마로 분열되고, 서로마는 5세기 말에 이르러 멸망하게 된다. (비잔틴 제국으로 불리는 동로마는 15세기까지 유지되지만, 동방의 영향을 많이 받은 동로마는 서양 역사의 중심이라고 보기 어려운 측면이 있다.) 우리가 서양 역사에서 '중세'라고 알고 있는 시기가 시작된 것이다. 이미 잘 알고 있듯이, 중세시대는 교황으로 대표되는 그리스도교의 영향력이

유럽 전체에 미치고 있던 시기다. 신성로마제국 황제인 하인리히 4세가 교황 그레고리우스 7세의 파문 조치에 대한 관용을 구하기 위해 무릎을 꿇은 '카놋사의 굴욕'은 당시 유럽 사회에서의 교황과 교회가 가진 영향력을 보여준 대표적인 사례라고 할 수 있다. 또한 교황 우르바노 2세가 클레르몽 교의회에서 주장하여 200여 년간 8차에 걸쳐 지속된 십자군전쟁이 시작된 11세기도 여기에 속한다. 이러한 역사적/사회적 배경에서는 신과 황제 각자의 몫이 따로 있기 때문에 각자가 가진 몫을 침해하지 말자고 주장하는, 즉 제정분리를 주장하는 쪽은 종교의 영역이 아닌 정치의 영역이라고 추론하는 것이 더 합당하다.

만일 지금까지의 간략한 역사적 배경에 관한 설명과 논의가 올바른 것이라면, 한 가지 명제[즉, 명제(P)]가 서로 다른 역사적 '배경'과 명제(P)를 주장하는 쪽의 '관점'에 따른 '맥락' 속에서 전혀 다른 의미를 가질 수 있다는 것을 알 수 있다.

(3) 명시적 결론에 새로운 정보(근거)가 추가되어 얻어지는 함축적 결론

미리 간략히 말하자면, 함축(implication) 또는 함축적 결론은 텍스트의 명시적 주장으로부터 이끌어낼 수 있는 암묵적 주장 또는 숨은 결론일 수 있다. 물론, 함축 또는 함축적 결론은 명시적 결론에 새로운 근거가 추가됨으로써 산출된다. 새롭게 추가되는 근거는 필자가 가지고 있는 관점과 문제에 관한 배경지식을 포함하는 맥락이 될 수도 있으며, 또는 그러한 관점과 배경적 지식을 가진 필자가 텍스트를 작성한 맥락적 틀을 고려했을 때 사용할 수 있는 새로운 명제나 사실적 정보가 될 수도 있다. 다음의 예를 통해 명시적 결론에 새로운 근거가 추가됨으로써 함축적 결론을 도출하는 사고의 절차를 살펴보자. 예컨대, 지섭이 어떤 글을 통해 다음과 같은 명시적 주장을 했다고 해보자.

> 명시적 주장: 고통을 느낄 수 있는 존재는 도덕적으로 배려해야 한다.

다음으로, 이와 같은 명시적 주장에 다음과 같은 배경지식에 따른 새로운 근거가 추가된다고 해보자.

> (배경지식에 의거한) 새로운 근거: 닭, 소, 돼지 등도 고통을 느낄 수 있다.

만일 그렇다면, 우리는 명시적 주장에 새로운 근거를 추가함으로써 다른 결론, 즉 함축적 결론을 도출하는 새로운 논증을 구성할 수 있다.

> 〈함축적 논증 1〉
> P_1. 고통을 느낄 수 있는 존재는 도덕적으로 배려해야 한다.
> P_2. 닭, 소, 돼지 등도 고통을 느낄 수 있다.
> C_1. 닭, 소, 돼지 등도 도덕적으로 배려해야 한다.

다음으로 새롭게 얻은 〈함축적 논증 1〉의 명시적 결론에 다음과 같이 또 다른 새로운 근거를 추가한다고 해보자.

> (도덕적 관점에 의거한) 새로운 근거: 도덕적 배려의 대상에게는 불가피한 경 우를 제외하고 고통을 주어서는 안 된다.

만일 그렇다면, 우리는 함축적 논증의 명시적 주장에 또 다른 새로운 근 거를 추가함으로써 또 다른 결론, 즉 또 다른 함축적 결론을 도출하는 새로운 논증을 구성할 수 있다.

〈함축적 논증 2〉

P_3. 닭, 소, 돼지 등도 도덕적으로 배려해야 한다(함축적 논증 1의 C_1).

P_4. 도덕적 배려의 대상에게는 불가피한 경우를 제외하고 고통을 주어서는 안 된다.

C_2. 닭, 소, 돼지 등에게도 불가피한 경우를 제외하고 고통을 주어서는 안 된다.

명시적 주장으로부터 〈함축적 결론〉을 이끌어내는 이와 같은 사고의 절차를 하나의 논증으로 정리하면 다음과 같다.

P_1. 고통을 느낄 수 있는 존재는 도덕적으로 배려해야 한다.

P_2. 닭, 소, 돼지 등도 고통을 느낄 수 있다.

C_1. 닭, 소, 돼지 등도 도덕적으로 배려해야 한다.

P_3. 도덕적 배려의 대상에게는 불가피한 경우를 제외하고 고통을 주어서는 안 된다.

C_2. 닭, 소, 돼지 등에게도 불가피한 경우를 제외하고 고통을 주어서는 안 된다.

P_4. 닭, 소, 돼지는 도축 과정에서 고통을 느낀다.

P_5. 닭, 소, 돼지를 도축하는 것은 불가피한 경우가 아니다.

C_3. 닭, 소, 돼지를 도축해서는 안 된다.

여기에서 함축적 결론에 해당하는 것은 'C_2와 C_3'이다. 물론, 이 논증에서 최종적인 (함축적) 결론은 'C_3'이다. 그리고 그 결론은 새롭게 추가된 전제인

'P_4와 P_5'로부터 도출된다. 따라서 결국 C_3의 수용 여부는 전제 'P_4와 P_5'를 수용할 수 있는가에 달려 있다는 것을 알 수 있다. 이렇듯 명시적 주장으로부터 이끌어낼 수 있는 함축 또는 함축적 결론 또한 논증을 통해 도출될 수 있다. 따라서 함축 또는 함축적 결론 또한 추가되는 새로운 근거(들)에 의거하여 수용할 수 있는지 여부가 결정될 수 있다. 다음의 예를 통해 그것을 확인해보자.

〈논증 4〉

P_1. (명시적 결론): 어떠한 경우에도 폭력은 정당화될 수 없다.

P_2. (새로운 근거): 교사나 부모의 체벌도 폭력이다.

C_1. (함축적 결론): 교사나 부모의 체벌도 정당화될 수 없다.

〈논증 5〉

P_1. (명시적 결론): 어떠한 경우에도 폭력은 정당화될 수 없다.

P_2. (새로운 근거): 누군가의 폭력에 맞서기 위한 폭력도 마찬가지로 폭력이다.

C_2. (함축적 결론): 누군가의 폭력에 맞서는 것도 정당화될 수 없다.

〈논증 4 & 5〉는 "어떠한 경우에도 폭력은 정당화될 수 없다"는 명시적 주장(또는 결론)에 새로운 근거를 추가함으로써 함축적 결론을 이끌어내고 있다. 이와 같은 함축적 결론 C_1과 C_2에 대한 평가는 다양할 수 있다. 예컨대, 어떤 사람은 C_1과 C_2 모두를 수용할 수 있다고 주장할 것이다. 그리고 다른 사람은 C_1은 수용할 수 있지만 C_2는 수용할 수 없다고 생각할 수도 있다. (그 역도 마찬가지다.) 또는 또 다른 어떤 사람은 C_1과 C_2 모두를 수용할 수 없다고 평가할 수도 있다. 당신은 3가지 경우 중 어떤 판단을 하겠는가?

여기서 중요한 것은 당신이 어떤 판단과 결정을 하더라도 그와 같은 판단과 결정에 대한 충분한 이유를 제시해야 한다는 점을 파악하는 것이다. 말하자면, 만일 당신이 〈논증 4 & 5〉의 함축적 결론 C_1 또는 C_2를 받아들일 수 없다면, 그 주장을 거부하거나 약화시킬 수 있는 납득할 만한 또는 그럴듯한 충분한 이유를 제시하는 논증을 제시해야 한다. (이것에 관해서는 4장에서 좀 더 자세히 다룰 것이다.)

3. 근거중심글쓰기(EBW)의 단계적 사고 과정과 절차적 구조 요약

지금까지 근거중심글쓰기(EBW)를 하기 위한 기초인 비판적 사고에 관해 간략한 그림을 살펴보았다. 다음 장에서는 '논증 (재)구성에 기초한 분석적 요약'에 관해 살펴볼 것이다. 그것에 앞서 1장과 2장에서 설명한 근거중심글쓰기(EBW)의 절차적 구조와 단계적인 사고 과정을 다시 확인하는 것이 도움이될 것이다. 그것은 다음과 같았다.

〈근거중심글쓰기(EBW)의 (단계적인 사고) 과정〉

		단계	내용
분석	1	중요한 요소 분석	– 잘 읽고 이해하기, 중요한 요소들 찾아내기 – 비분석적 통념 파괴하기
	2	논증 구성	– 논리적 구조 이해하기 – 이해를 바탕으로 요약문 쓰기
평가	3	논증 평가	– 논증의 정합성, 타당성, 합리성, 수용 가능성 평가하기 – 관련 이론 및 문헌을 통해 비교하고 평가하기
	4	(나의) 논증 구성	(관련된) 새로운 문제에 착안하여 자신의 논증 구성하기

〈근거중심글쓰기(EBW)의 (절차적) 구조〉

		ⓐ 이해하기	ⓑ 분석하기	ⓒ 평가하기	ⓓ 주장하기	
분석	① 평면적 요약	중요한 요소 분석				올바른 읽기
	② 분석적 요약	평면적 요약의 재구성(논증화)				논증 분석
평가	③ 분석적 평가		논증 평가			비판적 논평
	④ 비판적 평가			(나의) 논증 구성		정당화 글쓰기

위의 두 표에서 알 수 있듯이, 근거중심글쓰기(EBW)의 핵심 구조는 결국 〈분석〉과 〈평가〉라고 할 수 있다. 다시 말하자면, 〈분석〉은 텍스트를 이해하고 요약하는 것에 더 초점이 맞추어져 있으며, 〈평가〉는 분석 내용의 결과에 따라 자신의 생각을 담은 글을 쓰는 것이 더 중요한 작업이라고 할 수 있다.

이와 같은 〈분석〉과 〈평가〉의 과정을 우리가 앞으로 해야 할 공부의 과정에 적용하면 어떨까? 『논어(論語)』의 「위정편(爲政篇)」에 있는 한 구절을 인용해서 생각해보자.

學而不思則罔(학이불사즉망)
思而不學則殆(사이불학즉태)

이것은 무엇을 뜻하는가? 이 말의 의미를 문자 그대로 번역하면, "배우기는 하지만 사색하지 않으면 아무것도 남지 않으며, 사색하지만 배우지 않으면 그 또한 남는 것이 없다" 정도일 것이다. 이 말을 조금 더 쉽게 다음과 같이 풀어 쓸 수 있지 않을까.

"어떤 것을 열심히 많이 읽고 암기는 하는데[學] 그것의 의미에 대해 비판적으로 생각하지 않으면[不思] 남는 것이 없고, 어떤 것을 골똘히 생각은 하는데[思] 그 생각을 구체화하고 뒷받침할 수 있는 근거들과 배경지식을 공부하지 않으면[不學] 그 또한 남는 것이 없다."

만일 『논어』의 「위정편」에 있는 한 구절을 이와 같이 해석할 수 있다면, 우리가 어떤 것에 대해 공부하고 그것에 관한 앎을 갖는다는 것은 결국 그 문제에 관련된 배경지식을 습득하는 것뿐만 아니라 그것을 철저히 '분석'하고 자신의 눈으로 '평가'하는 능력을 포함하는 것이라고 할 수 있을 것이다. 이러한 맥락에서, '분석'과 '평가'는 근거에 기초한 정당화 글쓰기인 근거중심글쓰기(EBW)를 구성하는 중요한 두 가지 요소라고 할 수 있다.

3장
논증 _(재)구성에 기초한 분석적 요약¹⁾

1. 논증 _(재)구성에 기초한 분석적 요약이란?

우리가 지금까지 습관적으로 해온 요약의 방식과 형태를 떠올려보자. 말하자면, 당신이 지금껏 요약을 어떻게 해왔고 요약문을 어떻게 작성했는지를 생각해보자. 아마도 다음에 제시하고 있는 방식은 우리가 요약문을 작성하는 일반적인 방식이었을 것이다.

　　① (주어진) 텍스트를 읽는다.

---

1) 3장에서 다루고 있는 〈분석적 요약〉과 4장에서 논의할 〈분석적 논평〉에 관한 내용은 성균관대학교에서 "학술적 글쓰기"와 "비판적 사고"를 강의하는 과정에서 얻은 경험에 많은 것을 빚지고 있다는 것을 밝힌다. "비판적 사고와 학술적 글쓰기"에서는 요약의 중요 요소로 8가지 항목을, 그리고 논평의 중요 기준으로 5가지를 제시하고 있다. 앞으로 자세히 살펴보겠지만, 근거중심글쓰기(EBW)에서는 〈분석적 요약〉과 〈분석적 논평〉의 "대응적인 논리적 관계"를 분명하게 보이기 위해 모두 "4단계 과정"으로 축약하고 통일하여 제시했다. 말하자면, 근거중심글쓰기(EBW)에서 〈분석적 요약〉의 분석 단계는 〈분석적 논평〉의 평가 기준에 직접적으로 대응하는 구조를 갖고 있다. 이러한 구조와 형식의 차이는 원만희·박정하 외, 『비판적 사고 학술적 글쓰기』, 성균관대학교출판부, 2014를 참조함으로써 확인할 수 있다.

② (주어진) 텍스트를 읽는 중에 중요하다고 생각되는 부분에 밑줄을 친다.

③ (주어진) 텍스트를 모두 읽은 다음 밑줄 친 부분만을 단순히 연결한다.

결론부터 말하자면, 우리가 지금까지 습관적으로 해온 이와 같은 방식의 요약은 적어도 주장을 담고 있는 글에 대해서는 올바른 방식의 요약 또는 〈분석적 요약〉이라고 할 수 없다. 이와 같은 방식은 주어진 텍스트의 분량을 단순히 줄여놓은 것에 불과하기 때문이다. 올바른 방식의 요약 또는 〈분석적 요약〉은 주어진 텍스트에 대한 '정확한 이해'가 요구된다. 말하자면, 〈분석적 요약〉은 분석의 대상이 되는 텍스트에서 중요한 요소들을 찾아낸 다음 그것들을 논리적 사고의 절차에 부합하게 구성하는 것을 말한다. 〈분석적 요약〉의 구체적인 내용과 형식을 자세히 다루기에 앞서 다음과 같은 3가지 유형의 지도를 비교함으로써 분석적 요약이 어떤 형식을 갖는지를 간략히 설명하는 것이 도움이 될 듯하다.

당신이 서울 지리에 대해 잘 알지 못한다고 해보자. 예컨대, 당신은 업무를 보기 위해 서울을 몇 차례 방문했지만 이곳저곳을 다녀본 것은 아니라고 해보자. 그리고 당신은 지하철과 버스 등 대중교통을 이용하여 인사동의 G 화랑에서 일하고 있는 친구를 방문해야 한다고 해보자. 당신은 KTX를 타고 서울역에 도착한다. 만일 당신이 그 누구의 도움도 받지 않고 오직 지도에만 의존하여 인사동의 G 화랑에 가야 한다면, 당신이 활용할 수 있는 가장 유용하고 적절한 지도는 어떤 것인가? 당연히 세 번째 지도인 '약도'일 것이다. 만일 당신에게 '1/100,000 지도'를 주면서 인사동을 찾아가라고 말한다면, 아마도 당신은 "덜 세밀해도 좋으니 더 간략히 정리되어 있는 지도를 달라"고 요구할 것이다. 그 요구에 따라 당신에게 '1/50,000 지도'를 제공한다면 어떨까? 아마도 당신은 "나는 이렇게 단순히 축척을 줄여놓은 지도를 찾는 것이 아니다"라고 말할 것이다. 말하자면, 당신에게 필요한 것은 인사동의 G 화랑에 가기 위한 "적절하고 필요한 정보"가 담긴 지도(약도)다.

만일 그렇다면, 당신이 인사동 부근을 잘 나타내고 있는 약도에 의존하여 G 화랑을 찾아가기 위해 수행한 사고의 절차를 논증으로 다음과 같이 정리

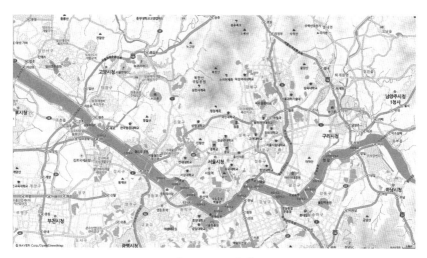

① 1/100,000 지도[3]

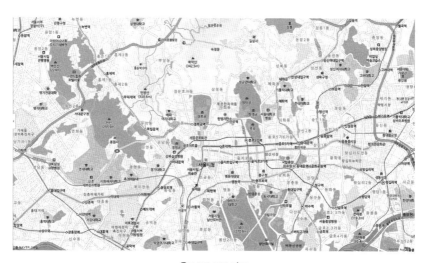

② 1/50,000 지도

---

2)　네이버 지도 참조.

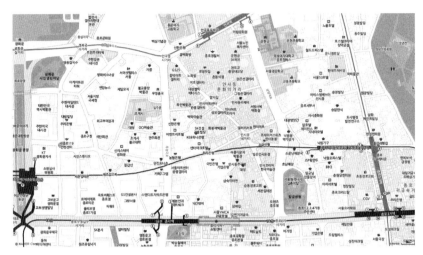

③ 약도

해볼 수 있다.

     P_1. 안국역에 도착하면 x번 출구로 나간다.

     P_2. x번 출구에서 횡단보도를 건너 인사동 입구를 찾는다.

     P_3. 인사동 입구에서 종로 방향으로 y미터 전방에 있는 B 빌딩을 찾는다.

     P_4. ⋯⋯

     C. P_1~P_4를 모두 수행하면 G 화랑에 도착한다.

물론, 우리는 일상에서 모든 일과 상황을 이와 같은 방식으로 애써 형식화하지는 않는다. 수많은 경험을 통해 그러한 과정을 거치지 않아도 주어진 일과 상황을 익숙하게 해낼 수 있기 때문이다. 하지만 그러한 익숙함은 수많은 관찰과 경험을 통해 '사고의 절차와 내용'이 어느 정도 자동화 또는 체화되었기 때문이다.

우리는 앞선 장에서 비판적 사고와 근거중심글쓰기의 과정에 대해 간략히 살펴보면서 〈분석〉과 〈평가〉에서 중요한 요소들이 아래의 표와 같다는 것을 살펴보았다. 간략히 말해서, 분석적 요약은 〈분석〉에 해당하는 중요한 요소들을 찾아내어 논증으로 구성하고, 그것을 문장으로 재기술하는 것이라고 할 수 있다. 예컨대, 〈분석적 요약〉은 당신이 인사동을 찾아가기 위해 중요한 지표들을 활용하여 재구성한 '약도'를 사용했듯이, 주어진 텍스트를 이해하기 위해 그 텍스트의 중요한 요소들을 활용하여 재구성하는 것을 말한다.

분석	평가
사고 과정의 중요한 요소들을 추려내어 체계적으로 구성하는 것	분석된 내용의 개념, 논리성, 함축적 결론의 수용 가능성 등을 따져보는 것
⇑	⇑
결론적 주장(핵심 주장)	함축(적 결론): 핵심 주장과 논의의 맥락 및 추가된 정보로부터 도출할 수 있는 숨은 결론
⇑	⇑
(주장을 지지하는) 이유(근거)들 명시적 이유: 텍스트에 드러난 이유 생략된 이유: 숨은 또는 암묵적 가정	논리성(타당성과 수용 가능성) 논의의 맥락(배경, 관점)
⇑	⇑
(이유를 뒷받침하는) 중요한 요소들 사실적 정보 중요한 개념	개념의 명료함과 분명함 사실의 일치성

　　분석의 대상이 되는 텍스트를 비판적 사고에 근거하여 요약글을 작성하는 과정은 크게 두 과정으로 구분할 수 있다. 말하자면, 주어진 텍스트에서 "근거와 주장 같은 중요한 요소들"을 찾아내는 〈평면적 요약〉과 근거, 주장 그리고 함축적 내용 등을 고려하여 "논증을 구성"하는 〈분석적 요약〉으로 구분할 수 있다. 그리고 이와 같은 사고 과정은 다시 다음과 같은 4가지 단계로

나누어 생각해볼 수 있다.

[과정]
① 평면적 요약: 중요한 요소들을 찾아내기(내용적 축약)
② 분석적 요약: 논증을 구성하여 논리적 구조 이해하기

[단계]
1단계: 〈문제와 주장 찾기〉
2단계: 〈개념(핵심어)을 정의하고 숨은 근거(기본 전제)가 있을 경우 제시하기〉
3단계: 〈근거(들)에 의거하여 논증 구성하기〉
4단계: 〈함축적 결론이 있을 경우 제시하기〉

우리는 앞선 장에서 이미 〈분석적 요약〉을 위한 두 개의 과정과 4단계에 관한 내용을 비교적 자세히 살펴보았다. 여기에서는 〈분석적 요약〉의 4단계의 중요한 내용을 간략히 살펴본 다음 실제적인 〈분석적 요약〉을 연습하도록 하자.

[1단계] (핵심) 문제와 주장 찾기

분석적 요약을 하기 위한 첫 번째 단계는 주어진 텍스트에서 제기하고 있는 '(핵심) 문제'와 그것에 대한 답변인 필자의 '주장(결론)'이 무엇인지를 파악하는 것이다. 그리고 필자가 제기한 핵심 문제와 그것에 대한 핵심 주장은 일반적으로 어렵지 않게 찾을 수 있다. 만일 필자가 어떤 중요한 주장을 개진하거나 어떤 것을 정당화하려는 의도를 가지고 글을 쓴 경우라면, 독자에게 그

것을 잘 전달하고 보여주는 것이 글의 1차적인 목표이기 때문이다.

그리고 핵심 문제와 주장은 한 쌍(a pair)을 이루고 있다. 말하자면, 필자가 제기한 문제와 그것에 대한 답변인 주장은 서로 대응한다. 예컨대, 다음과 같은 문제 또는 물음에 대해 한 쌍을 이루는 직접적으로 대응하는 답변 또는 주장은 무엇인가?

Q 1: 우리 함께 밥 먹을까?

Q 2: 너 나랑 사귈래?

이와 같은 물음 또는 문제에 대해 한 쌍을 이루는 직접적으로 대응하는 답변 또는 주장은 아마도 다음과 같은 것이다.

A 1: 그래, 함께 밥을 먹자. (또는 아니, 함께 밥을 먹지 않을래.)

A 2: 그래, 우리 사귀자. (또는 아니, 나는 사귈 마음이 없어.)

물론, 일상에서는 물음 Q 1(또는 Q 2)에 대해 다양한 답변이 가능하다. 예컨대, 함께 밥을 먹는 것을 거부하려 할 경우, "나는 방금 먹었어", "시간이 조금 이르지 않아?", "속이 좋지 않아" 등과 같이 부정의 의미를 갖는 표현을 할 수 있다. 하지만 엄밀하게 말해서 그러한 답변은 물음에 대한 직접적인 답변을 한 것은 아니다. 왜냐하면 그러한 답변에 대해 또 다른 이유로 동일한 물음을 제기할 수 있기 때문이다. 예컨대, "(네 사정이 이러저러하더라도) 함께 밥을 먹을 수 있지 않아?"라고 물을 수 있다.

[2단계] 개념(핵심어) 정의와 숨은 가정 찾기

앞선 장에서 이미 살펴보았듯이, 개념(핵심어)은 단어 또는 용어이기 때문에 논증의 가장 기초적인 요소다. 또한 개념은 중요한 용어를 정의(definition)하는 것이다. 따라서 중요한 개념(핵심어)과 그것의 정의는 논증의 중요한 근거로 사용되는 경우가 있다.

숨은 가정 또는 암묵적 전제는 텍스트에 명시적으로 드러나지 않는 근거라고 할 수 있다. 그리고 그것들은 텍스트에서 다루고 있는 문제에 대한 필자의 기본적인 입장(stance) 및 관점(point of view)과 밀접한 관련을 갖고 있는 경우들이 있다.

〈애매어(ambiguous)〉

여기서 한 가지 짚고 넘어가야 할 것이 있다. 텍스트에서 중요하게 사용하고 있는 개념이 명시적으로 드러나 있는 경우라고 할지라도 어떤 경우에는 그 개념에 대해 문제를 제기할 수 있는 경우가 있기 때문이다. 다음의 예를 통해 그것을 살펴보자.

〈보기〉
① 연희는 좋은 눈을 가졌어.
② 연희는 지섭보다 우성을 더 좋아한다.

먼저 ①을 살펴보자. 진술문 ①은 어떻게 해석되는가? 진술문의 앞뒤 맥락이 제시되지 않았기 때문에 그것은 적어도 3가지 뜻으로 이해될 수 있다.

① 연희는 좋은 눈을 가졌어.

    a) 연희는 시력이 좋다.

    b) 연희는 안목(眼目)이 있다.

    c) 연희는 예쁜 눈을 가졌다.

다음으로 ②를 살펴보자. ②는 어떻게 해석되는가? 이것 또한 진술문의 앞뒤 맥락이 제시되지 않았기 때문에 그 뜻을 정확하게 파악하기 어렵다는 문제가 있다. 하지만 진술문 ②는 적어도 두 가지 의미로 파악된다는 것을 알 수 있다.

② 연희는 지섭보다 우성을 더 좋아한다.

    a) 연희는 지섭과 우성 중에서 우성을 더 좋아한다.

    b) 연희와 지섭은 모두 우성을 좋아하지만, 연희가 우성을 좋아하는 정도가 지섭이 우성을 좋아하는 정도보다 더 크다.

이와 같이 진술문 ①과 ②가 두 가지 이상으로 다양한 의미를 갖는 경우를 '애매(ambiguous)'하다고 한다.[3] 만일 중요한 개념 또는 개념 정의가 애매하다면, 그 의미를 '명료(clear)'하게 만들어야 한다.

---

3) 애매어의 사용으로 진술문의 의미를 올바르게 파악할 수 없는 경우를 '애매어의 오류(fallacy of ambiguous)'라고 한다. 한 예를 보면 다음과 같다.

P_1. 일의 끝은 그 일의 완성이다.
P_2. 삶의 끝은 죽음이다.
C. 따라서 죽음은 삶의 완성이다.

〈모호어(vague)〉

애매어 또는 애매 문장이 의미가 두 가지 이상으로 다양하게 해석되는 경우인 반면에, 모호(vagueness)한 경우는 용어 또는 진술문이 가리키는 대상의 외연이나 크기 또는 속성이나 성질이 분명하지 않은 경우를 말한다. 예컨대 다음과 같은 진술문을 평가해보자.

〈보기〉
ⓒ 지섭은 중산층이다.
ⓓ 학생은 학생다워야 한다.

먼저 진술문 ⓒ을 살펴보자. 이 진술문을 이해하기 위해 반드시 요구되는 것은 무엇인가? 지섭이 중산층에 속하는지 여부를 파악하기 위해서는 어떤 계층을 중산층이라고 부르는지에 대한 분명한 기준 또는 준거가 제시되어야 한다. 예컨대, 우리나라의 경우 직장인을 대상으로 하는 설문조사에서 중산층의 기준으로 다음과 같은 것들이 제시되었다.[4]

〈중산층에 대한 직장인 대상 설문 결과〉
부채 없는 아파트 30평 이상 소유
월 급여 500만 원 이상
2,000cc급 중형차 소유
예금 잔고 1억 원 이상 보유

---

4) http://blog.naver.com/aladinet/30183428535

해외여행 1년에 1회 이상

만일 직장인을 대상으로 하는 설문 결과에서 제시하고 있는 기준을 중산층에 대한 적절한 기준으로 받아들일 수 있다면, 이와 같은 외연적 조건을 충족한 경우에만 "지섭은 중산층이다"라는 진술문은 참이 될 수 있다. 하지만 중산층에 대한 다른 기준이 제시된다면 "지섭은 중산층이다"라는 진술문은 거짓이 될 수도 있다. 예컨대 경제협력개발기구(OECD)에서는 중산층에 대해 다음과 같은 기준을 제시하고 있다.

〈OECD의 중산층 기준〉[5]

"중산층은 한 나라의 가구를 소득 순으로 세운 다음 중위소득의 50~150%까지의 소득을 가진 집단을 말한다."[6]

이 기준에 따를 경우, 만일 지섭이 비록 500만 원의 월 급여를 받고 있다고 하더라도 중위소득의 150%를 초과한다면 지섭은 고소득층이 되지만, 50% 미만에 해당한다면 지섭은 저소득층에 속하게 된다.

하지만 위에서 제시한 중산층에 대한 두 가지 기준은 모두 '재화의 총량', 즉 재산을 얼마나 가지고 있는가의 기준에만 의존하고 있는 개념이라고 할 수 있다. 단적으로 말하면, 이와 같이 오직 재화의 보유량을 기준으로 하는 정의는 '삶의 질'에 관한 것은 전혀 드러나지 있지 않다. 이와 관련하여 우리가 소위 '선진국'이라고 부르는 프랑스, 영국 그리고 미국에서 제시하고 있는 중

---

[5] http://naeko.tistory.com/1059

[6] https://namu.wiki/w/%EC%A4%91%EC%82%B0%EC%B8%B5. '중위소득'이란 평균 소득과는 다른 개념이다. 중위소득은 모든 국민을 소득 수준에 따라 나열한 다음 정확히 중간에 있는 사람의 소득을 가리킨다.

산층의 정의를 살펴보는 것은 흥미로운 일이다. 그들이 중산층을 정의하기 위해 제시하고 있는 기준 또는 조건은 우리의 그것과 사뭇 다르기 때문이다.

〈프랑스 중산층의 기준: 퐁피두 대통령이 "삶의 질(Qualite de vie)"에서 정한 기준〉

외국어를 하나 정도는 할 수 있어야 하고

직접 즐기는 스포츠가 있어야 하고

다룰 줄 아는 악기가 있어야 하고

남들과 다른 맛을 낼 수 있는 요리를 만들 수 있어야 하고

'공분'에 의연히 참여하고

약자를 도우며 봉사활동을 꾸준히 해야 한다.

〈영국의 중산층 기준: 옥스퍼드 대학교에서 제시한 기준〉

페어플레이를 할 것

독선적으로 행동하지 말 것

자신의 주장과 신념을 가질 것

약자를 두둔하고 강자에 대응할 것

불의, 불평, 불법에 의연히 대처할 것

〈미국의 중산층 기준: 공립학교에서 교육하고 있는 기준〉

자신의 주장에 떳떳하고

사회적인 약자를 도와야 하며

부정과 불법에 저항하고

그 외, 테이블 위에 정기적으로 받아보는 비평지가 놓여 있어야 한다.

다음으로 진술문 ④를 보자. 우리가 "학생은 학생다워야 한다"는 진술문을 올바르게 이해하기 위해 요구되는 것은 무엇인가? 똑똑한 당신은 앞선 중산층에 대한 논의를 통해 '학생다움'에 대한 기준과 준거가 제시되어야 한다는 것을 이미 파악했을 것이다. 예컨대, 흔히 말하듯이 "공부를 잘하는 것", "복장이 단정한 것" 또는 "예절이 바른 것" 등은 '학생다움'에 대한 기준으로 충분한가? 아마도 당신은 그것만으로는 학생다움을 정의하기에 충분하지 않다는 것에 쉽게 동의할 수 있을 것이다.

지금까지 살펴본 애매어와 모호어의 문제가 '개념 정의'에 있어 중요한 까닭은 그것들을 명료하고 분명하게 수정하지 않을 경우 일반적으로 수용되는 개념이 전혀 다른 의미로 변질될 수 있기 때문이다. 다음의 예를 살펴보자.

> "보수(保守)[7]는 개혁(改革)[8]합니다."

이 진술문을 문자 그대로 옮기면,

> "보전하여 지키는 것(보수)은 새롭게 뜯어고칩니다(개혁)."

가 될 것이다. 하지만 이와 같은 정의는 이상하다. 말하자면, '보수'와 '개혁'은 모순관계는 아니라고 할지라도 반대관계에 놓여 있는 개념이기 때문이다. 이와 같이 어떤 용어가 갖고 있는 본래의 뜻을 일반적으로 수용되지 않는 전혀 새로운 의미로 사용하는 오류를 '은밀한 재정의의 오류(fallacy of illicit

---

[7] 국어사전은 '보수'를 "1. 보전하여 지킴. 2. 새로운 것이나 변화를 적극적으로 받아들이기보다는 전통적인 것을 옹호하며 유지하려 함"이라고 정의하고 있다.

[8] 국어사전은 '개혁'을 "제도나 기구 따위를 새롭게 뜯어고침"이라고 정의하고 있다.

redefinition) [9] 라고 한다. 만일 텍스트에서 중요하게 사용하고 있는 중요한 개념이 이와 같은 오류를 저지르고 있다면, 반드시 그 오류를 발견하고 올바르게 수정해야 한다.

[3단계] 논증 구성하기

논증을 구성한다는 것은 주어진 텍스트의 핵심 주장과 그것을 지지하는 중요한 근거들을 논리적 순서에 따라 배치하는 것을 말한다. 논증은 일련의 전제(근거, 이유)와 결론(주장)으로 이루어지며, 논증의 표준 형식으로 (재)구성하는 데 있어 2단계에서 찾은 생략된 전제나 암묵적 가정이 있다면 그것을 채워 넣어야 하는 경우가 있다. 그리고 논증 구성은 〈분석적 요약〉에서 가장 기본적일 뿐만 아니라 중요한 역할을 한다.

[4단계] 함축적 결론 찾기

간략히 말해서, 함축 또는 함축적 결론은 명시적 결론으로부터 추론할 수 있는 숨겨진 또는 암묵적 결론이라고 볼 수 있다. 물론, 명시적 결론으로부터 함축적 결론을 이끌어내기 위해서는 새로운 근거가 추가되어야 한다. 함축적 결론을 추론하기 위해 추가되는 새로운 근거는 관점과 배경을 포함하는

---

9) 은밀한 재정의의 오류는 어떤 과정에서 용어나 말의 의미를 자의적으로 변화시키는 것을 말한다. 예컨대 "미친 사람은 정신병원에 수용되어야 한다. 요즘 세상에 뇌물 주는 것을 물리치다니 미치지 않고서야 그럴 수 있어? 그 친구 정신병원에 보내버려야겠어." 여기서 '미친 사람'이라는 표현이 '뇌물을 거절하는 사람'으로 은밀히 재정의되어 올바른 행위를 한 사람을 정신병원에 보내야 한다는 오류가 발생한 것이다. 김광수, 『논리와 비판적 사고』, 철학과현실사, 2007, p.325

텍스트의 맥락에 의존하는 경우들이 있다. 또는 필자의 숨은 의도를 보이기 위해 텍스트의 중요한 내용과 관련된 새로운 정보를 추가할 수도 있다.

　분석적 요약을 하기 위한 이와 같은 4단계 과정은 사실 '**논증 구성**'과 다르지 않다. 간략히 말해서, 주어진 텍스트의 주장(결론)과 그것을 뒷받침하는 근거(전제, 이유)들을 모두 찾아 논증으로 구성한다면, 주장과 근거에 해당하는 명제들을 적절한 접속사나 조사로 연결하는 것만으로도 충분히 '분석적 요약문'을 작성할 수 있기 때문이다. 이제, 몇 가지 텍스트를 통해 〈분석적 요약〉과 '요약문'을 작성하는 연습을 해보자.

2. 분석적 요약 연습

　다음 글을 읽고 〈분석적 요약〉을 하기 위한 중요한 요소들을 찾아 논증으로 (재)구성하고 그것에 기초하여 요약문을 작성해보자.

1) 밀(J. S. Mill), 『**자유론**』[10]

　　우리가 중시해야 할 것은 토론의 자유다. 흔히 우리가 갖고 있는 의견이나 주장은 이성적 · 논리적 사고에 따라 치밀하게 논증된 것이 아니라 그 사회 대부분의 사람들이 옳다고 생각하는 감정이나 여론, 습관에 따라 결정된

---

10) 원만희 · 박정화 외, 『SWP 연습: 비판적 읽기와 쓰기』, 성균관대학교출판부, 2012, p.21

것일 가능성이 높다. 보통사람들은 다수의 의사를 당연한 것, 즉 아무런 의심도 없이 자명하고 정당한 것으로 받아들인다. 하지만 이것은 인류의 착각일 뿐이다.

따라서 토론과 논증을 거치지 않은 견해가 있다면, 그것은 진리가 아니라 단지 독단일 수도 있다. 어떤 의견이든, 예를 들어 기독교를 믿는 국민이 갖고 있는 신에 대한 절대적인 믿음조차도 반대 의견을 경청하는 토론을 거침으로써 그것이 진정한 진리라는 것을 입증할 수 있어야 한다. 우리는 모든 견해에 대해 그것이 절대적으로 옳다고 믿는 무오류성의 가정을 버리고 토론을 통해, 즉 갑론을박을 통해 그 견해에 대한 근거를 따져보고 그것의 진리 여부를 판단해야 한다. 토론을 거치지 않고 비판에 열려 있지 않는 진리는 진정한 진리라고 할 수 없다. 어떤 의견도 오류일 수 있다는 가능성을 인정해야 한다.

〈분석적 요약〉

[1단계] 문제와 주장
　〈문제〉
　우리의 믿음 중에서 토론으로부터 자유로운 절대적인 믿음이 있는가?

　〈주장〉
　우리가 가진 (대부분의) 믿음은 토론을 통해 검증되어야 한다.

[2단계] 핵심어(개념)
　토론: 믿음의 진리를 사람들 간의 이성적이고 논리적인 사고를 통해 검증하는 이론적인 절차
　독단: 토론을 거치지 않은 무비판적인 믿음

[3단계] 논증 구성
　〈숨은 전제(기본 가정)〉
　(대부분의) 인간은 합리적이고 이성적인 토론이 가능하다.[8]

　〈논증〉
　① 사람들은 많은 믿음을 다수의 의견이라는 이유로 받아들인다.

---

② (하지만) 그것들은 거의 대부분 검증되지 않은 것이다.
③ 우리가 가진 (그러한) 대부분의 믿음은 정당화되지 않는다.
④ (따라서) 정당화되지 않은 (그러한) 믿음은 토론을 통해 검증되어야 한다.

[4단계] 함축적 결론

〈맥락(배경, 관점)〉

〈숨은 결론〉

〈분석적 요약〉을 통해 위와 같은 논증을 구성했을 경우, 그 논증을 구성하고 있는 명제들[전제(들)와 결론(들)]을 적절한 접속사와 조사로 연결하는 것만으로도 텍스트에 대한 올바른 이해에 기초함과 동시에 핵심 주장(결론)이 도출되는 사고의 흐름을 잘 보여주는 요약문을 쓸 수 있다.

〈요약문 예시〉

사람들은 많은 믿음을 다수의 의견이라는 이유로 무비판적으로 받아들인다. 하지만 그것들은 거의 대부분 검증되지 않은 것이다. 그리고 검증되지 않은 그러한 대부분의 믿음은 정당화되지 않는다. 따라서 정당화되지 않은 그러한 믿음은 토론을 통해 검증되어야 한다.

---

11) '기본 가정'과 '숨은 전제'를 구분해서 생각해야 할 필요가 있다. 이것을 간략히 정리하면 다음과 같다. '기본 가정'은 텍스트에서 다루고 있는 문제에 대해 또는 세계에 대해 필자가 갖고 있는 기본적인 자세나 관점이라고 할 수 있다. 반면에 '숨은 전제'는 (필자의 기본적인 자세나 관점과 무관하게) 논증에서 결론을 도출하기 위해 반드시 필요한 근거나 전제를 말한다.

2) 흄(D. Hume), 『자연종교에 관한 대화』

> 집에도 세계에도 창조가 있다고 가정해보자. 그렇다면 집이 완벽하지 않
> 을 때 우리는 누가 비난받아야 하는지 알고 있다. 그것은 집을 만들어낸 목
> 수나 벽돌공이 될 것이다. 그런데 이 세계 역시 전적으로 완벽하지는 않다.
> 따라서 세계의 창조자도 완벽하지 않다는 결론이 따라나온다. 그러나 여러
> 분은 이 결론이 불합리하다고 생각할 것이다. 이 불합리를 피하는 유일한
> 방법은 그런 결론으로 이끈 가정을 거부하는 것이다. 따라서 세계에는 집과
> 같은 방식의 창조자가 없다.

흄이 이 글을 통해 말하고자 한 것은 무엇인가? 즉, 그가 이 글을 통해 주
장하고 있는 것은 무엇인가? 그는 이 글을 통해 "(따라서) 세계에는 집과 같은
방식의 창조자가 없다"는 주장을 하고 있다는 것을 어렵지 않게 찾을 수 있을
것이다. 앞서 말했듯이, 어떤 주장을 정당화하는 텍스트의 결론을 찾는 것은
비교적 어렵지 않다. 그렇다면, 흄은 그 주장을 지지하기 위해 어떤 근거들을
제시하고 있는가? 달리 말하면, 그가 제시하고 있는 '논증'의 구성과 '추리'의
내용은 무엇인가? 미리 말하자면, 흄은 위와 같은 짧은 텍스트에서 하나의
'유비논증'과 하나의 '귀류논증'을 사용하여 논증을 구성하고 있다.[12] 흄의 주
장을 잘 이해하기 위해 그가 제시한 논증의 구조를 먼저 파악하고, 그것에 따
라 〈분석적 요약〉을 작성해보자.

우선, 이 텍스트에 드러난 유비논증을 살펴보자. 유비논증 또는 유비추리
는 일반적으로 서로 다른 대상이나 현상이 공통으로 갖고 있는 성질이나 특

---

[12] 유비논증과 귀류논증에 관한 자세한 내용은 다음의 책을 참고하는 것이 도움이 될 것이다. 코피, 코
헨(I. M. Copi, C. Cohen), 『논리학 입문』, 박만준 외 역, 경문사, 1988, pp.453-66; 이좌용 · 홍지호,
『비판적 사고』, 성균관대학교출판부, 2011, pp.142-55, pp.188-95; 김광수, 『논리와 비판적 사고』,
철학과현실사, 2007, p.60, pp.193-7

성의 유사성을 근거로 들어 주장을 정당화하는 추리라고 할 수 있다. 유비논증 또는 유비추리는 우리가 일상에서 매우 익숙하게 자주 사용하는 논증이라고 할 수 있다. 예컨대, 우리는 짜장면을 먹어보지 못한 미국인에게 그것을 설명할 경우, 미국인에게 익숙한 파스타를 예로 들어 짜장면을 설명할 수 있다. 간략히 말해서, 유비논증은 중요한 근거로 사용되는 대상과 유사한 속성을 가진 익숙한 대상의 속성을 비교함으로써 핵심 주장을 정당화하려는 시도라고 할 수 있다. 만일 그렇다면, 흄은 자신의 주장을 지지하기 위해 어떤 것들을 유비적 대상으로 사용하고 있는가? 이미 알아챘겠지만, 그는 '집'과 '세계'의 (설명적) 유사성에 의지하여 논증을 개진하고 있으며, 그것을 간략히 다음과 같이 정리할 수 있다.

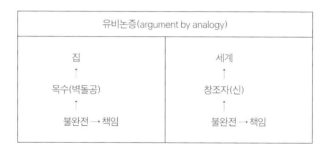

P₁. 집과 세계는 (설명적 구조에서) 유사하다.

P₂. 목수와 창조자는 집과 세계를 제작했다는 점에서 유사하다.

C₁. 불완전한 집에 대한 책임이 목수에게 있다면, 불완전한 세계에 대한 책임은 창조자에게 있다.

다음으로 귀류논증 또는 귀류추리에 대해 간략히 살펴보자. 귀류논증은 일반적으로 어떤 주장이나 현상을 직접적으로 반박하거나 부정하기 어려운 경우, 그 주장이나 현상을 참으로 가정했을 때 초래되거나 발생하는 불합리한 또는 받아들일 수 없는 결과를 보임으로써 잠정적으로 참으로 가정한 주장이나 현상을 반박하거나 부정하는 논증을 말한다. 그것을 다음과 같이 간략히 정리할 수 있다.

〈귀류논증(argument by reductio)〉

이유 1. 반박하고자 하는 주장 또는 결론이 참이라고 가정하자.

이유 2. 이유 1이 참일 경우 해결하기 어렵거나 불합리한 결론이 도출된다.

결론. 따라서 참으로 가정했던 주장 또는 결론이 거짓이다.

따라서 주어진 텍스트의 귀류논증을 정리하면 다음과 같다.

P_3. (집과 같은 방식의) 창조자가 있다고 하자(가정).

P_4. (정의에 따라) 창조자는 완전(전지, 전능, 지선)하다.

P_5. 창조자가 완전하다면, 그가 만든 세계도 완전하다.

P_6. (하지만) 세계는 완전하지 않다.

C_2. 따라서 이 세계에는 (집과 같은 방식의) 창조자는 없다. (또는 창조자는 완전하지 않다.)

흄이 "집과 같은 방식의 세계의 창조자는 없다"는 주장을 정당화하기 위해 사용하고 있는 두 가지 논증을 이와 같이 분석할 수 있다면, 〈분석적 요약〉에 기초한 요약문을 다음과 같이 정리할 수 있을 것이다.

〈분석적 요약〉

[1단계] 문제와 주장

〈문제〉

(집과 같은 방식의) 세계의 창조자가 있는가?

〈주장〉

(집과 같은 방식의) 세계의 창조자는 없다.

[2단계] 핵심어(개념)

창조자: 세계를 만들어낸 완벽한 존재

[3단계] 논증 구성

〈숨은 전제(기본 가정)〉

창조자는 완전[전지, 전능, (지고)지선]하다.

〈논증〉

① 만일 세계의 창조자가 있다면, 그는 세계를 만들었을 것이다.
② 집이 완벽하지 않다면, 그 집을 만들어낸 사람을 비난해야 한다.
③ 세계가 완벽하지 않다면, 그 세계를 만들어낸 존재를 비난해야 한다.
④ (그런데) 세계는 완벽하지 않다.
⑤ (따라서) 그는 비난받아야 한다.
⑥ (그런데) (정의에 따라) 그는 완전하다(숨은 전제).
⑦ (따라서) 세계의 창조자가 이 세계를 만들었다는 가정은 오류다.

[4단계] 함축적 결론

〈맥락(배경, 관점)〉

〈숨은 결론〉

〈요약문 예시〉

만일 세계의 창조자가 있다면, 그는 세계를 만들었을 것이다. 집이 완벽하지 않다면, 그 집을 만들어낸 사람을 비난해야 한다. 마찬가지로 세계가 완벽하지 않다면, 그 세계를 만들어낸 존재를 비난해야 한다. 세계는 완벽하지 않다. 그는 비난받아야 한다. 하지만 (정의에 따라) 그는 완전하다. 따라서 세계의 창조자가 이 세계를 만들었다는 가정은 오류다.

3) 아인슈타인(Albert Einstein)[13]

> ⓐ 전능하고 정의롭고 공정한 인격적 신이 존재한다는 관념이 인간에게 위로와 도움과 길잡이가 되어줄 수 있을 것이라는 점은 분명히 아무도 부인하지 않을 것이다. ⓑ 그러나 반대로 이 관념 자체에는 결정적인 약점이 따라다니는데, 그것은 태초부터 고통스럽게 느껴져왔던 것이다. ⓒ 만일 이 존재가 전능하다면, 인간의 모든 행동, 인간의 모든 사고, 인간의 모든 감정 및 열망을 포함한 모든 일들은 또한 그의 작품이다. ⓓ 어떻게 그와 같은 전능한 존재를 앞에 두고서 인간에게 그들의 행위와 사고에 대해 책임을 묻는 것을 생각할 수 있단 말인가?

앞에서 다룬 밀과 흄의 텍스트를 활용한 〈분석적 요약〉 연습은 핵심 주장이 명시적으로 드러나 있는 경우에 해당한다. 반면에 여기서 다룬 아인슈타인의 텍스트는 '명시적 결론'과 그 결론에 숨겨진 전제를 추가함으로써 도출할 수 있는 '함축적 결론'이 모두 있는 경우라고 할 수 있다. 따라서 위의 글에 대한 〈분석적 요약〉과 그것에 기초한 요약문은 두 가지 형식을 갖는다. 〈분석적 요약〉에 앞서 주어진 텍스트를 간략히 살펴보자. 진술문 ⓐ와 ⓑ는 논증을 구성할 때 직접적으로 사용되지 않는 불필요한 요소라는 것을 알 수 있다. 말하자면, 그것들은 '문제 제기'를 하기 위한 장치로 사용되고 있을 뿐이다. 만일 그렇다면, 결국 이 텍스트에서 핵심 논증을 구성하고 있는 진술문은 ⓒ와 ⓓ라는 것을 알 수 있다. 이제, 아인슈타인이 이 텍스트를 통해 말하고자 하는 것이 무엇인지 〈분석적 요약〉을 통해 살펴보자.

---

13) 이좌용 · 홍지호, 『비판적 사고: 성숙한 이성으로의 길』, 성균관대학교출판부, 2011, pp.102-5 참조.

〈명시적 분석에 의거한 논증 구성〉

[1단계] 문제와 주장

　〈문제〉
　인간의 행위와 사고에 대해 책임을 물을 수 있는가?

　〈주장〉
　인간의 행위와 사고에 대해 책임을 물을 수 없다.

[2단계] 핵심어(개념)

　신(Holy Divine): 전지, 전능, (지고)지선한 존재다.

[3단계] 논증 구성

　〈숨은 전제(기본 가정)〉
　사고와 행위를 포함하여 그것을 만든 자에게 책임이 있다.

　〈논증〉
　① 신은 전능하고 정의롭고 공정하다(신에 대한 정의).
　② 신이 전능하다면, 인간의 모든 행동, 사고, 감정 및 열망을 포함한 모든 일은 신의 작품이다.
　③ (인간의 사고와 행위를 포함하여 그것을 만든 제작자만이 그 산물에 대한 책임이 있다.)
　④ 따라서 인간에게 도덕적 책임을 물을 수 없다.

[4단계] 함축적 결론

　〈맥락(배경, 관점)〉

　〈숨은 결론〉

〈요약문 예시 1〉 명시적 분석

신에 대한 통념적인 정의에 따르면, 신은 전능하고 정의롭고 공정하다. 그렇다면 신이 전능할 경우 인간의 모든 행동, 사고, 감정 및 열망을 포함한 모든 일은 신의 작품이다. 그것은 인간의 사고와 행위를 포함하여 그것을 만든 제작자만이 그 산물에 대한 책임이 있다는 것을 의미한다. 따라서 인간에게 도덕적 책임을 물을 수 없다.

위에서 제시한 〈분석적 요약〉은 "**명시적 분석에 의거한 논증 구성**"이다. 말하자면, 이것은 주어진 텍스트에서 명시적으로 찾을 수 있는 근거만 사용

하여 논증을 구성하고 있다. 반면에 다음에 제시할 〈분석적 요약〉은 "**함축적 분석에 의거한 논증의 재구성**"이다. 간략히 말하면, 함축적 분석에 의거한 논 증의 재구성은 주어진 텍스트에서 명시적으로 제시하고 있지 않은 "숨은 가 정이나 암묵적 전제" 또는 주어진 문제에 대한 "필자의 기본적인 관점이나 배경에 따른 맥락"을 "명시적 분석에 의거한 논증"에 추가하여 논증을 재구 성하는 것이다.

〈함축적 분석에 의거한 논증의 재구성〉

[1단계] 문제와 주장

　〈문제〉
　신은 전능한가?

　〈주장〉
　신이 전증하다는 생각에 문제를 제기할 수 있다. (또는 신은 전능하지 않다.)

[2단계] 핵심어(개념)

　신(Holy Divine): 전지, 전능, (지고)지선한 존재다.

[3단계] 논증 구성

　〈숨은 전제(기본 가정)〉
　사고와 행위를 포함하여 그것을 만든 자에게 책임이 있다.
　인간은 도덕적 책임이 있는 존재다.

　〈논증〉
　① 신은 전능하고 정의롭고 공정하다(신에 대한 정의).
　② 신이 전능하다면, 인간의 모든 행동, 사고, 감정 및 열망을 포함한 모든 일은 신의 작품이다.
　③ (인간의 사고와 행위를 포함하여 그것을 만든 제작자만이 그 산물에 대한 책임이 있다.)
　④ 따라서 인간에게 도덕적 책임을 물을 수 없다.

[4단계] 함축적 결론

　〈맥락(배경, 관점)〉

　〈숨은 결론〉
　⑤ (인간은 도덕적 책임이 있는 존재다.)
　⑥ 따라서 신의 전능함에 대해 문제를 제기할 수 있다. (또는 ①과 같은 신에 대한 정의에 문제를
　　제기할 수 있다.)

<요약문 예시 2> 함축적 분석

신에 대한 통념적인 정의에 따르면, 신은 전능하고 정의롭고 공정하다. 그렇다면 신이 전능할 경우 인간의 모든 행동, 사고, 감정 및 열망을 포함한 모든 일은 신의 작품이다. 그것은 인간의 사고와 행위를 포함하여 그것을 만든 제작자만이 그 산물에 대한 책임이 있다는 것을 의미한다. 따라서 인간에게 도덕적 책임을 물을 수 없다. 그런데 인간은 도덕적 책임이 있는 존재다. 따라서 신의 전능함에 대해 문제를 제기할 수 있다.

4) 김상봉 교수 칼럼[14]

"김상봉 교수 칼럼"을 분석적으로 요약하기에 앞서 이 텍스트의 구조에 관해 살펴보는 것이 좋을 듯하다. 미리 말하자면, 이 텍스트는 비록 신문에 기고한 칼럼으로서 한정된 지면으로 인해 주요 논증을 매우 꼼꼼히 제시했다고 볼 수는 없다고 하더라도 '정당화 글쓰기'가 갖추어야 할 일반적인 구조를 잘 보여주고 있기 때문이다. 그 까닭을 좀 더 자세히 살펴보자. (이것은 〈분석적 논평〉과 〈논평 쓰기〉와 밀접한 관련이 있다. 이것에 관한 자세한 내용은 다음 장에서 다룬다.)

얼마 전에 팔레스타인 가자지구를 향해 구호물자를 싣고 가던 선박을 이스라엘군이 공격해서 배에 타고 있던 사람이 최소 19명이나 숨지는 사고가 있었다. 수십 년 동안 계속되는 이스라엘의 야만을 볼 때마다 나는 부당한 폭력에 저항하는 것이 얼마나 중요한가를 새삼 곱씹게 된다.	서론

---

14) 김상봉, 「학교 체벌에 대하여」, 경향신문, 2010.08.03.
   http://news.khan.co.kr/kh_news/khan_art_view.html?artid=201008032104235 & code=990000

무슨 말인가 하면, 이스라엘이 팔레스타인에 대해 그토록 집요하게 야만적인 폭력을 행사하는 까닭은 그들이 아우슈비츠에서 나치 독일의 야만적 폭력에 저항하지 못했기 때문이다. 30년 전 광주 시민이 계엄군의 폭력에 맞서 목숨을 걸고 저항했듯 나치 독일의 폭력에 저항할 수 있었더라면 지금 이스라엘도 팔레스타인 사람들에게 그렇게 야만적인 폭력을 무시로 행사하지 않을 수 있었을 것이다. 부당한 폭력에 저항할 줄 아는 사람은 다른 사람도 부당한 폭력에 저항할 수 있음을 안다. 하지만 부당한 폭력에 저항하지 못하고 끝까지 당하기만 했던 사람은 남들이 자신의 부당한 폭력에 저항할 수 있으리라는 생각을 하지 못하고, 폭력을 가하면 자기처럼 굴종하리라 생각한다.	논증 1	본론
그리고 더 나쁜 것은 자기보다 강한 자의 폭력에 저항하지 못하고 당하기만 하는 사람은 반드시 자기보다 약한 자에게 폭력을 행사하게 된다는 사실이다. 폭력도 일종의 힘으로 관성의 법칙을 따른다. 그리하여 저항을 통해 멈추게 하지 않으면 반드시 계속 이어져 다른 곳으로 전달된다. 나치의 폭력에 유대인이 저항하지 못했으니 그 폭력은 멈추지 않고 다시 이스라엘에서 팔레스타인으로 이어지는 것이다. 그러므로 세계 평화를 진심으로 염원하는 사람이라면 팔레스타인 사람들의 저항에 연대하는 것이 하나의 도덕적 의무라고 나는 생각한다.	논증 2	
그런데 우리의 삶에는 누구든 타인의 폭력에 무방비 상태로 내맡겨져 있는 단계가 있다. 저항하고 싶어도 저항할 수 없는 상황이 있는 것이다. 부모의 폭력이나 교사의 폭력 앞에서 어린이는 저항하고 싶어도 저항할 수 없다. 그것은 물리적으로 불가능할 뿐만 아니라 부도덕한 일이라고 간주되기 때문이다. 그리하여 어린이는 부모와 교사의 폭력 앞에 저항할 수 없는 상태, 전적인 무기력 상태에 놓여 있다.	가능한 반론	
하지만 집에서는 부모에게, 학교에서는 교사에게 무방비 상태에서 얻어맞는 학생은 대개 이스라엘이 팔레스타인에 폭력을 가하듯 자기보다 약한 자에게 폭력을 행사함으로써 자기가 받은 폭력을 보상받으려 한다. 희생자는 자기의 동생일 수도 있고 학교의 후배나 동급생일 수도 있다. 그리고 그런 아이가 어른이 되면 다시 자기 자식이나 가난한 이웃집 어린이가 폭력의 대상이 될 것이다. 어디서든 저항을 통해 부당한 폭력을 멈추게 하지 않으면 폭력은 다른 폭력을 낳으면서 끝없이 이어지게 된다. 이 과정이 계속되면 전 사회적으로 폭력의 총량은 증폭되고 세상은 점점 더 지옥을 닮아가게 되는 것이다.	재반론	
……		결론

〈서론〉

　　서론은 일반적으로 "문제 상황을 제시하고, 독자의 관심을 유도하며, 필요할 경우 핵심 주장을 제시"하는 것과 같은 내용으로 구성할 수 있다. 이와 같은 기준에 비추어보았을 때, 이 텍스트의 서론은 비록 두 문장으로 이루어졌지만 그 조건을 잘 충족하고 있는 듯이 보인다.

문제 상황 관심 유도	얼마 전에 팔레스타인 가자지구를 향해 구호물자를 싣고 가던 선박을 이스라엘군 이 공격해서 배에 타고 있던 사람이 최소 19명이나 숨지는 사고가 있었다.
핵심 주장	수십 년 동안 계속되는 이스라엘의 야만을 볼 때마다 나는 부당한 폭력에 저항하는 것이 얼마나 중요한가를 새삼 곱씹게 된다.

〈본론〉

필자는 본론에서 주어진 문제 또는 문제 상황에 대한 자신의 생각과 입장을 보여주어야 한다. 간략히 말해서, 본론은 1차적으로 "핵심 주장과 그 주장을 뒷받침하는 근거(이유, 전제)"로 이루어진 '논증'으로 구성된다. 여기에 더하여 필자의 핵심 주장에 대해 제기될 수 있는 "가능한 반론과 그것에 대한 재반론"이 추가된다면, 필자 자신의 생각만을 보여주는 것이 아닌 반대 입장을 고려함으로써 논의의 '공정성'과 '충분성'을 확보할 수 있다. (이것에 관해서는 〈분석적 논평〉에서 좀 더 자세히 다룰 것이다.) 이와 같은 본론의 일반적인 내용에 비추어보았을 때, 이 텍스트는 다음과 같은 구조를 갖고 있다고 볼 수 있다.

논증 1	① 이스라엘인은 나치 독일의 폭력에 저항하지 못했다. ② 광주 시민은 계엄군의 폭력에 저항했다. ③ 소결론:
논증 2	① 폭력도 일종의 힘으로 관성의 법칙을 따른다. ② 저항을 통해 멈추지 않으면 폭력은 확대되고 재생산된다. ③ 소결론:
가능한 반론	① 폭력에 저항할 수 없는 상태가 있다. ② 폭력에 무방비 상태로 노출되어 있는 경우가 있다.
재반론	① 폭력의 희생자는 다른 이에게 폭력을 행사함으로써 보상을 받으려 한다. ② 이것은 '논증 1 & 논증 2'의 결론에 부합한다.

〈결론〉

결론은 일반적으로 "본론의 핵심 내용을 간략히 요약하거나 핵심 주장을 강조"하는 것으로 구성된다. 여기에 더하여 "필자의 주장이 갖는 의의" 등을 밝힘으로써 자신의 주장이 갖는 중요성을 강조할 수도 있다. 또는 핵심 문제와 관련된 앞으로의 전망이나 새로운 연구 방향 등을 제시함으로써 논의가 나아가야 할 방향을 제시할 수도 있다.

이제 [연습 4: 김상봉 교수 칼럼]을 〈분석적 요약〉에 의거하여 '요약문'을 작성해보자.

〈분석적 요약〉

[1단계] 문제와 주장

　〈문제〉
　(부당한) 폭력에 저항해야 하는가? (또는 부당한 폭력에 저항하는 것은 도덕적 의무인가?)

　〈주장〉
　(부당한) 폭력에 저항해야 한다. (또는 부당한 폭력에 저항하는 것은 도덕적 의무다.)

[2단계] 핵심어(개념)

　(부당한) 폭력: 강자가 약자에게 폭력을 행사함으로써 자기가 받은 폭력에 대한 보상을 받으려는 행위다.
　저항: (부당한) 폭력을 멈추기 위해 그것에 맞서는 행위다.

[3단계] 논증 구성

　〈숨은 전제(기본 가정)〉
　일상적 언어인 '폭력'은 그것의 내용에 따라 '부당한' 것과 '정당한' 것으로 구분할 수 있다.

　〈논증〉
　① (부당한) 폭력은 강자가 약자에게 폭력을 행사함으로써 자기가 받은 폭력에 대한 보상을 받으려는 행위다(부당한 폭력에 관한 정의).
　② 이스라엘은 (광주 시민과 달리) 나치 독일의 야만적 폭력에 저항하지 못했다.
　③ 그들은 팔레스타인에 지속적으로 야만적인 폭력을 행사한다.

---

④ 부당한 폭력에 저항하지 못한 사람은 다른 사람도 부당한 폭력을 인정할 것이라고 생각한다.

⑤ 부당한 폭력에 저항할 줄 아는 사람은 다른 사람도 부당한 폭력에 저항할 수 있음을 안다.

⑥ (부당한) 폭력은 또 다른 (부당한) 폭력을 낳는다.

⑦ (부당한) 폭력의 행사가 계속되면 폭력의 총량은 증폭되고 세상은 지옥을 닮아간다.

⑧ ⑥ & ⑦은 수용할 수 없는 결과다. (또는 도덕적으로 수용할 수 없다.)

⑨ 부당한 폭력에 저항하는 것은 도덕적 의무다.

[4단계] 함축적 결론

⟨맥락(배경, 관점)⟩

⟨숨은 결론⟩

⟨요약문⟩

5) 피셔(Ernst Peter Fisher), 「오류의 편안함」

피셔는 아래의 글을 통해 "인간이 과학에서 오류 또는 실수를 저지르는 원인"에 대해 주장하고 있다. 이 텍스트는 앞서 연습한 텍스트에 비해 글의 분량은 더 많지만, 논증 구조를 파악하기는 더 쉽다고 할 수 있다. 피셔의 주장을 〈분석적 요약〉을 통해 파악하고, 그의 핵심 주장이 인간의 과학 활동뿐만 아니라 일상생활을 포함하는 인간의 다른 영역에도 적용될 수 있는지 생각해보자.

과학은 인간의 활동이다. 인간은 오류를 범할 수 있다. 따라서 과학에는 오류들이 있다. 그것도 허다하다. 논리적으로 이토록 단순하고 명백한 사실을 이상하게도 대중은 의아하게 여긴다. 당신도 마찬가지이며 당신은 짜증이 날 정도로 많은 오류를 자주 범한다고 이야기해주면 아마도 눈을 더욱더 부릅뜨며 화를 낼 것이다. 대중은 심지어 몇몇 사실을 아예 알고자 하지 않는다. 매우 큰 소리로 거듭해서 알려주고 최고로 정확하고 상세하게 설명해도 아랑곳없다. 3가지 사례를 살펴보자.

가장 간단한 첫 번째 사례는 알베르트 아인슈타인이 열등한 학생이었다는 이야기다. 진실은 정반대다. 실제로 아인슈타인은 학년에서 가장 우수한 학생이었다. 물론 그는 좋은 성적을 받으려고 무섭게 덤비는 학생은 아니었다. 모든 10대들과 마찬가지로 그는 무의미한 암기와 시험을 위한 연습을 증오했다. 하지만 아인슈타인의 성적은 좋았다. 라틴어에서는 적어도 한 번 2점을 받았고, 그리스어에서는 항상 좋은 성적을 받았으며, 수학 성적은 초기에 1점과 2점을 오가다가 결국 1점에 정착했다. 또한 대학에서도 상위권 학생이었다. 교사들은 아인슈타인의 다른 측면에 대해 아쉬움을 표현했다. 아인슈타인이 스위스 취리히에서 대학에 다닐 때 어느 강사는 이렇게 말했다고 한다. "자네는 영리한 청년이야. 하지만 도무지 말을 안 하는 것은 큰 실수라네."

아무튼, 언제 어떻게 열등생 아인슈타인에 대한 소문이 세상에 떠돌기 시작했을까? 쉽게 설명할 수 있다. 아인슈타인은 한동안 스위스에서 학교에 다녔고, 그곳의 성적은 점수로 매겨진다. 그런데 그 점수가 특이하다. 독일의 최고 점수인 1점은 스위스에서 6점이다. 아인슈타인의 성적표에 기재된 점수가 바로 그것이다. 안타깝게도 아인슈타인의 전기를 처음 쓴 저자는 이 점을 몰랐다. 많은 이들은 그 전기에서 처음으로 열등생 아인슈타인에 대한 이야기를 접했고, 그 이야기는 찬란한 성적을 받지 못한 모든 이들(혹은 그들의 자녀들)의 마음에 들었다. 보잘것없는 성적을 받았지만 나중에 아인슈타인이 될 수 있다는 희망을 품게 해주었기 때문이다. 그 희망은 결국 수그러들어도 또 다른 글들을 읽지 않는 한 소문은 남는다.

대중의 오류를 보여주는 두 번째 사례는 약간 더 전문적이다. 매우 유명하지만 읽은 사람은 거의 없는 작품으로 그레고어 멘델이 1865년에 쓴 「식물 잡종에 관한 실험」이라는 논문이 있다. 그런데 그 논문에는 '유전'이라는 단어도 유전법칙도 등장하지 않는다. 그렇다면 모든 생물학 책들이 '멘델의 법칙'이라는 이름으로 소개하고 모든 학생들이 배워야 하는 그 법칙의 진짜 창안자는 누구인가라는 흥미로운 질문이 제기되어야 할 것이다.

그 질문에 대답하려면 우선 세 명의 유전 연구자들이 같은 시기에 활동했다는 사실을 지적해야 한다. 그들은 수도사 멘델이 했던 것과 유사한 실험을 1900년경에 했다. 물론 실험 동기는 멘델과 달랐고 각자 상이했지만 말이다. 그리하여 유사한 결과들이 얻어졌고, 최초의 발견을 둘러싼 논쟁이 불거질 뻔했지만, 그때까지 읽히지 않은 채 잠들어 있던 멘델의 글이 발견되어 논쟁은 일단락되었다. 멘델은 그렇게 20세기에 발견되었다. 19세기의 사람들은 멘델을 이해하지 못했다. 왜냐하면 (여러 문헌에서 전하는 바와 달리) 멘델의 글이 이해하기 어렵거나 이해할 수 없는 수준이었기 때문이다. 멘델의 논문은 영국 생물학자 윌리엄 베이트슨이 1900년 이후에 영어로 번역한 덕분에 비로소 이해되었다. 번역 과정에서 베이트슨은 멘델이 남긴 불명료한 대목들을 손질하여 원문을 개선했다. 그리하여 영국과 미국의 연구자들은 오로지 개선을 통해 절대적으로 탁월하게 보이는 멘델만을 접했고, 즉시 그를 유전학의 아버지로 떠받들었다. 그리고 독일어권도 언제인가부터 그들의 견해에 동조하게 되었다.

대중적 오류의 세 번째 사례도 유전학과 관련이 있다. 현대의 유전학은 멘델이 재발견된 이래로 유전자가 존재한다는 것을 매우 정확히 알고 있지만, 유전자가 어떻게 작동하는지는 그다지 정확히 알지 못한다. 컴퓨터가 등장한 이후 대중은 '프로그램'이라는 단어에 익숙해졌다. 사실 그 단어는 과거에도 여행 프로그램, 영화 프로그램, 텔레비전 프로그램, 세탁기 프로그램 등의 형태로 일상에 존재했다. 어느새 그 단어는 마법의 주문이 되어 우리에게 생명에도 프로그램이 있을 수 있다는 메시지를 전하는 사람들에 의해 애용된다. 생명 프로그램은 유전자에 들어 있다고 한다. 유전자가 우리 안에서 유전 프로그램을 작동시키고 그 덕분에 생명이 산출된다고 한다.

이 생각들이 부조리하고 틀렸다는 것을 쉽게 지적할 수 있다. 연극의 무대와 객석만 상상해보면 된다. 이를테면, 희극이 공연되고 있는 무대에서 일어나는 일은 프로그램된 것이다. 왜냐하면 각본이 있고 배우들은 그 각본에 따라 행동하기 때문이다. 그러나 객석에서 일어나는 일은 매일 저녁 동일하고, 매우 규칙적이라 하더라도 (사람이 와서 박수를 치며 환호하거나 졸고 돌아간다) 프로그램된 것이 아니다. 규칙적이고 반복적으로 진행되지만, 그 기반에 확고한 프로그램이 없는 과정들이 생명에도 매우 많이 존재한다. 그러나 컴퓨터에 취한 시대에 이 말을 들어주는 귀는 거의 없다. 귀 있는 자라 할지라도 듣고 싶은 것만 듣기 마련이다. 싸구려 마법의 주문에 기대어 필수적인 반성을 회피하는 것을 보면 다수의 대중은 진실이 무엇인지 전혀 알고 싶지 않은 것 같다.

지금까지 언급한 3가지 오류의 공통점을 '편안함'이라는 개념에서 찾을 수 있을 것이다. 삶의 행로가 프로그램으로 설명된다면 매우 편안할 것이다. 더 반성할 필요가 없을 것이다. 단 한 명의 천재적인 유전학 창시자를 소리 높여 부를 수 있다면 매우 편안할 것이다. 표면 아래에서 실제로 일어난 일들에 대해 질문할 필요가 없을 테니까. 아인슈타인을 열등생으로 묘사하면 매우 편안할 것이다. 손가락을 들어 교사들을 가리키면서 비웃음을 날릴 수 있을 테니까. 그러면서 다른 세 손가락이 도리어 자기 자신을 가리키고 있다는 사실을 아무렇지도 않게 무시할 수 있을 테니까. 그러나 정말 중요한 것은 그 반대 방향, 오류가 시작되는 지점을 가리키는 그 세 손가락이다.[15]

피셔, 『과학을 배반하는 과학』

〈분석적 요약〉

[1단계] 문제와 주장

　〈문제〉
　사람이 오류를 저지르는 이유는 무엇인가?

　〈주장〉
　사람은 편안함 때문에 오류를 저지른다.

[2단계] 핵심어(개념)

　오류: 진리(진실) 또는 사실이 은폐된 잘못된 지식 또는 정보
　편안함: 사람이 오류를 저지르게 만드는 원인

[3단계] 논증 구성

　〈숨은 전제(기본 가정)〉
　(대부분의) 사람은 편안함을 선호한다.

---

15) 피셔(Ficher, Ernst Peter), 『과학을 배반하는 과학』, 전대호 역, 해나무, 2007.

〈논증〉
① 아슈타인이 열등생이었다는 통념은 오류다.
② 멘델이 유전 또는 유전법칙이라는 용어를 최초로 사용했다고 여기는 생각은 오류다.
③ 생명에도 (일종의) 프로그램이 있다고 생각하는 것은 오류다.
④ 이와 같은 오류는 우리를 편안하게 해준다.
⑤ (사람은 일반적으로 편안한 것을 선호한다.)
⑥ 이와 같은 오류는 편안함으로부터 초래된다.
⑦ 오류는 사실을 은폐한다.
⑧ (사실을 은폐하는 오류는 바로잡아야 한다.)
⑨ 따라서 우리는 사실과 진리를 파악하기 위해 반성해야 한다.

[4단계] 함축적 결론
〈맥락(배경, 관점)〉
⑩ (그런데) 사실을 은폐하는 오류는 바로잡아야 할 필요가 있다.

〈숨은 결론〉
⑪ (따라서) 우리는 사실과 진리를 파악하기 위해 반성해야 한다.

〈요약문 예시〉

　　인간은 (신과 같이 완전한 존재가 아니기에) 오류를 범할 수 있다. 만일 그렇다면, 우리는 과학을 포함한 여타의 학문 활동 또한 불완전한 인간이 행하는 것이기 때문에 오류가 있을 수 있다고 추론할 수 있다. 피셔는 과학사에서 대표적인 3가지 오류의 예를 든다. 첫째, 아인슈타인이 열등생이었다는 통념, 멘델이 유전 또는 유전법칙이라는 용어를 최초로 사용했다고 여기는 생각, 그리고 생명에도 프로그램이 있다고 생각하는 것이다. 이와 같은 오류의 사례들은 하나의 공통점이 있다. 말하자면, (적어도 과학사에서) 그러한 오류들은 '편안함'으로부터 초래된다. 그리고 이렇듯 편안함으로부터 초래되는 오류는 '사실(진리)'을 은폐한다. 하지만 우리는 오류가 아닌 사실을 파악해야 한다. 그것은 '반성'을 통해 얻어질 수 있다. 따라서 우리는 사실과 진리를 파악하기 위해 끊임없이 반성해야 한다.

4장
분석적 요약에 기초한 분석적 논평

1. 분석적 요약과 분석적 논평의 관계

이번 장에서 다룰 〈분석적 논평〉은 앞서 논의한 〈분석적 요약〉과 밀접한 관련을 가지고 있다. 간략히 말하자면, 분석적 논평은 분석적 요약을 통해 텍스트를 올바르게 이해한 다음 그것에 대해 논평자의 생각과 주장을 개진하는 것이다. 분석적 논평의 구성과 형식에 대해 구체적으로 살펴보기에 앞서 분석적 요약의 중요한 내용 및 요약과 논평의 관계를 다시 한 번 확인하는 것이 도움이 될 것이다.

분석	평가
사고 과정의 중요한 요소들을 추려내어 체계적으로 재구성하는 것	분석된 내용의 개념, 논리성, 함축적 결론의 수용 가능성 등을 따져보는 것
⇧	⇧
결론적 주장(핵심 주장)	함축(적 결론): 핵심 주장과 논의의 맥락 및 추가된 정보로부터 도출할 수 있는 숨은 결론

⇧		⇧
(주장을 지지하는) 이유(근거)들 명시적 이유: 텍스트에 드러난 이유 생략된 이유: 숨은 또는 암묵적 가정		논리성(타당성과 수용 가능성) 논의의 맥락(배경, 관점)
⇧		⇧
(이유를 뒷받침하는) 중요한 요소들 사실적 정보 중요한 개념		개념의 명료함과 분명함 사실의 일치성

1) 분석적 요약의 주요 내용

	중요한 요소	내용
①	문제	의문문 형식: "~은 무엇인가?"
②	주장	명제 형식: "~는 무엇이다" 또는 "필자는 ~라고 주장한다"
③	핵심어	용어(단어)에 대한 정의(definition)
④	기본 가정	숨은 전제: 필자가 암묵적으로 참으로 가정하고 있는 근거
⑤	근거	명제 형식: 개념적 근거 + 사실적(자료적) 근거
⑥	맥락(배경/관점)	글의 배경과 필자의 관점에 따른 맥락의 차이
⑦	함축	맥락과 추가된 근거에 의해 도출할 수 있는 숨은 결론

2) 분석적 논평: 정당화 문맥의 주요 속성

분석의 대상이 되는 텍스트가 어떤 주장을 펼치고 있는 정당화 문맥일 경
우 그 텍스트의 각 요소들은 다음과 같은 속성을 가지며, 〈분석적 논평〉은 그

것을 기준으로 이루어진다.

	요소	내용	기준	
①	문제는	중요하고 적절하며 일관적인가?	(문제의) 중요성	(1)
②	주장은	제기된 문제와 유관하고 명확하게 답변하고 있는가?	(주장의) 유관성과 명확성	
③	핵심어는	애매하거나 모호한 부분이 없는가?	(개념의) 명료함과 분명함	(2)
④	논증은	형식적으로 타당하고 근거와 주장이 정합적인 관계를 형성하고 있는가?	(논증의) 형식적 타당성	(3)
⑤		논증에서 사용된 근거들은 사실적으로 정확하고 합리적으로 수용할 수 있는가?	(논증의) 내용적 수용 가능성	
⑥	(가능한) 반론은	검토되었으며 적절한 재반론을 통해 반박하고 있는가?	(반론 검토를 통한) 공정성과 충분성	(4)

　　분석적 논평의 중요한 평가 요소는 문제와 주장의 "① 중요성, ② 유관성과 명확성", 개념의 "③ 명료함과 분명함", 논증의 "④ 형식적 타당성, ⑤ 내용적 수용 가능성", 그리고 반론 검토를 통한 "⑥ 공정성과 충분성"과 같이 6가지로 구분할 수 있다. 하지만 위의 표에서 볼 수 있듯이, "① & ②" 그리고 "④ & ⑤"는 한 쌍으로서 함께 검토하고 비판해야 하는 구조를 갖고 있다. 따라서 6가지 중요한 구성요소는 다음과 같은 4가지 요소로 간략히 구분할 수 있다.

　　(1) 문제와 주장의 "중요성, 유관성, 명확성"
　　(2) 개념의 "명료함과 분명함"
　　(3) 논증의 "형식적 타당성과 내용적 수용 가능성"
　　(4) 반론 검토를 통한 "공정성과 충분성"

3) 〈분석적 요약〉과 〈분석적 논평〉의 상관관계

앞서 말했듯이, 〈분석적 요약〉과 〈분석적 논평〉은 서로 대응하는 구조로 이루어져 있다고 볼 수 있다. 따라서 〈분석적 논평〉은 〈분석적 요약〉에서 중점적으로 분석한 내용에 대해 논평자의 입장과 관점에서 비판적으로 평가하는 것을 뜻한다. 〈분석적 요약〉과 〈분석적 논평〉의 상관관계와 세부적인 내용을 정리하면 다음과 같다.

〈분석적 요약과 분석적 논평의 상관관계〉

	분석적 요약		분석적 논평
(1)	문제	→	(문제의) 중요성
	주장과 함축		(문제와의) 유관성과 명확성
(2)	핵심어 (개념)	→	(개념의) 명료함과 분명함
(3)	논증	→	논리성 (형식적 타당성, 내용적 수용 가능성)
(4)	제기될 수 있는 반론과 재반론	→	(논의의) 공정성과 충분성

	항목	요소	내용
①	중요성 유관성 명확성	문제 + 주장	• 중요한 문제를 다루고 있는가? • 문제와 주장은 유관한가? • 제시한 문제에 대해 명확한 답변을 하고 있는가?
②	명료함 분명함	핵심어(개념)	• 애매하거나 모호한 개념이나 문장은 없는가? • 부당하게 재정의된 개념은 없는가?(은밀한 재정의의 오류)

③	논리성 (형식적 타당성, 내용적 수용 가능성)	근거(+ 숨은 근거) 주장	• 근거와 주장은 형식적인 측면에서 타당하게 구성되어 있는가? • 근거와 주장은 정합적이고 강한 관련성을 갖고 있는가? • 개별 근거들은 모두 참이라고 수용할 수 있는가?
④	공정성 충분성	(제기할 수 있는) 가능한 반론과 재반론	• 필자에게 유리한 근거만을 사용했는가? • 근거와 자료를 자의적으로 해석했는가? • 논의를 전개하기 위해 필요한 것이 모두 고려되었는가? • 가능한 반론에 대한 재반론은 충분히 이루어졌는가?

〈분석적 요약〉에 의거한 〈분석적 논평〉의 한 예를 1장에서 보았던 파스칼의 글을 통해 살펴보자. 아래에 제시한 글은 파스칼의 『팡세』의 일부분이다. 결론부터 말하자면, 이 글은 숨은 전제(암묵적 가정)가 '있고 없음'에 따라 두 가지 형식의 〈분석적 요약〉을 도출할 수 있을 것 같다. 따라서 〈분석적 논평〉 또한 두 가지 형식으로 제시할 수 있을 것이다. 이 글을 분석적으로 요약하면 아래와 같이 정리할 수 있을 것이다.

인간은 한 개의 갈대에 지나지 않는다. 자연 중에서 가장 약한 갈대다. 그러나 인간은 생각하는 갈대다. 그를 부수기 위해서는 온 우주가 무장하지 않아도 된다. 한 줄기의 증기, 한 방울의 물을 가지고도 그를 충분히 죽일 수 있다. 그러나 우주가 쉽게 그를 부술 수 있다고 해도 인간은 자기를 죽이는 자보다 존귀할 것이다.

인간은 자기가 반드시 죽어야 한다는 사실과 우주가 자기보다 힘이 세다는 사실을 알고 있지만 우주는 그것을 모르는 것이다. 그러므로 우리의 모든 존엄성은 사고에 있다.

파스칼, 『팡세』

〈분석적 요약 1〉 명시적 분석에 의거한 논증 구성

[1단계] 문제와 주장

〈문제〉
인간의 존엄성은 사고하는 능력에 있는가?

〈주장〉
인간의 존엄성은 사고하는 능력에 있다.

[2단계] 핵심어(개념)

사고: 생각하는 능력

[3단계] 논증 구성

〈숨은 전제(기본 가정)〉

〈논증〉
① 인간은 갈대와 같이 약하나 생각하는 존재다.
② 인간은 사멸하는 유한한 존재임을 안다(1로부터).
③ 우주는 (적어도 물리적인 또는 불멸의 측면에서) 인간보다 우월하다.
④ 우주는 강하지만 생각하지 못한다.
⑤ 사고하는 능력은 존엄성을 보장한다.
⑥ 따라서 인간의 존엄성은 사고에 있다.

[4단계] 함축적 결론

〈맥락(배경, 관점)〉

〈숨은 결론〉

〈분석적 요약 2〉 함축적 분석에 의거한 논증 구성

[1단계] 문제와 주장

〈문제〉
인간의 존엄성은 사고하는 능력에 있는가?

〈주장〉
인간의 존엄성은 사고하는 능력에 있다.

[2단계] 핵심어(개념)

사고: 생각하는 능력

[3단계] 논증 구성

〈숨은 전제(기본 가정)〉

사고하는 능력을 가진 것이 그렇지 못한 것에 비해 우월(존엄)하다.

〈논증〉

① 인간은 갈대와 같이 약하나 생각하는 존재다.
② 인간은 사멸하는 유한한 존재임을 안다(1로부터).
③ 우주는 (적어도 물리적인 또는 불멸의 측면에서) 인간보다 우월하다.
④ 우주는 강하지만 생각하지 못한다.
⑤ 사고하는 능력은 존엄성을 보장한다.
⑥ (또한) 사고하는 능력을 가진 것은 그렇지 못한 것에 비해 우월(존귀)하다.

[4단계] 함축적 결론

〈맥락(배경, 관점)〉

〈숨은 결론〉

⑦ 따라서 인간은 이 세계에서 가장 존엄하다.

만일 "인간의 존엄성은 사고하는 능력으로부터 나온다"는 파스칼의 주장을 이와 같이 두 가지 형식으로 분석하는 것이 옳다면, 〈분석적 요약 1과 2〉에 의지하여 다음과 같은 〈분석적 논평〉을 얻을 수 있을 것이다. (물론, 아래의 〈분석적 논평〉과 '논평글'은 하나의 예시다. 주어진 텍스트에 대한 논평은 평가자에 따라 다를 수 있다. 말하자면, 아래에 제시한 〈분석적 논평〉은 '필연적인 참'을 담보하는 것은 아니라는 것을 파악해야 한다.)

〈분석적 논평 예시〉

[1단계] 중요성, 유관성, 명확성

　　인간 존엄성의 기원을 찾는 것은 중요한 문제다. 또한 필자는 인간 존엄성이 사고하는 능력으로부터 나온다고 명확하게 주장하고 있다. 따라서 비판적으로 논평할 내용은 없다고 볼 수 있다.

[2단계] 명료함, 분명함

　　이 논증에서 사용되고 있는 핵심어인 '사고하는 능력'을 이해하는 것은 어렵지 않은 듯하다. 의미적으로 명료하고 외연적으로도 어느 정도 분명한 듯이 보이기 때문이다. 또한 적어도 물리적 차원에서 우주는 인간에 비해 무한하고 강한 것은 분명한 듯이 보이며, (적어도 지금까지 밝혀진 과학적 사실에 의하면) 인간이 생각하는 능력을 가진 반면에 우주는 그러한 능력을 결여하고 있다고 보는 것에는 문제가 없는 것 같다.

[3단계] 논리성-형식적 타당성과 내용적 수용 가능성

이 논증은 전제가 모두 참이라면 그 결론을 받아들여야 한다는 측면에서 논리성(형식적 타당성)을 충족하는 듯이 보인다. 하지만 이 논증에서 우월함과 우월하지 않음을 나누는 준거로 제시한 '생각하는 능력'의 유무에 관한 전제를 수용할 수 있을지 여부는 여전히 문제로 남는 것 같다 (분석적 요약 1의 전제 ⑤와 결론 ⑥).

[4단계] 공정성, 충분성

이 논증에서 인간이 우주보다 우월함을 보이기 위해 제시한 준거는 '생각하는 능력' 외에는 없다고 볼 수 있다. 만일 이 논증의 핵심 주장을 "인간의 존엄성은 생각하는 능력으로부터 나온다"로 분석한다면, 제시한 준거가 하나뿐이라는 것이 문제가 되지 않을 수 있다. 하지만 만일 이 논증의 핵심 주장이 "인간은 사고하는 능력을 가지고 있기 때문에 우주(여타의 다른 것)보다 우월하다"라고 분석한다면, '우월함'을 지지하는 근거를 충분히 다루지 않았다고 볼 수도 있다. 또한 같은 측면에서 인간에게만 유리한 근거를 제시했다는 점에서 공정성을 결여하고 있다고 볼 수 있다.

〈논평글 예시 1〉

파스칼이 『팡세』에서 인간의 존엄성을 보이기 위해 개진한 논증은 전제가 모두 참이라면 그 결론을 받아들여야 한다는 측면에서 논리성(형식적 타당성)을 충족하는 듯이 보인다. 하지만 이 논증에서 우월함과 우월하지 않음을 나누는 준거로 제시한 '생각하는 능력'의 유무에 관한 전제를 수용할 수 있을지 여부는 여전히 문제로 남는 것 같다. 또한 이 논증에서 인간이 우주보다 우월함을 보이기 위해 제시한 준거는 '생각하는 능력' 외에는 없다고 볼 수 있다. 만일 이 논증의 핵심 주장을 "인간의 존엄성은 생각하는 능력으로부터 나온다"로 분석한다면, 제시한 준거가 하나뿐이라는 것이 문제가 되지 않을 수 있다. 하지만 만일 이 논증의 핵심 주장이 "인간은 사고하는 능력을 가지고 있기 때문에 우주(여타의 다른 것)보다 우월하다"라고 분석한다면, '우월함'을 지지하는 근거를 충분히 다루지 않았다고 볼 수도 있다. 또한 같은 측면에서 인간에게만 유리한 근거를 제시했다는 점에서 공정성을 결여하고 있다고 볼 수 있다.

〈분석적 논평〉을 적극적으로 활용하여 위와 같은 논평글을 작성할 수 있을 것이다. 하지만 이와 같이 분석적 논평의 내용을 단순히 연결하는 것만으로는 논평자의 생각과 주장이 잘 드러나는 '충분한 논평 내용'이 담긴 '논평글 또는 논평 에세이'라고 볼 수 없다. 미리 말하자면, 논평글 또는 논평 에세이는 주어진 문제에 대해 분석적 논평을 통해 발견한 **'논평자 자신의 입장과 견해'**를 적극적으로 밝히는 글이 되어야 하기 때문이다.

2. 〈분석적 논평〉과 논평글(논평 에세이)의 관계

논평글(또는 논평 에세이)은 일반적으로 제시된 텍스트에서 다루고 있는 중요한 문제를 일정한 기준에 따라 평가하는 것에 초점이 맞춰져 있다. 따라서 논평글의 주장은 "이 글은 ~한 점에서 ~하므로 그 주장을 받아들일 수 있다(또는 없다)." 정도로 요약할 수 있다. 하지만 앞서 말했듯이, 〈분석적 논평〉의 내용을 단순히 연결하는 것만으로는 논평글을 적절히 작성했다고 볼 수 없다. 이것은 마치 텍스트의 중요한 부분을 골라낸 다음 단순히 문장들을 연결하는 것이 올바른 방식의 요약문이 될 수 없는 것과 같은 이유다.

〈분석적 요약〉과 〈분석적 논평〉의 과정에 따른 "논평글 또는 논평 에세이 쓰기"는 일반적으로 다음과 같은 절차와 내용을 담고 있다. 다시 강조하자면, 〈분석적 요약〉이 주어진 텍스트를 올바르게 이해하기 위한 논증 구성이 핵심이라면, 〈분석적 논평〉은 그 논증을 몇 가지 핵심 요소에 따라 평가하는 것이다. 우리는 이와 같은 평가 과정을 통해 주어진 텍스트 또는 문제에 대한 "나의 입장과 자세(stance)"를 확인하고, 그 문제에 대해 "내가 어떤 견해를 제시할 것인지"에 관해 결정할 수 있다.

논평글 또는 논평 에세이를 쓸 때 중요한 것은 이와 같이 〈분석적 논평〉을 통해 확인한 나의 입장과 자세로부터 그 문제에 대한 나의 생각과 주장이 무엇인지를 올바른 내용과 절차에 따라 밝혀야 한다는 것이다. 말하자면, 논평글은 "**논평자의 논증을 구성**"하여 그것을 설득력 있게 보이는 글을 쓰는 것이다.

분석적 요약

- 텍스트에 대한 정확한 이해
- 필자의 주장에 대한 논증 구성(근거들과 주장)
- 함축적 주장: 필자의 숨겨진 의도 및 발전적 주장 파악

⇩

분석적 논평

중요성, 유관성, 명확성	→	다루는 문제의 가치 평가
명료함, 분명함	→	핵심어(개념)의 애매함과 모호함 제거
논리성	→	논증의 형식적 타당성과 내용적 수용 가능성
공정성, 충분성	→	가능한 반론과 재반론

⇩

- 입장 정립: 글의 방향 결정(신념에 부합하는 방향 설정)
- 문제 설정: 주된 논평(논증)을 중심으로 글의 전개 방향 수립
- 핵심 논평 및 문제(주장)와 관련된 "자료/문헌/논증" 조사

⇩

논평글(에세이)

- 〈분석적 논평〉을 통해 수립된 필자의 입장이 잘 드러나도록 〈서론-본론-결론〉으로 작성
- 필요할 경우 텍스트의 핵심 논증을 구체적으로 제시(분석적 요약)
- 해당 문제의 의의/전망/대안 등 제시

　이제 앞서 작성해보았던 파스칼의 『팡세』에 대한 논평글을 이와 같이 좀 더 세부적인 〈분석적 논평〉의 기준에 따라 논평글 또는 논평 에세이의 형식으로 다시 작성해보자.

〈논평글 예시 수정〉파스칼,『팡세』

파스칼은 인간이 사고할 수 있다는 근거에 의거하여 인간의 존엄성이 사고로부터 나온다고 주장한다. 아마도 그가 실제로 하고 싶은 말은 "인간은 자연과 달리 사고할 수 있기 때문에 세계에서 가장 존엄하다"는 것일 수도 있다. 그의 주장을 받아들일 수 있을까? 나는 그렇지 않다고 생각한다. 그의 주장을 반론하기에 앞서 그가 제시한 논증을 먼저 살펴보는 것이 도움이 될 것이다.	서론
그가 제시하고 있는 논증은 일종의 연역논증이다. 말하자면, 전제가 모두 참이면 그 결론 또한 필연적으로 참이어야 한다. 하지만 우리는 그가 암묵적으로 전제하고 있는 "생각하는 능력, 즉 사고할 수 있음과 없음이 존엄성이 있고 없음을 나누는 기준"이라는 근거에 대해 문제를 제기할 수 있을 것 같다. 　우리는 일반적으로 인간만이 '생각할 수 있는' 또는 '이성을 가진 존재'라는 데 동의한다. 물론, 인간은 자연세계의 여타의 것들에 비해 탁월한 지성을 가지고 있는 존재라는 것을 쉽게 의심할 수 없다. 하지만 인간만이 지성 또는 이성을 갖고 있는가에 대해서는 다양한 의견과 주장이 있다는 것 또한 사실이다. 예컨대, 싱어(P. Singer) 같은 철학자뿐만 아니라 많은 진화생물학자들은 적어도 몇몇 유인원이 일종의 '지성' 또는 '생각하는 능력'이라고 부를 수 있는 것을 갖고 있다는 데 동의하고 있다. 만일 이러한 주장이 옳다면, 인간이 생각하는 능력을 가지고 있기 때문에 존엄하다면, 적어도 몇몇 유인원 또한 존엄하다고 보아야 할 것이다. 그리고 이와 같은 결론은 인간이 세계에서 가장 존엄하다는 주장을 약화시키는 근거가 될 수 있다. 　하지만 더 중요한 것은 '생각하는 능력'이 '존엄성'을 보장하는 준거로 온전하게 사용될 수 있는가에 관한 문제이다. 세계에 몸담고 있는 수많은 존재들은 각기 다른 속성들을 갖고 있다. 예컨대, 자동차는 빠른 속성을 갖고 있으며 피아노는 아름다운 소리의 속성을 갖고 있다. 자동차가 빠른 속성을 갖고 있기 때문에 피아노보다 더 훌륭하다고 또는 존엄하다고 말할 수 있을까? 또는 역으로 피아노가 아름다운 소리의 속성을 갖고 있기에 자동차보다 더 훌륭하고 존엄하다고 말할 수 있을까? 우리가 오류를 범하지 않고 말할 수 있는 것은 단지 "~한 측면에서는 더 ~하다" 정도의 결론일 뿐이다. …… 파스칼의 주장이 그럴듯하다고 하더라도 이상의 논의가 옳다면 우리는 단지 "인간은 지성의 측면에서 자연세계의 다른 것들에 비해 우월하다" 정도의 주장을 할 수 있을 뿐이다.	본론
……	결론

　아래의 글은 3장에서 〈분석적 요약〉을 통해 분석했던 "김상봉 교수의 칼럼"이다. 이 텍스트에 대한 〈분석적 논평〉을 제시하고 그것에 기초하여 논평글을 작성해보자.

[논평글 연습]: 김상봉 교수 칼럼

　얼마 전에 팔레스타인 가자지구를 향해 구호물자를 싣고 가던 선박을 이스라엘군이 공격해서 배에 타고 있던 사람이 최소 19명이나 숨지는 사고가 있었다. 수십 년 동안 계속되는 이스라엘의 야만을 볼 때마다 나는 부당한 폭력에 저항하는 것이 얼마나 중요한가를 새삼 곱씹게 된다.

　무슨 말인가 하면, 이스라엘이 팔레스타인에 대해 그토록 집요하게 야만적인 폭력을 행사하는 까닭은 그들이 아우슈비츠에서 나치 독일의 야만적 폭력에 저항하지 못했기 때문이다. 30년 전 광주 시민이 계엄군의 폭력에 맞서 목숨을 걸고 저항했듯 나치 독일의 폭력에 저항할 수 있었더라면 지금 이스라엘도 팔레스타인 사람들에게 그렇게 야만적인 폭력을 무시로 행사하지 않을 수 있었을 것이다. 부당한 폭력에 저항할 줄 아는 사람은 다른 사람도 부당한 폭력에 저항할 수 있음을 안다. 하지만 부당한 폭력에 저항하지 못하고 끝까지 당하기만 했던 사람은 남들이 자신의 부당한 폭력에 저항할 수 있으리라는 생각을 하지 못하고, 폭력을 가하면 자기처럼 굴종하리라 생각한다.

폭력은 또 다른 폭력을 낳아

　그리고 더 나쁜 것은 자기보다 강한 자의 폭력에 저항하지 못하고 당하기만 하는 사람은 반드시 자기보다 약한 자에게 폭력을 행사하게 된다는 사실이다. 폭력도 일종의 힘으로 관성의 법칙을 따른다. 그리하여 저항을 통해 멈추게 하지 않으면 반드시 계속 이어져 다른 곳으로 전달된다. 나치의 폭력에 유대인이 저항하지 못했으니 그 폭력은 멈추지 않고 다시 이스라엘에서 팔레스타인으로 이어지는 것이다. 그러므로 세계 평화를 진심으로 염원하는 사람이라면 팔레스타인 사람들의 저항에 연대하는 것이 하나의 도덕적 의무라고 나는 생각한다.

　그런데 우리의 삶에는 누구든 타인의 폭력에 무방비 상태로 내맡겨져 있는 단계가 있다. 저항하고 싶어도 저항할 수 없는 상황이 있는 것이다. 부모의 폭력이나 교사의 폭력 앞에서 어린이는 저항하고 싶어도 저항할 수 없다. 그것은 물리적으로 불가능할 뿐만 아니라 부도덕한 일이라고 간주되기 때문이다. 그리하여 어린이는 부모와 교사의 폭력 앞에 저항할 수 없는 상태, 전적인 무기력 상태에 놓여 있다.

　하지만 집에서는 부모에게, 학교에서는 교사에게 무방비 상태에서 얻어맞는 학생은 대개 이스라엘이 팔레스타인에 폭력을 가하듯 자기보다 약한 자에게 폭력을 행사함으로써 자기가 받은 폭력을 보상받으려 한다. 희생자는 자기의 동생일 수도 있고 학교의 후배나 동급생일 수도 있다. 그리고 그런 아이가 어른이 되면 다시 자기 자식이나 가난한 이웃집 어린이가 폭력의 대상이 될 것이다. 어디서든 저항을 통해 부당한 폭력을 멈추게 하지 않으면 폭력은 다른 폭력을 낳으면서 끝없이 이어지게 된다. 이 과정이 계속되면 전 사회적으로 폭력의 총량은 증폭되고 세상은 점점 더 지옥을 닮아가게 되는 것이다.

　……

김상봉(전남대학교 교수, 「경향신문」 칼럼에서 발췌)

〈분석적 요약 예시〉

[1단계] 문제와 주장

〈문제〉

(부당한) 폭력에 저항해야 하는가? (또는 부당한 폭력에 저항하는 것은 도덕적 의무인가?)

〈주장〉

(부당한) 폭력에 저항해야 한다. (또는 부당한 폭력에 저항하는 것은 도덕적 의무다.)

[2단계] 핵심어(개념)

(부당한) 폭력: 강자가 약자에게 폭력을 행사함으로써 자기가 받은 폭력에 대한 보상을 받으려는 행위다.
저항: (부당한) 폭력을 멈추기 위해 그것에 맞서는 행위다.

[3단계] 논증 구성

〈숨은 전제(기본 가정)〉
일상적 언어인 '폭력'은 그것의 내용에 따라 '부당한' 것과 '정당한' 것으로 구분할 수 있다.

〈논증〉
① (부당한) 폭력은 강자가 약자에게 폭력을 행사함으로써 자기가 받은 폭력에 대한 보상을 받으려는 행위다(부당한 폭력에 관한 정의).
② 이스라엘은 (광주 시민과 달리) 나치 독일의 야만적 폭력에 저항하지 못했다.
③ 그들은 팔레스타인에 지속적으로 야만적인 폭력을 행사한다.
④ 부당한 폭력에 저항하지 못한 사람은 다른 사람도 부당한 폭력을 인정할 것이라고 생각한다.
⑤ 부당한 폭력에 저항할 줄 아는 사람은 다른 사람도 부당한 폭력에 저항할 수 있음을 안다.
⑥ (부당한) 폭력은 또 다른 (부당한) 폭력을 낳는다.
⑦ (부당한) 폭력의 행사가 계속되면 폭력의 총량은 증폭되고 세상은 지옥을 닮아간다.
⑧ ⑥ & ⑦은 수용할 수 없는 결과다. (또는 도덕적으로 수용할 수 없다.)
⑨ 부당한 폭력에 저항하는 것은 도덕적 의무다.

[4단계] 함축적 결론

〈맥락(배경, 관점)〉

〈숨은 결론〉

〈분석적 논평 예시〉

[1단계] 중요성, 유관성, 명확성

현대사회에서 다양하게 드러나고 있는 폭력성을 비추어보았을 때, 부당한 폭력에 저항해야 한다는 필자의 주장은 중요하다고 할 수 있다. 또한 필자가 제기한 문제와 그것에 대한 주장은 서로 관련이 있을 뿐만 아니라 명확하다고 할 수 있다. 따라서 비판적으로 논평할 내용은 없는 듯이 보인다.

[2단계] 명료함, 분명함

김상봉은 이 텍스트에서 폭력에 대한 나름의 재정의를 통해 논증을 개진하고 있다고 볼 수 있다. 말하자면, 폭력은 '부당한 폭력'과 '정당한 폭력'으로 구분될 수 있다고 가정하고 있는 셈이다. 이러한 점에서 '폭력'의 개념이 명료하게 사용되지 않았다고 볼 수도 있다. 하지만 글의 전체 맥락을 고려한다면, 필자가 반대하는 것이 '부당한 폭력'이라는 점은 분명한 듯이 보인다. 또한 필자는 부당한 폭력에 저항해야 한다고 분명하게 주장하고 있으며, 아마도 그와 같은 경우에 해당하는 힘의 행사를 정당한 폭력으로 간주하고 있는 듯하다. 따라서 이 텍스트는 전체적으로 보았을 때, 분명하고 명료한 개념을 사용하고 주장했다고 평가할 수 있다.

[3단계] 논리성-형식적 타당성과 내용적 수용 가능성

이 텍스트에서 부당한 폭력의 예로 제시한 사례들은 모두 사실에 기반을 두고 있다고 볼 수 있다. 예컨대, 이스라엘이 팔레스타인으로 향하는 구호단체를 피격한 것이나 학교나 가정에서 빈번하게 폭력이 자행되고 있다는 것은 여러 매체를 통해 쉽게 찾아볼 수 있다. (여기서 폭력이 대물림되거나 증폭되는가 여부는 근거에 해당하는 사실적 정보의 내용에 포함되지 않는다. 왜냐하면 그것은 이 논증의 한 주장에 해당하기 때문이다.)

그리고 이 논증은 전제 ③에 대해 문제를 제기할 수 있을 것 같다. 말하자면, (부당한) 폭력에 저항하지 못한 사람들도 다른 사람이 부당한 폭력에 저항하리라고 생각할 수 있기 때문이다. 또한 광주 시민의 예와 나치 독일에 대한 유대인의 예가 적절한 유비적 관계를 가지고 있는지에 대해서도 의문을 제기할 여지가 있는 것 같다. 그럼에도 불구하고 필자의 핵심 주장이 "부당한 폭력에 저항하는 것은 중요하다(또는 도덕적 의무이다)"임을 고려한다면, 전체적인 맥락에서 필자의 주장을 수용할 수 있을 것 같다.

[4단계] 공정성, 충분성

이 텍스트는 부당한 폭력에 초점을 맞추어 논의를 전개하고 있다. 필자는 부당한 폭력을 상정함으로써 정당한 폭력이 있을 수 있음을 암묵적으로 가정하고 있다. 만일 그렇다면, 논의를 더 명확하게 만들기 위해 정당한 폭력의 한 사례를 제시하는 것이 좋을 것이다. 예컨대, 우리는 역사적으로 '앙시앵레짐(구제도)'에 항거하여 일어난 프랑스 대혁명, 근대 민주주의의 초석을 마련한 영국의 명예혁명 등과 같은 사례를 제시할 수도 있을 것이다.

〈논평글 예시〉

우리는 일반적으로 우리 사회가 너무 많은 폭력에 노출되어 있다는 데 동의할 수 있을 것이다. 김상봉은 이와 같이 폭력이 만연한 사회에 대한 반성을 요구하고 있다. 그는 부당한 폭력에 저항하여 그것을 멈추게 하지 않는다면 폭력의 총량은 증폭되고, 결과적으로 이 사회는 지옥을 닮아갈 것이라고 말한다. 따라서 그는 우리가 부당한 폭력에 저항해야 하는 것은 일종의 '도덕적 의무'라고 주장한다. 그의 주장을 비판 없이 수용할 수 있을까? 결론부터 말하자면, 그의 논증을 구성하는 몇몇 근거와 예시는 오해를 불러일으킬 여지가 있다. 하지만 그가 말하고자 하는 본래의 주장을 올바르게 파악할 수 있다면, 그러한 오해는 쉽게 해소될 수 있다는 것을 알 수 있다. 그것들이 무엇인지 좀 더 자세히 살펴보자.	서론

첫째, 그는 폭력에 대한 나름의 재정의를 통해 논증을 개진하고 있다고 볼 수 있다. 말하자면, 그는 폭력은 부당한 폭력과 정당한 폭력으로 구분될 수 있다고 가정하고 있는 셈이다. 그의 주장에 문제를 제기하고자 하는 사람은 그의 정의에 따라 정당한 폭력이 있을 수 있다는 것을 받아들인다고 하더라도 그 또한 다른 형태의 폭력일 뿐이라고 주장할 수 있을 것이다. 하지만 그와 같은 반론은 역사적 사실을 드는 것만으로 쉽게 재반박할 수 있다. 예컨대, 우리가 향유하고 있는 민주주의는 그냥 주어진 것이 아니다. 역사적으로 보았을 때, 조금 멀게는 프랑스 대혁명으로부터 조금 가깝게는 여러 형태의 민주화 운동을 통해 어렵게 얻어진 것이다. 우리가 이미 알고 있듯이, 그 과정에서 이름을 알 수 없는 수많은 시민은 자유와 평등을 쟁취하고 수호하기 위해 구제도(ancien régime) 그리고 독재와 폭압에 저항했고, 당연히 그 과정에서 물리적인 힘도 행사되었다. 하지만 우리는 부당한 폭력인 구제도 그리고 독재와 폭압에 저항하기 위해 시민이 행사한 힘의 행사 또한 부당한 폭력이라고 말하지 않는다. 만일 이와 같은 분석이 옳다면, 물리적 힘의 행사라는 의미의 폭력을 정당한 것과 부당한 것으로 구분하는 것은 반드시 필요한 작업이라고 할 수 있다.	
둘째, 겉으로 보기에 '부당한 폭력에 저항해야 한다는 주장'을 지지하기 위한 근거처럼 보이는 몇몇 명제들, 말하자면 "부당한 폭력에 저항하지 못한 사람은 다른 사람도 부당한 폭력을 인정할 것이라고 생각한다" 또는 "부당한 폭력은 또 다른 부당한 폭력을 낳는다" 같은 진술문이 사실을 성급하게 일반화하고 있다고 반론할 수 있다. 하지만 이와 같은 반론 또한 쉽게 반박할 수 있다. 우선, 김상봉이 말하고자 하는 본질적인 주장과 논증을 고려했을 때, 성급한 일반화의 혐의를 받고 있는 두 진술문은 근거로 사용되었다기보다는 그가 말하고자 하는 또 다른 결론(주장)에 해당한다. 말하자면, 그는 부당한 폭력에 저항해본 사람만이 또 다른 부당한 폭력에도 저항할 수 있다는 것을 말하고자 한 것이다. 게다가 비록 그 진술문들이 주장을 근거 짓기 위한 전제로 사용되었다고 하더라도 문제될 것은 없는 듯이 보인다. 왜냐하면, 앞서 말했듯이 그 두 진술문이 "부당한 폭력에 저항한 경험의 있고 없음"에 차이가 있다는 것을 의미한다면, 우리는 일반적으로 경험의 차이가 다른 결과를 낳을 것이라는 것에 동의할 수 있기 때문이다. 이러한 측면에서, 그가 독자의 이해를 돕기 위해 들고 있는 유대인과 팔레스타인 그리고 광주 시민의 예 또한 문제될 것 같지는 않다.	본론
마지막으로 ……	
……	결론

다음 글에 대한 〈분석적 요약〉과 〈분석적 논평〉을 제시하고, 그것에 기초하여 논평글을 작성해보자.

경제학의 아버지 애덤 스미스는 "우리가 밥을 먹을 수 있는 것은 푸줏간 주인, 양조장 주인, 빵집 주인들의 자비심 때문이 아니라 그들이 자기 이익을 챙기기 때문이다"라는 유명한 말을 했다.

이 말은 지난 30여 년간 세계를 지배해온 시장주의 경제학의 가장 중요한 전제 — 즉, 인간은 모두 이기적이라는 전제 — 를 잘 요약해준다. 개인들이 본성대로 자기 이익을 추구하다 보면, 시장 기제라는 '보이지 않는 손'을 통해 조화가 이루어지고, 그 과정에서 사회 전체가 이익을 본다는 것이다.

그런데 최근 이러한 인간의 '본성'에 어긋나는 일들이 많이 벌어지고 있다. 세계 여러 나라에서 일부 부자들이 나서서 부자들에게 세금을 더 매기자고 주장하고 있는 것이다.

미국에서는 유명한 금융투자가 워런 버핏이 이끄는 일군의 갑부들이 더 이상 부자감세 정책은 안 된다며 경제위기 속에서 '고통 분담'을 위해 최상층 부자들(mega-rich)에 대한 세금을 올려야 한다고 주장하고 나왔다. 특히 버핏은 「뉴욕타임스」 기고를 통해 자신의 실질 소득세율은 18% 정도로 자기 직원들보다도 낮다며 미국 의회가 최상층 부자들을 마치 무슨 멸종위기에 처한 동물이라도 되는 것처럼 보호해왔다고 공개적으로 비난했다.

프랑스에서는 프랑스 최고의 여성 부자인 로레알 그룹의 최대주주 릴리안 베탕쿠르 등 16명의 갑부들이 공개서한을 통해 경제위기 극복을 위해서는 1년에 50만 유로 이상 돈을 버는 고소득자들이 한시적으로 세금을 더 내야 한다고 제안했다.

미국이나 프랑스에서 '부자 증세' 운동을 주도하는 사람들과 같은 초갑부들은 아니지만, 독일에서도 '부유세를 지지하는 부자들의 모임'이라는 단체가 결성돼 50만 유로 이상의 재산을 가진 사람들에게 당분간 재산세를 더 물려야 한다고 주장하고 나섰다. 세금뿐이 아니다. 마이크로소프트 창립자 빌 게이츠는 재산의 99%를 기부하기로 약속했고, 워런 버핏도 재산의 대부분을 기부하기로 약속했다.

(중략)

그러나 기부가 사회에 진정으로 도움이 되기 위해서는 적절한 조세, 그리고 적절한 규제와 삼위일체를 이루지 않으면 안 된다. 버핏처럼 부자들이 기부도 더 하고 세금도 더 내야 한다고 생각하는 사람도 있지만, 기부를 강조하는 사람들 중 많은 이들이 기부를 세금에 대한 대체물로 보는 경향이 있다. 이들의 논리는 개인의 자유를 강조하는 자유시장주의적 사고에 따른 것으로, 정부가 강제로 돈을 빼앗아가는 세금보다는 돈 있는 사람이 자진해서 돈을 내는 기부가 개인의 자유를 덜 침해하면서 부를 더 넓게 나누는 더 바람직한 길이라는 것이다. 부자들이 기부를 더 많이 해야 한다고 이야기하는 사람들이 동시에 부자 감세 정책을 추진할 수 있는 것이 바로 이런 이유다.

그러나 기부가 세금을 대체할 수는 없다. 첫째, 자기 재산의 99%를 기부한 빌 게이츠나 85%를 기부한 워런 버핏 같은 사람들도 있지만, 많은 사람들이 돈이 있어도 기부를 하지 않는다. 기부가 훌륭한 행위라고 칭송받는 것이 바로 대부분의 사람이 기부를 하지 않는 증거라고 할 수 있다. 기부를 많이 한다고 하는 미국에서도 1년 기부액이 국민총생산의 2%가 채 안 되는데, 이에 의존해서 정부 재정을 운용할 수는 없다. 자신의 재산을 거의 전부 기부한 버핏이 자신을 비롯한 부자들이 세금을 더 내도록 법을 바꾸자고 하는 것이 바로 이런 이유에서다.

둘째, 기부하는 사람들이 자기가 기부한 돈이 어떻게 쓰이는지를 지정하는 것이 인지상정이고 관례인데, 이는 기부할 수 있는 돈이 많은 사람들이 정하는 대로 돈이 쓰이게 된다는 것을 의미한다. 얼핏 생각하면 별 문제가 없는 것 같지만, 여러 가지 다른 견해를 가진 사람들이 공존해야 하는 민주사회에서는 문제가 될 수 있다. 예를 들어, 우리나라에서 기부하는 사람들은 주로 빈곤층 아동의 교육 문제에 관심이 많아 그런 쪽에 기부를 많이 하는데, 그렇게 되면 자연히 노인 문제, 여성 취업 문제, 이주 노동자 문제 등 다른 중요한 문제들이 상대적으로 경시될 수밖에 없다. 물론 정부예산 중에서 기부가 많이 되는 쪽에 쓰이는 부분을 전용하여 상대적으로 기부가 적은 쪽에 쓸 수 있지만, 경직적인 정부 예산의 성질상 시시각각으로 바뀌는 기부의 액수와 지정 용도에 따라 예산 구성을 바꿀 수는 없는 노릇이다.

셋째, 같은 액수의 돈을 내더라도 세금이 아닌 기부로 내게 되면, 개인이 돈을 많이 벌고 적게 벌고는 전적으로 개인의 능력과 노력에 따른 것이라는 시장주의 이데올로기를 강화하게 된다. 세금을 내는 것은 아무리 능력이 뛰어난 개인이라도 사회의 덕을 보아 성공했고, 따라서 자신이 번 돈의 일정 부분을 사회에 돌려줄 의무가 있다는 전제에서 출발하는 것이고, 기부를 하는 것은 성공한 사람은 기본적으로 자기가 잘나고 열심히 노력해서 성공한 것이므로 자기 소득의 일부를 사회에 돌려줄 의무는 없지만, 그래도 좋은 마음에서 되돌려주는 것이라는 전제에서 출발하는 것이니 얼핏 보기에는 비슷한 것 같아도 완전히 다른 접근 방법이다. '성공은 전적으로 개인에게 달린 것'이라는 사고가 퍼지게 되면, 개인들이 자신을 키워준 사회에 환원하는 것이 '선택 사항'이 되면서 결국 기부문화의 기반마저 좀먹게 될 수 있다.

적절한 세제와 더불어 제대로 된 기부문화의 확립에 또 한 가지 필요한 것은 이윤 추구 활동에 대한 적절한 규제다. 시장주의자들은 흔히 기업들이 괜히 어줍지 않게 '사회적 책임'을 지려 하는 것보다 냉혹하게 이윤을 극대화하고 그를 통해 국민소득을 최대화하는 것이 기업이 진정으로 사회에 공헌하는 길이라고 주장한다. 기업가가 그래도 다른 사람을 더 직접적으로 도와주고 싶으면, 극대화한 이윤에서 일부를 헐어 기부를 하면 되니까 기부를 많이 하기 위해서도 이윤을 극대화하는 것이 효과적이라고 주장한다.

그러나 문제는 이윤 극대화 과정에서 기업이 사회적인 해악을 끼칠 수 있다는 것이다. 공해 문제가 대표적인 예이지만, 작업장의 안전 경시, 중소기업 착취, 소비자 권익 침해 등 제대로 규제를 하지 않을 경우에 기업의 이윤 추구에는 도움이 되지만, 다른 사회구성원들의 복지를 해칠 수 있는 것들이 많다. 극단적인 예를 들자면, 마약 거래상이 마약을 더 많이 팔아 번 돈으로 기부를 더 많이 한다면 그것이 사회적으로 좋은 것인가 아닌가를 생각해보면 된다.

기부를 강조하는 시장주의자들은 대개 규제완화를 주장하는데, 규제를 완화하여 돈을 많이 번 기업주가 기부를 더 많이 한다고 해도 만일 그 규제 완화 때문에 다른 사회적 문제가 생긴다면, 기부를 더 하는 것이 사회에 진정한 도움이 되지 않을 수도 있는 것이다.

기부는 아름다운 일이고 사회적으로 장려돼야 한다. 그러나 요즘 우리나라의 시장주의자들이 생각하는 것처럼 최대한 규제완화를 하고 감세를 하여 기업들이 돈을 많이 벌게 하고, 그다음에 기부를 많이 하도록 장려해 복잡한 현대사회의 문제들을 해결할 수 있다고 생각하면 오산이다. 기부가 세금과 규제와 삼위일체를 이룰 때만이 진정으로 '함께 사는' 사회가 건설될 수 있는 것이다.

장하준, 「부자들의 기부만으로는 부족하다」¹⁾

이 텍스트에 대한 〈분석적 요약〉을 다음과 같이 제시할 수 있다. 하지만 앞서 말했듯이, 〈분석적 요약〉에 의거한 논증 구성은 오직 '하나'만 있는 것은

---

1) 장하준 칼럼, 「부자들의 기부만으론 부족하다」, 경향신문 2011.09.06.
   http://news.khan.co.kr/kh_news/khan_art_view.html?artid=201109061905555 & code=990000

아니다. 말하자면, 분석을 하는 사람에 따라 논증 구성은 좀 더 세밀하고 꼼꼼하게 제시될 수도 있고 가장 핵심이 되는 근거만을 제시하는 방식으로 좀 더 간략하게 구성될 수도 있다. 그럼에도 불구하고 그것이 세밀하고 꼼꼼하게 구성한 논증이든 핵심만으로 구성한 간략한 논증이든 간에 좋은 논증은 "결론을 지지하는 중요한 근거"들이 분명하게 드러나야 한다. 다음의 두 〈분석적 요약〉의 예시 사례를 살펴본 다음 〈분석적 요약〉에 기초한 〈분석적 논평〉의 한 사례를 살펴보자. 마지막으로 〈분석적 논평〉에서 발견한 평가의 관점과 내용에 의거하여 작성된 논평글의 한 사례를 평가해보자.

〈분석적 요약〉

[1단계] 문제와 주장

〈문제〉
부자들의 기부에만 의존하여 현대사회의 문제들을 해결할 수 있는가?

〈주장〉
① 현대사회의 어려운 문제들을 해결하기 위해서는 기부, 세금 그리고 규제가 조화를 이루는 균형 있는 정책을 시행해야 한다.
② (기부가 사회에 진정으로 도움이 되기 위해서는 적절한 조세, 그리고 적절한 규제와 삼위일체를 이루지 않으면 안 된다.)

[2단계] 핵심어(개념)

① 기부: 개인이 자신을 키워준 사회에 대해 창출된 부의 일부분을 환원하는 선행
② 세금: 개인이 자신을 키워준 사회에 대해 창출된 부의 일부분을 환원할 의무
③ 규제: 이윤창출 과정에서 사회적 해악을 금지하고 이익을 창출하려는 제도

[3단계] 논증 구성

〈숨은 전제(기본 가정)〉
세금은 의무이기 때문에 면제받거나 대체될 수 있는 것이 아니다.

〈논증〉
P_1. 세금은 의무이지만, 기부는 기부자의 자발적인 의사에 따른 선행이다.
P_2. 만일 P_1이라면, 기부행위는 칭찬받아 마땅하지만 기부를 하지 않는다고 하여 비난할 수 없다.
C_1. 따라서 기부는 개인에게 강제할 수 있는 또는 의무적인 책임을 지울 수 있는 것이 아니다.

P₃. 기부자는 자신이 기부한 돈이 어떻게 쓰일지를 결정하기를 원한다.

P₄. 만일 P₃이라면, 기부금이 시급하거나 장기적인 사회적 문제를 해결하기보다는 기부자의 의향에 따라 사용되기가 매우 쉽다.

C₂. 따라서 기부금만으로는 시급한 또는 장기적인 사회적 문제를 해결하기 어렵다.

P₅. 세금과 기부는 자유시장에서 개인이 창출한 부를 사회에 환원한다는 점에서 구조적으로 유사하다.

P₆. 세금은 일정 소득에 따라 의무적으로 정해지는 반면에 기부금은 그렇지 않다(P₁).

P₇. 만일 P₆이라면, 세금을 기부로 대체할 경우 소득에 따른 기부금을 강제할 방법은 없기에 개인이 부를 창출할 수 있도록 도와준 사회에 대해 환원을 하는 것은 '의무'가 아닌 '선택'이 된다.

C₃. 만일 P₅~P₇이라면, 자유주의 사상이 만연하여 기부의 정신이 훼손될 수 있다.

C₄. 따라서 C₁~C₃이라면, 기부는 세금을 대체할 수 없다.

P₈. 기업은 본질적으로 최대의 이윤창출을 목표로 한다.

P₉. 만일 P₈이고 적절한 규제(사회적 책임)가 없다면, 기업은 최대의 이윤창출을 하는 과정에서 사회적 해악을 무시할 가능성이 매우 높다.

P₁₀. 기업의 최대 이윤창출을 장려하고, 다음으로 창출된 이윤을 기부의 형식으로 사회 환원하는 것을 공식화할 경우 기업이 이윤창출 과정에서 일으키는 사회적 해악을 무시할 가능성이 매우 높다.

C₅. 따라서 기업의 사회적 책임에 대한 규제를 배제한 채 기부금에 의존하는 것은 사회적 해악을 초래할 수 있다.

C₆. 만일 C₁~C₄가 옳다면, 현대사회의 어려운 문제들을 해결하기 위해서는 기부, 세금 그리고 규제가 조화를 이루는 균형 있는 정책을 시행해야 한다.

[4단계] 함축적 결론

　〈맥락(배경. 관점)〉

　〈숨은 결론〉

[예시] ○○대학교 △△△(1학년)

〈분석적 요약〉

[1단계] 문제와 주장

　〈문제〉 기부문화 확립을 위해 감세와 규제완화를 추진해야 하는가?

　〈주장〉 기부가 진정으로 사회에 도움이 되기 위해서는 적절한 조세와 규제가 동반되어야 한다.

[2단계] 핵심어(개념)

기부: 자선사업이나 공공사업을 돕기 위해 돈이나 물건 따위를 대가 없이 내놓는 것

조세: 국가 또는 지방 공공단체가 필요한 경비로 사용하기 위해 국민이나 주민으로부터 강제로 거두어들이는 금전

규제: 규칙이나 규정에 의해 일정한 한도를 정하거나 정한 한도를 넘지 못하게 막음

[3단계] 논증 구성

〈숨은 전제(기본 가정)〉

기부는 개인의 자유를 바탕으로 이루어진다.

〈논증〉

1. 대가 없이 자신의 돈을 남에게 주는 일은 쉽지 않다.
2. 대다수의 사람들은 돈이 있어도 기부를 하지 않는다.
3. 오로지 기부에만 의존해 정부 재정을 운용하는 것은 불가능하다(1, 2로부터).
4. 민주사회는 여러 의견을 가진 사람들이 공존해야 한다.
5. 그러므로 기부된 돈이 쓰여야 하는 분야 역시 다양하다.
6. 그러나 관례에 따라 기부하는 사람들은 자신의 돈이 어디에 쓰이는지 지정하고자 한다.
7. 정부의 예산 운용은 경직적이므로 시시각각 변하는 기부 액수와 기부자가 지정한 용도에 따라 정부의 예산 구성을 바꿀 수 없다.
8. 기부자가 원하는 곳에서만 예산이 운용된다면 다른 중요한 문제들이 상대적으로 경시된다(4, 5, 6, 7로부터).
9. 세금을 내는 것은 자신이 번 돈 중 일부를 사회에 돌려줄 의무가 있다는 전제에서 기인한다.
10. 기부는 사회에 자신의 소득을 환원할 의무가 없음에도 좋은 마음으로 돌려주는 것이다.
11. 세금과 다르게 기부는 개인의 성공이 전적으로 개인에게 달렸음을 의미한다.
12. 세금이 기부를 대체한다면 개인들이 사회에 환원을 하는 것이 선택사항이 된다(10, 11로부터).
13. 기부가 세금을 대체할 수 없다(3, 8, 12로부터).
14. 기업은 이윤을 극대화하고자 한다.
15. 기업은 (사회를 기반으로 성장하므로) 사회적 책임을 진다.
16. 기업이 이윤을 극대화하여 기부를 함으로써 사회적 책임을 질 수 있다.
17. 기업에 대한 규제를 완화한다면 기업은 이윤을 극대화할 수 있다.
18. 규제완화는 공해 문제, 작업장의 안전 경시, 중소기업 착취, 소비자의 권익 침해 등 사회적 문제를 수반할 수 있다.
19. 규제완화가 기업의 이윤 극대화에는 도움이 되지만, 다른 사회구성원들의 복지를 해칠 염려가 있다(14, 15, 16, 17, 18로부터).
20. 규제완화로 인해 다른 사회적 문제가 생긴다면 기부를 더 하는 것이 사회 전반에 놓고 봤을 때 도움이 되지 않을 수 있다(17, 19로부터).
21. 기부가 진정으로 사회에 도움이 되기 위해서는 적절한 조세와 규제가 동반되어야 한다(13, 20으로부터).

〈요약문 예시〉

　　기부문화 확립을 위해 감세와 규제완화를 추진해야 하는가? 저자는 이 문제에 대해 기부가 진정으로 사회에 도움이 되기 위해서는 적절한 조세와 규제가 동반되어야 한다고 말한다. 그 이유는 크게 두 가지로, 기부가 세금을 대체할 수 없다는 것, 그리고 규제완화로 인해 발생할 사회적 문제가 적은 기부액보다 치명적이라는 것으로 나뉜다.

　　우선 기부가 세금을 대체할 수 없는 이유는 다음과 같다. 첫째로, 기부에만 의존해 정부 재정을 운용하는 것은 불가능하다. 대가 없이 자신의 돈을 남에게 주는 일은 쉽지 않기에 대다수의 사람들은 돈이 있어도 기부를 하지 않는다. 따라서 절대적인 액수는 부족할 수밖에 없다. 둘째로, 기부자가 원하는 곳에서만 예산이 운용된다면 다른 중요한 문제들이 상대적으로 경시된다. 기부를 통해 모인 돈이 쓰여야 할 곳은 다양하다. 하지만 관례에 따라 기부하는 사람들은 자신의 돈이 어디에 쓰일지 정하고자 한다. 혹자는 정부의 예산 운용을 조정할 수 있다고 할 것이다. 하지만 정부의 예산 운용은 경직적이므로 시시각각 변하는 기부 액수와 기부자가 지정한 용도에 따라 정부의 예산 구성을 바꾸는 것은 쉽지 않다고 필자는 말한다. 셋째로 세금이 기부를 대체하게 된다면 개인의 사회에 대한 환원이 선택사항이 된다. 자신이 번 돈을 사회에 돌려줄 의무가 있다는 전제를 바탕으로 하는 세금과 다르게 기부는 자신의 소득을 환원할 의무가 없음에도 좋은 마음으로 돌려주는 것을 의미한다. 즉, 세금과 다르게 기부는 개인의 성공이 전적으로 개인에게 달렸음을 내포하며, 이는 기부문화의 기반을 무너뜨린다.

　　그리고 규제완화로 인해 발생할 사회적인 문제가 치명적인 이유는 다음과 같다. 기업은 기본적으로 이윤을 극대화하고자 한다. 동시에 기업은 사회를 기반으로 성장하기 때문에 사회적 책임을 진다. 그런데 그 사회적 책임을 지는 방법에는 이윤을 극대화하여 기부하는 것 또한 포함된다. 이는 기업에 대한 규제완화를 통해 가능하다. 하지만 규제완화는 기업의 이윤 극대화에는 도움이 될 수 있으나 다른 사회구성원들의 복지를 해칠 염려가 있다. 다시 말해, 규제완화로 인해 다른 사회적 문제가 생긴다면 기부를 더 하는 것이 사회 전반에 놓고 봤을 때 도움이 되지 않을 수 있는 것이다.

〈분석적 논평 예시〉

[1] 중요성, 유관성, 명확성
　　자본주의 경제구조 사회에서 세금, 규제 그리고 기부의 관계를 검토하고 논의하는 것은 중요한 문제라고 할 수 있다. 필자는 이 텍스트에서 제기한 그와 같은 문제에 대해 직접적이고 명확한 주장을 개진하고 있다. 따라서 비판적으로 검토한 논평 지점은 없는 듯하다.

[2] 명료함, 분명함
　　중요한 개념으로 사용하고 있는 '기부, 세금, 규제'에 대한 정의는 일반적으로 수용할 수 있는 뜻으로 사용되었다. 따라서 비판적으로 검토할 내용은 없다.

[3] 논리성: 형식적 타당성과 내용적 수용 가능성
　　필자는 "현대사회의 어려운 문제들을 해결하기 위해서는 기부, 세금 그리고 규제가 조화를 이루는 균형 있는 정책을 시행해야 한다"는 결론을 도출하기 위해 먼저 4개의 작은 논증을 구성하고, 다음으로 각각의 작은 논증에서 도출한 결론이 참일 경우 핵심 주장이 참임을 보이는 전체 논증을 구성하고 있다. 세금과 기부가 서로 다른 속성과 특성을 갖고 있다는 것으로부터 핵심 주장을 도출하는 논증의 전체적인 구성은 큰 문제가 없는 것 같다.
　　여기서 주목할 것이 있다. 즉, '세금과 규제' 그리고 '기부'가 어떤 측면과 특성에 차이가 있는지를 좀 더 구체적이고 자세히 보여줄 필요가 있다는 것이다. 아마도 필자는 신문 칼럼이라는 제한된 지면 때문에 그것을 보여주지 못한 것 같다. 필자의 핵심 주장을 거부감 없이 수용하기 위해서는 그러한 차이를 좀 더 자세히 보여주어야 한다고 생각한다.

[4] 공정성, 충분성
　　필자는 본문에서 비교적 기부문화가 활성화된 미국, 프랑스 등의 사례를 보여줌으로써 기부를 통한 사회 문제의 해결이 갖는 한계점을 보여주었을 뿐만 아니라 비록 충분한 정도의 검토는 아니라 할지라도 "마약상의 예에 의한 논증"을 통해 자신의 주장에 대해 제기될 수 있는 반론에 대해서도 검토했다고 볼 수 있다. 따라서 비판적으로 검토할 내용은 없는 것 같다.

[논평글 예시] ○ ○대학교 김△△(1학년)

1. 서론: "법대로 합시다……", "사람답게 해야지……"

우리는 일상생활에서 한번쯤 "법대로 하자", 그리고 "사람답게 좀 하자"라는 두 가지 상반된 말들을 들어봤을 것이다. 우리는 어떤 상황에서 이런 말들을 쓰는가? 법의 경우 명확한 '규칙'이 요구될 것이다. 우리는 정신착란에 빠진 살인자를 '사람답게' 연민의 시선으로 봐줄 수 있을까? 그리고 반대의 경우, 즉 "사람답게 좀 하자"는 공동체의 생활과 밀접한 연관을 가진다. 또 하나의 예를 들어보자. 지하철에서 힘들게 서 계시는 노인분에게 자리를 양보해주지 않는 학생에게 "법원에 가서 얘기하자"라고 할 수 있을까?

이 문제, 즉 '법'이냐 '사람'이냐의 문제는 필자(장하준)가 조세, 규제, 기부의 삼위일체에 대해 이야기하는 것과 많은 관련이 있다. **우선 조세와 규제의 경우는 전자와 관련이 깊다. 이 두 가지 경우는 명확한 '규칙'이 요구되는 경우다.** 따라서 이 두 가지 경우에 대해서는 각각에 할당된 규칙(혹은 법률)이 합당하게 적용되었는지를 검토하는 것이 중요할 것이다. 반대로, 기부의 경우 후자와 관련이 깊다. 이 경우에는 '사람'과 연관이 깊은 문제다. 따라서 어떻게 '사람'의 마음을 움직일 것인가가 중요한 문제가 된다.

2. 본론

1) 조세: 공공복리 증진의 금전적 원천

우선적으로 조세는 사회가 계약관계에서 비롯했다는 명제에서 이해해야 한다. '계약관계'라는 것은 하나의 보험과 같다. 우리가 보험에 가입했을 때, 보험사에 보험금을 납부하듯 우리는 국가의 구성원인 국민으로서 의무를 다한다. 이 의무는 개인적 권리에 대한 하나의 '제한'이 될 수 있다. 반대로, 개인에게 불의의 사고가 일어났을 때 보험사가 그 손해액을 배상하듯, 국민은 국가에게 필요한 것을 요청하고 국가 정치에 참여할 권리를 가진다. 다시 말해, 이를 '공공복리'라고 할 수 있다. 조세 역시 이와 같은 맥락이다. 조세는 개인의 '재산권'을 일부 제한함으로써 공공의 복리를 추구하는 체계다.

그렇다면, 사회계약으로서의 의미를 실현하기 위해 조세제도는 어떠해야 하는가? 그것은 '재정 건전성'에서 비롯한다고 볼 수 있다. 여기서 재정 건전성이란 세출이 세입을 초과하는 상태라는 사전적 정의를 넘어 세금이 공정한 기준에서 확보되었는지, 또 그것이 실현 가능한지를 의미한다. 동시에, 조세제도란 개인의 재산권을 일부 침해하는 것인 만큼 적절한 기준을 제시할 수 있어야 한다. 그렇다면 그 기준은 무엇인가? 바로 법이다.

따라서 "정부는 재정 건전성 확보를 위해 최선을 다해야 한다"(국가재정법 제16조 예산의 원칙)는 말을 지키기 위한 조세제도는 법을 통한, 그리고 헌법상의 여러 원칙에 의거한 과세가 되어야 하는 것이다. 그래야만 재정 건전성을 보장할 수 있으며, 궁극적으로 사회계약의 참 의미가 실현 가능하다. 그러므로 헌법상에서 조세를 어떻게 규정하는지, 그리고 어떻게 적용되는지 검토할 필요가 있다. 우선 조세와 관련된 법의 원칙 규정은 크게 두 가지로 볼 수 있다. 조세 법률주의와 조세 평등주의가 그것이다.

(1) 조세 법률주의: 조세에 관한 법률은 예외적 사례를 남겨선 안 된다.

조세 법률주의란 법률의 근거 없이 국가는 조세를 부과·징수할 수 없고, 조세의 납부를 요구당하지 않는다는 원칙이다. 이는 헌법 제38조에서 "모든 국민은 법률이 정하는 바에 의해 납세의 의무를 진다", 그리고 제59조의 "조세의 종목과 세율은 법률로 정한다"라고 규정한 것과 연관된다(이재희, 「조세회피행위의 규제와 조세법률주의」, p.279). 하지만 우리는 '실질적'인 조세법률주의의 관점에서 생각해야 한다. 여기서 '실질적'의 의미는 조세와 관련된 과정, 시행 등이 헌법상으로 정히 명시되어야 한다는 것과 동시에, 헌법에서 규정한 다른 여러 원칙과 합치해야 한다는 것을 의미한다. 예컨대, 법률에서 정한 조세에 관한 규정이 헌법의 "모든 국민은 법 앞에서 평등하다"와 같은 규정과 대립된다면, 그 법률의 정당성을 보장할 수 없다. **따라서 우리의 세금제도가 합당한가에 대해 묻고자 한다면, "조세에 대한 법률적 근거는 합당한가?"라는 질문을 던져야 한다.**

하지만 그렇지 못한 것이 현실이다. 그에 대한 대표적인 예가 **조세회피** 사례. 여기서 조세회피란 납세자가 경제인의 합리적인 거래형식에 의하지 않고 비정상적인 거래형식을 통해 조세의 부담을 감소시키는 행위다. 이는 조세부담의 감면을 합법적 수단에 의해 도모하나, 그것은 조세법규가 예정하지 않은 비정상적 행위인 것이다(이재희, 「조세회피행위의 규제와 조세법률주의」, p.269). 조세피난처 같은 '국제 조세회피'가 그 단적인 사례 중 하나다. 이와 같이 정부 측에서 예상하지 못한 방향으로 조세를 회피한다면, 당연히 응당 받아야 할 정부 측의 세수가 줄어들게 된다. 이는 곧 정부 측의 '재정 건전성'이 약화된다는 것을 의미한다.

(2) 조세 평등주의: 무엇이 평등인가? 어떻게 실현해야 하는가?

조세 평등주의란 납세자 간에 조세의 부담이 공평하게 배분되도록 조세법을 조정해야 한다는 원칙이다. **하지만 여기서 "무엇이 공평한가?"에 대한 질문을 던질 필요가 있다.** 이와 가장 밀접한 관련이 있는 설명이 '응능부담의 원칙'이다. 이는 **재산, 소비 같은 납세능력 내지 담세력에 따라 조세를 부과해야 한다는 원칙**이다(김웅희, 「헌법상 조세평등주의에 대한 연구」, p.719). 즉, 대부분의 국가에서 시행하고 있는 누진세의 방식 혹은 부자증세의 근거도 여기에 있다고 볼 수 있다. 하지만 그것이 합당한지에 대해서는 두 가지 기준에서 검토해볼 필요가 있다. 우선 "경제적 부담능력을 어떻게 측정할 것인가?"라는 문제와 "무엇이 가난한 자에게 적게, 부유한 사람에게 많이"를 정당화시키는지에 대한 문제다.

우선 경제적 부담능력을 어떻게 측정해야 하는가에 대한 문제다. 앞서 제시된 조세평등의 기준에 따르면, 어떠한 기준에 의해 경제적 부담능력을 측정했을 때, 같은 경제소득이라면 같은 양의 세금을 부담해야 한다. 하지면 현실은 이와 다른 경우가 많다. 가령 A중국집과 B중국집의 판매수입이 전적으로 같다고 가정해보자. 그러나 A중국집의 경우 카드계산을 허용하고, B중국집의 경우 오로지 현금으로만 돈을 받는다고 할 때, 그 소득이 다른 분야에서 잡히지 않는 한 현금계산을 통해 '측정 가능한' 소득을 줄인 B중국집의 소득이 더 높게 측정된다. 이는 조세부담의 공정성을 악화시키는 단적인 사례다.

그리고 무엇이 가난한 자에게 적게, 그리고 부유한 사람에게 많이 세금을 걷는 것을 정당화시킬 수 있는지에 대한 논의가 필요하다. 그에 대해 두 가지 설명을 하고자 한다. 첫째, '응능부담의 원칙'에 따른 설명이다. 우리는 '응능부담의 원칙'을 '납세 능력'에 따른 조세의 부담이라고 정의했다. 즉, 경제적 부담능력이 있는 사람이 부담해야 한다는 것이 원칙이다. 그렇다면 경제적 부담능력이 없는 사람이 세금을 부담하는 것은 맞는 일인가? 예를 들어, 우리는 최저생계비 정도의 수준으로만 생활하고 있다는 사람에게 경제적 부담능력이 있다고 기대할 수 없다. 더하여, 부가가치세 같은 비례세(누진세와 대비되는 의미에서)의 경우 정부 측에서 '보조'해주어야 한다고 볼 수도 있다. 이들의 실질적인 조세부담률은 0%가 되어야 하는 것이 맞다.

둘째, 자본주의는 복리식 구조다. 우리는 은행에 돈을 넣고 그 대가로 이자를 받는다. 이자를 받는 이유는 무엇인가? 제공한 자본(돈)에 대한 대가다. 그리고 그 대가에 대한 대가, 또 그 대가에 대한 대가를 줄줄이 받는 것이 복리다. 그리고 이것이 사회 전반에 적용된다면 어떻게 될까? 부자는 더 부자가 되고, 가난한 사람은 더 가난해지는 부익부 빈익빈의 상황이 오는 것이다. 하지만 이는 경제적으로나 사회구조상으로나 바람직한 상태가 아니다. 소비자 없는 기업 없고, 국민 없는 정부 없듯이, 최소한의 '비슷한' 출발점이 국가에 의해 제공되어야 다 같이 공존할 수 있다. 하지만 개개의 구성원은 눈앞에 놓인 것만 보기 쉽다. 기업의 1차적 목적은 이윤창출이 자명하다고 모두가 인정하는 것이 이 사례다. 그들에게 비슷한 출발점을 제공하는 방법 중 하나가 바로 누진세의 구조다. 부유한 사람에게 세금을 더 걷어 그것을 국가를 통해 지속적으로 재분배하는 과정을 거쳐야 한다. 개개인의 노력으로 이루어진 부를 폄하하려는 것이 아니다. 개인의 부 또한 사회구조적인 시스템이 안정적일 때 (단적으로 말해, 부가 제대로 분배되었을 때) 비로소 의미가 있다. 그들의 노력이 진정으로 가치 있게 평가받기 위해서는 그들 옆에 사람이 있어야 한다.

2) 규제: 양적인 틀에서 벗어나자

규제란 기본적으로 규칙, 규정에 의해 특정 권력에 의해 일정한 한도를 넘지 못하게 막는 것을 의미한다. 먼저 규제라는 것이 존재하는 근거를 찾는다면 개개인의 이익과 공공의 이익 사이에서의 싸움이라고 볼 수 있다. 가령 개개인의 합리적인 행동이 공동체에 이익이 된다면 규제라는 것이 무의미할 것이다. 하지만 규제가 필요한 상황은 그 반대의 경우다. 개개인에게 합리적이라고 생각되는 행동 자체가 공동체에 불이익을 가져오는 경우다. 이러한 경우 '필요한 규제'라고 판단할 수 있다. 이는 '공정한 출발선'을 위해 개개인의 자유를 제한한다는 점에서 조세와 비슷한 맥락이다.

따라서 규제 역시 앞에서 언급한 조세와 마찬가지로 '사회계약'에 근거한 것으로 볼 수 있다. 마찬가지로, 이 '사회계약'의 참 의미를 실현하기 위해서는 규제에 대한 법적 근거를 검토함과 함께 '규제'의 특성상 그것이 과연 실효성이 있는 것인지에 대한 비판 역시 중요하다.

우선 규제에 대한 법률적 근거는 〈행정규제기본법〉에 명시되어 있다. 〈행정규제기본법〉에는 "규제는 법률에 근거하여야 한다"(법 제4조)고 규정하는 규제법정주의, "국가나 지방자치단체는 국민의 자유와 창의를 존중하여야 한다"(법 제5조 제1항 전문), "행정규제를 정하는 경우에도 그 본질적 내용을 침해하면 안 된다"는 본질적 내용 침해 금지의 원칙(법 제5조 제1항 후문), "국가나 지방자치단체가 규제를 정할 때에는 국민의 생명, 인권, 보건 및 환경 등의 보호와 식품, 의약품의 안전을 위한 실효성이 있는 규제가 되어야 한다"는 '실효성의 원칙'(법 제5조 제2항), 마지막으로 "규제의 대상과 수단은 규제의 목적 실현에 필요한 최소한의 범위에서 가장 효과적인 방법으로 객관성, 투명성, 공정성을 확보해야 한다"는 '비례의 원칙'(법 제5조 제3항)을 규정한다(김재광, 「규제품질 제고를 위한 규제 개선방안」, p.205).

여기서 필자는 우선 규제의 실효성과 관련된 실효성의 원칙과 비례의 원칙을 중심으로 판단해보고자 한다. 그 이유는 가령 기업에 대한 규제강화를 주장할 때, 그 의미를 무조건적으로 규제의 '절대적인 수'를 늘리는 경우로 판단하는 경우가 많기 때문이다. 그러나 규제가 진정으로 효과가 있는지는 규제의 숫자가 아니라 규제의 품질에 의해 판단해야 한다(김재광, 「규제품질 제고를 위한 규제 개선방안」, p.209). 단적으로 한 가지 규제가 여러 규제로 인해 혼선을 야기하는 경우보다 효율적이라고 할 수 있다.

우리는 그러한 실례를 많이 발견할 수 있다. 분산된 규제 집행기구로 인해 발생하는 '중복규제', 법과 제도가 지나치게 국민생활과 동떨어져 진행되는 방식의 '비현실적 규제' 등이 그 사례다.

3) 기부: 법으로 강제 불가한 '인간다움' 영역, 정부는 그것의 현실화를 돕는 주체

기부 장벽의 완화: 기부를 어떻게 늘려야 하는가?

마지막으로 기부의 사례다. 기부는 앞에서 언급한 조세, 규제와는 확연히 다른 양상을 보인다. 조세와 규제가 사회계약에 의한 '법'의 영역이라고 한다면, 기부란 온전히 자발성에 기초한 '인간다움'의 영역이라고 봐야 한다. 조세, 규제가 법을 통한 강제의 수단을 갖고 있는 것과는 다르게 기부는 그것이 불가능하다. 따라서 정부 차원에서 기부를 늘리고자 한다면, 그 '인간다움'을 현실화할 수 있도록 지원해주는 것이 가장 중요하다. 그것을 위해 우선적으로 기부자는 왜 기부를 하는가에 대한 합리적인 이유를 찾는 것이 중요하다.

우선 기부의 동기부여는 크게 두 가지로 나누어볼 수 있다(박준우·박성기, 「기부촉진전략으로서 스마트 콘텐츠 활용성에 대한 연구」, p.219). 우선 내적 동기다. 이는 개인이 느끼는 심리적 요인과 관련이 있다. 이타적인 마음의 동정심이나 나눔을 통해 기부자가 느끼는 행복감, 사회에 대한 책임감, 종교적 신념 등이 이에 해당한다. 그다음은 외적 동기다. 이는 사회적 요인에 의한 것으로, 사회 환경에서의 기부 요청, 세제 혹은 규제 혜택을 통한 부분적 이익, 주변인의 기부행위로 인한 동기부여, 개인의 재정적 여건 확대 등에 의한 동기부여 등이 이에 해당한다.

우선 외적 동기의 목록 중에 '세제, 규제 혜택'에 관한 것이 있다. 그렇다면 이것이 기부를 늘릴 수 있는지에 대한 질문이 필요하다. 그리고 이 질문에 대해선 이렇게 답할 수 있다. "분명히 그럴 것이다." 왜냐하면 앞에서 언급했듯, 세제, 규제 해택을 통한 부분적인 이익은 개인이든, 기업이든 재정적 여건의 확대를 의미하는 것이다. 정부 차원에서 그와 같은 인센티브를 준다면, 분명히 기부의 양을 늘릴 수는 있을 것이다.

하지만 기부 양의 증가보다 더 중요한 것은 다른 것에 있다. 앞에서 살펴본 것과 같이, 세제와 규제는 사회계약에 의한 하나의 '원칙' 혹은 '규칙'으로 봐야 한다. 이것을 깨고 가령 기업의 이익을 극대화시키는 선택 등을 한다면, 사회 전반을 유지하는 하나의 틀을 없애는 꼴이 된다. 즉, 기부의 양이 증가한다는 것보다 세제혜택, 규제완화 등으로 야기되는 적극적 세수 확보 불가, 이윤 이외의 다른 가치(안전 문제 등)를 놓치게 됨으로 인해 얻는 손실이 더 크다. 또한 이들 기부자의 기부 동기가 오로지 '외적 동기'에 그친다는 점 또한 문제다. 그들이 기부하는 동기는 오로지 '돈' 때문이 아닌가.

그렇다면, 어떤 방식으로 기부를 늘려야 하는가? 일반적으로 기부란 '부자들이나 하는 것'이라는 심리적인 부담감을 갖고 있는 경우가 많다. 물론 항간에 오르내리는 대부분의 사례들이 그렇다. 부자 계층 혹은 연예인 등이 몇 억을 기부했다는 식의 사례가 많은 것이 그것을 증명한다. 하지만 이와 같은 사례들은 빈부 간의 괴리감만 느껴지게 할 뿐이다. 우리에게 다른 차원의 기부 동기가 필요하며, 그것은 '기부는 쉽다'는 것, 즉 '기부의 장벽'을 허무는 것이다.

한 가지 사례를 제시하면, 기부를 촉진하기 위해 스마트 콘텐츠를 사용하는 경우다. 게임 형태의 콘텐츠를 제공하는 '게임형', 자신의 이익창출과 함께 일정한 금액을 기부하도록 유도하는 '리워드 광고형' 등이 그 사례다(박준우·박성기, 「기부촉진전략으로서 스마트 콘텐츠 활용성에 대한 연구」, p.221). 비록 소액이지만, 이와 같은 막대한 양의 소액의 합은 부자들의 거액의 일회성 기부보다 사회적 영향력이 훨씬 클 것이다. 정부 차원에서는 이와 같은 '기부의 진입장벽'을 허무는 작업을 해야 한다. 이는 비록 "진입장벽이 허물어졌다"라는 외적 동기에 의한 것에서 시작되지만, 그것보다 중요한 점은 그 이후의 기부행위들이 내적 동기에서 비롯됨을 기대할 수 있기 때문이다. 따라서 정부 측에서 기부에 대한 진입장벽을 허무는 작업을 진행한다면, 세제, 규제혜택을 통해 기부의 활성화를 기대하는 것보다 더 많은 수익을 기대할 수 있을뿐더러 '외적 동기'가 아니라 '내적 동기'에 의해 기부할 수 있도록 유도하는 긍정적인 효과를 예상할 수 있다.

위의 글은 당신과 같은 학생이 작성한 논평글이다. 논평글로서 이 글이 갖고 있는 장점과 단점, 또는 보완해야 할 사항 등에 대한 간략한 논평을 제시해보자. (〈분석적 요약〉과 〈분석적 논평〉을 활용하여 이 글의 논증구조를 파악하고 필자의 주장에 대한 자신의 생각을 논평할 수 있을 것이다.)

3. 논평글: 자신의 입장 확인하기

〈분석적 논평〉 그 자체가 '논평글' 또는 '논평문'은 아니다. 간략히 말해서, 〈분석적 논평〉은 논평글을 쓰기 위한 기초 자료를 마련하는 단계이고, 논평글은 〈분석적 논평〉에서 마련한 기초 자료를 토대로 논평자의 입장과 견해를 반영하여 글을 쓰는 것이라고 할 수 있다. 따라서 〈분석적 논평〉을 통해 분석의 대상이 되는 텍스트에 대한 비판적 논점이나 어떤 문제를 발견했다면, 그 텍스트의 핵심 주장에 대한 자신의 기본적인 '입장과 견해'에 의거하여 논평글을 쓸 수 있다. 만일 〈분석적 논평〉과 논평글의 관계를 이와 같이 정리할 수 있다면, 논평자 A와 논평자 B가 분석의 대상이 되는 텍스트에서 동일한 비판적 논점과 문제를 발견했다고 하더라도 그것에 대한 논평 내용과 방향은 사뭇 달라질 수 있다.

분석의 대상이 되는 텍스트의 핵심 주장에 대한 논평자의 입장을 스스로 확인하는 방법은 다양할 수 있다. 당연한 말이지만, 모든 사람은 비록 동일한 텍스트를 읽고 분석한다고 하더라도 그 텍스트에서 다루고 있는 중요한 문제와 핵심 주장에 대해 서로 다른 생각과 견해를 가질 수 있기 때문이다. 이러한 측면에서 논평자의 입장과 견해를 스스로 확인하고 파악하기 위한 어떤 고정된 절차나 모형을 제시하는 것은 자칫 논평자의 사고의 흐름과 범위를 제한할 수 있는 위험이 있다. 그럼에도 불구하고 (비록 완전한 것은 아니라고 하더라도) 논평자 스스로 어떤 절차를 통해 자신의 입장과 견해를 확인하고 파악하려고 시도하는 것은 중요하다. 그 과정을 통해 논평자는 그 문제에 대한 자신의 '신념'과 '생각'에 부합하는 또는 적어도 신념과 생각에 위배되지 않는 논평글을 쓸 수 있기 때문이다.

그런데 여기서 한 가지 짚고 넘어가야 할 것이 있다. 세상만사 모든 일이 찬성과 반대로 분명하게 구분되는 것은 결코 아니다. 어떤 문제는 진리와 거짓, 옳음과 그름 그리고 선함과 악함을 섣불리 판단할 수 없는 경우들도 있고, 또 다른 경우에는 다루고 있는 문제가 단지 개인적인 선호의 문제이기 때문에 참과 거짓 또는 옳음과 그름을 나누는 것 자체가 오류일 경우도 있을 수 있다. 게다가 사실적 내용을 단순히 서술하고 있는 경우에는 일반적으로 '가치' 문제가 개입하지 않기 때문에 그것에 대한 가치를 평가하는 것이 불필요한 경우도 있을 수 있다.

하지만 현재 우리가 관심을 갖고 있는 텍스트는 어떤 주장을 담고 있는 것들이다. 그러한 텍스트는 어떤 문제에 대한 필자의 주장을 '정당화'하는 글이기 때문에 일반적으로 평가를 통해 가치판단을 할 수 있는 글들이라고 할 수 있다. 예컨대, 이와 같이 어떤 주장을 담고 있는 정당화 문맥의 글들에 대한 입장은 크게 핵심 주장을 긍정하는 '논제(these)'와 그것을 부정하는 '반대 논제(anti-these)'로 나뉠 수 있다. 만일 논평의 대상이 되는 정당화 문맥의 텍스트에 대한 최초의 또는 1차적인 입장을 '논제' vs. '반대 논제'로 구분하는 것이 적절한 것이라면, 그 문제에 대해 논평자가 자신의 입장과 견해를 확인하는 절차와 방법으로 다음과 같은 방식을 제안해볼 수 있다. 여기서 논제는 분석의 대상이 되는 텍스트의 주장(입장, 견해)이고, 반대 논제는 논평자가 취할 수 있는 다양한 입장과 견해라고 할 수 있다. 논평은 본성상 비판적인 자세와 눈으로 분석의 대상이 되는 텍스트가 가진 (논리적) 구조와 문제를 파악하는 것이라고 할 수 있다. 만일 그렇다면, 논평자의 최초 입장은 반대 논제의 입장에서 텍스트를 분석해야 하며, 그 과정에 따른 결론에 따라 자신의 입장과 견해가 어떤 위치에 놓이는지를 확인할 수 있을 것이다.

논제(These)		반대 논제(Anti-These)
분석 대상(텍스트)		나의 입장

1st		2nd		3rd	4th	⋯
P	→	P(①)	→	P		
	↘		↘	N		
		N(②)	→	P		
			↘	N		
					⋯▸ ⋯▸	
N	→	P(③)	→	P		
	↘		↘	N		
		N(④)	→	P		
			↘	N		

(여기서 'P'=긍정(positive), 'N'=부정(negative)을 가리킨다.)

만일 이와 같은 단계와 절차를 통해 논평자의 입장을 확인할 수 있다면, 각 단계와 절차에 따른 입장과 견해를 다음과 같이 설명할 수 있다. (여기서는 논의를 위해 두 번째 단계까지의 입장만을 살펴보기로 한다.)

① P-P: 필자의 주장에 완전히 동의하는 경우
② P-N: 필자의 주장에 전반적으로 동의하지만, 몇몇 논점의 보완이 필요한 경우
③ N-P: 필자의 주장에 전반적으로 동의하지 않지만, 몇몇 논점을 수용할 수 있는 경우
④ N-N: 필자의 주장에 완전히 동의할 수 없는 경우

이와 같이 논평자 자신의 입장과 견해를 확인했다면, 〈분석적 논평〉에서 발견했거나 찾아낸 논평의 내용을 그 입장과 견해에 잘 부합하도록 서술하는 일이 남는다. 그리고 그 일을 수행하는 것이 곧 '논평글' 또는 '논평문'을 작성하는 것이다.

다음 글에 대한 〈분석적 요약〉과 〈분석적 논평〉을 제시하고, 그것에 기초하여 필자의 주장에 대한 자신의 입장과 견해에 부합하는 논평글을 작성해 보자.

[왜 불평등해졌는가?]
경제적 불평등은 '가진 것'의 차이와 '버는 것'의 차이로 구분한다. 가진 것의 격차는 재산 불평등이고, 버는 것의 격차는 소득 불평등이다. 기존의 불평등에 관한 논의는 이 두 가지 불평등의 차이를 간과하고 있거나 혼재되어 있으며, 일반 사람들의 관심은 대부분이 가진 것의 격차, 즉 재산 불평등에 초점이 맞추어져 있다. 그 이유는 이론적으로 자본주의에서 자본이 자본을 만드는 속성으로 인해 재산 불평등이 소득 불평등을 악화시키는 중요한 원인이 되기 때문이다. 또한 대부분의 나라에서 재산 불평등이 소득 불평등보다 더 심하며, 그러한 재산 불평등이 소득 불평등을 초래하는 것이 일반적인 현상이기 때문이다. 한국의 상황은 꼭 그런 것이 아니다. 한국도 다른 나라와 마찬가지로 재산 불평등이 소득 불평등보다 심하다. 그러나 한국은 아직 재산 불평등이 소득 불평등을 만들어내는 중요한 원인은 아니다. 한국에서 불평등한 상황으로 인해 절대다수의 국민이 경제적 고통을 겪는 것은 재산 불평등보다는 '버는 것'의 격차, 즉 소득 불평등으로부터 오는 것이다. 그리고 소득 불평등의 근본적인 원인은 고용 불평등이다. 한국에서의 불평등에 대한 논의들은 바로 이 점을 간과하고 있다. 여기에서 필자의 생각은

기존의 불평에 대한 논의들과 구별된다.

일반 국민은 불평등이라는 단어를 들으면 대부분 '빈부의 격차'를 연상한다. 불평등을 부자와 가난한 자의 차이로 인식하는 것은 '가진 것'의 차이로 보는 것이다. 그러나 대다수 국민의 일상적인 삶의 질은 '가진 것'보다는 '버는 것'이 결정한다. '가진 것'의 격차가 의미가 있는 경우는 '가진 것'의 차이로 인해 '버는 것'의 차이가 만들어질 때. 다시 말하면 재산이 소득을 만들어서 재산 불평등이 소득 불평등을 만드는 원인이 될 때 빈부의 격차가 중요한 관심사가 되는 것이다. 한국의 소득 불평등은 재산격차가 아니라 임금격차가 만들어낸 것이기 때문에 불평등에 대한 원인 규명과 대안 마련을 위해서는 관심의 초점을 재산보다는 소득에 맞추어야 한다.

모든 계층에서 노동소득이 전체 소득의 90% 이상을 차지하고 있고, 평균적인 가계의 경우에 재산소득은 가계소득의 1%도 되지 않는다. 심지어 소득 상위 10%에 속하는 고소득층의 경우에도 재산이 만들어내는 소득은 5%도 되지 않는다. 이자나 임대료, 배당 같은 재산으로 벌어들이는 소득은 전체 소득 불평등을 결정할 만큼의 수준이 아니며, 불평등을 만들어내는 원인은 임금으로 받는 노동소득이다. 물론 소득 상위 1% 또는 0.1%에 속하는 초고소득층은 상당한 소득을 재산으로 벌어들이고 있다. 그러나 그들은 극소수이며, 거의 모든 가계는 재산의 대부분이 소득을 만들어내지 못하는 거주용 주택이기 때문에 재산을 갖고 있다 해도 소득에 별반 도움이 되지 못한다. 따라서 한국에서는 재산 불평등이 소득 불평등의 중요한 원인이 되지 않는 것이다. 전체 국민의 절대다수에게는 재산격차가 아니라 임금격차, 즉 가진 것이 아니라 버는 것의 차이가 불평등을 만들어서 중산층이 줄어들고 저소득층과 저임금노동자가 늘어나고 있는 것이다.

임금격차가 소득 불평등을 만드는 원인이라면, 임금격차가 왜 생겨났는지를 생각해보아야 한다. 그래야 불평등을 어떻게 바로잡을 것인지의 두 번째 질문에 답할 수 있을 것이다. 결론부터 말하자면 임금격차가 확대되는 이유는 고용 불평등과 기업 간 불균형이다. 즉, 정규직과 비정규직 그리고 대기업과 중소기업 간의 임금격차가 갈수록 확대되고 있는 것이 소득 불평등을 악화시키고 있는 절대 원인인 것이다.

비정규직 임금은 정규직의 절반에도 미치지 못한다. 비정규직 노동자가 정규직으로 전환되는 비율은 노동법이 정하고 있는 고용기간 2년이 지나도 열 명 중 두 명에 불과하다. 비정규직은 정규직으로 가는 징검다리가 아니라 빠져나오지 못하는 함정인 것이다. 1990년대 초반까지는 비정규직이라는 개념 자체가 없었다. 비정규직에 관한 통계조차 존재하지 않는다. 비정규직은 외환위기 이후에 나타난 새로운 고용 형태이며, 기업은 비정규직을 낮은 임금을 지급할 뿐 아니라 임의로 해고하는 수단으로 악용해왔다. 고용 불안정과 낮은 임금이라는 두 가지 부당함을 감수하고 있는 비정규직 노동자가 정부 통계로는 노동자 세 명 중 한 명 그리고 노동계 통계로는 노동자 두 명 중 한 명이다. 이러한 고용구조 때문에 한국은 같은 직장에서 1년 미만 근무하는 노동자가 세 명 중 한 명일 정도로, 고용 불안정이 OECD 국가 중에서 최악이다. 불평등한 고용구조가 한국 불평등의 근본적인 원인이며, 이러한 구조를 만든 장본인은 대기업이다.

중소기업 임금은 대기업의 60% 수준이다. 중소기업과 대기업 간 임금 격차가 오래전부터 큰 것은 아니었다. 1980년대 중소기업 임금은 대기업의 90%가 넘는 수준일 정도로 격차가 작았는데, 지난 30년 동안 격차가 지속적으로 확대된 것이다. 중소기업과 대기업의 임금격차가 커진 반면에 중소기업에서 일하는 노동자는 크게 늘었다. 중소기업의 임금이 대기업과 거의 같은 수준인 97%였던 1980년 중소기업에서 일하는 노동자는 전체 노동자의 절반을 조금 넘는 53%였다. 임금격차가 60%로 커진 2014년에는 전체 노동자의 81%가 중소기업에서 일하고 있다. 임금격차가 커졌을 뿐 아니라 국민 절대다수가 임금이 상대적으로 낮아진 중소기업에서 일하기 때문에 소득 불평등이 가속적으로 악화된 것은 당연한 결과다.

한국에는 약 50만 개의 기업이 있다. 한국 모든 기업의 매출액 중에서 재벌그룹에 속하는 100대 기업의 매출액이 차지하는 비중은 29%이고, 모든 중소기업은 35%를 차지한다. 이들 재벌 100대 기업이 고용하고 있는 노동자는 전체 노동자의 4%에 불과한 반면에 중소기업은 72%이다. 더욱 심각한 불균형은 순이익이다. 재벌 100대 기업은 한국 모든 기업의 순이익 60%를 차지한 반면에 중소기업은 35%에 불과하다. 대기업과 중소기업의 하청구조 정점에 있는 초대기업이 고용을 만들어내지 않으면서 이익을 독차지하고 있기 때문에 절대다수의 고용을 담당하고 있는 중소기업은 정상적인 임금을 지급하지 못하고 간신히 생존하고 있는 것이다. 그 결과로 2차 하청기업의 임금은 원청기업인 초대기업 임금의 3분의 1이고, 3차 하청기업은 4분의 1 수준에 불과한 극심한 격차를 보이고 있다. 동일한 생산 사슬에 있는 원청기업과 하청기업 사이의 이렇게 엄청난 임금 불평등은 어떤 합리적인 경제 이론으로도 설명될 수 없는 것이다. 고용을 창출하지 않는 초대기업이 순이익을 독차지하는 지극히 불균형한 기업 생태계는 대기업이 '갑의 힘'이라는 시장 외적 요인으로 만들어낸 것이지 공정한 시장이 작동한 결과가 아니다.

한국의 소득 불평등은 재산소득으로 만들어진 것이 아니라 노동소득 때문이다. 다시 강조하자면 한국에서 불평등의 원인은 궁극적으로 정규직과 비정규직으로 양분된 고용 불평등과 대기업과 중소기업, 원청기업과 하청기업 간의 불균형으로 인해 만들어진 것이다. 그럼에도 불구하고 기존의 불평등에 관한 적지 않은 논의들은 이자나 배당과 같이 자본이 소득을 만들어내는 재산 불평등에 초점을 맞추고 있다. 그리고 재계뿐 아니라 노동계의 일부 기득권까지 저임금과 고용 불안정이라는 두 가지 불이익을 당하고 있는 비정규직과 중소기업 노동자를 외면하고 있다. 더구나 일부 진보 세력들은 소득 불평등의 원초적 책임이 있는 재벌의 불공정하고 불법적인 행태를 외면하고 오히려 한국 경제의 미래라고 옹호하기까지 한다. 필자는 기존의 이러한 논의들과 생각을 달리한다. 한국의 불평등 근원은 재산의 격차보다는 소득의 격차이며, 소득의 격차는 임금의 격차로 만들어진 것이다. 임금의 격차는 고용의 격차와 기업 간 불균형에서 찾아야 하며, 고용의 격차와 기업 간 불균형의 책임은 재벌 대기업에게 있다는 것을 이 책에서 논증하고 있는 것이다.

장하성, 『왜 분노해야 하는가』[2)]

〈분석적 요약 예시〉

[1단계] 문제와 주장
  〈문제〉
  한국 사회의 경제적 불평등의 주요 원인은 무엇인가?

  〈주장〉
  한국 사회의 경제적 불평등의 주요 원인은 재벌 대기업에 있다.

[2단계] 핵심어(개념)
  ① 경제적 불평등: 재산소득과 임금소득에 의해 발생하는 경제적 격차
  ② 재산소득 또는 불평등: 가진 것의 차이로 발생하는 경제적 격차
  ③ 임금소득 또는 불평등: 버는 것의 차이로 발생하는 경제적 격차
  ④ 재벌: 경제적 이익을 독식하는 한국 경제 특유의 대기업

[3단계] 논증 구성
  〈숨은 전제(기본 가정)〉
  대기업의 독점적인 경제 활동으로 인해 고용 불평등이 발생한다. (대기업의 압의 논리가 고용 불평등을 양산하고 있다.)

  〈논증〉
  P₁. 경제적 불평등은 재산 불평등과 소득 불평등으로 나뉜다.

---

2) 장하성, 『왜 분노해야 하는가』, 헤이북스, 2016, pp.24-28

P_2. 모든 계층에서 노동소득이 전체 소득의 90% 이상을 차지하고 있다.

P_3. 평균적 가계의 경우 재산소득이 1%도 되지 않는다.

P_4. 소득 상위 10%에 속하는 고소득층의 경우에도 재산이 만들어내는 소득은 5%도 되지 않는다.

P_5. (물론) 소득 상위 1% 또는 0.1%에 속하는 초고소득층은 상당한 소득을 재산으로 벌어들이고 있다. 그러나 그들은 극소수이며, 거의 모든 가계들은 재산의 대부분이 소득을 만들어내지 못하는 거주용 주택이기 때문에 재산을 갖고 있다 해도 소득에 별반 도움이 되지 못한다.

C_1. (따라서) 한국의 불평등은 소득 불평등 때문에 발생한다.

P_6. 비정규직 임금은 정규직 임금의 절반에도 미치지 못한다.

P_7. 정규직 노동자가 정규직으로 전환되는 비율은 노동법이 정하고 있는 고용기간 2년이 지나도 열 명 중 두 명에 불과하다.

C_2. (따라서) 임금(소득) 불평등의 주요 원인은 고용 불평등이다.

P_8. 대기업의 독점적인 경제 활동으로 인해 고용 불평등이 발생한다(숨은 전제).

C_3. 고용 불평등을 만든 장본인은 대기업이다.

P_9. 중소기업 임금은 대기업의 60% 수준이다.

P_{10}. 임금격차가 60%로 커진 2014년에는 전체 노동자의 81%가 중소기업에서 일하고 있다.

P_{11}. 임금(소득) 불평등의 주요 원인은 기업 간 임금의 불균형이다.

C_4. (따라서) 임금(소득) 불평등의 주요 원인은 기업 간 임금의 불균형이다.

P_{11}. 한국 모든 기업의 매출액 중에서 재벌그룹에 속하는 100대 기업의 매출액이 차지하는 비중은 29%이고, 모든 중소기업은 35%를 차지한다.

P_{12}. 100대 기업이 고용하고 있는 노동자는 전체 노동자의 4%에 불과한 반면에 중소기업은 72%다.

P_{13}. 100대 기업은 한국 모든 기업의 순이익 60%를 차지하는 반면에 중소기업은 35%에 불과하다.

P_{14}. 순이익의 불평등으로 인해 2차 하청기업의 임금은 원청기업인 초대기업 임금의 3분의 1이고, 3차 하청기업은 4분의 1 수준에 불과한 극심한 격차를 보이고 있다.C_5. (따라서) 임금(소득) 불평등의 주요 원인은 기업 간 순이익의 불균형이다.

C_6. 임금 불평등의 주요 원인은 기업 간 불균형이다.

C_7. 임금 불평등의 주요 원인은 고용 불평등과 기업 간 불균형이다.

P_{15}. 동일한 생산 사슬에 있는 원청기업과 하청기업 사이의 이렇게 엄청난 임금 불평등은 어떤 합리적인 경제 이론으로도 설명될 수 없다.

P_{16}. 이러한 기업 간 불균형은 대기업이 '갑의 힘'이라는 시장 외적 요인으로 만들어낸 것이지 공정한 시장이 작동한 결과가 아니다.

C. 기업 간 불균형을 만들어낸 것은 대기업이다.

[4단계] 함축적 결론

〈맥락(배경, 관점)〉

불평등이 심화되는 한국 사회에서 불평등의 원인을 재산소득 차이에서 해명하려는 기존의 논의를 비판하려고 시도하고 있다.

〈숨은 결론〉

한국 사회의 경제적 불평등을 초래한 재벌 대기업을 규제하고 개혁함으로써 소득 불평등으로 인해 발생하는 경제적 불평등을 해소해야 한다.

〈분석적 논평 예시〉

[1] 중요성, 유관성, 명확성

한국 사회의 경제적 불평등의 원인을 규명하고 해결 방안을 모색하는 것은 중요한 문제다. 또한 필자는 그 문제에 대해 명확하고 유관한 주장을 개진하고 있다. (따라서 특별히 비판적으로 논평할 내용은 없다.)

[2] 명료함, 분명함

애매하거나 모호한 개념을 사용하고 있지 않으며, 일반적인 의미와 동일하게 주요 개념들을 사용하고 있다. 다만, 한국의 상황을 비춰볼 때 아파트나 토지 같은 부동산의 시세차익으로 인한 부의 증가를 재산소득으로 포함하고 있어야 할 것으로 보이는데, 필자가 그에 대해 어떤 견해를 지니고 있는지 명확하지 않다. 본문에서는 '이자나 임대료, 배당 같은 재산으로 벌어들이는 소득'을 재산소득으로 분류하고 있는 것으로 나와 있지만, 시세 차익에 따른 소득은 어떻게 구분하고 있는지 제시되어 있지 않다.

[3] 논리성: 형식적 타당성과 내용적 수용 가능성
• 논증의 형식적 타당성(형식적 오류와 비형식적 오류 모두 검토)

논리적인 연역은 아니지만 경험적으로 받아들이기에 무리가 없는 귀납으로 보인다.
• 주장의 함축 중 받아들이기 힘든 것은 없는가?

주장의 함축 중에서 대기업의 개혁이 반드시 좋은 효과를 가져온다는 보장이 없기 때문에 그에 대한 구체적인 방안과 추가적인 논거 제시가 있어야 할 것으로 보인다. 하지만 이는 어디까지나 필자의 주장에 또 다른 정보, 근거가 주어졌을 때 얻어지는 함축이기 때문에 저자가 가령 낙수효과나 대기업 주도의 경제성장에 대해 긍정적인 평가를 한다거나 하는 정보와 근거에 동의하지 않을 경우에는 별다른 문제 제기가 될 수 없을 것으로 보이며, 이는 사실판단과 정보의 객관성 측면(과연 낙수효과가 맞는지, 혹은 대기업 주도의 경제성장이 한국에서 불가피한 것이거나 보편적으로 긍정적인 면이 많은지 등에 관해)에서 논의되어야 할 것으로 보인다.
• 전제들의 합리적 수용 가능성(전제들이 사실에 부합하는가? 전제들은 믿을 수 있는 자료에서 나왔는가? 등)

필자가 암묵적으로 가정하고 있는 P8(숨은 전제)과 P16은 근거에 있어서 많은 사람들이 또 다른 견해를 가질 수 있을 것으로 보인다. 추가적인 객관적인 자료가 없다면 이러한 근거는 객관적이거나 사실과 부합한다는 신뢰성을 확보하기 어려워 보일 수도 있다.

[4] 공정성, 충분성
• 논의의 공정성(자의적 해석 혹은 유리한 근거들만 사용했는가? 자신의 관점, 배경에서만 문제를 바라보고 논증을 구성하지는 않았는가? 또는 문제를 다루는 또 다른 관점 맥락은 없는가?)

대기업의 독점적 경제활동 혹은 '갑의 힘'에 의해 비정규직이 양산되고 기업 간 불균형이 심화되었다는 설명은 공정성을 결여하고 있다는 평가를 받을 수 있다. 비정규직 문제나 기업 간 불균형의 경우 몇 번의 경제위기를 돌파하기 위한 정부 정책에 따라 형성된 한국 경제의 구조적 특성에 의해 발생한 것일 수도 있다. 따라서 이러한 문제의 책임을 대기업에 일방적으로 귀착시키는 것은 저자가 자신의 입장을 효과적으로 전개하기 위해 의도적으로 비판 대상을 좁혀 설정한 것일 수 있다.

- 논의의 충분성(논의 전개상 필요한 중요한 부분들이 모두 다루어졌는가? 또는 가능한 반론에 대한 재반론이 이루어졌는가?)

　　대기업의 입장에서는 저자의 문제 제기와 원인분석에 대한 다양한 반론을 제기하게 될 것이다. 특히 한국 경제 성장의 중추를 담당한 대기업의 역할에 대한 충분한 고찰을 하지 않은 상태에서 불평등이 대기업 때문에 심화된 것이라는 결론을 내리는 것은 부당하다는 반론을 제기할 수 있다. 또한 대기업 중심 체제를 유지하면서 불평등을 줄일 수 있는 다양한 가능성을 논의하는 것이 불가능한 것은 아니다. 따라서 저자는 이와 같은 반론을 충분히 고려하고 재반론을 전개하는 방식으로 논의를 펼칠 필요가 있다.

2부

분석 틀을 활용하여 실천적 문제에 적용하기

5장
엘리트, 전문가
그리고 전문직업성(professionalism)

1. 전문직업성을 이해하기 위한 사고의 절차와 단계

이 장에서는 전문가(professional)가 직면할 수 있는 문제를 스스로 인식하고 그 문제를 능동적으로 해결하기 위해 필요한 전문직업성(professionalism)의 개념을 이해하기 위한 기초적인 사고 추론을 하는 것이 목표다.

전문가로서 의사의 윤리적 자세와 실천적 태도에 있어 직업전문성은 핵심적인 개념이며 실천적인 요구라고 할 수 있다. 물론, 전문직업성은 의사 또는 의료 종사자에게만 한정되어 적용되는 개념은 아니다. 구체적이고 세부적인 내용은 조금 상이할 수 있다고 하더라도 전문직업성은 법조인, 전문 경영인 그리고 교수 등 소위 전문가라고 일컬어지는 사람들뿐만 아니라 공무원, 기술자 또는 근로자 등에게도 요구되는 일종의 직업윤리라고 할 수 있다. 하지만 법조인이나 의료 종사자와 같이 일반적으로 더 높은 전문성을 갖추고 있는 집단에게 더 높은 윤리적 자세가 요구되고 요청된다는 것에 어렵지 않게 동의할 수 있을 것이다. 그렇다면, 전문직업성은 무엇인가? 의사나 법조인 같은 전문가 집단에게 전문직업성이 더 요구되고 요청되는 이유는 무엇인가? 전문직업성을 구성하고 있는 세부적인 핵심 내용은 무엇인가?

이와 같은 문제들에 대한 스스로의 답을 구하기 위해 근거중심글쓰기(EBW)의 '사고 절차와 단계'에 따라 전문직업성을 정의해보자. 말하자면, 문제를 발견하고 규정하는 〈분석〉과 그것을 통해 찾아진 문제에 대한 해결 방안과 적용 방식을 도출하는 〈평가〉의 큰 틀 안에서 전문직업성에 대한 기초적인 내용을 이해하기 위한 사고의 절차를 수행해보자. 따라서 이번 장에서는 다음과 같은 사고의 절차와 단계를 따를 것이다.

〈사고의 절차〉

| 분석 | 문제
발견 | ① 일상적 또는 비분석적 개념 확인하기
② 일상적 또는 비분석적 개념을 비판하기 위한 분석 도구 마련하기 |
| 평가 | 문제
해결 | ③ 분석 내용에 의거하여 새로운 개념 정의하기
④ 관련 이론 및 문헌을 통한 비교 및 평가하기 |

[사고의 단계]

step 1: 기존의 비분석적인 고정관념 또는 통념적 정의가 가진 문제점을 찾아내어 다루어야 할 문제를 구체화하는 단계다.

step 2: 비분석적인 고정관념 또는 통념이 가진 문제를 파악하기 위한 분석 도구를 마련하고 '사고실험'을 통해 확인하는 단계다. 이 단계를 통해 학습자는 현재 다루고 있는 문제에 대한 자신의 입장을 수립하고 새로운 개념을 정의하기 위한 준비 단계에 놓인다.

step 3: 2단계를 통해 얻은 분석 도구와 개념에 의거하여 관련된 핵심 문제에 적용하는 단계다. 이 단계는 비판적 사고의 추론 과정이 가장 많이 도입되는 단계이기도 하다. 이 단계를 통해 학습자는 다루고 있는 현안 문제에 대해 스스로 결론을 도출하고 나름의 개념적 정의를 내린다.

step 4: 현재 다루고 있는 문제와 관련된 가장 신뢰할 만한 연구자료 또는 정보를 제시함으로써 학습자가 3단계에서 분석한 내용을 검토하는 단계다. 이 과정을 통해 학습자는 자신이 추론한 결론의 정당성을 확인하고 수정 및 보완점을 파악하게 된다.

2. 전문직업성을 이해하기 위한 사고의 절차와 단계의 적용

전문성(profession), 전문가(professional) 그리고 직업전문성(professoinalism)은 무엇을 의미하는가? 이와 같은 문제에 대해 곧바로 답하는 것은 매우 어려운 일이다. 만일 그렇다면, 우리가 가진 일반적인 생각, 즉 전문가 또는 전문가 집단이 엘리트(elite)라는 통념(通念)을 먼저 분석하는 것이 도움이 될 수 있다. 따라서 전문성과 전문직업성을 정의하기에 앞서 엘리트가 가져야 할 덕목과 역량에 대해 먼저 생각해보자. 반복되는 말이지만, 엘리트를 정의하는 것은 우리가 최종적으로 해결해야 할 문제인 전문직업성에 대한 정의를 구하기 위한 첫 번째 단계라고 할 수 있다. 이제, 논의를 시작하자.

1) 1~3단계의 적용 모형: 사고실험

[1단계] 일상적 또는 비분석적 개념 확인하기

"엘리트(elite)란 무엇인가?" 엘리트에 대한 "통상적인 의미" 또는 "현재 당신이 처한 상황에서 생각"하는 엘리트를 정의해보자.

엘리트란 ……

[2단계] 사고실험: 일상적 또는 비분석적 개념을 비판하기 위한 분석 도구 마련하기

우리가 몸담고 있는 세계 또는 사회를 이루고 있는 구성원을 〈(지적) 능력〉과 〈도덕성〉이 높고 낮음의 정도에 의해서만 구분할 수 있다고 해보자. 그 가정에 따를 경우 도출되는 4가지 유형을 아래와 같이 제시할 수 있다. 그 구분에 따라 다음과 같은 물음에 답해보자.

	(지적) 능력	도덕성
유형 1	높음(H)	높음(H)
유형 2	높음(H)	낮음(L)
유형 3	낮음(L)	높음(H)
유형 4	낮음(L)	낮음(L)

Q 1: 건전한 사회를 구성하고 유지하는 데 있어 가장 요구되는 유형과 그렇지 않은 유형을 순서대로 나열해보자(예: 유형 1-유형 2-유형 3-유형 4).

Q 2: 건전한 사회를 구성하고 유지하는 데 가장 기여할 수 있다고 생각되는 유형은 무엇인가? 그리고 그 유형을 선택한 까닭은 무엇인가? 이유를 밝혀 주장해보자.

Q 3: 건전한 사회를 구성하고 유지하는 데 가장 기여할 수 없다고 생각되는 유형은 무엇인가? 그리고 그 유형을 선택한 까닭은 무엇인가? 이유를 밝혀 주장해보자.

위의 Q 1~Q 3의 조건과 가정에 따를 경우, 사회에서 가장 요구되는 인간을 유형에 따라 순서를 정하면, 유형 (   ), (   ), (   ), (   )다. 왜냐하면 ······

_____

_____

_____

_____

_____

Q 4: 지금까지의 추론(Q 1-Q 3) 과정을 통해 엘리트에 대한 기존의 정의에 추가하여 갖추어야 할 역량과 덕목이 있다면, 그것이 반영된 엘리트에 대한 새로운 정의는 무엇인가?

현대사회에서 요구되는 엘리트는 ……

_____

_____

_____

_____

_____

_____

[3단계] 분석 내용에 의거하여 새로운 개념 정의하기

다음으로 앞에서 수행한 2단계의 추론을 통해 엘리트에 관한 나름의 새로운 정의를 구했다면, 그 정의에 비추어 전문성 또는 전문가가 지녀야 할 역량에 대해 생각해보자. 전문성 또는 전문가에 대한 기존의 오랜 정의는 다음과 같다. 먼저 기존의 정의가 가진 논리적 구조를 파악해보자. 다음으로 분석한 내용으로부터 새롭게 도출할 수 있는 결론이 무엇인지를 생각해보자.

[정의 1] 전문성의 기존 정의[1]
① 전문성은 오랜 연구가 필요한 지식(knowledge)과 술기(practice)의 확장되

---

[1] 세계의학연맹(WFME, World Federation for Medical Education) Task Force Report, Copenhagen, Denmark 2010, pp.3-5

고 전문화된 집합체를 말한다. ② 그러한 지식과 술기의 집합체는 일반 대중에게 충분히 설명하거나 그들이 완전히 이해하는 것이 어려울 만큼 매우 복잡하고 심오하다. ③ 그러한 이유로 전문가는 일반 대중과 완전하고 열린 의사소통을 할 수 없다. (여기서 일반 대중은 전문가 영역에 관해 취약한 사람을 말한다.) 따라서 ④ 전문직에 속하는 사람은 스스로 역량을 개발하고 유지할 의무가 있다. ⑤ 그리고 지식과 술기의 집합체는 전문화되어 있는 까닭에 ⑥ 전문가 집단 외부의 사람은 그것을 완전히 이해할 수 없다. 따라서 ⑦ 전문직은 스스로 자율규제(self-regulation)를 해야 한다.

전문성 또는 전문가에 대한 기존의 정의(정의 1)를 논리적으로 자세하게 분석하기에 앞서 진술문 ①~⑦에서 중복된 내용을 정리하는 것이 좋을 듯하다. 똑똑한 당신은 이미 알아챘겠지만, 진술문 ①과 ⑤는 같은 의미이고, 진술문 ②와 ⑥은 같은 말을 하고 있다는 것을 알 수 있다. 만일 그렇다면, 전문성 또는 전문가에 대한 기존의 정의(정의 1)는 다음과 같은 논리적 구조를 갖고 있다는 것을 알 수 있다.

〈전제〉
P₁. 전문성은 오랜 시간의 연구가 필요한 지식과 술기의 확장되고 전문화된 집합체다(①, ⑤).
P₂. 전문성의 지식과 술기의 집합체는 대중에게 충분히 설명하거나 그들이 완전히 이해하는 것이 어려울 만큼 매우 복잡하고 심오하다(②, ⑥).

만일 그렇다면, [정의 1]에서 제시된 두 전제 'P₁과 P₂'로부터 직접적으로 도출되는 (중간) 결론은 무엇인가?

〈(중간) 결론〉

C_1. 전문가는 일반 대중과 완전하고 열린 의사소통을 할 수 없다(③, $P_1 + P_2$ 로부터).

다음으로, [정의 1]은 두 전제(P_1과 P_2)와 중간 결론(C_1)으로부터 다음과 같은 명시적인 두 결론을 도출하고 있다.

〈결론〉

C_2. 전문가는 스스로 역량을 개발하고 유지할 의무가 있다(④, C_1로부터).

C_3. 전문가는 스스로 자율규제를 해야 한다(⑦, $P_1 + P_2$로부터).

만일 [정의 1]을 이와 같이 분석하는 것이 옳다면, 중간 결론 'C_1'로부터 도출할 수 있는 함축적 결론은 무엇인가? 그리고 결론 'C_2와 C_3'으로부터 도출할 수 있는 함축적 결론은 무엇인가? 좀 더 쉽게 말하자면, 명시적 결론 C_1에 새로운 전제 P_3이 추가될 경우 도출할 수 있는 함축적 결론과 명시적 결론 C_2 & C_3에 새로운 전제 P_4가 추가될 경우 도출할 수 있는 함축적 결론은 무엇인가?

함축적 결론 1	C_1. 전문가는 일반 대중과 완전하고 열린 의사소통을 할 수 없다. P_3. 두 집단이 의사소통을 할 수 없을 경우 그 두 집단은 단절된다. C_4. _____
함축적 결론 2	C_2. 전문가는 스스로 역량을 개발하고 유지할 의무가 있다. C_3. 전문가는 스스로 자율규제를 해야 한다. P_4. 만일 C_3과 C_4라면, 전문가(전문가 집단)의 행위와 역할은 일반 대중 또는 사회로부터 독립적이다. C_5. _____

이제, 새롭게 얻은 함축적 결론 1(C_4)과 결론 2(C_5)에 대해 생각해보자. 말하자면, [정의 1] 전문성의 기존 정의로부터 추론할 수 있는 "함축적 결론 1(C_4)과 결론 2(C_5)"는 모두 수용할 수 있는 결론인가? 또는 그 결론을 받아들이기 위해 더 생각해보아야 할 것들은 없는가? 함축적 결론 C_4와 C_5에 새로운 근거가 추가될 경우 도출할 수 있는 결론은 무엇인지 생각해보자.

[C_4에 대해]

C_4. 전문직은 일반 대중 또는 사회로부터 분리(分離) 또는 단절(斷絶)된다.

P_5. 전문직이 일반 대중 또는 사회로부터 분리와 단절되는 것은 좋은 현상이 아니다.

C_6. (_____)

[C_5에 대해]

C_5. 전문가 집단의 독립성은 보장되어야 한다.

P_6. 독립성을 보장하기 위한 근거와 조건이 제시되어야 한다.

C_7. (_____)

만일 지금까지의 추론이 옳다면, 겉으로 보기에 부정적인 결론인 C_4는 물론이거니와 긍정적인 결론인 C_5 또한 추가적인 고찰과 탐구가 요구된다고 볼 수 있다. 이것을 간략히 다음과 같이 정리할 수 있을 것이다.

〈최종 결론〉

C_6. (_____)

C_7. (_____)

P_7. C_6과 C_7은 전문성에 대한 기존의 정의가 충분하지 않다는 것을 보여

준다.

C8. 따라서 (의료를 포함하여) 전문성 또는 전문직에 대한 새로운 정의가 필요하다.

[4단계] 분석 결과에 기초하여 나의 견해 제시하기

Q 5: 위 논증의 결론 C8에 따라 전문성 또는 전문직에 대한 새로운 정의를 내려야 할 경우 요구되는 역량 또는 덕목은 무엇인가? 자신의 생각을 자유롭게 기술해보자.

ⓐ _____

ⓑ _____

ⓒ _____

ⓓ _____

기타

Q 6: 위에서 밝힌 역량과 덕목에 기초하여 전문성 또는 전문직에 대한 나름의 새로운 정의를 제시해보자.

전문가 또는 전문성은 ……

_____

_____

_____

_____

2) 1~3단계의 적용 예시

사고의 최종 단계인 "4단계: 관련 이론 및 문헌을 통한 비교 및 평가하기"
과정을 살펴보기에 앞서 [1~3단계]에 관한 자신의 답변과 다른 학생이 작성
한 몇몇 실제 답변들을 비교해보는 것이 도움이 될 것이다. 아래에 제시된 글
은 여러분 같은 대학생이 작성한 글들 중 몇 가지를 유형별로 구분한 것이다.
즉, 다음은 대학생들이 엘리트를 정의한 실제 글이다. 각 유형의 글을 비교해
보자. 당신은 아래의 유형 중 어느 쪽에 가까운 답변을 했는가? 우리와 같은
대학생이 실제로 작성한 답변을 유형별로 검토하기에 앞서 엘리트의 사전적
정의를 제시하면 다음과 같다.

〈엘리트의 사전적 정의〉

사회에서 뛰어난 능력이 있다고 인정한 사람. 또는 지도적 위치에 있는
사람

[1단계] "엘리트란 무엇인가?"에 대한 사례글[2]

(1) 통념에 따른 개념적 유형

1. ○○대학교 김△△

공부 잘하는 사람을 '엘리트'라고 부른다. 또 많은 사람들이 선호하는 전문직 같은
직업을 가진 사람을 가리킨다. 공부 잘하고, 학교 잘 가고, 취업 잘하면 엘리트가 된다.

---

2) 여기에 실은 학생의 글들은 필자의 허락을 받아 게재했다. 또한 필자의 생각을 왜곡하지 않기 위해
원문을 편집하지 않고 그대로 게재했다.

2. ○○대학교 천△△

　　엘리트가 무엇인지 정의 내리기 위해 우선 우리가 어떤 사람들을 '엘리트'라고 부르는지 살펴보자. 변호사, 판사, 검사, 의사, ……. 우리는 이런 직종에 종사하는 사람들을 흔히 '엘리트'라고 부른다. 엘리트라 불리는 이들이 공유하고 있는 공통된 성질과 특성을 찾아내면 엘리트가 무엇인지 알 수 있을 것이다. 엘리트들은 대다수 사람들에 비해 높은 지적 능력과 작업 수행 능력을 가지고 있으며, 높은 사회적 지위를 갖고 있다는 공통된 특성을 드러낸다. 따라서 나는 전문적 지식과 뛰어난 지성을 보유한 사회 상류계급이 엘리트의 정의라 생각한다.

3. ○○대학교 공△△

　　내가 생각하는 엘리트란 두 가지가 있다. 첫째, 집안에 돈이 많거나 자신의 재산이 많으며, 외모상 비난을 받지 않고, 이러한 조건하에 만족하는 삶을 사는 사람이다. 대한민국 사회에서의 시민이자 학생으로서 생각해보면 당연한 결과일지도 모르겠다.

　　두 번째는 다른 사람들보다 월등히 뛰어난 재능으로, 자신이 원하는 일을 하며 사는 사람들이다. 이때 하는 일은 많은 사람들이 하고 싶어 하는 일일 때 해당한다. 이 두 가지의 엘리트를 이렇게 생각하는 근거는 경쟁사회 속에서 치열한 경쟁을 하지 않거나, 경쟁에서 성공하여 목적을 비교적 쉽게 이룬 사람들이 엘리트에 가깝다고 생각하기 때문이다.

　　통상 개념적 유형에 속하는 정의는 엘리트에 관한 사전적 정의와 크게 다르지 않다는 것을 발견할 수 있다. 하지만 앞서 살펴보았듯이, 이와 같은 엘리트에 대한 일상적인 정의는 현대사회가 요구하는 엘리트의 모습을 잘 반영하지 못하는 것 같다. 말하자면, 통상 개념적 정의에 따르는 엘리트는 "학습과 재력 등을 포함한 능력, 소속된 집단의 성격"에 크게 의존하는 정의임을 알 수 있다. 사고실험의 결과를 통해 곧 밝혀지겠지만, 이러한 정도의 정의는 문제가 있다는 것을 어렵지 않게 추론할 수 있다. 사고실험의 결과를 통해 그 까닭을 살펴보기에 앞서 통념에 따른 개념적 정의에 대해 우리와 같은 대학생이 직접적으로 문제를 제기하고 있는 몇몇 유형의 글을 먼저 살펴보자.

(2) 통념에 따른 개념적 정의에 대한 문제 제기 유형

---

1. ○○대학교 안△△

　　지금 의과대학에 재학 중이고, 중·고등학교 시절에 공부를 잘해왔지만, 저 스스로 엘리트라고 생각해본 적은 없습니다. 제가 생각하는 엘리트란 자신이 맡고 있는 분야에서 그 일을 "잘하는 것만이 아니라 진정으로 즐기고 또한 그 과정에서도 남들과의 관계도 좋은 사람"을 엘리트라고 생각합니다.

　　생각을 해봅시다. 많은 사람들은 단지 저에게 '잘한다'라는 이유만으로 엘리트라는 수식어를 붙여줬습니다. 하지만 저는 그 과정을 즐기지 못했던 것 같습니다. 왜 이런 요소까지 포함시켜야 되겠다고 생각을 했는가 하면, 예를 들어보겠습니다. 잘 나가는 대기업에 다니고 많은 연봉을 받고 있지만, 자신의 일을 싫어하고 귀찮아하는 사람이 있다고 합시다. 그런 사람은 여기저기 일에 치여 살며 많은 스트레스를 받고 살 것이며 그러한 그의 피곤한 인생을 보며 '엘리트'라고 하기는 어려울 것입니다. 즉, 해야만 해서, 살기 위해 하는 것이 아닌 자신의 자율성이 반영되어야 한다고 생각합니다.

---

2. ○○대학교 이△△

　　의대에 들어온 학생들 대부분은 학교 내신, 논술, 수능 이 세 가지 부분 중 한 가지가 매우 뛰어나서 입학할 수 있었던 경우일 것이다. 하지만 의대에 들어온 후에 대학교 내에서의 생활은 위 세 가지와 관련성이 적다. 따라서 의대생으로서의 엘리트도 그 세 가지와는 관련이 없다고 생각한다.

　　어떤 분야에서의 엘리트는 그 분야와 관련된 복합적인 일들에 모두 능통한 사람을 일컫는다고 생각한다. 의과대학이라는 곳에서는 의학이라는 전공과목과 다른 핵심교양 또는 전공 관련 교양들이 의대생들이 접하는 분야일 것이다. 핵심교양이나 전공 관련 교양에는 자연과학뿐만 아니라 인문학, 사회학이 모두 들어 있다. 따라서 의대생으로서의 엘리트는 의학에서만 뛰어난 사람이 아니라 자연과학, 인문학, 사회학에 대해서도 모두 능통한 사람을 의미한다고 생각한다.

두 번째 유형인 "통념에 따른 개념적 정의에 대한 문제 제기 유형"에서 두드러지는 특징은 엘리트가 가져야 할 속성으로 "타인과의 관계", "집단이나 사회에서의 역할"과 "세계에 대한 다양한 지식의 습득"을 강조하고 있다는 점이다. 첫 번째 글에서 확인할 수 있듯이 엘리트는 "자신이 하는 일에 대한 즐거움과 타인과의 관계"를 중요한 덕목으로 제시하고 있다. 두 번째 글은 세계에 대한 다양한 지식의 습득과 이해를 강조하고 있다. 이것은 일반적으로 전문가가 한 분야에 대한 고도의 기술이나 지식을 가져야 한다는 통념적인 생각에 대해 다른 관점을 보여주고 있다고 볼 수 있다. 이와 같은 통념에 따른 정의에 대한 문제 제기가 올바른 것이라면, 그것으로부터 도출될 수 있는 엘리트에 관한 분석적 개념 정의가 어떻게 추론될 수 있는지를 "분석적 개념 유형"에 해당하는 몇몇 글을 통해 확인해보자.

(3) 분석적 개념 유형

1. ○○대학교 오△△

우선 엘리트(elite)라고 한다면 사회가 존재해야 존재할 수 있는 개념일 것이다. 사회는 사람들이 서로 상호작용하는 모든 공간적·정신적 부분들을 총체적으로 의미하는 것과 비슷한 개념으로 본다면, 결국 사람들이 있어야 존재하는 개념으로 볼 수 있다. 어떤 사람은 elite이고, 어떤 사람은 elite가 되지 못하는 기준은 무엇일까. 보통 사회적 위치로 많이 정의를 내리는 것으로 보인다. 돈, 명예, 영향력 등. 사회가 존재해야 존재하는 항목들을 가져다가 엘리트를 정의 내린다는 것으로 볼 수 있다는 것이다. 하지만 나의 생각은 다르다. 사회가 올바른 길로 발전하기 위해서는 사회적 위치가 무조건 높은 이유도, 낮을 이유도 없다. 각자 자기 위치에서 자신으로 인해 주변과 사회가 올바른 길로 발전할 수 있도록 하는 분들이 있다면, 그분들이 곧 엘리트(elite)라고 생각한다. 올바른 길이란, 설명을 한다면 굉장히 길게 설명해야 하지만, 결국에는 사람을 살리는(내적이든 외적이든 정신적 등등) 길을 의미한다고 본다. 시간이 없어서 매우 짧게 써본다면 말이다.

2. ○○대학교 강△△

내가 의과대학생으로서 정의하는 엘리트는 충분한 지식과 도덕성, 비판적 사고 능력을 바탕으로 자신이 속한 사회에서 사회적 책임을 다하여 사회 발전에 기여하는 사람이다.

먼저 엘리트가 왜 사회 발전에 기여하는 사람인지 보자. 만일 어떤 사람이 자신의 이익만을 위해 자신의 힘을 이용한다면 그 사람은 사회적으로 인정받을 수 없다. 예를 들어 비리를 저지른 공무원이나 정치인은 국민이 사회적 리더로 인정하지 않는다. 자신의 사리사욕을 채우기에 급급한 이들은 '엘리트'가 아니라 그저 보통사람이다.

이때 사회적 책임을 다해야 사회 발전에 기여할 수 있다. 예부터 'noblesse oblige' 라는 개념은 유럽 사회 지도자들에게 요구되는 덕목이었다. 시대를 이끄는 사람으로서 사회적으로 기대되는 책임을 다함으로써 일반인에서 벗어나 엘리트로 인정받을 수 있다.

또한 이렇게 하기 위해서는 충분한 지식과 사고능력 없이는 이런 판단과 행동을 내릴 수 없다. 구석기시대의 어린아이가 현대에 와서 산다고 가정해보자. 특별한 교육과 훈련 없이 이 어린아이는 엘리트가 될 수 없다. 또한 지식과 사고능력이 있어도 도덕성이 결여된다면 엘리트가 아니다. 예를 들어 히틀러는 뛰어난 능력과 지략가

였지만 윤리적으로 잘못된 사상을 낳았고 많은 생명이 희생되었다.

따라서 이렇게 본다면, 엘리트는 충분한 지식과 도덕성, 비판적 사고능력을 갖고 사회적 책임을 다하여 사회 발전에 기여하는 사람이다.

---

3. ○○대학교 최△△

의대생은 한국의 교육부에서 인정하는 의과대학의 재학생을 지칭하는 용어다. 의대생에게는 의학전문기자, 의료전문변호사, 기초의학자 등 사회 내에서 수행해야 할 다양한 직업의 미래가 기다리고 있지만, 대부분은 환자를 진료하고 치료하는 의사가 될 것이다.

의사가 미래의 직업인 그들에게 엘리트란 무엇일까?

의대생으로서 엘리트를 정의하기 이전에 엘리트에 대한 정의를 우선적으로 살펴볼 필요가 있다. 엘리트에 내포된 의미를 살펴보면 다음과 같다.

- 한 집단을 주도적으로 이끄는 리더
- 집단을 긍정적으로 변화시키는 사람
- 집단의 지식을 합리적으로 선별하여 받아들이고 이를 심화하는 사람
- 집단의 문제를 창조적으로 해결하는 사람

이외에도 엘리트에 내포된 의미는 다양할 수 있지만, 시간을 고려해 이 정도를 살펴보는 것으로 한다. 이 개념을 바탕으로 의대생으로서 엘리트란 "의학 지식을 선별적으로 받아들여 이를 심화하며, 의료계의 현재 문제를 주도적으로 해결하고, 긍정적으로 의료계를 변화시키는 사람"이라고 정의할 수 있다.

세 번째 유형인 "분석적 개념 유형"의 글에서 확인할 수 있는 중요한 점은 전문가로서 지녀야 할 덕목이 학습, 교육, 지식 그리고 지위 같은 능력에 더하여 "자신이 속한 집단 또는 사회와의 관계에서 사회적 책임과 도덕성"을 강조하고 있다는 것이다. 특히, 이 유형의 두 번째 글에서는 "히틀러의 예"를

통해 엘리트 또는 전문가에게 높은 수준의 도덕성과 세계에 대한 올바른 지향이 요구되는 이유를 유비적으로 잘 보여주고 있다. 그 까닭을 2단계의 사고실험을 통해 드러난 결과를 통해 좀 더 자세히 살펴보자.

[2단계] 일상적 또는 비분석적 개념을 비판하기 위한 분석 도구 마련하기: 사고실험

우리가 몸담고 있는 세계 또는 사회를 이루고 있는 구성원을 "〈(지적) 능력〉과 〈도덕성〉이 높고 낮음의 정도"에 의해서만 구분할 수 있다고 해보자. 그 가정에 따를 경우 도출되는 유형을 제시하면 아래의 표와 같다. 이와 같은 구분에 의거하여 다음의 물음에 답해보자.

	(지적) 능력	도덕성
유형 1	높음(H)	높음(H)
유형 2	높음(H)	낮음(L)
유형 3	낮음(L)	높음(H)
유형 4	낮음(L)	낮음(L)

Q 1: 건전한 사회를 구성하고 유지하는 데 있어 가장 요구되는 유형과 그렇지 않은 유형을 순서대로 나열해보자(예: 1-2-3-4).

Q 2: 건전한 사회를 구성하고 유지하는 데 가장 기여할 수 있다고 생각되는 유형은 무엇인가? 그리고 그 유형을 선택한 까닭은 무엇인가? 이유를 밝혀 주장해보자.

A] 유형 1

Q 3: 건전한 사회를 구성하고 유지하는 데 가장 기여할 수 없다고 생각되는 유형은 무엇인가? 그리고 그 유형을 선택한 까닭은 무엇인가? 이유를 밝혀 주장해보자.

A| 유형 2 또는 유형 3 또는 유형 4

똑똑한 당신은 이미 짐작했겠지만, 위 사고실험의 〈Q 1〉에 대해 실험에 참여한 대다수의 학생들이 사회를 구성하고 유지하는 데 가장 기여할 수 있는 유형으로 꼽은 것은 "유형 1"(지적 능력과 도덕성이 모두 높은 유형)이다. 반대로 대다수의 학생들은 사회에서 가장 필요하지 않은 유형으로 "유형 2"(지적 능력은 높지만 도덕성은 낮은 유형)를 선택했다. 이것은 아마도 자연스런 추론의 결과라고 볼 수 있다.

사회는 나를 포함한 다양한 개인으로 구성된다. 또한 개인이 갖고 있는 욕망과 지향은 서로 다를 수 있다. 그런데 한 개인이 추구하는 지향과 욕망이 타인에게 피해를 주거나 사회에 해악을 끼치는 경우라면, 우리 대부분은 그와 같은 욕망과 지향을 허용하거나 수용하지 않을 것이다. 물론, 허용될 수 있는 욕망이 무엇인지를 분별하고 판단하는 준거가 오직 도덕적 기준만 있는 것은 아닐 수도 있다. 또한 도덕적 기준이나 준거에 의거하여 한 개인의 욕망과 지향을 판단하고 분별하는 데는 많은 논의가 필요한 것도 사실이다. 하지만 우리는 적어도 타인과 사회에 피해나 해악을 끼치는 행위까지도 한 개인의 자유로운 행위이기 때문에 무차별적으로 허용될 수 있다고 판단하지는 않을 것이다. 따라서 현재의 논의 수준에서는 '도덕성'을 넓은 의미의 행위에 관한 실천적 기준으로 삼아도 큰 문제는 없는 듯이 보인다.

사회에 기여할 수 없는 유형에 대한 답변은 기여할 수 있는 유형에 대한 답변에 비해 매우 극명하게 나뉘지 않을 수 있다. 물론, 유형 2를 선택한 사람이 가장 많을 것이라고 예상할 수 있고, 실제로 어떤 대학생 집단을 대상으로

한 사고실험에서는 유형 2에 대한 답변이 압도적으로 많았다. 하지만 유형 3 또는 유형 4가 사회에 기여할 수 없는 유형이라고 답변한 학생들도 몇몇 있었으며, 그 까닭 또한 제법 그럴듯한 이유를 제시하고 있다. 이와 같은 사고실험에 대한 몇몇 학생의 말을 직접 들어보자.

유형: 1-4-3-2

(1)

　일반적으로 '사회'가 요구하는 인재상은 기득권층이 그들의 권력을 유지하는 데 공헌할 수 있을 것이라 추정하는 인간상과 동일한데, 이는 비도덕적인 일에 적당히 무디고 시키는 일을 잘 수행할 능력을 갖춘 사람이다. 이와 비슷하게 업무수행능력, 혹은 사고력을 가졌으나 도덕성도 높은 사람은 현 체제의 불합리한 점을 지적하고, 이의를 제기할 확률이 높기에 지배층이 필요로 하는 인재상, 즉 사회에서 요구되는 인재상에 적합하지 않다.

　반면, '건전한' 사회를 구성 유지하는 데 필요한 사람 유형에 대해 얘기하자면 이 결론은 완전히 뒤바뀐다. 건전한 사회는 도덕성이 높고 일의 기여도만큼 수익을 얻을 수 있는, 즉 공명정대한 사회이기 때문에 도덕성과 지적 능력이 모두 우수한 유형 1의 사람들이 가장 필요할 것이다. 지성적 능력은 우수하나 도덕성이 낮은 유형 2와 같은 사람들은 업무수행능력은 우수하나 부정행위를 저지를 가능성이 농후하여 건전한 사회의 기반인 공명정대함을 두 손 들어 놓을 수 있기에 적합하지 않다.

(2)

　위의 가정을 따를 경우, 가장 요구되는 인간은 유형 1이고 그렇지 않은 것은 유형 2다. 왜냐하면 사회구조는 사회구성원들의 요구를 반영한다. 따라서 사회가 필요로 하는 인재는 전체 사회구성원의 요구를 충족할 능력이 있는 사람이라고 할 수 있다. 지성적 능력이 목표를 얼마나 완벽하게 수행할 수 있는지를 결정하는 반면에, 도덕성은 목표의 방향성을 결정한다. 도덕성이 높은 사람일수록 사회구성원들의 요구에 부합하는 목표의 방향성을 결정한다. 도덕성이 높은 사람일수록 사회구성원들의 요구에 맞는 목표를 설정할 것이고, 지성적 능력이 높은 사람일수록 자신의 목표를 효과적으로 실현할 것이다. 따라서 사회 전체의 이익을 위한 목표를 갖고 그 목표를 실현할 가능성이 높은 유형 1이 사회에서 가장 요구되는 인간이다. 반면에, 도덕성이 낮아 자신만의 이익을 추구하고자 하는 목표를 갖고 이를 이루어낼 가능성이 높은 유형 2가 사회에서 가장 요구되지 않는 인간이다.

유형: 1-3-4-2

(1)

유형 1의 경우 높은 지적 능력으로 사회에 여러 변화를 가져올 수 있는 유형이다. 이때, 도덕성이 높아야 자신의 지적 능력을 옳은 방향으로 쓸 것이다. 그래서 사회에 가장 긍정적인 기여를 할 것이다.

유형 2 역시 높은 지적 능력으로 사회에 여러 변화를 가져올 수 있다는 것은 유형 1과 같다. 그러나 자신의 이익만을 위해 타인을 해치는 데 그 능력을 쓰는 사람이므로 오히려 사회에 가장 부정적인 기여를 할 것이다. 유형 4는 나쁜 짓을 해도 사회적인 영향력을 크게 발휘할 수 없으나 가장 나쁘지는 않다고 본다. 유형 3은 유형 1과 만나면 좋은 일꾼이 될 수 있으므로 필요하다.

(2)

위의 가정을 따를 경우, 가장 요구되는 인간은 유형 1이고 그렇지 않은 것은 유형 4다. 왜냐하면 바람직하고 건전한 사회는 사회구성원 다수가 건전한 정신, 즉 높은 도덕성을 가지고 있을 때 더 잘 실현되고 유지되기 싶다. 구성원들이 높은 도덕적 행동 기준을 가지고 있다면, 자연스레 건강한 사회 구현에 보탬이 되는 행동을 할 것이다. 이때 그들의 행동은 특별한 것이 아니라 일상에서 마주칠 수 있는 크고 작은 선행 내지는 양심적 행동이라고 볼 수 있다. 그렇기 때문에 지성적 능력이 낮아도 도덕성이 높은 유형 3이 유형 2보다 더 중요하다고 볼 수 있다. 그러나 사회의 구성과 발전에 있어서 지적 능력을 무시할 수는 없다. 지성적 능력이야말로 사회를 변화시키고 나아가게 하는 요인이 될 수 있기 때문이다. 따라서 도덕적 인간성에 지적 능력을 겸비한 유형 1이 사회에서 요구된다고 볼 수 있고, 두 특성 중 어느 것도 제대로 갖추지 못한 유형 4는 상대적으로 건전한 사회를 구성하는 데 있어 요구되지 않는 셈이다.

유형: 1-3-2-4

(1)

유형 1의 인간이 가장 필요한 이유는 지성적 능력이 높고 도덕성도 높은 사람은 자신의 지적 능력을 통해 사회 발전에 이바지할 수 있는 기회를 많이 얻을 수 있으며, 그로 인해 얻은 사회적 지위와 경제력은 높은 도덕성과 결합하여 타인에게 도움을 줄 수 있을 것이다.

반면 유형 4의 인간이 가장 불필요한 이유는 그의 낮은 도덕성이라고 본다. 아무리 지적 능력이 높아도 도덕성이 낮을 경우 사회 질서를 저해할 수 있는 비도덕적인 행동을 할 가능성이 크기 때문이다. 그러나 똑같이 도덕성이 낮은 유형 2의 인간보다 유형 4의 인간이 더 불필요한 이유는 지적 능력의 부족으로 인해 비도덕적 행동을 한 이후 자신의 행동에 대한 비판적·반성적 사고 또한 불가능하기 때문이다.

(2)

위의 가정을 따를 경우, 가장 요구되는 인간은 유형 1이고 그렇지 않은 것은 유형 4다. 왜냐하면 지성적 능력이 높다는 것은 사회를 발전시킬 원동력이 될 이론과 실제에 깊은 이해를 가졌다는 것을 의미하기 때문이다. 또한 도덕성이 높다는 것은 자신의 권위를 높이는 데 지성적 능력을 사용하는 것이 아니라, 공동체의 이익을 증진시키는 데 관심을 가진다는 것을 의미한다. 건전한 사회를 구성하고 유지하는 데 모든 능력이 뛰어난 유형 1이 가장 필요하다. 그리고 차선의 사람은 유형 3이다. 유형 3의 사람은 지성적 능력이 낮아 사회 발전이 더딜 가능성이 있다. 하지만 높은 도덕성을 통한 공동체의 결집으로 결국은 이상적인 사회를 구성하고 유지할 것이다. 그다음은 유형 2다. 사회의 발전은 금세 이룰 수 있을지라도 공동체의 민심을 얻지 못해 사회 유지가 불가능할 것이다. 최악은 유형 4다. 이 경우에는 사회의 구성과 유지 모두 불가능할 것이다.

유형: 2-1-3-4

사회는 기본적으로 지적 능력이 뛰어난 사람들을 요구한다. 이때 유형 1과 2가 해당하게 되는데, 도덕성이 낮은 사람을 더 요구할 것이다. 왜냐하면 도덕성이 높은 사람은 사회의 실질적 이익보다는 개개인의 사람에 더 신경 쓸 가능성이 높기 때문이다. 또한 사회에서 가장 요구되지 않은 유형은 머리도 안 좋고 도덕성도 낮아서 남에게 민폐만 끼치는 사람이기 때문이다. 이러한 유형의 사람은 사회에 손실을 가져다준다.

유형: 2-1-4-3

사회라는 집단이 이기심을 가지는 것은 당연한데, 도덕성이 높다면 그 안에서 마찰이 생길 수밖에 없고 지성적 능력이 높아야 사회에 실질적으로 도움이 되고 지적 능력이 낮은데 도덕성이 높다면 아무리 뜻을 펼치고 싶어도 사회에서 인정해주지 않기 때문이다.

[3단계] 분석 내용에 의거하여 논증 구성하기

1~2단계는 엘리트에 대한 통념적인 정의가 가진 문제점을 파악하고, 그것으로부터 새로운 개념적 정의를 도출하는 과정이었다. 또한 이 과정은 현대사회에 적용할 수 있는 "전문성 또는 전문가가 지녀야 할 역량"을 찾기 위한 분석 과정이었다. 1~2단계를 통해 그러한 것들을 마련했다면, 이제 본격적으로 전문성 또는 전문직업성을 분석해야 한다. 그리고 우리는 그것을 아래와 같은 전문성에 대한 기존의 오랜 정의를 분석하고 재해석하는 것으로부터 시작할 수 있었다. 즉, 아래와 같은 [정의 1] 전문성의 기존 정의를 논증으로 재구성하면 다음과 같은 결론과 함축적 결론을 도출할 수 있다.

[정의 1] 전문성의 기존 정의

① 전문성은 오랜 연구가 필요한 지식과 술기의 확장되고 전문화된 집합체를 말한다. ② 그러한 지식과 술기의 집합체는 일반 대중에게 충분히 설

명하거나 그들이 완전히 이해하는 것이 어려울 만큼 매우 복잡하고 심오하다. ③ 그러한 이유로 전문가는 일반 대중과 완전하고 열린 의사소통을 할 수 없다. (여기서 일반 대중은 전문가 영역에 관해 취약한 사람을 말한다.) 따라서 ④ 전문직에 속하는 사람은 스스로 역량을 개발하고 유지할 의무가 있다. ⑤ 그리고 지식과 술기의 집합체는 전문화되어 있는 까닭에 ⑥ 전문가 집단 외부의 사람은 그것을 완전히 이해할 수 없다. 따라서 ⑦ 전문직은 스스로 자율규제를 해야 한다.

〈전제〉

P_1. 전문성은 오랜 시간의 연구가 필요한 지식과 술기의 확장되고 전문화된 집합체다(①, ⑤).

P_2. 전문성의 지식과 술기의 집합체는 대중에게 충분히 설명하거나 그들이 완전히 이해하는 것이 어려울 만큼 매우 복잡하고 심오하다(②, ⑥).

[정의 1]에서 제시된 두 전제 'P_1과 P_2'로부터 직접적으로 도출되는 (중간) 결론은 다음과 같다.

〈(중간) 결론〉

C_1. 전문가는 일반 대중과 완전하고 열린 의사소통을 할 수 없다(③, $P_1 + P_2$ 로부터).

이로써 두 전제(P_1과 P_2)와 중간 결론(C_1)으로부터 다음과 같은 명시적인 두 결론을 도출한다.

〈결론〉

C₂. 전문가는 스스로 역량을 개발하고 유지할 의무가 있다(①, C₁로부터).

C₃. 전문가는 스스로 자율규제를 해야 한다(⑦, P₁ + P₂로부터).

명시적 결론 C_1에 새로운 전제 P_3이 추가될 경우 도출할 수 있는 함축적 결론과 명시적 결론 C_2 & C_3에 새로운 전제 P_4가 추가될 경우 도출할 수 있는 함축적 결론을 논증으로 구성하면 다음과 같다.

함축적 결론 1	C_1. 전문가는 일반 대중과 완전하고 열린 의사소통을 할 수 없다. P_3. 두 집단이 의사소통을 할 수 없을 경우 그 두 집단은 단절된다. C_4. 전문직은 일반 대중 또는 사회로부터 분리 또는 단절된다.
함축적 결론 2	C_2. 전문가는 스스로 역량을 개발하고 유지할 의무가 있다. C_3. 전문가는 스스로 자율규제를 해야 한다. P_4. 만일 C_3과 C_4라면, 전문가(전문가 집단)의 행위와 역할은 일반 대중 또는 사회로부터 독립적이다. C_5. 전문가 집단의 독립성은 보장되어야 한다.

이제, 새롭게 얻은 함축적 결론 1(C_4)과 결론 2(C_5)에 대해 생각해보자. 말하자면, [정의 1] 전문성의 기존 정의로부터 추론할 수 있는 "함축적 결론 1(C_4)과 결론 2(C_5)"를 모두 수용할 수 있는가? 아마도 함축적 결론 2인 "C_5. 전문가 집단의 독립성은 보장되어야 한다"는 주장에 대해서는 별다른 이견이 없을 것 같다. 앞선 논증 분석에 살펴보았듯이, 전문가가 가진 지식과 기술을 익히는 데는 오랜 시간이 요구될 뿐만 아니라, 그것이 가진 높은 수준의 전문성 때문에 전문가 또는 전문가 집단만이 그러한 지식과 기술을 개발하고 유지할 수 있다는 것은 자명한 듯이 보이기 때문이다(C_2). 예컨대, 의사 같은 의료 전문가의 경우 건강관리체계 안에서 올곧이 독립적 주체로서 진료를 담당하기 위해 적어도 10~12년의 학습과 수련기간이 요구된다는 것은 전문적

지식과 술기를 익히는 데 많은 시간과 노력이 필요하다는 것을 잘 보여주고 있다. 만일 그렇다면, 전문가 또는 전문가 집단에서 일어나는 행위 과정과 결과를 가장 잘 이해할 수 있는 사람이나 집단은 바로 그들 전문가 또는 전문가 집단이라는 것 또한 분명한 듯이 보인다(C_3). 따라서 전문가 또는 전문가 집단에 대한 규제는 그들이 하는 행위 과정과 결과를 가장 잘 이해하고 파악할 수 있는 전문가 또는 전문가 집단 스스로에 의해 이루어져야 한다는 데 동의할 수 있으며, 그것은 곧 전문가 집단의 독립성과 자율성이 보장되어야 한다는 것을 의미한다.

그런데 우리는 함축적 결론 1(C_4) 또한 이견 없이 받아들일 수 있을까? 말하자면, "전문가 또는 전문가 집단은 일반 대중 또는 사회와 완전하고 열린 의사소통을 할 수 없기 때문에 그들과 단절 또는 분리된다"는 결론을 수용할 수 있을까? 아마도, 우리는 함축적 결론 2(C_5)와 달리 함축적 결론 1(C_4)을 받아들일 수 없을 것이다. 간략히 말해서, 전문가 또는 전문가 집단이 가진 지식과 술기는 일반적으로 일반 대중을 위해 사용되거나 사회에 기여할 수 있는 것이어야 할 뿐만 아니라 그들의 동의와 승인이 필요하기 때문이다. 물론, 어떤 사람은 전문가 또는 전문가 집단은 오직 그들의 지적 호기심을 충족하기 위해 연구와 실험을 통해 자신들의 전문성과 지식을 개발한다고 주장할 수도 있다. 따라서 전문가 또는 전문가 집단의 학문적 지식과 사회에 적용되는 실천적 지식은 서로 구분되고 분리된다고 주장할 수도 있다. 하지만 그와 같은 주장은 두 가지 측면에서 반박될 수 있을 것이다. 첫째, 비록 겉으로 보기에 오직 지적 호기심을 충족하기 위한 것 또한 자세히 들여다보면 결국 우리가 몸담고 있는 세계와 사회에 대한 문제들을 해결하고 이해하기 위한 연구와 실험이라는 것을 알 수 있다. 둘째, 만일 전문가 집단이 추구하거나 수행하고 있는 학문적 지식이 사회에서 요구하는 실천적 지식과 너무 멀리 떨어져 있거나 완전히 단절되어 있다면, 그와 같은 연구는 지속될 수 없거나 강한 추진력을 얻을 수 없을 것이라고 추론할 수 있다.

지금까지의 논의가 적절한 것이라면, 새롭게 얻은 함축적 결론 1(C_4)과 결론 2(C_5)는 모두 그 결론을 받아들이기 위해 추가적인 논증을 통해 더 생각해 보아야 할 것들이 있다는 것을 알 수 있다. 그리고 그것은 다음과 같은 간략한 논증을 통해 확인할 수 있다.

[C_4에 대해]

C_4. 전문직은 일반 대중 또는 사회로부터 분리 또는 단절된다.

P_5. 전문직이 일반 대중 또는 사회로부터 분리와 단절되는 것은 좋은 현상이 아니다.

C_6. (전문직은 일반 대중 또는 사회와 적극적인 의사소통을 할 필요가 있다.)

[C_5에 대해]

C_5. 전문가 집단의 독립성은 보장되어야 한다.

P_6. 독립성을 보장하기 위한 근거와 조건이 제시되어야 한다.

C_7. (전문가 집단의 독립성을 보장할 객관적인 근거와 조건이 필요하다.)

만일 지금까지의 추론이 옳다면, 겉으로 보기에 부정적인 결론인 C_4는 물론이거니와 긍정적인 결론인 C_5 또한 추가적인 고찰과 탐구가 요구된다고 볼 수 있다. 이것을 간략히 다음과 같이 정리할 수 있을 것이다.

⟨최종 결론⟩

C_6. (전문직은 일반 대중 또는 사회와 적극적인 의사소통을 할 필요가 있다.)

C_7. (전문가 집단의 독립성을 보장할 객관적인 근거와 조건이 필요하다.)

P_7. C_6과 C_7은 전문성에 대한 기존의 정의가 충분하지 않다는 것을 보여준다.

C_8. 따라서 (의료를 포함하여) 전문성 또는 전문직에 대한 새로운 정의가 필요하다.

3. 관련 이론 및 문헌을 통한 비교 및 평가하기[4단계][3)]

마지막 단계인 4단계에서는 1~3단계를 통해 찾아낸 새로운 근거들을 토대로 3단계에서 스스로 정립한 전문가의 역할과 덕목을 가장 최근의 이론과 개념을 통해 확인하고 평가하는 것이 주된 목표라고 할 수 있다. 다음으로 그와 같은 〈분석〉과 〈평가〉를 통해 전문가가 갖추어야 할 덕목과 역량, 달리 말하면 전문직업성을 개발하고 유지하는 것에 대한 자신의 견해와 주장을 합당한 근거에 의거하여 밝힐 수 있어야 한다.

전문직업성에 관한 논의는 폭넓고 다양하게 이루어지고 있다. 여기에서는 세계의학교육연맹(WFME, 2010)에서 제시하고 있는 전문직업성의 필요조건들을 살펴봄으로써 오늘날 의사 같은 전문가가 갖추어야 할 덕목과 역량이 무엇인지를 좀 더 구체적으로 살펴보자. 이와 같은 과정을 통해 우리가 놓인 현실에 부합하고 적용할 수 있는 전문직업성의 정의를 도출할 수 있을 것이다. 우선 세계의학교육연맹(WFME)에서 제시하고 있는 조건들을 살펴보자.

---

3) 4단계는 안덕선 · 전대석 외 5인, 보건복지부 정책연구 「한국의 의사상 설정 연구」의 내용을 반영하고 있다.

〈12 necessary conditions for Professionalism in WFME(2010)〉[4]

전문성의 특성은 의과대학 재학과 수련과정에서부터 그리고 수련을 마친 후 전문의가 되어서도 지속적으로 개발되어야 하는가? 당연한 말이다. 우리는 전문가에 대해 다음과 같은 세부적인 내용에 합의한다.

① 사회에서의 역할을 인식하고,

② 사회에 기여하고,

③ 환자를 포함한 건강관리조직의 구성원과 협업하고,

④ 생애교육, 즉 학습과 교육을 핵심 활동으로 인식하고,

⑤ 충족(satisfaction)과 보상(compensation)에 의거하여 활동에 보람을 갖고,

⑥ 교육과 보상(reward)에 대한 권리를 갖고,

⑦ 자율규제에 대한 의무감을 인식하며,

⑧ 자율규제의 체계를 설명할 수 있고 그것에 열려 있어야 하며,

⑨ 전문가로서 의학을 수련하는 학생 및 동료들에게 기술, 지식 그리고 서비스를 제공하고,

⑩ 지식과 기술에 근거한 분석과 판단을 하며,

⑪ 건강관리체계의 발달에 대해 관심을 갖고 역할을 이해하며,

⑫ 의학의 연구와 발달에 대해 관심을 갖고 역할을 이해한다.

세계의학교육연맹(WFME, 2010)은 위와 같은 12가지 항목을 전문직업성을 위한 필요조건으로 제시하고 있다. 그리고 각각의 필요조건들을 다시 공통 성질과 영역으로 묶어 범주화하면 아래와 같이 정리할 수 있을 것이다. 말하자면, 12가지 필요조건은 크게 "(1) 연구와 교육, (2) 자율규제, (3) 사회적 역

---

4) 세계의학연맹(WFME, World Federation for Medical Education) Task Force Report, Copenhagen, Denmark 2010, pp.8-14 참조.

할 그리고 (4) 의료 및 건강관리체계 안에서의 역할'로 나뉠 수 있다.

영역	내용
(1) 연구와 교육	④, ⑥, ⑫
(2) 자율규제	⑤, ⑦, ⑧
(3) 사회적 역할	①, ②
(4) 의료 및 건강관리체계 안에서의 역할	③, ⑨, ⑩, ⑪

이러한 관점을 3단계에서 분석한 내용에 비추어 평가해보자. 자신의 직무 및 사회에 대한 책임과 덕목이 강조되기 이전의 전문직에 대한 전통적인 정의는 주로 전문직 또는 전문가의 '업무 수행 능력'만 강조하는 경향이 있었다. 예컨대, WFME(2010)에 따르면 전문직에 대한 기존의 정의는 다음과 같은 것들을 강조했다고 본다. 즉, 전문성 또는 전문가는 다음과 같이 정의할 수 있다.

① 오랜 연구가 필요한 지식과 술기의 확장되고 전문화된 집합체를 말한다.

② 그러한 지식과 술기의 집합체는 일반 대중에게 충분히 설명하거나 그들이 완전히 이해하기 어려울 만큼 매우 복잡하고 심오하다.

③ 그러한 이유로 전문가는 일반 대중과 완전하고 열린 의사소통을 할 수 없다. (여기서 일반 대중은 전문가 영역에 관해 취약한 사람을 말한다.) 전문직에 속하는 사람은 역량을 개발하고 유지할 의무가 있다. 그리고 지식과 술기의 집합체는 전문화되어 있는 까닭에 전문가 집단 외부의 사람은 그것을 완전히 이해할 수 없다. 따라서 전문직은 스스로 자율규제를 해야 한다.

이와 같은 정의에 따르면, 전문직 또는 전문가는 해당 영역에 대한 높은 지식의 차이로 인해 일반 대중과 구별되고, 그 구별은 전문직 또는 전문가가 일반 대중 그리고 사회로부터 분리될 수밖에 없다는 것을 함축하고 있다. 그러한 까닭에 전문직 또는 전문가를 규율하고 통제하고 규제하는 주체는 온전히 전문가 집단 내부에서 이루어져야 한다는 논리가 성립된다. 간략히 말하면, 전문직에 대한 기존의 정의의 논리적 구조는 다음과 같다.

즉, 전제 ①에 전제 ②가 더해짐으로써 결론 ③을 도출하는 구조를 갖고 있다.

이와 같은 논리구조를 갖고 있는 전문직에 대한 정의를 오늘날에도 수정 없이 사용할 수 있을까? 앞서 제시한 전문직 또는 전문가에 관한 기존의 정의와 논리적 구조에 따를 경우, 전문직이 일반 대중 또는 사회로부터 분리된다는 것을 자연스럽게 추론할 수 있다. 그리고 전문직의 이와 같은 분리는 전문직의 독립성을 보장하는 적합한 수단이 될 수도 있지만, 역으로 전문직이 사회로부터 괴리되고 일반 대중으로부터 유리되는 좋지 않은 결과를 초래할 수 있다는 것을 추론할 수 있다.

그런데 전문 영역을 포함하여 모든 지식은 변화하고 발전한다. 그리고 변화와 발전은 사회적 가치와 실천적 덕목을 포함하기 마련이다. 만일 그렇다면, 전문직에 대한 기존의 정의 또한 시대와 사회의 새로운 요구와 환경 변화에 따라 수정 및 보완되어야 한다는 것을 알 수 있다. 그러한 맥락에서, WFME(2010)는 전문성을 개발하고 유지하기 위한 조건으로 앞서 살펴본 12

가지 항목을 제안한다. 여기서 주목할 점은 WFME(2010)이 제안하고 있는 전문직 개발 및 유지 조건들이 의사뿐만 아니라 '수련의와 (의과대학) 학생'도 포함하고 있다는 것이다. 말하자면 전문성의 개발과 유지는 수련의 종료와 함께 완성되는 것이 아니라 "학업의 시작 단계에서부터 의업의 종료 단계"까지 중간의 단절 없이 지속적으로 이루어져야 함을 강조하는 것으로 파악할 수 있다.

WFME(2010)에서 밝히고 있는 '의사의 포괄적 역할'에 관한 논의에서 국제보건기구(WHO), WFME(2010) 이전의 논제 그리고 WFME(2010)에서 중점적으로 다루고 있는 핵심 논제를 내용에 따라 구분하고 분석하는 것이 도움이 될 것이다.[5]

다음의 표에서 확인할 수 있듯이, WFME(2010)의 핵심 논제는 WHO 등

〈표 1〉 의사의 포괄적 역할에 관한 WHO, WFME(2010) 이전, WFME(2010) 논제 분석

		WHO	WFME(2010) 이전	WFME(2010)
교육적 맥락		(의사의) 과거와 현재의 역할		
		(의사의) 역할에 관한 맥락과 결과의 변화	– 교육, 연구 & 의사소통 – 내부 전문직업성: 멤버십과 리더십	– 전문직업성 – 건강관리체계 안에서의 리더십과 멤버십
		경력 개발과 생애 교육	개인적 & 전문적 개발과 발달	의사소통, 교육자 & 연구자로서의 의사
		새로운 역할을 포괄하는 전문성에 요구되는 전통적/현대적 평가	– 건강관리에서 관리의 변화 – 의사의 사회적 역할과 책무	– 건강관리자, 공동체의 건강관리 리더로서의 의사 – 의료와 의사의 사회적 책무
인구 통계학적 맥락		의료행위 (그 자체를) 넘어서는 (의사의) 역할	인구와 의사의 인구통계학적 변화	– 인구통계학적 변화 – 이민 & 미래 의료

---

5) 전대석 · 안덕선 · 한재진 외, 보건복지부 정책연구 보고서 「한국의 의사상 설정 연구」(2013) 참조.

에서 제시한 문제들과 그 구성과 내용에서 크게 벗어나지 않는다는 것을 알 수 있다. 하지만 WFME(2010)에서 제시된 6가지 논제들은 이전 논제들을 현대 의료 환경에 비추어 더 구체적이고 체계적으로 범주를 구분하고 있으며, 교육적 맥락 또는 영역에 관한 논의가 주를 이루고 있다는 것을 파악해야 한다. 앞서 밝혔듯이, WFME(2010)은 교육적 맥락의 논의를 '성과중심 의학교육"의 의미와 목표를 설정하고 제시하는 것으로 규정하고 있다. 만일 이와 같은 분석이 옳다면, WFME(2010)에서 제기하고 있는 '의사의 포괄적 역량"에 관한 논의는 자연스럽게 "의학교육에서 이루거나 도달해야 할 성과(outcome)"가 무엇인지를 탐구하고 제시하는 것이어야 한다. 예컨대, 이와 같은 문제에 대해 데이비스(Margery H. Davis, 2003)는 "의과대학에서 학생들에게 '좋은 의사상(Good Doctor' Role)' 또는 의사의 역할을 교육할 때 사회적 요구에 의해 파악된 의사의 역할을 규정하고, 이에 따라 교육 프로그램을 마련하는 것이 얼마나 효과적"인지를 논증하고 있다.

이제 WFME(2010)이 제시하고 있는 다음과 같은 6가지 핵심 논제를 현대 사회 또는 현대 의료 환경에서 요구하는 전문성 개발과 유지를 위한 12가지 조건의 영역별 범주 내용과 비교하는 것이 필요하다. 다음은 WFME(2010)이 제시하고 있는 6가지 핵심 논제다.

    A. 전문직업성

    B. 의사소통, 교육자, 연구자

    C. 건강관리자, 공동체 건강관리 리더

    D. 사회적 책무

    E. 건강관리체계 안에서의 리더십과 멤버십

    F. 인구통계학적 변화와 미래 의료

결론을 미리 말하자면, 위의 6가지 핵심 논제에서 가장 기초가 될 뿐만 아니라 교육적 맥락의 논의에서 중심이 되는 것은 '전문직업성'이다. 말하자면, 논제 B~E는 전문직업성을 갖추기 위해 또는 현대사회가 요구하는 전문가가 되기 위해 충족하거나 갖추어야 할 세부적인 역량에 관한 것이라고 볼 수 있다.

현대사회 또는 현대 의료 환경에서 요구하는 전문성 개발과 유지를 위한 조건들을 〈표 1〉과 같이 분석하는 것이 옳다면, WFME(2010)에서 핵심적인 세부 논제로 다루고 있는 6가지 주제들은 크게 '교육적 맥락에서의 전문직업성 정의'와 '인구통계학적 맥락에서의 인구통계학적 변화'라는 두 주제로 구분된다.[6] 다음으로 교육적 맥락의 전문직업성은 세부 주제로 '연구와 교육, 자율규제, 사회적 역할 그리고 의료 및 건강관리체계 안에서의 역할' 같은 주제 영역으로 구분된다. 이와 같은 논의 영역 분석 내용을 다음과 같이 간략히 표로 제시할 수 있다.

〈표 2〉 WFME(2010) 6영역 논제 분석표

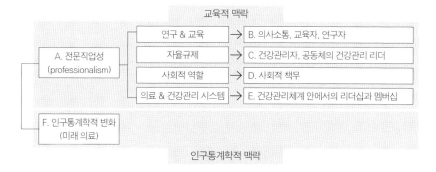

---

6) WFME(2010)에서 다루고 있는 '인구통계학적 맥락'은 크게 두 가지 주제를 갖는다. 첫째, 의학과 환경의 발달로 인해 늘어난 인간 수명으로부터 초래되는 의학적 문제가 있다. 둘째, 국제화에 따라 의사들이 자신의 나라가 아닌 다른 나라에서 의업을 행하는 문제다. 특히, 두 번째 문제는 빠른 국제화에 따라 새롭게 부각되고 있는 중요한 문제다. 의학교육과 의료행위의 표준화 그리고 공통 인증의 문제와 결부되기 때문이다. 세계의학연맹(WFME, World Federation for Medical Education) Task Force Report, Copenhagen, Denmark 2010, pp.8-14 참조.

우리는 지금까지 전문가로서 갖추어야 할 덕목과 역량이 무엇인지 탐구하기 위해 '엘리트를 정의'하고, 사고실험을 통해 '전문적 지식이나 능력 외에 전문가에게 요구되는 필수적인 덕목이나 속성'이 무엇인지를 탐구했다. 이와 같은 문제 제기를 통해 전문가에 대한 기존의 정의와 현대적 의미의 정의가 어떤 차이를 보이고 있는지 확인하고 분석했다. 이와 같은 사고의 절차를 올바르게 수행했다면, 우리는 이제 적어도 그 문제에 대한 자신의 견해와 주장을 마련할 수 있는 최소한의 근거들을 마련했다고 보아도 무방할 것이다. 아래에 제시한 글은 이와 같은 사고 절차를 거친 후 '엘리트'를 정의하고 있는 몇몇 대학생의 글이다. 앞서 살펴보았던 통념에 기초한 정의에 비해 전문가가 지녀야 할 덕목과 역량이 한결 분명하고 명확하게 제시되었다는 것을 확인할 수 있을 것이다.

[비판적 사고 절차를 거친 후의 "의과 대학생에게 엘리트란?" 문제에 대한 글]

[예시 1] ○○의대 김△△(예과 2년)

　흔히 사람들이 생각하는 엘리트란 공부를 잘하는, 소위 말하는 SKY대학교 학생들을 지칭하는 경우가 많다. 그러나 이러한 생각에는 많은 허점이 있다. 단지 공부를 잘해서 엘리트로 불리기에는 지극히 편협한 좁은 범위의 사고라고 생각된다. WHO에서 정의하는 건강은 사회적(socially) · 정신적(mentally) · 개인적(personally)으로 건강한 상태다. '엘리트'라는 개념에도 이와 같은 방식의 접근을 취한다면, 내가 정의하는 엘리트란 개인적으로, 정신적으로, 그리고 사회적으로 모두 엘리트 조건을 갖춘 사람을 의미한다.

　엘리트가 되기 위한 개인적인 조건은 풍부한 지식이다. 엘리트가 되기 위한 충분조건은 아닐지라도 적어도 삶에 적용할 수 있는 다양한 지식은 필요조건이 될 수 있으며, 이것이 개인적 측면의 엘리트다. 정신적인 측면에서는 흔히 말하는 도덕적인 사고관을 갖고 있는 사람이어야 한다. 자신이 갖고 있는 컴퓨터 지식을 해킹에 사용하면 해커(범죄자)가 되듯이 아무리 똑똑한 사람이더라도 이를 악용하면 엘리트라 불릴 수 없다.

마지막으로 사회적 측면에서 바라봤을 때, 사회에 도움을 주는 긍정적인 변화를 가져올 수 있는 사람이 엘리트다. 한 사회의 리더가 긍정적인 영향을 주어야 그 사회가 평온하듯이 사회에 도움을 줄 수 있는 사람이 엘리트다. 결론적으로 개인적 · 정신적 · 사회적 엘리트 조건을 모두 갖춘 사람이 엘리트다.

[평가]

[예시 2] ○○의대 김△△(예과 2년)

elite를 정의 내리기 위해 기능주의적 관점을 취해보자. elite는 사회에서 높은 직위의 직책을 맡고 중요한 사항에 대해 결정을 내리는 기능을 한다. 이때, 여기서 말하는 높은 직위라 함은 단순히 각 분야의 최고 자리를 의미하는 것이 아니라 직업의식(professionalism)이 요구되는 직책을 의미한다. 예컨대, 전자의 정의에서는 시계수리공도 높은 직위라 판단내릴 수 있지만, 후자의 경우에는 그렇지 못하며 오히려 의사 같은 직책이 여기에 속하게 된다.

다시 말해 단순 기능인과 구분되는 전문인은 구분되는 개념이다. 한편, 여기서 말하는 중요한 사항에 대한 결정이라 함은 윤리적 판단과정이 포함되는 과정으로 단순히 식사 메뉴를 고르는 행위는 포함되지 않는다. 이로부터 elite를 정의 내려보자.

① elite는 다양한 분야에 대한 폭넓은 지식을 가지고 있어야 한다.

elite는 각 분야의 최고 자리를 가지고 있다는 점에서 그 분야에 대한 넓은 지식을 갖추고 있으며, 다른 분야와 관련된 결정사항과정을 내릴 상황이 있으므로 타 분야에 관한 지식이 높아야 한다. 만일 elite가 지식이 없다면 포장만 화려한 선물에 지나지 않을 것이다. 세도정치 시절의 왕의 역할을 생각해보자. 지식이 부족한 상태에서 elite는 정의될 수 없다.

② elite는 윤리적인 판단을 내릴 수 있는 능력을 가지고 있어야 한다.

elite는 중요한 사항에서 결정을 내려야 하므로 그에 상응하는 윤리적 판단능력을 가지고 있어야 한다. 윤리적 사고와 판단 없이 내린 결정은 반드시 '윤리적'이라는 보장이 없기 때문이다.

if) elite가 윤리적 판단능력이 없다면 악용의 소지가 높다. 핵폭탄을 개발한 과학자의 행위나 나치즘의 원상인 히틀러를 떠올려보자. 윤리적 사고능력은 elite의 중요사항 결정능력에 대응하는 필수적인 요소다.

③ elite는 결정된 행위에 대한 실천 능력을 가지고 있어야 한다.

elite는 자기가 내린 결정을 그저 바라보고 있는 존재가 아니라, 그 결정을 행위로 표출하기 위해 끊임없이 노력한다. 그러므로 elite에게는 실천능력이 필수적이다. 만일 elite가 실천능력이 없다면, 무능력한 지식인에 불과할 것이다. 일제강점기 시절 지식인의 무능함을 자조한 윤동주의 시를 떠올려보자. 무능력한 지식인은 elite 자격이 없다.

결론적으로, elite는 다양한 분야에 관한 폭넓은 지식을 가지고 있으며, 윤리적인 판단능력을 통해 자신에게 주어진 결정사항을 무사히 처리할 수 있으며, 그 결정된 사항을 이행하려는 실천능력을 가진 자로 정의 내릴 수 있다. (물론 이런 식의 '빼기 논변'은 다른 필수적 요소를 놓칠 수 있다는 단점이 있지만, 기능주의의 관점에서 보았을 때 ① + ② + ③이면 elite의 기능을 무사히 수행할 수 있을 것이라고 판단되므로 이 방식으로 정의 내려도 무방하다.)

[평가]

_____

_____

_____

_____

우리는 이번 장을 통해 "엘리트에 대한 통상적 개념"을 비판적으로 분석함으로써 현대사회에서 요구되는 엘리트에 대한 새로운 정의를 내리기 위해 탐구했다. 또한 전문가 또는 의료 전문가에게 요구되는 전문직업성의 일반적 정의에 관해서도 논의했다. 지금까지의 논의와 탐구가 적절한 것이라면, 이제 당신은 미래의 의사 또는 의료 전문가로서 갖추어야 할 역량과 덕목에 관해 생각해보아야 한다. 지금까지의 탐구와 논의에 의지하여 "현대 그리고 미래사회에 요구되는 의사란 무엇인가?"에 관한 짧은 글을 〈EBW의 사고 절차〉에 따라 작성해보자. 즉, 다음과 같은 절차에 따라 주어진 문제에 대한 자신의 생각을 밝히는 글을 작성해보자.

[문제] 미래사회에서 요구되는 의사란 무엇인가?

분석: 문제 발견

1단계: 일상적 또는 비분석적 개념 확인

　　　　현대사회에서 통용되고 있는 의사의 일반적인 역할과 역량 분석

2단계: 일상적 또는 비분석적 개념을 비판하기 위한 분석 도구 마련하기

　　　　미래에 변화될 의료 및 사회 환경의 변화에 대한 탐구

3단계: 분석 내용에 의거하여 정의하기

　　　　미래에 변화될 의료 및 사회 환경에 대응하는 역할과 역량에 대한 추론

4단계: 관련 이론 및 문헌을 통한 비교 및 평가하기

　　　　미래 의학 및 과학기술 관련 문헌 및 논문 검토 및 반영

미래사회에서 요구되는 의사란 무엇인가?

6장

의사의 환자에 대한 두 가지 역할과 태도: '사랑의 기술' 분석을 통한 분석

의사와 간호사 등 의료보건 영역에 종사하고 있는 전문가들은 환자의 건강과 생명을 직접적으로 다루고 있다는 점에서 법을 다루거나 과학 또는 공학과 같이 미래 기술을 선도하는 그 어떠한 전문 직종 못지않게 실천적으로 중요한 일을 하고 있다고 볼 수 있다.

현대 의료 환경에서 그리고 '환자와 의사' 간의 진료 관계 속에서 의사의 역할은 주로 치료적인 능력을 중시하는 임상적 역량에 초점이 맞춰져왔다고 볼 수 있다. 현대의학과 의료가 임상적 역량에 초점을 맞추고 그것을 강화하는 것을 목표로 발전해왔다는 것은 무엇을 의미하는가? 간략히 말해서, 그것은 결국 현대 의료 환경이 질병을 예방하고 치료하는 의료기술의 발달 같은 과학적 성과를 산출하는 것을 목표로 발전해왔다고 할 수 있다. 하지만 의학의 전통적인 의미에서 그리고 사회제도로서 의료는 의사가 단순히 임상적 능력뿐만 아니라 사회적 역량 또한 갖추어야 할 것을 요구하고 있다. 전통적인 의미에서 그리고 변화하는 의료 환경 속에서 의료가 사회적 실천 덕목까지 포함하는 것이라면, 의사는 우수한 임상적 능력을 개발하고 유지함과 동시에 사회에서 요구하는 의사 전문직의 덕목 또한 함양해야 한다는 결론을 어렵지 않게 도출할 수 있다. 이러한 측면에서, 변화하는 사회적 환경과 시대적 요구에 부응하기 위해서는 '좋은 의사(good doctor)'가 지녀야 할 역량과 덕목을 의사 스스로 연구하고 개발해야 할 것이다.

1. 어떤 의사의 고백과 의사가 갖고 있는 두 가지 역할

본격적인 논의를 시작하기에 앞서 아래에 소개하는 짧은 글을 먼저 살펴보는 것이 좋을 것 같다. 미리 간략히 말하자면, 아래의 글은 미국의 한 의사가 자신이 직접 겪은 일을 고백하고 있다. 의사 또한 사람이다. 따라서 어떤 때는 의사 자신도 예상하지 못한 질병을 앓을 수 있고, 그것은 곧 의사 또한 환자가 될 수 있다는 것을 의미한다. 그 의사가 겪은 실제 사례를 통해 우리는 무엇을 알 수 있을까? 의사 또는 의료 전문직이 갖고 있는 언뜻 보기에 충돌하는 듯이 보이는 두 가지 자세와 입장은 무엇인가? 이번 장에서 우리가 함께 논의하고 추론할 내용은 그와 같은 문제에 답하는 것이다. 우선, 그의 말을 들어보자.

…… 때때로 사고의 막다른 끝에 이르러 더 이상 뭘 어떻게 해야 하는지 막막해지곤 한다. 이는 아마 인식의 오류를 범하고도 그 사실을 모르고 있다는 뜻일 수도 있다. ① 지난날 나 자신의 오진들을 분석해보면 때로 나는 정확한 질문을 던지지 않았고, 신체 검진에서 이상을 찾지 못했으며, 정확한 검사를 지시하지도 않아 중요한 정보를 놓쳤다. 나도 모르게 인식의 덫

에 걸린 것이다. 그런 경우, 자존심이 또 다른 인식의 함정을 만들기도 한다. 그러나 이제 나는 환자에게 이렇게 말할 수 있다. "환자분께서 말씀하시는 문제를 전 잘 모르겠습니다." 잘 모르기 때문에 이제 당신을 다른 병원으로, 힘겨운 도전을 기꺼워하는 독립적 사고능력을 갖춘 의사에게 보내야 할 것 같다고 말한다.

앤 도치의 주치의였던 의사는 이를 원하지 않았다. 더 이상 새로운 것이 없다고 믿었기 때문이다. 모든 가능성을 써봤으므로 이제 더 이상 아무런 가능성도 남지 않았다고 생각했다. 만일 남자 친구의 강력한 주장이 없었다면, 그녀는 아직까지도 고통스러운 혹은 예전보다 더 고통스러운 삶을 살고 있을 것이다.

"여전히 몸이 안 좋네요. 증상이 그대로예요"라고 말하는 환자에게 "아무 이상이 없습니다"라고 말해서는 안 된다는 사실을 이제 나는 안다. "아무 이상이 없습니다"라는 말은 두 가지 측면에서 매우 위험한 발언이다. 첫째로 모든 의사는 실수할 수 있다는 사실을 부정하는 말이고, 둘째로 우리의 정신과 육체를 분리시키는 말이기 때문이다. 때론 문제의 원인이 정신에 있을 수도 있다. 물론, 이러한 결론은 환자의 고통을 불러왔을지 모르는 육체적 원인을 심도 있게 그리고 충분히 탐색한 뒤에 내려야 한다.

정신적 고통과 그 고통이 몸에 미치는 영향에 대해 의학계는 물론 사회 전반에 존재하는 오명은 많은 환자의 고통과 불행을 덜어주지 못하도록 가로막는다. 앞서도 보았듯이, 많은 의사들이 꼬리표를 달아놓은 신경증이나 불안증 환자들을 싫어한다. 아무리 사려 깊은 의사라 할지라도 그런 환자들은 결코 쉽지 않은 과제로 다가온다. 그들은 하나부터 열까지 모든 아픔과 고통에 극도로 예민하게 반응하면서 무차별적으로 자신의 얘기를 쏟아낸다. 이에 의사는 정신을 집중하지 못하고 유방의 종양이나 갑상선의 결절을 놓치기 쉽다.

그러나 환자가 자신의 생각이나 감정을 제대로 파악하면 의사에게 얼마나 큰 도움이 되는지 모른다. 카렌 델가도 선생에게 자신이 약간 '이상하다'는 것은 알지만 그렇다고 자신의 호소를 무시해서는 안 된다고 말한 환자가 좋은 예다. 물론, 때로는 환자가 이상해서가 아니라 그저 겁을 집어먹었을 뿐인데도 의사는 하이포콘드리아, 즉 건강염려증 환자라는 꼬리표를 붙이기도 한다.

(중략)

오른손이 아프고 부어오르는 이유를 알아보려고 검사를 받던 중 한 외과의가 골 스캔을 받아오라고 했다. 골 스캔은 단지 손목뼈뿐만 아니라 몸의 모든 뼈를 검사한다. 스캔을 본 방사선과 전문의가 갈비뼈에서 몇 개의 점을 관찰했다. 외과의가 밤에 우리 집에 전화를 걸었다. 가족은 모두 스키여행을 떠나고 집에는 나 혼자였다. 그 의사는 스캔 상의 점들이 갈비뼈의 전이성 암으로 보인다며 손 수술을 서두르지 말자고 말했다. 나는 평소 나 자신을 정신적 균형이 잘 이루어진 꽤 합리적인 사람이라고 생각했다.

그러나 그 의사의 말을 듣고 몇 분도 안 돼 가슴이 아파오기 시작했다. 갈비뼈를 만져보니 통증이 왔다. 그래도 명색이 종양학 전문의로서, 어떤 증상 없이는 뼈에 종양이 퍼질 수 없다는 사실을 안다. 그런데 그 순간 나는 더이상 의사가 아니었다. 온전히 환자일 뿐이었다. 생각이 얼어붙었다. 나는 필사적으로 아내를 찾았고, 몇 시간 뒤 간신히 아내와 연결되었다. 아내는 내게 겁내지 말라고 했다. 내일 아침 다시 한 번 엑스레이를 찍어봐야 한다고 했다. 그러나 방사선과 전문의가 틀렸을지도 모른다는 아내의 말은 아무런 효과가 없었다. 그날 밤 불치의 암으로 서서히 죽어가는 상상에 시달리느라 한숨도 자지 못했다. 지난 세월 그 오랜 훈련과 경험이 무색하게도 나는 두려움에 정복당했다. 내 가슴 통증은 진짜였다.

다음 날 나는 맨 처음으로 가서 엑스레이 검사를 받았고, 내 갈비뼈가 정상이라는 결과를 들었다. 다른 방사선과 전문의가 내 골 스캔을 보더니 판독이 지나쳤다고, 그런 점들은 보이지 않는다고 했다. 몇 시간이 지나자 가슴 통증이 가라앉았고 갈비뼈는 손으로 만져도 더 이상 아프지 않았다.

나는 이 사건을 통해 두 가지 교훈을 얻었다. 첫째, 퉁명스럽고 단호한 방식으로 충격적인 소식을 전해 받은 나는 ② 나를 인도하고, 균형 감각을 찾아주고, 의심을 제기하며, 불확실성을 따져보고, 나를 위해 나와 함께 생각해줄 누군가가 필요했다는 것이다. 만일 다른 상황이었다면 그 점들이 인공물일 수 있다고 상당히 과학적으로 사고했겠지만, 그날은 아니었다. 본능적으로 나는 그런 사실을 포착할 수 없었다. 둘째, 우리의 몸을 압도하는 정신의 힘, 정신신체증의 위력을 경험했다는 것이다.[1] ……

우리는 한 의사가 실제로 겪은 이 사례를 통해 무엇을 발견할 수 있을까? 여러 가지가 있겠지만, 아마도 가장 먼저 눈에 띄는 것은 다음과 같은 사실 정도일 것이다.

① 의사는 (어떤 경우에는) 진단과 진료에서 실수할 수 있다.

② 의사는 (어떤 경우에는) 환자가 될 수 있다.

③ 의사는 (어떤 경우에는) 겉으로 보이는 환자의 경험적 자료뿐만 아니라 (그것이 긍정적이든 부정적이든) 정신적인 측면까지 고려해야 한다.

④ 기타

---

1) 제롬 그루프먼, 『닥터스 씽킹(How Doctors Thinking)』, 이문희 역, 해냄, 2007, pp.369-372

의사 또한 사람인 이상 이와 같은 결론을 추론하는 것은 너무 당연하고 자연스럽다고 할 수 있다. 하지만 이번 장에서 논의하려는 것은 이와 같이 언뜻 보기에 너무 당연한 사실을 새삼스럽게 다루려는 것이 아니다.

우리가 여기서 논의해야 하는 논제를 위 글의 ①과 ②를 통해 구성해볼 수 있다. 간략히 말하자면, 의사라면 그 누구든 겪을 수 있을법한 이 사례에서 "①은 의사의 입장"을, 그리고 "②는 환자의 처지"를 보여주는 진술문이라고 볼 수 있다. 말하자면, ①은 "의사의 관점에서의 의사의 역할"을, ②는 "환자의 관점에서의 의사의 역할"을 보여준다고 할 수 있다. 이러한 생각이 옳다면, 결국 의사는 두 가지 역할을 동시에 수행해야 한다고 할 수 있다. 그렇다면, 의사가 수행해야 할 언뜻 보기에 성격이 다른 두 가지 역할은 무엇인가?

①′ (과학자)로서의 의사
②′ (치유자)로서의 의사

의사가 갖는 두 가지 역할에 대한 이와 같은 분석이 옳다면, 이제 우리는 그 각각의 역할에 대한 본질적인 논의를 시작할 수 있을 것이다. ①′에 관한 것을 먼저 논의하는 것이 좋을 듯하다. 현대의학과 의료의 발달이 과학 또는 과학기술의 놀라운 발전에 크게 의존하고 있다는 점은 부인할 수 없기 때문이다. 이것은 또한 현대 의사들이 연구자로서 과학자의 소임을 맡고 있다는 것을 의미하고 있다. 다음으로 ②′에 관한 것을 살펴보자. 최근 들어 의학과 의료에서 특히 "환자 중심 의료"를 강조하고 있듯이, 어떤 측면에서 의학과 의술의 본질적이고 핵심적인 문제는 질병으로 고통 받고 있는 '환자'와의 관계에서 발생하기 때문이다.

2. 과학의 본성과 과학으로서의 의학

현대의학과 의료가 과학기술의 발전에 힘입은 바가 크다는 것은 앞서 강조해서 말했을 뿐만 아니라 이미 우리가 알고 있는 사실이다. 또한 인간을 치료하고 치유하기 위해 몸을 탐구하고 질병을 연구하는 의사 또한 천체를 연구하고 미시세계를 탐구하는 자연과학자와 마찬가지로 과학자의 소명을 갖고 있다는 것 또한 부인할 수 없다. 달리 말하면, 의학 또한 과학의 일부라고 할 수 있으며, 자연스럽게 의학을 연구하고 탐구하는 의사 또한 (적어도 어떤 측면에서는) 과학자라고 할 수 있을 것이다. 만일 그렇다면, 과학자로서의 의사는 의학의 한 바탕이라고 할 수 있는 과학의 본성에 대해 이해할 수 있어야 할 것이다. 아래의 글은 과학의 본성과 성질에 관해 말하고 있다. 그것을 통해 과학으로서 의학의 본성이 무엇인지 생각해보자.

인간은 관점을 통해 세계를 경험한다. 개개인의 경험 내용은 각자의 관점에 따라 매우 다양하다. 그것은 개인이 어떤 처지에 놓여 있는가, 어떤 지각적 습성을 가지고 있는가, 그의 지각이 어떤 물리적 상황에서 만들어졌는가, 그리고 그가 어떤 문화, 어떤 언어에 속해 있는가 등에 따라 다양하게 변화한다. 경험은 다양하게 나타나지만, 그럼에도 불구하고 변하지 않는 것도 있는 듯이 보인다. 나무의 모습은 그 나무에 다가서는 사람의 환경에 따라 달라질 수 있지만, 나무 자체는 그렇지 않다. 방안의 온도는 그 방에 있는 사람이 어떤 기후에서 살아왔는가에 따라 더울 수도 있고 추울 수도 있겠지만, 온도 자체는 그의 경험과 독립적으로 유지된다. 갑자기 모든 불빛을 제거한다고 해도 우리의 눈앞에 놓인 대상이 갑자기 사라져버리는 일이란 일어날 수 없어 보인다.

(중략)

　많은 과학적 실재론자들은 과학(또는 적어도 자연과학)은 이러한 절대적(객관적) 개념을 통해 세계를 기술해야 하며, 이미 그렇게 하고 있다고 주장한다. 게다가 과학(또는 자연과학)은 그렇게 함으로써 훌륭한 성과를 거두었다고 강조한다. 이와 같은 (과학에 대한) 절대적인 개념은 직관적으로 매력적인 것으로 보인다. 만약 두 사람이 하나의 색칠된 종이를 눈앞에 두고 그것이 녹색인지 갈색인지 다투고 있다면, 객관적 개념은 이러한 문제에 해답을 제공해 준다. 예컨대, "이 종이는 510 나노미터의 가시광선 파장을 방출하고 있다"는 식으로 말이다. (과학적 객관주의는) 이러한 문제들에 대해 절대적으로 접근할 수 있는 개념을 제공함으로써 서로 대립되는 견해들을 중재할 수 있을 것이다. 또한 이러한 점은 세계에 대한 보다 통합적이고 단순한 표상을 가능하게 해줄 것이다. …… 세계가 만약 이러한 구조로 되어 있고 또 우리가 이것에 객관적인 개념들을 통해 이에 접근하고 있는 것이라면, 우리는 우리의 지식을 활용하여 미래를 예측할 수 있게 된다. …… 세계에 대한 사실들을 표상하기 위해 과학적 주장들을 활용하는 우리의 능력은 우리가 그것을 얼마나 애매모호하지 않게 증거에 의거하여 성립시킬 수 있는가에 달려 있는 것이다.[2]

[1단계] 문제와 주장

〈문제〉

〈주장〉

---

[2]　Reiss, Julian & Sprenger, Jan, "Scientific Objectivity," *The Stanford Encyclopedia of Philosophy* (2014 Edition), Edward N. Zalta (ed.) http://plato.stanford.edu/archives/fall2014/entries/scientific-objectivity/

[2단계] 핵심어(개념)

_____

_____

_____

_____

[3단계] 논증 구성
　　〈숨은 전제(기본 가정)〉

_____

_____

　　〈논증〉

_____

_____

_____

_____

_____

_____

_____

[4단계] 함축적 결론
　　〈맥락(배경, 관점)〉

_____

　　〈숨은 결론〉

_____

　　과학은 경험(empirical)과 관찰(observation)을 통해 발전한다. 그러한 이유로 자연을 탐구 대상으로 하는 과학을 일반적으로 '경험과학(empirical science)'이라고 부른다. 그리고 앞선 글에서 확인할 수 있듯이, 자연과학에서 말하는 경험은 실재하는 객관적 대상에 대한 경험을 가리킨다. 과학이 미래에 대한 예측력을 갖는다는 것은 무엇을 의미하는가? 또는 과학이 미래를 예측한다는 것의 말뜻은 무엇인가? 좀 더 쉽게 말해서, 과학이 미래를 예측하기 위해 관찰을 통해 발견하거나 찾아내려는 것은 무엇인가?

과학이 실재하는 객관적 대상과 그것에 대한 경험을 관찰함으로써 발견하려는 것은 그 대상들 또는 경험들을 설명할 수 있는 '규칙(rule) 또는 (자연)법칙(law of nature)"이라고 할 수 있다. 그리고 그것들은 과학에게 미래를 예측할 수 있는 힘을 준다. 말하자면, 과학이 미래를 예측하기 위해서는 어떤 현상을 재현(reproducibility)할 수 있어야 한다는 것을 의미한다. 예컨대, 일반적으로 과학 또는 과학 연구가 성립하기 위해서는 동일한 조건에서 '같은 입력'이 주어질 경우 '같은 출력'을 얻을 수 있어야 한다(same-input, same-output). 만일 동일한 조건하에서 같은 입력이 주어졌음에도 불구하고 다른 출력을 얻는다면, 우리는 그와 같은 현상으로부터 어떠한 규칙이나 원리를 발견할 수 없기 때문이다.[3] 그 까닭을 이해하기 위해 다음과 같은 세 유형의 논증을 살펴보자.

[논증 1]

P₁. 열팽창은 물체의 온도가 높아지면 물체의 길이와 부피가 늘어나는 현상이다.

P₂. 철과 구리를 동시에 가열할 경우 철보다 구리가 더 팽창한다.

C. 따라서 구리가 철보다 열팽창률이 높다.

---

3) 과학에서 발견하고자 하는 규칙과 법칙은 현상들 사이의 인과관계(causal relation)를 규명하는 일이라고 할 수 있다. 말하자면, 한 현상과 그 현상으로부터 초래되는 다른 현상 사이의 '원인-결과' 관계를 밝히는 것이다. 과학 탐구에서 인과성 또는 인과관계를 규명하는 것은 중요하다. 이 문제는 '11장 의학적 추론, 근거중심의학 그리고 빅 데이터'에서 더 자세히 살펴볼 것이다.

[논증 2][4]

P₁. (정상기압 하에서) 수소(H) 원자 두 개와 산소(O) 원자 한 개가 결합하면 물이 된다.

P₂. (정상기압 하에서) 수소(H) 원자 두 개와 산소(O) 원자 한 개가 결합한다.

C. 따라서 그것은 물이 된다.

[논증 3][5]

P₁. 당뇨 수치가 정상인 사람은 (일반적으로) 공복 혈당이 100mg/dl 미만이고, 식후 2시간 혈당(75g 포도당 섭취 후)이 140mg/dl 미만이다.

P₂. 환자 B는 공복 혈당이 80mg/dl이고, 식후 2시간 혈당이 160mg/dl이다.

C. 따라서 환자 B는 당뇨 수치가 정상이 아니다.

각각의 논증이 보여주고 있는 것은 분명하다. [논증 1]은 물리법칙으로서 열에너지와 팽창률의 관계를 보여주고 있으며, [논증 2]는 화학법칙으로서 물의 분자구조를 설명하고 있다. 그리고 [논증 3]은 의학에서 당뇨를 진단하는 기준을 제시하고 있다. 이미 짐작했겠지만, 앞선 두 논증은 매우 엄밀

---

4) 이 논증은 전건긍정식(modus ponens)으로서 형식적으로 타당한 연역추론이다. 즉,

  P₁. (정상기압 하에서) 수소(H) 원자 두 개와 산소(O) 원자 한 개가 결합하면, 그것은 물이 된다(p→q).
  P₂. (정상기압 하에서) 수소(H) 원자 두 개와 산소(O) 원자 한 개가 결합한다(p).
  C. 따라서 그것은 물이 된다(q).

5) 환자 B가 당뇨를 앓고 있다고 추론한 [논증 3]은 후건부정식(modus tollens)으로서 형식적으로 타당한 연역추론이다.

  P₁. 환자 B의 당뇨 수치가 정상이라면, 공복 혈당이 100mg/dl 미만이고 식후 2시간 혈당(75g 포도당 섭취 후)이 140mg/dl 미만이다(p→q).
  P₂. 환자 B는 공복 혈당이 100mg/dl 미만이고, 식후 2시간 혈당(75g 포도당 섭취 후)이 140mg/dl 미만이 아니다(공복 혈당이 80mg/dl이고, 식후 2시간 혈당이 160mg/dl이다)[~q].
  C. 따라서 환자 B는 당뇨 수치가 정상이 아니다(~p).

한 반면에 후자는 그것들에 비해 덜 엄밀한 규칙이라고 할 수 있다. 그럼에도 불구하고 만일 각 논증에서 발견할 수 있는 규칙이나 원리가 어떤 순간 깨진다면 우리는 각 논증에서 예측하고 있는 결과를 더 이상 신뢰할 수 없을 것이다. 예컨대, [논증 1]의 열에너지와 열팽창에 따른 금속 팽창률의 차이는 열팽창 정도가 다른 두 금속을 붙여서 만든 '자동온도 조절 장치' 같은 바이메탈(bi-metal) 기구에 이용할 수 있다. 구리는 철보다 열팽창률이 높으며 구리와 철을 붙여놓은 바이메탈을 가열하면 두 금속의 서로 다른 열팽창률 때문에 바이메탈은 철 쪽으로 휘어지게 된다. 그 원리와 작용을 활용하여 '켜짐과 꺼짐(on-off)'을 제어할 수 있다. 그런데 만일 두 금속의 열팽창률에 적용되는 원리가 어느 순간 깨져 어떤 때는 구리의 열팽창률이 높고 다른 때는 철의 열팽창률이 높다면, 자동온도 조절 장치를 만들기 위해 구리와 철을 붙여놓은 바이메탈을 이용할 수 없을 것이다.

[논증 2]와 [논증 3] 또한 동일한 설명이 가능하다. 예컨대, 만일 두 개의 수소 원자와 한 개의 산소 원자가 결합하여 물(분자)을 만든다는 법칙 같은 원리가 어느 순간 깨진다면, 우리는 더 이상 "물이 생성되는 원리"에 대해 확실히 말할 수 없을 것이다. 또한 의사가 환자의 질병을 진단하는 [논증 3]에서도 식전과 식후의 혈당 수치로부터 당뇨의 정도를 측정하거나 가늠하는 원리가 어느 순간 깨진다면, 그 어떠한 의사도 동일한 현상으로부터 당뇨 여부를 판단할 수 없을 것이다.

앞서 말했듯이, 의사 또는 의학자는 적어도 의학을 연구하고 질병 현상을 탐구한다는 측면에서 과학자의 소명을 갖고 있다. 인간 신체에서 일어나는 현상들을 경험적으로 관찰하고 탐구함으로써 어떤 특정 현상으로부터 초래되거나 발생할 수 있는 어떤 특정 결과를 발견하여 그 관계 속에 있는 규칙을 발견하고, 만일 그 결과가 좋지 않은 것일 경우 예방, 개선 또는 치료할 수 있는 원리를 찾아내야 하기 때문이다. 간략히 말해서, 의사 또는 의과학자는 인간 또는 인간 신체에서 일어나는 현상들을 예측할 수 있는 규칙과 원리를 발견하여 일반화해야 한다. 만일 의사가 이와 같은 의과학자로서의 소명을 갖는 것이 참이라면, "의사 또는 의과학자는 환자 또는 질병을 어떻게 보아야 하는가?"라는 문제를 제기할 수 있다. 이 문제에 대한 당신의 생각은 무엇인가? 짧은 글을 통해 당신의 생각을 밝혀보자.

의과학자로서 의사는 환자 또는 질병을 ……

---

3. '사랑'의 정의와 의사의 역할

이 장을 시작하면서 우리는 의사 또는 의료 종사자가 갖는 역할 또는 소명을 크게 두 가지로 구분해볼 수 있다는 것을 '어떤 의사의 고백'을 통해 살펴보았으며, 그것을 통해 그들이 갖는 두 가지 역할이 '과학자로서의 의사'와 '치유자로서의 의사'라는 것을 이해할 수 있었다. 그리고 우리는 앞에서 과학으로서 의학 또는 의과학자로서 의사에 관해 생각해보았다. 그렇다면, 우리는 자연스럽게 다음으로 '치유자로서의 의사'에 관해 생각해보아야 할 것이다. 치유자로서의 의사는 무엇을 의미하는가? 달리 말하면, 치유자로서의 의사가 되기 위해 요구되는 것은 무엇인가?

'치유자로서의 의사'는 포괄적인 의미를 담고 있다고 볼 수 있다. 간략히 말해서, 의사는 1차적으로 뛰어난 술기(practice)를 통해 환자의 질병을 올바르게 진단하고 그 질병을 '치료(cure)'할 수 있어야 한다. 그리고 의사는 질병으로 고통 받고 있는 환자의 처지를 이해하고 공감함으로써 환자의 신체적인 아픔뿐만 아니라 마음의 슬픔 또한 보듬을(care) 수 있어야 할 것이다. 만일 겉으로 보기에 통념(通念)에 가까운 이와 같은 이해가 올바른 것이라면, 우리는 여기서 다시 전자가 의과학자로서의 의사를 가리키고 있으며, 후자는 의과학자로서의 의사와 성격이 다른 의사의 역할과 속성을 가리키고 있다는 것을 확인할 수 있다. 그리고 우리는 논의를 진행하기 위해 일단 후자를 의사의 치유자로서의 역할로 받아들여도 될 듯하다.

물론, 치유자로서의 의사를 올바르게 규명하고 정의하는 일은 결코 쉬운 일이 아니다. 또한 어떤 방식으로든 그것을 정의했다고 하더라도 의사 또는 의료 종사자에게 '치유자'의 역할까지 요구하는 것이 정당한가에 관한 문제가 제기될 수도 있다. 의사에게 너무 가중한 의무를 지우는 것이라는 비판을 제기할 수 있기 때문이다. 하지만 우리 대부분은 의사의 역할이 그저 질병을 진단하고 치료하는 것에만 있다는 견해에도 쉽게 동의할 수 없을 것이다. 그러한 견해는 곧 "기능을 상실한 기계를 고치는 전문가를 기계공 또는 기계 기술자라고 부르듯이 의사를 기능을 상실한 사람을 고치는 '의료기술자'로 부를 수 있는 빌미"를 제공하기 때문이다. 그리고 적어도 의사 또는 의료 종사자로서 그저 '의료기술자'로 불리기를 거부하는 사람이라면, 의사 또는 의료 종사자가 '치유자로서의 의사'의 역할 또한 수행해야 한다는 것을 어렵지 않게 받아들일 수 있을 것이다.[6]

만일 지금까지의 논의가 그럴듯한 것이라면, 우리는 곧 다음과 같은 문제에 답해야 한다는 것을 알 수 있다. 말하자면, "의사 또는 의료 종사자로서 환자를 '치유(care)'하기 위해 요구되는 (최상의) 덕목은 무엇인가?" 아마도 다양한 답변이 있을 수 있을 것이다. 예컨대, 환자를 '이해하는 것', '존중하는 것', '공감하는 것' 그리고 '소통하는 것' 등과 같은 답변들은 모두 치유자로서의 의사가 지녀야 할 덕목들을 잘 보여주는 것 같다. 만일 그렇다면, 그러한 것들

---

6) 이와 관련하여 비치(Robert Veatch)가 의사의 역할에 따라 구분한 4가지 유형을 살펴보는 것이 도움이 될 것이다. 그는 의사 또는 의료 종사자와 환자의 관계 설정에 따라 '기술 모델(the engineering model), 성직 모델(the priestly model), 계약 모델(the contractual model), 동료 모델(the collegial model)'로 구분한다. 기술 모델은 의료 종사자를 단지 사실만을 다루는 순수 과학자로 본다. 따라서 그들은 의학과 의료의 가치에 대해서는 전혀 고려하지 않아도 된다. 달리 말하면, 의료 종사자는 사실을 제공하고 모든 가치 판단은 환자에게 맡겨야 한다. 반면에 성직 모델은 어떠한 경우에도 "환자에게 혜택을 주고 해악을 끼쳐서는 안 된다"는 원리에 따라야 한다는 입장이다. 이것에 따르면, 환자에 대한 모든 결정은 의료 종사자에게 달려 있다고 보아야 한다. 계약 모델은 의료 종사자와 환자가 자신의 가치관에 대해 의견을 교환하고 상대방의 가치관에 대해 쌍방이 수긍할 경우 상대방의 가치관을 존중하기 위해 상호 간에 계약을 맺는다고 본다. 여기서 의료 종사자는 환자가 선택할 수 있는 모든 것에 대한 정보를 제공해야 한다. 또한 의료 종사자는 제시된 모든 선택지 중에서 자신이 최선이라고 생각되는 것을 환자가 선택하도록 권유할 수 있어야 한다. 이러한 측면에서 계약 모델은 환자의 자율권을 존중하고 최종 결정을 환자에게 맡긴다는 점에서 자율권 존중의 원리와 부합한다고 볼 수 있다. 반면에 환자가 원하는 것은 무엇이든 도움을 주어야 한다고 보지 않는 점에서 선행의 원리를 따른다고 볼 수도 있다. 마지막으로, 동료 모델은 의료 종사자와 환자의 관계는 환자의 건강이라는 동일한 목표를 추구하는 동료로서의 관계에 놓여 있다고 본다. 하지만 동료 모델은 상호 간의 성실성과 동일한 목표라는 너무 이상적인 가정에 근거하고 있다는 비판에 직면할 수 있다. Veatch, Robert M. *Morals for Ethical Medicine in a Revolutionary Age*, Hastings Center Report 2: 5-7 참조.

을 한 단어로 축약한다면 어떤 '단어(term)'가 좋을까? 아마도 가장 좋은 후보 중의 하나는 '사랑'일 것이다. 식상한 표현이지만, "의사는 환자를 사랑으로 대해야 한다"는 명제는 결코 낯설지 않다. 하지만 얼핏 생각해보아도 '의사가 환자'를 사랑하는 것은 '부모가 자녀'를 사랑하는 것 또는 '한 남자(또는 여자)가 한 여자(또는 남자)'를 사랑하는 것과는 성질이 다른 것 같다. 사정이 이와 같다면, 우리는 '치유자로서의 의사'에 대한 '사랑'을 정의할 수 있어야 할 것이다. 어떤 정의가 가능할까? 예컨대, 프롬(E. Fromm)이 정의하는 '사랑'의 논증에 의거할 경우, 환자에 대한 의사의 사랑은 어떤 모습일까?

프롬(E. Fromm)이 『사랑의 기술(The Art of Loving)』에서 정의하는 '진정한 사랑'의 구조를 〈분석적 요약〉을 통해 파악하고, 〈분석적 논평〉을 통해 평가함으로써 '환자에 대해 의사가 가져야 할 올바른 태도'가 무엇인지 생각해보자.

…… 인간은 태어나자마자 개인으로든 인류로서든 결정되어 있는, 본능처럼 결정되어 있는 상황으로부터 비결정적이고 불확실하며 개방적인 상황으로 쫓겨난다. 확실한 것은 과거뿐이고 미래에 확실한 것은 오직 죽음뿐이다.

인간에게는 이성이 부여되었다. 인간은 '자기 자신을 아는 생명'이다. 인간은 자기 자신을, 동포를, 자신의 과거를, 자신의 미래의 가능성을 알고 있다. 분리되어 있는 실재로서의 자기 자신에 대한 인식, 자신의 생명이 덧없이 짧으며, 원하지 않았는데도 태어났고, 원하지 않아도 죽게 되며, 자신이 사랑하던 사람들보다도 먼저 또는 그들이 자신보다 먼저 죽게 되리라는 사실의 인식, 자신의 고독과 자신의 분리에 대한 인식, 자연 및 사회의 힘 앞에서 자신의 무력함에 대한 인식, 이러한 모든 인식은 인간의 분리되어 흩어져 있는 실존을 견딜 수 없는 감옥으로 만든다. 인간은 이 감옥으로부터 풀

려나서 밖으로 나가 어떤 형태로든 다른 사람들, 또한 외부 세계와 결합하지 않는 한 미쳐버릴 것이다.

　분리 경험은 불안을 낳는다. 분리는 정녕 모든 불안의 원천이다. 분리되어 있다는 것은 내가 인간적 힘을 사용할 능력을 상실한 채 단절되어 있다는 뜻이다. 그러므로 분리되어 있는 것은 무력하다는 것, 세계(사물과 사람들)를 적극적으로 파악하지 못한다는 것을 의미한다. 분리되어 있다는 것은 나의 반응 능력 이상으로 세계가 나를 침범할 수 있다는 것을 의미한다. 따라서 분리는 격렬한 불안의 원천이다. 게다가 분리는 수치심과 죄책감을 일으킨다. 분리 상태에서 느끼는 죄책감과 수치심 경험은 성서에 아담과 이브의 이야기로 표현되어 있다.

　아담과 이브는 '선과 악을 알게 하는 지혜의 열매'를 먹은 다음에, 그들이 복종하지 않게 된 다음에(불복종의 자유가 없으면 자유도 없다), 자연과의 본래의 동물적 조화로부터 벗어나 인간이 된 다음에, 다시 말하면 인간 존재로서 탄생한 다음에, '발가벗고 있다'는 사실을 알고 부끄러워하게 되었다. 이와 같이 오래된 단순한 신화에도 19세기적인 관점과 고상한 척하는 윤리가 있는데, 이 이야기의 핵심을 우리는 성기(性器)가 보임으로써 느끼게 된 곤혹에 있다고 생각해야 할 것인가? 결코 그렇지 않을 것이며, 이 이야기를 빅토리아 시대의 정신으로 이해한다면 우리는 다음과 같은 중요한 점을 간파하게 될 것이다. 곧 남자와 여자가 자기 자신과 서로를 알게 된 다음에 그들은 분리되어 있고, 그들이 서로 다른 성(性)에 속하는 것처럼 서로 차이가 있다는 것을 알게 된다. 그들은 서로 분리되어 있다는 것을 인정하면서도 아직 서로 사랑하는 것을 배우지 못했기 때문에 남남으로 남아 있다. (이것은 아담이 이브를 감싸기보다는 오히려 비난함으로써 자신을 지키려고 한 사실에서도 명백하게 드러난다.) 인간이 분리된 채 사랑에 의해 다시 결합하지 못하고 있다는 사실의 인식, 이것이 수치심의 원천이다. 동시에 이것은 죄책감과 불안의 원천이다.

그러므로 인간의 가장 절실한 욕구는 이러한 분리 상태를 극복해서 고독이라는 감옥을 떠나려는 욕구다. 이 목적의 실현에 '절대적으로' 실패할 때 광기가 생긴다. 우리는 외부 세계로부터 철저하게 물러남으로써 분리감이 사라질 때 완전한 고립의 공포를 극복할 수 있기 때문이다. 이때는 인간이 분리되어 있던 외부 세계도 사라져버린다.

(중략)

공서적 합일과는 대조적으로 성숙한 사랑은 '자신의 통합성', 곧 개성을 '유지하는 상태에서의 합일'이다. 사랑은 인간에게 능동적인 힘이다. 곧 인간을 동료에게서 분리하는 벽을 허물어버리는 힘, 인간을 타인과 결합하는 힘이다. 사랑은 인간으로 하여금 고립감과 분리감을 극복하게 하면서도 각자에게 각자의 특성을 허용하고 자신의 통합성을 유지시킨다. 사랑에서는 두 존재가 하나로 되면서도 둘로 남아 있다는 역설이 성립한다.

만일 우리가 사랑을 '활동'이라고 말한다면, 우리는 '활동'이라는 말의 애매한 의미 때문에 난점에 봉착한다. 이 말의 현대적 용법에서 '활동'이라는 말은 에너지를 소비하여 기존의 상황을 변화시키는 행위를 의미한다. 따라서 사업을 하거나, 의학 공부를 하거나, 끝없이 돌아가는 컨베이어 벨트 위에서 일하거나, 책상을 만들거나, 스포츠에 종사하는 사람은 활동적인 사람으로 생각된다. 이러한 모든 활동의 공통점은 외부적 목표 달성을 목적으로 한다는 것이다. 고려되지 않고 있는 것은 활동의 '동기'다.

예를 들면, 어떤 사람은 깊은 불안감과 고독감에 쫓겨 끊임없이 일하고, 또 어떤 사람은 야망이나 돈에 대한 탐욕에 쫓겨 끊임없이 일한다. 이 모든 경우에 사람들은 열정의 노예이고, 그들은 쫓기고 있으므로 사실 그들의 활동은 '수동적'이다. 곧 그들은 '행위자'가 아니라 '수난자(수신자)'다. 한편 자기 자신, 그리고 자신과 세계의 일체성을 경험하는 것 말고는 아무런 목적이나 목표도 없이 조용히 앉아서 명상하는 사람은 아무것도 하고 있지 않기 때문에 '수동적'이라고 생각된다. 사실은 정신을 집중시킨 이러한 명상적 태도는 최고의 활동이며, 내면적 자유와 독립의 상태에서만 가능한 영혼의 활동이다. 활동에 대한 한 가지 개념, 곧 근대적 개념은 외부적 목적 달성을 위한 에너지 사용을 가리킨다.

그러나 활동에 대한 또 하나의 개념은 외부적 변화가 일어났든 일어나지 않았든 인간의 타고난 힘을 사용하는 것을 가리킨다. 스피노자는 활동에 대한 후자의 개념을 가장 명백하게 정식화했다. 그는 감정을 능동적 감정과 수동적 감정, 곧 '행동'과 '격정'으로 구별한다. 능동적 감정을 나타낼 때 인간은 자유롭고 자기 감정의 주인이 된다. 그러나 수동적 감정을 나타낼 때 인간은 쫓기고 자기 자신은 알지도 못하는 동기에 의해 움직여지는 대상이 된다. 이렇게 해서 스피노자는 덕(virtue)과 힘이 동일하다는 명제에 도달한다. 선망, 질투, 야망, 온갖 종류의 탐욕은 격정이다. 그러나 사랑은 행동이며 인간의 힘을 행사하는 것이고, 이 힘은 자유로운 상황에서만 행사할 수 있을 뿐 강제된 결과로서는 결코 나타날 수 없다.

사랑은 수동적 감정이 아니라 활동이다. 사랑은 '참여하는 것'이지 '빠지는 것'이 아니다. 가장 일반적인 방식으로 사랑의 능동적 성격을 말한다면, 사랑은 원래 '주는 것'이지 '받는 것'이 아니라고 설명할 수 있다. ……

프롬(E. Fromm), 『사랑의 기술』[7]

---

7) 에리히 프롬(E. Fromm), 『사랑의 기술(The Art of Loving)』, 황문수 역, 문예출판사, 2006, pp.24-40

〈분석적 요약 예시〉

[1단계] 문제와 주장

〈문제〉 진정한 사랑은 무엇인가?

〈주장〉 사랑은 수동적인 감정이 아니라 능동적인 활동이고, 그것을 통해 분리(감)로부터 합일
상태로 나아가는 것이다.

[2단계] 핵심어(개념)

분리(감): 본질로부터 떨어져 나간 상태
합일: 분리(감)를 극복한 상태

[3단계] 논증 구성

〈숨은 전제(기본 가정)〉
인간은 (원초적으로) 분리되어 있기 때문에 불안하다.

〈논증〉
① 인간에게는 이성이 부여되었다.
② 인간은 자신이 놓인 환경에 대한 (죽음, 고독, 무력함 등과 같은) 여러 한정적인 사실들을
인식하게 된다(①로부터).
③ 인간은 무엇으로부터 떨어져 나간 분리(감)를 느낀다(②로부터).
④ 분리는 모든 불안의 원천이고, 따라서 분리 경험은 불안을 낳는다.
⑤ 분리감은 무력감을 의미하고, 그것은 세계를 적극적으로 파악하는 힘을 상실했음을 의미한다.
⑥ 인간은 분리(감)로부터 오는 불안으로부터 벗어나기를 원한다.
⑦ 외부 세계와의 단절을 통한 분리(감)의 극복은 성숙한 사랑이 아니다.
⑧ 성숙한 사랑은 능동적인 힘으로서, 자신의 개성을 유지하는 상태에서 타인과 결합하는
합일이다.
⑨ 사랑은 행동이며, 인간의 힘을 행사하는 것이고, 이 힘은 자유로운 상황에서 행사할 수 있을 뿐
강제된 또는 수동적인 결과로서 나타날 수 없다.
⑩ 합일은 자유로운 주체로서 자기 감정을 드러내는 '능동적인 활동'에 의해 완성된다.

[4단계] 함축적 결론

〈맥락(배경, 관점)〉
⑪ 진정한 사랑이 상실되어 인간이 소외되는 사회에 대한 반성

〈숨은 결론〉
⑫ 적극적인 활동을 통해 진정한(또는 성숙한) 사랑을 해야 한다.

〈요약문 예시〉

　　인간에게는 이성이 부여되었다. 그러한 이유로 인간은 자신이 놓인 환경에 대한 여러 한정적인 사실들, 예컨대 죽음, 고독, 무력함 등을 인식하게 된다. 그러한 인식은 우리로 하여금 무엇으로부터 떨어져 나간 '분리(감)'를 경험하게 한다. 그런데 분리는 모든 불안의 원천이고, 따라서 그러한 분리 경험은 불안을 낳는다. 달리 말하면, 분리는 무력감을 의미하고, 그것은 세계를 적극적으로 파악하는 힘을 상실했음을 의미한다. 하지만 인간은 분리로부터 오는 불안으로부터 벗어나기를 원한다. 그것을 가능케 하는 것이 바로 '사랑'이다. 성숙한 사랑은 능동적인 힘으로서, 자신의 개성을 유지하는 상태에서 타인과 결합하는 '합일'을 의미한다. 외부 세계와의 단절을 통한 분리의 극복과 다르다는 것이다. 그렇기에 사랑은 적극적인 행동이며, 그 행동에서 나타나는 힘은 자유로운 상황에서 행사할 수 있을 뿐 강제된 또는 수동적인 결과로서 나타날 수 없다. 결과적으로, 사랑의 상태인 합일은 자유로운 주체로서 자기 감정을 드러내는 '능동적인 활동'에 의해 완성된다.

〈분석적 논평〉

[1] 중요성, 유관성, 명확성

[2] 명료함, 분명함

[3] 논리성: 형식적 타당성과 내용적 수용 가능성

_____

_____

이제 처음의 문제, 즉 "환자에 대한 의사의 사랑은 어떤 모습일까?"에 대해 생각해보자. 사랑에 관한 프롬의 정의를 〈분석적 요약〉의 논증 구조와 같이 분석하는 것이 옳다면, 그가 제시하고 있는 '사랑의 구조'를 아래와 같이 간략히 정리할 수 있다.

분리(分離) → 합일(合一)

↑

적극적 활동

만일 그렇다면, 결국 우리가 가진 문제에 대한 적절한 답변은 '의사가 환자와의 분리 상태로부터 합일 상태'로 나아가기 위해 해야 하는 '적극적 활동'은 무엇인가를 찾는 일이 될 것이다. 만일 이러한 생각이 적절한 것이라면 프롬의 '사랑'에 관한 정의를 받아들일 경우 의사가 환자를 사랑하는 모습과 자세, 즉 '적극적 활동'은 어떠한 것이 되어야 하는가? 이 문제에 대해 자신의 생각을 밝히는 간략한 글을 〈분석적 논평〉에 기초하여 작성해보자.

의사가 환자를 사랑으로 대하기 위한 적극적 활동은 ……

4. 의사의 두 역할은 충돌하는가, 그렇지 않은가?

만일 지금까지의 논의가 적절한 것이라면, 우리는 적어도 다음과 같은 잠정적 결론을 얻을 수 있다는 것을 알 수 있다.

> ① 과학자로서의 의사는 환자 그리고 질병을 객관적으로 실재하는 관찰 대상으로 삼아 그 질병을 치료하고 통제할 수 있는 원리와 규칙을 발견해야 한다.
> ② 치유자로서의 의사는 환자의 처지를 이해하고 공감하여 그의 신체적인 고통뿐만 아니라 정신적인 슬픔도 보듬는 사랑의 마음으로 환자를 대해야 한다.

간략히 말해서, ①은 의학의 '객관적 특성'을, 그리고 ②는 '의학의 주관적 특성'을 보여주는 듯이 보인다. 의학 또는 의료가 갖고 있는 이와 같은 '객관성'과 '주관성'은 서로 충돌하는가, 그렇지 않은가? 다음의 문제를 생각해 보자.

> Q: 프롬(E. Fromm)은 진정한 사랑을 "고독과 불안을 초래하는 분리 상태에서 합일 상태로 나아가는 능동적인 활동"으로 정의한다. 그의 정의를 '의사와 환자'의 관계에 적용할 경우, 의사와 환자의 관계를 어떻게 설정해야 할까? 말하자면, 우리가 생각해보아야 할 문제 상황은 다음과 같다.

의사는 환자의 '질병(disease)'과 '고통(pain)'을 다루어야 한다. 의사는 환자의 고통과 아픔을 자신의 것으로 인식하여 공감하고, 그의 고통과 아픔을 감소시키거나 치유할 의무가 있다. 따라서 의사가 질병과 고통을 적실성 있게 다루기 위해서는 환자의 상태에 대해 가장 객관적인 자세를 가져야 할 것이다. 객관적인 자세를 가져야만 환자의 질병과 고통을 대상화하여 관찰할 수 있기 때문이다. 그리고 이와 같은 객관적인 자세는 환자를 분리시켜 대상화할 경우에만 가능한 듯이 보인다. 이와 같이 의사가 짊어져야 할 두 가지 의무 또는 역량은 적어도 겉으로 보기에 충돌하는 측면이 있는 듯이 보인다.

만일 이러한 분석이 옳다면, 의사가 그와 같은 충돌을 해소하여 "의사와 환자의 관계를 어떻게 설정"해야 할까? 만일 이러한 분석이 옳지 않다면, 그 이유는 무엇인가?

의사는 환자에 대한 객관적 특성과 주관적 특성을 ……

---

5. 의학 없는 사랑은 맹목적이고, 사랑 없는 의학은 공허하다: 〈한국의 의사상 5판(2014)〉

마지막으로, '의사의 두 역할'에 관한 논의를 정리하면서 〈한국의 의사상 5판(2014)〉의 일부 항목을 살펴보고자 한다. 〈한국의 의사상 5판(2014)〉에서는 여기서 논의한 의사가 가진 두 역할과 역량을 아래와 같이 기술하고 있다. 지금까지의 논의를 기초로 하여 〈한국의 의사상 5판(2014)〉에서 제시하고 있는 세부적인 내용들을 평가해보자.

① 각 명제들 중 충돌하는 것은 없는가?

② 각 명제들 중 실현 가능하지 않은 것은 없는가?

③ 또는 각 명제들이 실천적인 실행능력을 갖기 위해 요구되는 것은 무엇인가?

④ 기타

〈한국의 의사상 5판(2014)〉

1.1. 의학 지식 및 임상 술기

1.1.1. 의사는 전문적인 의학 지식과 적절한 임상 술기 능력을 갖추어야 한다.

1.1.2. 의사는 환자의 상태를 파악하고 진단, 치료하는 과정에서 환자 중심의 태도를 견지하며 정확한 의학적 판단과 적절한 임상적 결정을 내릴 수 있어야 한다.

1.1.3. 진료는 과학적 근거에 바탕을 두고, 환자의 개별성을 고려해야 한다.

1.1.4. 의사는 진료와 관련된 결정 시에 정보제공, 교육, 상담, 동의서 받기(informed consent) 등의 활동을 통해 환자의 의견을 존중해야 한다.

1.1.5. 의사는 환자에 대한 개인정보 보호 의무를 준수해야 하며, 의무 기록과 제 증명서 발급에 관련된 내용을 숙지하고, 이를 진실하고 정확하게 기록해야 한다.

1.1.6. 의사는 진료 과정에서 통증과 고통으로 인해 환자의 삶의 질이 저하되지 않도록 적절하게 대처해야 한다.

1.2. 전문가적 태도

1.2.1. 의사는 환자의 인격을 존중하며 서로 신뢰하는 환자-의사 관계를 유지해야 한다.

1.2.2. 의사는 환자와 보호자 그리고 의료진과 원활한 의사소통을 이루어야 한다.

1.2.3. 의사는 현대 의료의 한계를 인정하는 한편, 이를 극복하기 위한 개방적인 노력을 기울여야 한다.

1.2.4. 의사는 자신의 지식이나 경험을 넘어서는 환자를 만나게 되는 경우, 다른 적절한 의료인의 협력을 구하며, 자신에게 자문이나 의뢰가 요청되었을 때 협조해야 한다.

1.2.5. 의사는 직무윤리를 준수하고 최선의 진료능력과 전문가적 태도를 갖추기 위해 전문직업성을 계발해야 한다.

1.3. 환자와의 소통과 협력

1.3.1. 의사는 환자의 입장을 이해하고 공감하며, 이를 적절히 표현할 수 있어야 한다.

1.3.2. 의사는 환자의 이야기를 경청하고 환자의 의견을 존중해야 한다.

1.3.3. 의사는 환자의 사생활을 보호하고 가치관을 존중해야 한다.

1.3.4. 의사는 정직과 신뢰에 바탕을 둔 환자-의사 관계를 이루어야 한다.

1.3.5. 의사는 환자에게 해로운 상황이 발생했을 때 적절한 조치를 취하고 소통과 협력을 통해 문제를 해결해야 한다.

1.3.6. 의사는 진료 종결, 대진, 의뢰, 전원이 필요한 경우 사전에 환자와 보호자에게 충분히 설명해야 한다.

1.3.7. 의사는 협력과 의사소통이 어려운 환자의 특수성을 고려하여 필요한 경우 전문적인 도움을 요청해야 한다.

〈평가〉

여러분은 의사의 두 역할에 대한 〈한국의 의사상 5판(2014)〉의 일부 내용들을 어떻게 평가했는가? 간략히 말해서, 어떤 이는 의사로서 당연히 준수해야 할 덕목들이라고 받아들였을 수도 있고, 다른 이는 의사에게 너무 과도한 의무를 지운다고 여길 수도 있을 것이다. 비록 실제로는 그러한 마음을 가질 수 있다고 하더라도 여기서 제시하고 있는 덕목들은 의사로서 갖추어야 할 일반적인 덕목인 동시에 실천적 요구라는 것을 거부하기는 쉽지 않아 보인다.

이 장을 마무리하면서 우리가 처음에 보았던 사례, 즉 "어떤 의사의 고백"으로 다시 돌아가고자 한다. 사실, 이 장에서 다루었던 문제는 그 사례에 이미 해답이 있었다고 볼 수 있다. 말하자면, 의사는 과학자로서 의학과 질병을 객관적으로 볼 수 있는 역량과 환자를 사랑으로 감싸고 치유하는 능력 모두를 갖추어야 한다. 칸트의 표현을 빌려 말하자면 이렇다. "의학 없는 사랑은 맹목적이고, 사랑 없는 의학은 공허하다."

7장
의료자원과 분배적 정의

현대의학과 의료기술이 과학기술의 발달과 함께 놀랄 만한 발전을 이루었다는 데는 누구나 동의할 수 있을 것이다. 현대 의료과학기술의 발달이 더욱 주목받는 이유 중의 하나는 "거의 죽음에 임박한 사람들에게 생명을 유지하고 지속할 수 있는 가능성"을 높였다는 것이다. 하지만 이와 같은 의료과학기술의 혜택을 모든 사람이 받을 수 있는 것은 아니다. 게다가 새롭게 개발되었거나 발견된 최신 의료기술의 경우 그 혜택을 받을 수 있는 사람은 극히 적을 수도 있다. 일반적으로 그러한 최신 의료기술은 매우 비싼 비용을 지불해야 하는 경우가 많으며, 그러한 기술이 충분히 일반화되고 대다수의 사람들이 이용할 수 있게 되기까지는 많은 시간이 필요한 것 또한 사실이다. 말하자면, 의료자원은 대개의 경우 항상 부족하기 마련이고 한정적이라는 것이다. 만일 사정이 이와 같다면, 최신 의료기술이 일반화되고 충분한 자원이 마련되기 전까지는 제한된 의료자원을 "누구에게 어떻게 제공할 것인가?"와 관련된 가치 문제가 제기될 수 있다. 이와 같은 가치 문제는 "의료자원의 분배적 정의(distributive justice)" 문제라고 할 수 있다.[1] 말하자면, 이 문제는 "우리 사회의 재화 또는 의료자원이 정당하게 분배되기 위한 방법은 무엇인가?"에 관한 것이다. 그리고 사회적 차원에서 의료자원의 분배 문제는 보험제도와 밀접한 관련이 있다는 것을 알 수 있다. 따라서 의료자원의 분배적 정의 문제를 다루기 위해 먼저 의료보험에 관련된 문제들을 살펴볼 것이다. 다음으로 개인적 차원에서 한정된 의료자원을 사용할 때 일어날 수 있는 윤리적인 조건적 상황을 검토할 것이다.

1. 의료자원의 분배적 정의에 관한 첫 번째 논의: 의료보험과 관리보험체계

1) 의료보험에 관련된 문제들

의료자원의 분배적 정의와 관련하여 살펴볼 첫 번째 주제는 의료보험에 관한 것이다. 이미 알고 있듯이, 우리나라의 경우 국민건강보험을 통해 모든 국민을 대상으로 하는 의료보험체계를 갖추고 있으며, 국민 모두가 국민건강보험에 가입해야 하고 의료보험료를 납부해야 한다는 측면에서 '준조세' 성격을 갖고 있다. 또한 당연지정제를 통해 모든 병원은 건강보험공단과 계약을 맺고 있으며, 그러한 까닭에 병원은 병원비의 상당 부분을 환자가 아닌

---

[1] 분배적 정의와 관련된 자세하고 다양한 논의는 아리스토텔레스(Aristotle)의 『니코마코스 윤리학』, 롤스(J. Rawls)의 『정의론』, 노직(R. Nozick)의 『아나키에서 유토피아로』 등을 참고하는 것이 도움이 될 것이다.

건강보험공단에 청구하는 체계를 갖추고 있다. 반면에 많은 사람들이 국민건강의료보험과 별개로 암보험, 종신보험 또는 의료실비보험 등 다양한 형태의 민영의료보험에 가입하고 있는 것도 사실이다. 대다수의 사람들은 국민건강의료보험만으로는 앞으로 있을지 모르는 질병을 보장하는 데 충분하지 않다고 생각하기 때문일 것이다. 실제로 국민건강보험은 의료비 중 급여 부분에 해당하는 금액만을 공단부담금에서 보상하며, 나머지 금액은 본인부담금으로서 환자 자신이 납부해야 한다.

의료자원 분배의 측면에서, 의료보험과 관련하여 제기될 수 있는 문제들은 무엇이 있을까? 많은 문제들이 있을 수 있지만, 우선 생각해볼 수 있는 것은 이렇다.

(1) "보험료를 어떻게 책정할 것인가?"

예컨대, 청장년층은 노년층에 비해 일반적으로 비교적 건강하기 때문에 의료비를 지출할 일이 거의 없을 수 있다. 말하자면, 건강한 사람은 의료보험의 혜택을 전혀 보지 못하면서 보험료를 납부해야 하는 경우가 있을 수 있다. 반면에 건강하지 않은 사람은 자신이 납부한 보험료를 훨씬 상회하는 정도의 혜택을 받을 수도 있다. 또한 우리나라의 국민건강보험의 경우, 보험료 산출액은 (어느 정도) 가입자가 가진 재산의 정도에 비례해서 책정된다. 의료 혜택을 거의 받지 않는 부유한 사람이 많은 보험금을 의무적으로 납부하는 것은 정당한 것인가, 그렇지 않은가? 만일 정당하다면 그 까닭은 무엇이고, 어느 정도 비율로 보험료를 책정해야 하는가?

다음으로 제기할 수 있는 문제는 이렇다.

(2) "보험료 지급을 누가 결정할 것인가?"

만일 우리가 질병에 걸려 의료비가 발생하면, 우리는 발생한 의료비에 대한 보험금을 국민건강보험공단 또는 민간보험회사에 청구한다. 그 청구가 적절한 것이라면, 국민건강보험공단과 민간보험회사는 보험금을 지급해야 한다. 그런데 여기서 다음과 같은 문제가 발생할 수 있다.

(3) 환자의 질병 정도를 판단하는 것은 누구인가?

환자를 진료한 의사인가, 국민건강보험공단 또는 민간보험회사인가? 만일 의사와 국민건강보험공단 또는 민간보험회사의 판단과 결정이 일치한다면 보험금 지급과 관련하여 어떠한 문제도 일어나지 않을 수 있다. 하지만 우리는 그 둘의 판단과 결정이 일치하지 않는 경우들이 있을 수 있는 상황을 어렵지 않게 상상해볼 수 있다. 일반적으로, 의사는 적어도 의료비의 문제가 결부되지 않는 한 환자에게 가능한 한 거의 모든 의학적 방법을 적용해볼 욕망이 있다고 상상해볼 수 있다. 반면에 적어도 민영보험회사는 과도한 의료비 지출을 막아 이익과 효용을 극대화하려는 욕구가 있다고 가정해볼 수 있기 때문이다.

이러한 문제들은 어느 한 개인의 생각에 의해 쉽게 답해질 수 있는 것들이 아니며, 정교하고 치밀한 계산과 폭넓은 논의를 거친 합의에 의해 결정되고 실행되어야 할 문제들일 것이다. 그럼에도 불구하고 우리나라의 경우 국민건강의료보험과 더불어 민간 기업이 운영하는 민영의료보험 등이 의료자원을 분배하는 중요한 역할을 담당하고 있다는 것을 부정할 수는 없다.

아래에 제시한 '폭스 대 헬스넷(Fox vs. Health Net)' 사례는 미국에서 1990년대 초반에 실제로 일어난 사건으로, 미국 의료보험체계를 수정하고 보완하는 데 매우 큰 영향을 준 법률 사건이다. 물론, 미국은 우리나라와 달리 현재까지는 모든 국민을 대상으로 하는 의료보험체계를 갖추고 있지 않으며, 기본적으로 민간의료보험을 근간으로 하고 있기 때문에 우리나라와 직접적으로 비교하는 것은 쉽지 않다. 하지만 앞서 말했듯이, 우리 또한 다양한 형태의 민영의료보험이 판매되고 있으며 그 보험에 가입한 사람 또한 매우 많기 때문에 미국의 사례를 검토해보는 것은 우리의 경우를 검토하는 데 도움이 될 것이다. 아래에 제시된 '폭스 대 헬스넷 사례'를 읽고, 그 사례의 문제적 상황과 핵심 쟁점은 무엇인지 생각해보자.

[폭스 대 헬스넷 판결(Fox vs. Health Net case)][2]

세 딸의 어머니인 넬린 폭스는 1991년 유방암 판정을 받고 몇 차례의 검사와 수술을 받아야 했다. 항암치료도 시작했지만 수술이나 화학요법 모두 너무 늦은 것으로 판명되었다. 넬린이 살 수 있는 시간은 1년여밖에 남지 않았다. 암은 이미 골수로 전이되어 있었다. 주치의는 그녀에게 골수이식을 권유했다. 골수이식을 받으면 암이 완치될 가능성이 있었고, 그렇지 않다고 해도 생명이 연장될 가능성이 높았다.

폭스는 비용이 많이 들 것으로 예상되는 골수이식이 자신이 가입한 보험에서 보장을 받을 수 있는지 알아보았다. 다행히 골수이식 수술은 보험 적용 대상이라고 약관에 명기되어 있었다. 다만, 약관에는 "실험적이거나 시험 단계에 있는 어떤 시술도 보험금 지급 대상이 되지 않는다"라는 조건이 적혀 있었다.

결국, 건강관리기관(Health Maintenance Organization, HMO)은 폭스의 골수이식 수술 요청을 거절했다. 거절 이유는 분명했다. 건강관리기관의 대리인은

---

2) 마이클 리프 & 미첼 콜드웰, 『세상을 바꾼 법정』, 금태섭 역, 궁리, 2006, pp.483-484

넬린에게 이러한 유형의 골수이식 수술은 '실험적'이고 '시험 단계'에 있기 때문에 보험 계약에 포함되지 않는다는 것이었다. 주치의 또한 말을 바꾸어 다른 병원에서 검사를 다시 받으라는 말만 되풀이했다.

진료비를 마련할 다른 방법이 없었던 넬린의 가족은 보험회사를 상대로 소송을 제기했다. 골수이식 수술은 넬린이 회복되거나 가족과 조금 더 시간을 보낼 수 있는 유일한 방법이었다. 가족과 그들의 변호사가 건강관리기관을 상대로 법적 다툼을 벌이는 사이에 넬린은 죽음을 맞았다.

[문제 상황]

[핵심 문제]

2) 관리의료체계(Managed Care System) : 사전 승인과 사후 승인의 문제

아래의 글은 (미국의) 의료비용 상승의 원인과 그것에 대처하기 위한 의료 자원 분배의 한 방식을 보여주고 있다. 〈분석적 요약〉을 통해 '폭스 대 헬스 넷' 사례의 중심에 놓여 있는 '관리의료체계'를 이해하고, 그 체계가 갖는 문제가 무엇인지 생각해보자.

[의료비용의 상승과 관리의료체계][3]

…… [미국의] 의료비용의 급격한 상승에는 여러 가지 원인이 있었다. 어떤 사람들은 실제 이루어진 진료에 따라 비용을 지급하는 시스템에 그 원인이 있다고 비판했다. 그러한 시스템은 의료기관이나 의사들에게 과다 진료를 부추기는 요인으로 작용하여 불필요하게 환자를 전문의에게 보내거나 복잡한 검사를 받게 한다는 것이다. 환자를 진단하고 치료방법을 결정하는 데 전적인 권한이 있는 의사들은 진료비를 낮출 만한 특별한 동기가 없었다. 새로운 종류의 테스트가 도입되었고 의사들과 병원들은 의료비 절감에 별다른 관심을 두지 않았다.

또 다른 요인은 의료기술의 놀라운 발전이었다. 실제 이루어지는 진료에 따라 비용이 지급되는 시스템에서 환자들은 조금이라도 상태가 좋아지는 치료방법이라면 무엇이든 받으려 했다. 엄청난 비용이 소요되는 치료방법에까지 이러한 방식이 적용되면서 …… 보험회사들의 재정부담은 도저히 버틸 수 없게 되었고, 이는 결국 환자들의 보험료가 상승하는 원인이 되었다.

(중략)

---

3) 같은 책, pp.486-489. [ ]는 글의 이해를 돕기 위해 필자가 추가한 부분이다. 의료기관연합회(IPAs: Independent Practice Associations), 선순위 의료기관 조직(PPOs: Prefered Provider Organizations), 건강관리기관(HMO: Health Maintenance Organization)

관리의료체계에서는 의료보험회사가 치료받을 병원을 선택한다는 점에서 전통적인 '진료에 따라 비용을 지급하는 방식'과 차이가 있다. 관리의료체계를 채택하고 의료보험에 가입하는 사람들은 그 보험회사와 계약을 맺고 의료 서비스를 제공하는 의료기관에서 치료를 받는다.

(중략)

[1990년대 초 개별 의료기관연합회(IPAs), 선순위 의료기관 조직(PPOs): 네트워크를 이룬 의료기관들이 보험회사와 계약을 맺고 할인된 가격으로 환자들에게 의료 서비스를 제공한다. 이때까지 환자들은 완전한 의료보험 혜택을 받을 수 있었지만, 자신의 의지대로 아무 의료기관을 찾아갈 수는 없게 되었다. 또한 그럼에도 불구하고 의료비 부담은 고용주와 개인에게 점점 심각해졌다.

(중략)

건강관리기관(HMO)의 도입만이 유일한 해답처럼 보였다. 다른 관리의료체계와 달리 건강관리기관은 직접 의사들을 채용했고, 병원도 경영했으며, 보다 적은 수의 의료기관과 계약을 맺고 있었다. …… [건강관리기관(HMO)] 관리의료체계는 의사들이 청구하는 진료비를 40~70%까지 할인하도록 만들었고, 병원에서 청구하는 비용 감소와 입원기간의 단축은 의료비 절감으로 이어졌다. 관리의료체계는 본질적으로 특정한 치료방법에 대해서만 비용을 지급하고, 의학적으로 필요하거나 효과적이라고 입증되지 않은 방법은 배제하여 비용을 낮추는 방식이다. 에트나(Aetna) 건강관리기관의 진료평가 부문 부사장인 윌리엄 멕기부니는 다음과 같이 말한다. "우리는 비용 때문에 환자에게 필요한 치료방법을 제한하지 않습니다. 다만 안전하거나 효과적이라는 점이 입증되지 않은 기술에 비용을 투입하는 것을 피할 뿐입니다."

(중략)

전통적인 진료에 따라 비용을 지급하는 방식 또는 관리의료체계 중에서도 선순위 의료기관 조직(PPOs)에서는 의사는 먼저 환자를 치료한 후 청구서를 보험회사로 보낸다. 보험회사에서는 청구서를 검토한 다음 보험 혜택에 포함된 것이면 청구서에 따라 비용을 지급한다. 이것을 '사후 승인 방식'이라고 한다. '사전 승인 방식'은 비용 절감에 보다 효율적이다. 의사가 환자에게 특정한 치료 방식을 적용하기 전에 먼저 건강관리기관의 승인을 받아야 하기 때문이다.

〈분석적 요약〉

[1단계] 문제와 주장
　〈문제〉

　〈주장〉

[2단계] 핵심어(개념)

[3단계] 논증 구성
　〈숨은 전제(기본 가정)〉

　〈논증〉

　　앞서 분석한 미국 관리의료체계의 다양한 형태와 사례는 의료자원을 분배하는 한 방식을 보여주고 있다고 볼 수 있다. 관리의료체계가 초래했거나 할 것으로 예견되는 결과에 대한 평가를 잠시 미루어둔다면, (적어도 미국 내에서) 관리의료체계는 한정적이고 제한된 의료자원을 "어떻게 효과적으로 분배할 것인가?"에 대한 문제에 대해 "비용 절감을 통한 의료자원 분배"라는 답을 제시하고 있는 듯이 보인다. 관리의료체계를 지지하는 진영의 편에 서서 말한다면, "불필요하거나 필요 이상의 과잉으로 보이는 치료나 진료를 사전에 금지함으로써 의료자원의 낭비를 막을 수 있다. 또한 그렇게 확보된 (여분의) 의료자원을 필요한 곳에 적절히 사용할 수 있다"고 주장할 수 있다. 물론, 관리의료체계를 지지하는 진영이 내세우는 이와 같은 주장은 많은 논의와 비판적 평가를 통해 검증되어야 할 것이다. 당신은 이 문제에 대해 어떻게 생각하는가?

　　반면에 앞서 폭스의 사례에서 볼 수 있듯이, 심각한 수준의 질병을 앓고 있는 환자의 입장에서는 안전이 완전히 확보되지 않은 실험적인 치료방법이라고 하더라도 그 방법으로 치료받는 것을 고려하거나 원할 수 있다. 이미 짐작할 수 있듯이, 만일 환자가 그와 같은 실험적인 치료방법을 원할 경우 (의사의 판단과 무관하게) 보험회사는 그러한 치료에 대한 보험료 지급을 거부하거나 승인하지 않을 것이라고 추측할 수 있다. 보험회사의 입장에서는 그러한 치료방법이 아직은 검증되지 않은 불완전한 것이고 모험적인 것이기 때문에 안전성과 효능이 검증된 치료를 받고 있는 다른 보험 가입자의 이익을 침해한다는 이유를 제시할 수 있기 때문이다.

우리는 지금까지 미국에서 일어난 〈폭스 대 헬스넷〉 사례를 중심으로 의료보험체계를 통해 파악할 수 있는 의료자원 분배의 문제를 살펴보았다. 하지만 그와 같은 일들이 미국과 같이 민영보험을 중심으로 하는 의료보험체계에서만 한정적으로 일어나는 것은 아니다. 아래의 글은 우리나라와 같이 국가가 주도하는 건강관리보험체계 하에서도 의료자원 분배의 문제에 있어 유사한 일들이 일어날 수 있다는 것을 보여준다. 다음의 글에서 제시하고 있는 문제 상황을 〈분석적 요약〉을 통해 이해해보자.

> 대법 "임의 비급여 예외적 허용" 파장, 정부 "남용 안 될 것", 환자 등 "중환자 파탄"

> 대법원이 임의 비급여[4]에 대해 기존의 판례를 바꿔 '예외적 허용' 쪽으로 선회함에 따라 앞으로 의료 현장에서 임의 비급여가 크게 늘 것이라는 전망이 나오고 있다. 정부는 이미 임의 비급여를 제한할 수 있는 제도를 마련해 시행 중이라는 입장이지만, 환자단체 쪽에서는 건강보험 보장성이 더 떨어지면서 고액의 치료비가 드는 중증환자의 가계 파산이 더 많아질 것이라는 우려도 나온다.

> 이번 판결에 앞서 대법원은 임의 비급여 허용 여부를 다룬 1999년, 2005

---

4) 보험수가가 정해지지 않은 진료항목으로 병원이 임의로 가격을 매길 수 있다. 보험수가로 정해지지 않은 것에 대해 병원이 임의로 비급여로 책정하여 가격을 매길 수 있는 진료항목을 말한다. 따라서 같은 진료행위나 치료재료라 하더라도 병원별로 가격을 다르게 책정할 수 있다. 총 진료비 중 일부를 본인이 부담하고 나머지는 건강보험공단이 부담하는 것과 달리 임의 비급여는 본인이 전액 부담한다. 그러나 임의 비급여는 환자에게 불법적으로 비용을 부담케 한 행위로 간주되기 때문에 요양기관은 환자에 대한 비용을 환급해야 한다(한경 경제용어사전, 한국경제신문/한경닷컴). http://terms.naver.com/entry.nhn?docId=2065834 & cid=42107&categoryId=42107

년, 2007년 세 차례의 판결에서 아무런 예외 없이 임의 비급여를 인정하지 않았다. 하지만 이번에는 의사가 의학적인 근거가 있다고 보고 환자의 사전 동의를 받는 등 몇 가지 조건을 충족하면 예외적으로 인정이 가능하다고 판시했다.

이에 대해 보건복지부는 2006년 여의도성모병원이 임의 비급여 소송을 제기한 뒤 이미 사전·사후 승인제도를 마련했기 때문에 이번 판결로 임의 비급여에 대한 큰 변화는 없을 것이라고 설명한다. 응급성이 있는 일반약 사용에 대해서는 2008년 7월 사후 승인 절차를, 백혈병 등에 쓰이는 항암제에 대해서는 2008년 8월 사전 신청 절차를 마련했다는 것이다. 배경택 보건복지부 보험급여과장은 "예외적 인정이라고는 하지만, 의학적 필요성이나 환자 동의 등에 대한 요건을 의료기관이 입증해야 한다는 조건이 붙은 것"이라며 임의 비급여의 남용 가능성을 적게 봤다.

하지만 사전·사후 승인제도 시행 뒤 이 제도를 통해 승인된 일반약 및 항암제 사용이 계속 증가하는 추세여서 이번 대법원 판결 이후 더욱 가파르게 늘어날 것이라는 전망도 나온다. 실제 보건복지부의 통계 자료를 보면, 항암제에 대한 사전 신청은 2008년 101건에서 2011년 583건으로 5배 이상 많아졌다. 승인 건수도 같은 기간 72건에서 524건으로 7배 이상 늘었다. 승인된 비율은 같은 기간 71%에서 90%로 높아졌다. 일반약에 대한 사후 승인 현황도 같은 기간 11건에서 99건으로 9배 증가했으며, 승인율도 69%에서 79%로 높아졌다.

환자단체들의 우려는 더 심각하다. 의사들이 임의 비급여에 해당하는 진료를 권하면 사실상 거부하기가 힘들기 때문에 비급여 진료비가 매우 커질 것이라고 우려한다. 안기종 한국환자단체연합회 대표는 "현재의 의학기술로 치료가 힘들다고 판정받은 환자 입장에서는 지푸라기라도 잡는 심정으로 의사가 권하는 임의 비급여 치료를 받아들일 수밖에 없다"며 "이번 대법원 판결은 중증 환자의 가계 파탄을 합법화시켜주는 것이고, 60%대 초반인 건강보험 보장성을 크게 낮추게 될 것"이라고 비판했다. 안 대표는 또 "임의 비급여를 인정할 수밖에 없다면 정부나 건강보험 쪽의 통제 아래에서 쓸 수 있도록 관리체계를 더 철저하게 만들고 현지 실사 등을 더 강화해 환자 피해가 없도록 해야 한다"고 덧붙였다.

「한겨레신문」, 2012. 06. 18

〈분석적 요약〉

[1단계] 문제와 주장
　〈문제〉

　〈주장〉

[2단계] 핵심어(개념)

[3단계] 논증 구성
　〈숨은 전제(기본 가정)〉

　〈논증〉

3) 익스프레스 티켓(Express Ticket)?: 사고실험

의료자원의 분배와 관련된 의료보험체계의 문제에 관해 마지막으로 간략히 살펴볼 내용은 다음과 같은 가상의 사례를 통해 추론할 수 있다.

[사례 1]

A 레스토랑은 훌륭한 음식 맛과 뛰어난 서비스를 제공하는 것으로 유명하다. 또한 A 레스토랑은 푸른 바다가 보이는 언덕에 위치한 지리적 이점으로 인해 식사를 하면서 아름다운 풍광을 감상할 수 있다. 해질녘 깨끗한 유리창 너머로 바라볼 수 있는 노을은 연인들에게 특히 인기가 있어 그 시간에 A 레스토랑은 항상 만원이다.

최근 A 레스토랑은 이용객이 많은 저녁 시간의 예약과 관련하여 새로운 정책을 내놓았다. 가장 전망이 좋은 창가 쪽에 스페셜 요금을 책정하여 우선 예약을 받겠다는 것이다. 말하자면, 많은 사람들이 선호하는 저녁 시간의 가장 좋은 좌석에 대해 특별 요금을 책정한 것이다. (A 레스토랑의 기존 예약 제도는 시간을 정할 수는 있었지만 특정 좌석을 미리 결정할 수는 없었다.) A 레스토랑은 새로운 예약 시스템을 도입함으로써 전망이 좋은 자리에서 식사하기 위해 예약 시간보다 일찍 도착해야 하는 불편함을 해소할 수 있을 것이라고 주장한다. 또한 굳이 전망이 좋은 자리를 고집하지 않는 손님의 경우 긴 줄을 서지 않아도 되기 때문에 불편을 줄일 수 있을 것이라는 것이 A 레스토랑의 주장이다.

[사례 2]

B 놀이공원은 올해부터 '익스프레스 티켓'이라는 소위 '빠른 입장표'라고 할 수 있는 것을 판매하려는 계획을 가지고 있다. 그 티켓을 이용하면 놀이공원의 자유이용권을 구매한 사람들 중 별도의 추가금액을 지불할 경우 놀이기구를 타기 위해 긴 줄을 서지 않고 별도의 대기줄을 이용하여 일반 대기줄에 비해 빠른 시간 안에 놀이기구를 이용할 수 있다. (익스프레스 티켓을 구매한 사람들만을 위한 별도의 대기줄이 있다.)

B 놀이공원은 이 제도를 통해 익스프레스 티켓을 구매한 이용객에게 놀이기구를 빠른 시간 안에 이용할 수 있는 편의를 제공할 수 있을 뿐만 아니라 그 티켓을 구매하지 않은 일반 이용객 또한 기존의 줄서기 방식에 비해 놀이기구를 이용하기 위해 기다리는 시간이 단축될 것이라고 주장한다. 줄을 서는 방식을 이원화함으로써 전체적으로 보아 대기시간을 줄이는 효과를 얻을 수 있기 때문이라고 그들은 말한다.

당신은 [사례 1]과 [사례 2]에 대해 어떻게 생각하는가? 두 사례가 가진 문제의 구조는 유사하다. 말하자면, 두 사례 모두 자원은 한정되어 있다. 전자는 '전망이 좋은 좌석'이 한정된 자원이다. 그리고 후자는 '놀이기구'가 한정된 자원이다. 두 사례가 유사한 문제 구조를 갖고 있지만 그것에 대한 여러분의 선택과 결정은 조금 다를 수 있다. 예컨대, 어떤 사람은 [사례 1]의 '스페셜 요금'과 [사례 2]의 '익스프레스 티켓' 모두를 승인할 수 있다. 다른 사람은 전자는 승인하는 반면에 후자는 받아들일 수 없다고 생각할 수 있다. (또는 전자는 받아들이지 않는 반면에 후자는 승인할 수 있다.) 그리고 또 다른 사람은 전자와 후자 모두 받아들이지 않을 수도 있다. 그것을 간략히 표로 정리하면 다음과 같다. 당신은 어떤 입장을 지지하는가? 당신이 받아들이는 입장을 결정하고, 그 입장을 지지하는 이유를 밝히는 논증을 구성해보자.

	사례 1	사례 2
결정 1	○	○
결정 2	○	X
결정 3	X	○
결정 4	X	X

나는 결정 (　)을 받아들인다. 왜냐하면 ……

앞선 논의에서 이미 살펴보았듯이, 한정된 자원을 어떻게 분배할 것인가는 매우 중요한 문제다. 그런데 여기서 두 사례 모두는 한정된 자원을 분배하는 방식으로 '특별 요금' 또는 '추가 요금'을 부과하는 방법을 채택하고 있다. 앞의 두 사례가 제기하고 있는 문제의 구조를 파악했다면, 그것을 의료자원 분배의 문제에 적용해보자. 말하자면, 한정된 의료자원을 분배하는 방식으로 앞의 두 사례가 제시하고 있는 방법을 적용하는 것에 관해 자신의 논증을 구성해보자.

의료자원 분배의 문제와 관련하여 결정 (   )의 입장에서 논증할 수 있다. 왜냐하면 ……

2. 개인적 차원의 분배적 정의의 문제: 조건적 문제 상황에 대한 사고실험

1) 단계적인 3가지 조건적 문제 상황: 사고실험

(1) 첫 번째 조건적 문제 상황

"당신은 다음과 같은 조건적 상황에서 어떤 결정을 내릴 것인가?"를 묻는 것으로 의료자원 분배에 대한 두 번째 핵심 문제를 시작하려고 한다.

조건적 상황 1

　당신은 현재 X종합병원 응급의학과에서 근무하고 있는 외과의사다. 오늘도 응급실은 여느 때와 마찬가지로 이러저러한 환자들로 북적이고 있다. 당신은 축구를 하다가 다리가 골절된 환자, 비교적 높은 열 때문에 응급실을 찾은 아이를 진찰하면서 바쁜 일과를 보내고 있다. 그때 입구 쪽이 매우 소란스러워지면서 119 구급대원이 큰 소리로 다급하게 의사를 찾는다. 당신은 직감적으로 구급대원이 이송한 환자 A가 매우 위급한 상황에 처했다는 것을 감지한다. 당신은 그 환자를 살피면서 구급대원에게 이송 당시부터 현재까지의 상태에 대해 묻는다. 그 환자는 복부에 총상을 입었으며 발견 당시부터 이송 과정까지 상당히 많은 출혈이 있었다는 보고를 받는다. 그 환자는 가능한 한 빨리 수술을 하지 않을 경우 사망하게 될 것이다. 환자의 상태가 매우 위급한 것을 확인한 당신은 수술실을 확인한다. 다행히 수술실 하나가 비어 있어 A를 당장 수술할 수 있다. 당신이 의료진에게 바로 수술할 수 있도록 준비할 것을 지시하려는 바로 그때 입구 쪽이 다시 매우 소란스러워지면서 환자 B가 이송된다. B 또한 A와 마찬가지로 복부에 총상을 입었으며, 가능한 한 빨리 수술을 하지 않을 경우 사망하게 될 것이다. (현재 사용할 수 있는 수술실은 오직 하나이며, 현재 A와 B의 상태는 다른 병원으로 이송할 경우 도중에 사망하게 될 것이다.) 당신은 A와 B 중 누구를 수술할지 결정해야 한다. 달리 말하면, 당신이 A를 수술한다면 B가 사망한다는 것을, B를 수술한다면 A가 사망한다는 것을 의미한다. 당신이 처한 조건적 상황을 간략히 정리하면 다음과 같다.

① A와 B는 모두 복부에 총상을 입었으며, 가능한 한 빨리 수술하지 않을 경우 사망하게 될 것이다.
② A는 B보다 조금 빨리 병원에 이송되었다.
③ 현재 수술할 수 있는 수술실과 의료진은 오직 한 곳과 한 팀뿐이다. (A와 B를 동시에 수술할 수 있는 방법은 없다.)

이와 같은 조건적 상황에서 당신은 어떤 결정을 내리겠는가? 달리 말하면, A와 B 중 누구를 수술할 것인가? 다시 한 번 강조하지만, 당신이 A를 수술한다면 B가 사망한다는 것을, B를 수술한다면 A가 사망한다는 것을 의미한다.

답변 1: 나는 ( )를 수술할 것이다. 왜냐하면 ……

(2) 두 번째 조건적 문제 상황

두 번째 조건적 상황은 첫 번째 상황에서 다른 조건 하나가 추가된 것이다.

조건적 상황 2

    당신은 지금 어떤 결정을 내려야 한다. 말하자면, A를 수술하든가 B를 수술해야 한다. 이와 같이 어려운 상황에 처한 당신은 현재 매우 혼란스러울 뿐만 아니라 곤혹스럽다. 당신은 마음이 혼란스럽고 당혹스러움에도 불구하고 이와 같이 긴박한 상황에 대처하는 데 숙련된 의사로서 수술실이 준비되기 전까지 최선을 다해 A와 B의 상태가 더 악화되는 것을 막기 위해 응급처치를 함과 동시에 그들을 이송한 구급대원들에게 그들이 어떻게 총상을 입게 되었는지에 대한 사고 경위를 청취한다. 그러던 중 당신은 A와 B가 격투 중에 총상을 입게 되었다는 사실을 알게 된다. B는 형사로서 범인인 A를 쫓고 있었고, 막다른 길목에서 격투를 벌이던 중 서로에게 치명적인 총상을 입힌 것이다. 당신이 처한 조건적 상황을 간략히 정리하면 다음과 같다.

    ① A와 B는 모두 복부에 총상을 입었으며, 가능한 한 빨리 수술하지 않을 경우 사망하게 될 것이다.
    ② A는 B보다 조금 빨리 병원에 이송되었다.
    ③ 현재 수술할 수 있는 수술실과 의료진은 오직 한 곳과 한 팀뿐이다. (A와 B를 동시에 수술할 수 있는 방법은 없다.)
    ④ A는 범인이고, B는 그를 검거하기 위해 쫓던 형사다.

    이와 같은 조건적 상황에서 당신은 어떤 결정을 내리겠는가? 달리 말하면, A와 B 중 누구를 수술할 것인가? 첫 번째와 두 번째 조건적 상황의 유일한 차이점은 A는 범인이고 B는 형사라는 것이다.

답변 2: 나는 (   )를 수술할 것이다. 왜냐하면 ……

(3) 세 번째 조건적 문제 상황

세 번째 조건적 상황은 두 번째 상황에서 다른 조건 하나가 추가된 것이다.

조건적 상황 3

환자 A가 범인이고 환자 B가 형사라는 사실이 알려지면서 수술을 결정하고 집도해야 할 의료진 사이에서 의견 충돌이 일어난다. 한쪽은 어떠한 이유에서건 A를 수술해야 한다고 주장하고, 다른 한쪽은 B를 수술해야 한다고 주장한다. 양측 모두 나름의 이유를 제시하며 격론을 벌인다. 그때 B의 동료 형사인 C가 예상하지 못했던 새로운 정보를 의료진에게 전달한다. 범인 A는 납치범이며, 그에게 납치된 올해 다섯 살이 된 D의 행방을 알고 있는 것은 오직 A뿐이라는 것이다. 상황은 더 복잡해졌다. 만일 A 대신에 B를 수술한다는 것은 A가 사망한다는 것을, 그리고 이것은 동시에 납치된 D의 생명도 보장할 수 없다는 것을 의미한다. 당신이 처한 상황을 간략히 정리하면 다음과 같다.

① A와 B는 모두 복부에 총상을 입었으며, 가능한 한 빨리 수술하지 않을 경우 사망하게 될 것이다.
② A는 B보다 조금 빨리 병원에 이송되었다.
③ 현재 수술할 수 있는 수술실과 의료진은 오직 한 곳과 한 팀뿐이다. (A와 B를 동시에 수술할 수 있는 방법은 없다.)
④ A는 범인이고, B는 그를 검거하기 위해 쫓던 형사다.
⑤ A는 납치범이며, 납치된 D의 행방을 알고 있는 것은 오직 A뿐이다. (A의 사망은 곧 D의 사망을 의미할 수 있다.)

이와 같은 조건적 상황에서 당신은 어떤 결정을 내리겠는가? 달리 말하면, A와 B 중 누구를 수술할 것인가? 두 번째와 세 번째 조건적 상황의 유일한 차이점은 A는 납치범이고, A의 사망은 납치된 D의 사망을 초래할 수 있다는 것이다.

답변 3: 나는 (   )를 수술할 것이다. 왜냐하면 ……

물론, 위에 제시된 상황은 실제로 일어난 사건은 아니다. 이것은 몇 해 전 방영된 드라마 〈골든타임〉[5]의 한 에피소드를 논의를 위해 재구성하여 각색한 것이다. 똑똑하고 눈치 빠른 당신은 이미 알아챘겠지만, 이러한 문제는 "의료자원이 한정된 상황에서 의료자원을 어떻게 분배할 것인가?"와 관련된 문제의 핵심을 보여주고 있다. 만일 주어진 상황이 이러하다면, 어쨌든 당신은 어떤 결정을 내려야 할 것이다. 당신은 제시된 조건적 상황에서 어떤 결정을 내렸는가? 조건적 상황 1~3과 각 단계에서 내려진 일련의 결정 배후에 놓여 있는 생각과 이론이 무엇인지 검토해보자.

---

5) 〈골든타임〉, MBC 23부작 메디컬 드라마, 2012. 07. 09~09.25 방영

2) 조건적 상황에 대한 분석

　의료자원의 분배적 정의를 다루는 오랜 논의는 전쟁과 같이 참혹한 상황에서 구해야 할 생명이 많은 반면 그들을 구할 수 있는 의료자원이 턱없이 부족한 경우 "생명을 구할 대상을 선정"하는 유비추리(analogy)에서 찾을 수 있다. 예컨대, 치열한 전투가 벌어지는 전쟁 상황에서는 엄청난 수의 부상병이 발생하고, 그들을 치료할 의료자원은 금세 고갈될 수 있다. 만일 당신이 군의관이라면, 또는 전쟁 같은 비상사태에서 의료자원을 어떻게 사용할지를 결정해야 하는 책임자라면 당신이 채택할 수 있는 원칙은 무엇인가? 아래의 유비논증이 한 예를 보여주고 있다.[6]

〈(부족한 의료자원 상황에서) 전쟁의 유비논증〉
　엄청난 수의 부상병들이 몰려옴으로써 의료자원이 금세 바닥이 나버리는 전쟁이라는 비상사태 때문에 부상당한 사람을 세 부류로 분류하는 한 가지 제도가 고안되었다.

　　① 구조하지 않아도 살 가능성이 있는 사람들은 나중에 구조 받도록 제외한다.
　　② 구조를 해도 살아날 가능성이 희박한 사람은 그대로 죽게끔 내버려둔다.
　　③ 치료를 받으면 살아남을 가능성이 상당히 있으나 그대로 두면 죽을지도 모르는 사람은 우선적으로 치료를 받게 한다.

　이러한 분류 제도 배후에 깔린 기본적인 생각은 매우 단순하다. 전쟁터에서는 의료자원이 극히 부족하다. 그러한 자원은 구조될 인명의 수가 극대화되는 방식으로 가장 잘 선용되어야 한다. 이와 유사한 방식으로 생명을 구조하는 새로운 기술 역시 부족한 의료자원이며, 그것을 공급하는 사람은 그 기술로 인해 생존 가능성이 가장 크면서도 그것 없이는 죽을 것이 분명한 사람에게 그것을 우선적으로 제공해야 한다.

---

6)　바루흐보르디, 『토론을 위한 응용윤리학』, 황경식 역, 철학과현실사, 1983, pp.223-225 참조.

이와 같은 유비논증이 말하고자 하는 것은 분명한 듯이 보인다. 말하자면, 의료자원이 부족한 상황에서 3번 원칙을 채택하는 것이 가장 합리적이라는 것이다. 그리고 이것은 '공리주의'적 해결책인 것으로 보인다. ③번 원칙은 최대한 많은 사람의 생명을 구조하는 전략을 채택하고 있기 때문이다. 그리고 전쟁 같은 비참한 상황에서는 그 전략을 채택하는 것을 받아들일 수 있는 듯이 보인다.

하지만 우리가 지금 다루고 있는 〈조건적 상황〉의 문제는 전쟁의 유비논증을 그대로 적용할 수 없다. 〈조건적 상황〉에서 A와 B 모두에게 전쟁의 유비논증 ③번 원칙을 적용할 수 있기 때문이다. A와 B 모두 수술을 받으면 생명을 구할 수 있지만, 그렇지 않을 경우 사망하게 될 것이라는 것을 상기하자. 만일 그렇다면, 우리가 여기서 다루고 있는 〈조건적 상황〉에 적용할 수 있는 다른 원칙을 찾아보아야 할 것이다. 〈조건적 상황〉에서 A(또는 B)의 생명을 먼저 구해야 한다는 주장을 뒷받침할 수 있는 근거로 제시할 수 있는 원칙은 무엇인가? 그 문제에 답하기 위해 우선 아래의 글에서 제시하고 있는 3가지 원칙을 살펴보자.[7] 다음으로 그 원칙을 우리의 문제에 적용했을 경우 어떤 결론을 이끌어낼 수 있는지 생각해보자.

신장 투석 기술이 개발된 초기에는 매우 제한된 소수만이 치료를 받을 수 있었다. 하지만 치료를 받으면 생존할 가능성이 있으나 그렇지 않으면 죽을 가능성이 있는 의료 범주에 속하는 사람의 수는 매우 많았다(전쟁의 유비논증 원칙 3). 그래서 의사들은 누구를 구조하고 누구를 죽도록 내버려둘 것인가라는 절실한 선택에 직면하게 되었다. 이 문제는 이제 더 이상 신장 투석의 경우에는 적용되지 않게 되었지만, 오늘날 생명을 구조하는 다른 기술이 발전함에 따라 그러한 문제들은 여전히 남게 되었다.

---

7) 바루흐보르디, 황경식 역, 앞의 책, pp.223-227 참조.

원칙 1. 선착순 제공(First Come, First Serve): 의료 상의 기준에 해당하는 각 사람은 의료자원에 대한 권리를 갖는다. 첫 번째 도착한 사람부터 모든 의료자원이 고갈될 때까지 의료자원을 제공한다.

원칙 2. 임의적인 선정(Random Choice): 의료 상의 기준에 해당하는 각 사람은 의료자원에 대한 권리를 갖는다. 이 방식에 따르면, 문제를 해결하는 한 공정한 방식은 각 후보인에게 치료받을 동일한 기회를 제공하는 것이다. 추첨제와 같이 임의적인 선정은 각인에게 구조의 기회를 동등하게 주는 유일한 방식이다. 다른 어떤 절차도 이러한 평등의 요구를 침해하게 된다.

원칙 3. 해당되는 생명들의 비중 평가(Estimating Value): 모든 사람이 동일하게 필요로 하고 동일하게 혜택을 볼 가능성이 있기는 하지만 그들을 서로 구분해줄 또 다른 요인이 있다. 예컨대, 부족한 의료자원을 요구하는 자들 중 어떤 사람은 사회에 중요한 기여를 하고 있어서 그를 구조하지 않는 것은 상당한 손실일 수 있다. 물론, 우리가 누구를 구조할지 결정하기 위해 그러한 사실의 비중을 재야 한다. 결국, 이 해결책은 우리가 어떤 사람을 구조함으로써 얻게 될 이득과 다른 사람을 죽게 내버려둠으로써 생기는 손실을 평가함으로써 누구를 구조할 것인지를 결정해야 한다. 그래서 우리는 그의 생명이 최대의 이득을 약속하는 자를 구제의 대상으로 선택해야 한다.

여기서 제시된 의료자원 분배에 관한 3가지 원칙을 우리가 해결해야 할 문제인 〈조건적 상황〉에 적용해보자. 말하자면, 부족한 의료자원을 정의롭게 또는 공정하게 배분하는 방식이 무엇인지 생각해보자. 우리가 조건적 상황 1에서 취할 수 있는 선택은 원칙 1과 원칙 2라고 볼 수 있다. 우리는 아직까지 A와 B가 모두 거의 비슷한 정도로 생명이 위태로운 매우 위중한 상태라는 것 외에는 그들에 대한 어떠한 개인적인 정보도 알지 못하기 때문이다.

또한 (그것이 비록 매우 작은 차이라고 할지라도) 병원에 도착한 시간의 차이에 중점을 둔다면 원칙 1을, 이 경우에 그 차이가 무시해도 될 정도로 의미를 갖지 않는다고 본다면 원칙 2를 적용하려 할 것이다. 그리고 아마도 우리는 이 상황에서 많은 사람들이 임의적 선정 방식이 아닌 선착순 선정 방식에 의해 (먼저) 수술할 사람을 결정하려 할 것이라고 가정해볼 수 있다. 만일 그렇다면, 조건적 상황 1에서는 "A를 수술한다"는 결정을 내리기가 비교적 쉽다고 추론할수 있다. 그리고 만일 이러한 생각이 옳다면, 조건적 상황 1에 대한 우리의 결정 과정을 논증으로 구성하면 다음과 같다.

〈논증 1〉-선착순

① 조건적 상황 1이 일어났다.

② 이 경우에 적용할 수 있는 판단의 준거는 선착순 또는 임의적 선정이다.

③ 만일 선착순에 의해 결정한다면, A를 수술한다.

④ 만일 임의적 선정을 적용한다면, A 또는 B를 수술한다.

⑤ (매우 작은 차이라고 하더라도 시간적 선후의 차이는 중요한 요소다.)

⑥ ③이 ④보다 더 나은 결정 방식이다.

⑦ 따라서 (선착순 원칙에 따라) A를 수술한다.

조건적 상황 2는 앞선 상황에서 한 가지 정보가 추가된다. A는 범인이고 B는 형사다. 이와 같은 상황에서 우리가 취할 수 있는 원칙은 3가지 경우 모두가 해당된다. 앞의 〈논증 1〉에서 보았듯이, 만일 아무리 작은 차이라고 할지라도 시간적 선후의 차이를 인정한다면, 적어도 우리의 문제에서 임의적 선정 방식에 의해 먼저 수술할 대상을 결정하지는 않을 것이다. (논의를 진행하기 위해 우선은 이와 같은 생각을 받아들이자.) 그렇다면, 우리가 조건적 상황 2에서 취할 수 있는 유망한 선택지는 원칙 1과 원칙 3으로 좁혀질 것이다. 여기에서 "(생명의) 가치 평가"를 어떻게 해석할 것인가의 문제가 발생하는 듯하다. 만일 가치 평가를 생명 그 자체(life itself)로 본다면, A와 B의 생명 그 자체의 가치를 평가한다는 것은 일반적으로 성립하지 않는다. 따라서 비록 A는 범죄자이고 B는 형사라고 할지라도 그들의 생명 가치가 다르다고 볼 수 있는 정당한 근거는 없다고 보아야 할 것이다. 만일 이와 같은 생각을 따른다면, 우리는 선착순의 원리에 따라 A를 수술하는 데 동의할 수 있을 것이다. 말하자면, 우리가 어떤 생명을 구하는 것은 "그것이 생명이기 때문이지 그것이 구할 만한 가치가 있는 생명"이기 때문이 아니다. 그리고 이것은 칸트의 의무론적 준칙주의를 떠올리게 한다.

반면에, 여기에서 생명의 가치 평가를 (예상할 수 있는 또는 예견할 수 있는) 사회에 대한 기여 정도로 본다면, A에 비해 B의 생명을 구하는 것이 더 가치 있는 일이라고 볼 수도 있다. 일반적으로 (형사가 비리를 저질렀거나 악행을 하는 것과 같은 일을 배제할 수 있다면) 범죄자는 우리의 삶과 세상에 해악을 끼치기 때문에 '나쁨'으로, 그 해악을 금지하고 예방하는 일을 하는 형사는 '좋음'으로 간주할 수 있기 때문이다. 만일 이와 같은 생각을 따를 경우, 조건적 상황 2의 의사결정 과정을 논증으로 구성하면 다음과 같다.

〈논증 2〉-가치 평가
① 조건적 상황 2가 일어났다.
② 이 경우에 적용할 수 있는 판단의 준거는 선착순, 임의적 선정 또는 A와 B의 생명의 가치를 평가하는 것이다.
③ 만일 선착순에 의해 결정한다면, A를 수술한다.
④ 만일 임의적 선정을 적용한다면, A 또는 B를 수술한다.
⑤ 만일 생명의 가치를 평가한다면, B를 수술한다.
⑥ [A의 생명을 구하는 것보다 B의 생명을 구하는 것이 사회에 유익하다 (또는 유익할 것이다.)]
⑦ 따라서 (가치 평가 원칙에 따라) B를 수술한다.

조건적 상황 3의 경우는 앞선 두 경우보다 더 복잡하다. 고려해야 할 정보가 두 개이기 때문이다. 조건적 상황 1과 2를 통해 선착순과 임의적 선정 방식에 대해서는 이미 살펴보았기 때문에 여기서는 원칙 3인 '가치 평가'에 의거한 결정 방식에 관한 것을 좀 더 면밀히 생각해보자. 여기서 우리가 어떤 결정을 하기 위해 고려해야 할 두 가지 정보는 다음과 같다.

ⓐ A는 유괴범이고 B는 형사다.
ⓑ (납치된) D의 행방을 알고 있는 것은 A뿐이다. (A의 죽음은 D의 죽음을 함축한다.)

이와 같은 조건이 주어졌을 때 (단순히) "몇 명의 생명을 구할 수 있는가?"에 가치를 둔다면, 아마도 우리는 A의 생명을 구함으로써 D의 생명 또한 구할 수 있다고 볼 것이기 때문에 A의 생명을 구해야 한다고 추론할 것이다. 하지만 생명의 가치를 "사회에 기여한 또는 기여할 수 있는 정도"로 평가한다면, 이야기는 사뭇 달라질 수 있다. 예컨대, A의 생명을 구함으로써 D의 생명을 구했을 때 사회에 대한 기여의 이익이 B의 생명을 구했을 때보다 작을 수 있다. 만일 그렇다면, (공리적 측면에서 본다고 하더라도) A의 생명을 구하는 것이 B의 생명을 구하는 것보다 이익이 크다고 단정할 수 없게 된다. 만일 이러한 생각이 옳다면, 적어도 조건적 상황 3에서는 (이익의 양적인 총량을 따지든 질적 차이를 따지든 간에) 공리주의 원리에 의거하여 어떤 결정을 내리는 것이 쉽지 않다는 것을 알 수 있다. 아무튼, 만일 우리가 양적인 또는 수적인 이익의 총량이 큰 것을 선택하는 결론을 내린다면, 조건적 상황 3에 대한 우리의 결정 과정을 다음과 같은 논증으로 구성할 수 있다.

〈논증 3〉-가치 평가

① 조건적 상황 3이 일어났다.

② 이 경우에 적용할 수 있는 판단의 준거는 선착순, 임의적 선정 또는 A
와 B의 생명의 가치를 평가하는 것이다.

③ 만일 선착순에 의해 결정한다면, A를 수술한다.

④ 만일 임의적 선정을 적용한다면, A 또는 B를 수술한다.

⑤ (A의 생명을 구하는 것이 B의 생명을 구하는 것보다 이익의 총량이
크다.)

⑥ 만일 생명의 가치를 평가한다면, A를 수술한다.

⑦ 따라서 (가치 평가 원칙에 따라) A를 수술한다.

이제 〈조건적 상황〉과 결부된 지금까지의 논의에 의거하여 아래에서 제
시하고 있는 문제에 대한 답변을 기초로 삼아 자신의 생각을 밝히는 짧은 글
을 작성해보자.

Q: 의료자원이 부족한 상황에서 의사가 생명을 구해야 할 상황에 직면했
을 경우, 의사는 구해야 할 생명에 대한 가치 평가를 해야 하는가, 그
렇지 않은가? 만일 생명에 대한 가치 평가를 해야 한다면, 그 이유는
무엇인가? 만일 생명에 대한 가치 평가를 해서는 안 된다면, 그 이유
는 무엇인가?

sub-Q 1: 만일 의사가 가치 평가를 통해 구해야 할 생명을 결정한다면,
그 경우에 초래될 수 있는 문제점은 무엇인가?

sub-Q 2: 만일 의사가 구해야 할 생명에 대한 가치 평가를 하지 않는다면, 그 경우에 초래될 수 있는 문제점은 무엇인가?

의료자원이 부족한 상황에서 생명을 구해야 할 상황에 직면했을 경우, 의사는 구해야 할 생명에 대한 가치 평가를 ……

8장
동물 살생과 동물실험

1. 동물을 (인간의 의지에 따라) 이용한다는 것의 문제

'먹지 말고 피부에 양보하세요.'

"우리는 동물실험에 반대합니다."

이미 알고 있겠지만, 위의 명제는 몇 해 전부터 국내의 모 화장품에서 사용하고 있는 광고 카피다. 그 말을 통해 전달하고자 하는 의미는 분명한 듯하다. 말하자면, 그 광고 카피는 다음을 강조하고 있다고 볼 수 있다.

"우리 회사는 소비자가 사용하는 화장품을 만들기 위해 동물실험을 하지 않으며, 식물성 재료를 사용하여 화장품을 만들기 때문에 인체에 유해하지 않다."

영국생체실험폐지연대(BUAV)는 2011년에 동물 생체실험 현장을 잠입 취재하여 충격적인 동물실험 현장을 폭로한 일이 있다. 그 단체의 회원들은 영국의 한 제약회사 실험실에 잠입하여 사료는커녕 물도 마시지 못한 채 최장 30시간 동안 바이스에 목이 묶여 의약품 실험에 동원된 토끼를 대상으로 하는 실험 과정을 밝혀냈다. 그들의 증언에 따르면, 실험 과정에서 일부 토끼는 목숨을 잃기도 했으며, 살아남은 토끼들도 다시 금속 상자에 갇혀 생체실험에 사용되다가 반쯤 미쳐버리는 경우도 있었다고 한다. 8개월간 지속된 잔혹한 생체실험을 담은 BUAV의 영상은 차라리 토끼가 일찍 죽는 것이 낫겠다고 생각할 정도로 참혹했다고 말한다.[1] 게다가 그 토끼 실험에서 사용된 의약품은 병을 고치는 치료제가 아니라 성형시술에 사용되는 약물임이 밝혀지면서 동물 생체실험을 한 제약회사와 동물실험에 대한 비난 여론은 더욱 거세졌다.

이야기를 여기까지 듣는다면 많은 사람들은 동물실험에 반대하는 입장을 취할 것이라고 어렵지 않게 예상할 수 있다. 하지만 동물실험에 관한 문제는 그렇게 간단하지 않은 듯이 보인다. 무엇이 문제일까? 본격적인 논의를 하기에 앞서 간략히 말한다면, 동물을 이용한 실험은 매우 오랜 역사를 지니고 있기 때문에 동물실험의 목적과 시행 방식이 매우 다양하다는 것을 알아

〈BUAV, www.buav.org〉

---

1) 아시아경제. 2011. 04. 18

야 한다. 그러한 이유로 지금 바로 모든 종류의 동물실험을 전면적으로 금지하는 것은 현실적으로 어려운 실정이다. 또한 현재까지도 동물실험을 찬성하는 입장과 반대하는 입장에 서 있는 사람들 또한 각자 나름의 근거를 가지고 치열한 논의를 진행하고 있다.

똑똑한 당신은 이미 미루어 짐작했겠지만, 아마도 동물실험과 관련된 논쟁에서 가장 쟁점이 되는 것은 동물실험의 효용(유용, utility)성과 동물실험에 사용되는 동물의 권리(right)에 관한 것이 될 수 있다. 만일 이와 같은 생각이 올바른 것이라면, 우리는 동물실험과 관련하여 다음과 같은 물음에 대한 답변을 찾아보아야 한다.

- 인간의 의지에 따라 동물을 이용하는 것은 허용될 수 있는가?
- 효용성 또는 유용성은 동물을 인간의 의지에 따라 이용하는 것의 근거가 될 수 있는가?
- 효용성 또는 유용성이 동물을 이용할 수 있는 근거가 될 수 있다면, 어느 정도의 효용성이 있을 경우 동물을 이용할 수 있는가?
- 동물을 이용하는 것이 "피할 수 없는 또는 어쩔 수 없는" 선택이라면, 그 "피할 수 없는 또는 어쩔 수 없는"에 해당하는 경우는 무엇인가?
- 인간의 의지에 따라 동물을 이용하는 것이 허용된다면, 동물을 이용하는 것이 허용될 수 있는 "정도와 범위"는 어디까지인가?
- 인간의 의지에 따라 동물을 이용할 경우, 그 방식과 절차는 어떠해야 하는가?
- 기타

이미 짐작했겠지만, 이러한 문제에 답하는 것은 결코 쉬운 일도 아닐뿐더러 간단하게 답할 수 있는 것도 아니다. 또한 동물을 인간의 의지에 따라 '이용'한다는 것은 단지 '동물실험'만을 포함하는 것도 아니다. 예컨대, 우리가 평소 즐기는 햄버거, 삼겹살구이, 스테이크, 불고기와 같이 '육식'을 하는 것 또한 동물을 이용하는 것이라고 볼 수 있다. 또한 강아지나 고양이 등을 애완용으로 기르는 것 또한 동물을 인간의 의지에 따라 이용하는 측면이 있다고 볼 수 있다. 게다가 어떤 측면에서는 육식을 하는 것이 동물을 대상으로 실험하는 것보다 더 적극적으로 동물을 이용하는 사례라고 볼 수 있다. 모든 동물실험이 실험 대상이 되는 동물의 죽음을 포함하는 것은 아닌 반면에 육식은 곧 동물의 죽음을 의미하기 때문이다.

따라서 이 장에서는 동물실험에 관련된 개념적이고 실천적인 문제들을 탐구하기에 앞서 동물 살생의 문제를 분석해봄으로써 "인간의 의지에 따라 동물을 이용하는 것"에 관해 생각해볼 것이다. 이것 또한 〈분석〉과 〈평가〉의 큰 틀에서 사고의 절차와 단계에 따라 동물 살생과 동물실험에서 제기될 수 있는 핵심 문제를 살펴본 다음 스스로의 논증을 구성하고 비판적으로 평가하게 될 것이다.

2. 동물을 이용하는 것에 관련된 몇 가지 논증

동물 살생의 문제를 본격적으로 다루기에 앞서 아래에 제시하고 있는 짧은 글의 논증을 분석함으로써 동물 살생과 동물실험에서 쟁점이 되는 핵심 문제가 무엇인지 찾아보는 것이 도움이 될 것이다.

1) 동물과 이성(Animals and The Reason)

　아래의 글에 대한 〈분석적 요약〉을 통해 논증을 구성하고 〈분석적 논평〉을 작성해보자.

〈논증 1〉[2]

　이성을 가지고 있어야만 도덕에 대해 생각할 수 있고 도덕적 의무를 가질 수 있다. 도덕에 대해 생각할 수 있고 도덕적 의무를 가질 수 있는 존재만이 도덕적 권리를 가질 수 있다. 따라서 동물은 도덕적 권리를 가질 수 없다. 도덕적 권리를 가지지 않는 존재를 이용하는 것은 도덕적으로 문제가 되지 않는다. 결국 동물을 이용하는 것은 도덕적으로 문제가 되지 않는다고 할 수 있다.

〈논증 1의 분석적 요약 예시〉

[1단계] 문제와 주장

　〈문제〉
　동물을 이용하는 것은 도덕적으로 문제가 되는가?

　〈주장〉
　동물을 이용하는 것은 도덕적으로 문제가 되지 않는다.

[2단계] 핵심어(개념)

　이성: 도덕을 생각할 수 있는 필요조건

[3단계] 논증 구성

　〈숨은 전제(기본 가정)〉
　동물은 이성적 존재가 아니다. (또는 인간만이 이성적 존재다.)

　〈논증〉
　P_1. 이성을 가지고 있어야만 도덕에 대해 생각할 수 있고 도덕적 의무를 가질 수 있다.

---

2)　이좌용 · 홍지호, 『비판적 사고: 성숙한 이성으로의 길』, 성균관대학교출판부, 2011, p.113

P₂. 도덕에 대해 생각할 수 있고 도덕적 의무를 가질 수 있는 존재만이 도덕적 권리를 가질 수 있다.

P₃. [동물은 이성적 존재가 아니다. (또한 인간만이 이성적 존재다.)]

C₁. 동물은 도덕적 권리를 가질 수 없다.

P₄. 도덕적 권리를 가지지 않는 존재를 이용하는 것은 도덕적으로 문제가 되지 않는다.

C₂. 동물을 이용하는 것은 도덕적으로 문제가 되지 않는다.

[4단계] 함축적 결론

〈맥락(배경, 관점)〉

_____

〈숨은 결론〉

_____

〈논증 1의 분석적 논평〉

[1] 중요성, 유관성, 명확성

_____

[2] 명료함, 분명함

_____

[3] 논리성: 형식적 타당성과 내용적 수용 가능성

_____

_____

_____

[4] 공정성, 충분성

_____

_____

아래의 글에 대한 〈분석적 요약〉을 통해 논증을 구성하고 〈분석적 논평〉을 작성해보자.

〈논증 2〉

① 육식은 생존을 위해 필요한 것도 아니고, ② 건강에 좋은 것도 아니다. 또한 ③ 영양에 비해 비용도 많이 든다. ④ 이러한 사실들은 육식이 필수적인 것이 아니라는 것을 말해준다. ⑤ 육식은 도살을 위해 동물을 사육하게 만든다. ⑥ 만일 육식이 도살을 위해 동물을 사육하도록 만들며 또한 육식이 필수적인 것이 아니라면, 식용으로 삼기 위해 동물을 죽이는 것은 도덕적으로 그릇된 일이다. 그러므로 ⑦ 우리는 육식을 해서는 안 된다.

〈논증 2의 분석적 요약 예시〉

[1단계] 문제와 주장

　〈문제〉

　식용을 위한 육식은 허용될 수 있는가?

　〈주장〉

　식용을 위한 육식은 허용되어서는 안 된다.

[2단계] 핵심어(개념)

　사육: 도살을 위해 동물을 기르는 행위

[3단계] 논증 구성

　〈숨은 전제(기본 가정)〉

　없음

　〈논증〉

　P₁. 육식은 생존을 위해 필요한 것이 아니다.

　P₂. 육식은 건강에 좋은 것도 아니다.

　P₃. 육식은 영양에 비해 비용이 많이 든다.

　C₁. 육식은 사람이 생존하기 위해 필수적인 것은 아니다.

　P₄. 육식은 도살을 위해 동물을 사육하게 만든다.

　P₅. (불필요한 살생은 도덕적으로 그른 행위다.)

C₂. 식용으로 삼기 위해 동물을 죽이는 것은 도덕적으로 그르다.
C₃. 우리는 육식을 해서는 안 된다.

[4단계] 함축적 결론
〈맥락(배경, 관점)〉

_____

〈숨은 결론〉

_____

〈논증 2의 분석적 논평〉

[1] 중요성, 유관성, 명확성

_____

[2] 명료함, 분명함

_____

[3] 논리성: 형식적 타당성과 내용적 수용 가능성

_____

_____

_____

[4] 공정성, 충분성

_____

_____

2) 싱어의 〈동물 살생〉에 관한 〈분석적 요약〉과 〈분석적 논평〉

다음 글은 싱어(P. Singer)의 『실천 윤리학(*Practical Ethics*)』 '제5장: 동물 살생'의 결론에 해당하는 부분이다. 싱어의 주장을 올바르고 정확하게 이해하기 위해서는 전체 글을 읽어보아야 하는 것은 당연하다. 하지만 여기서는 논의를 진행하기 위해, 그리고 주어진 지면을 아끼기 위해 결론만을 통해 그의 핵심 주장이 무엇인지 살펴보도록 하자. (물론, 싱어가 결론에서 말하고자 한 내용을 정확하고 올바르게 이해하기 위해 당신에게 적어도 5장의 전체 내용을 읽어볼 것을 권한다.)

제4절 맺는말

이 장에서의 논변이 올바르다면, "동물의 생명을 빼앗는 것은 일반적으로 그릇된 일인가?"라는 질문에 대해 하나의 답이 있을 수 없다. '인간이 아닌 동물'이라는 제한된 의미에서의 '동물'이라는 표현도 그들 모두에 하나의 원칙을 적용하기에는 너무 다양한 생명영역들을 포괄하고 있다.

동물 중의 어떤 것들은 자신을 과거와 미래를 가지는 개별적 존재로 생각하는 합리적이고 자의식적인 존재로 드러난다. 만약 그들이 그렇다면, 아니 우리가 알고 있는 것이 그 정도에 불과하다고 해도 영구적인 정신적 장애를 가진 비슷한 지적 수준에 있는 인간존재를 죽이는 것에 반대하는 주장만큼이나 그러한 동물을 죽이는 것에 반대하는 주장도 강력하다. (여기서 생각하고 있는 것은 죽이는 것을 반대하는 직접적인 이유다. 정신적 장애를 가진 인간의 죽음이 그 친족들에게 미치는 영향은 항상 그렇지는 않다 해도 때때로 인간을 죽이지 말아야 할 간접적인 추가적 이유가 된다. 이 문제에 대한 더 많은 논의는 제7장에 실려 있다.)

우리가 지금 가지고 있는 지식에 따르면, 동물 살생을 반대하는 이러한 강력한 주장은 침팬지, 고릴라, 오랑우탄의 살육자들에게 절대적으로 발동될 수 있다. 우리와 가까운 친척인 이들에 대해 우리가 지금 알고 있는 것에 근거할 때, 우리는 즉각적으로 우리가 지금 모든 인간존재에게 베풀고 있는 살생을 방지하는 완전한 보호조치를 그들에게도 동일하게 베풀어야 한다. 비록 확신의 정도가 각각이기는 하지만, 고래, 돌고래, 원숭이, 개, 고양이, 돼지, 바다표범, 곰, 소, 양 등을 대신하여, 심지어는 모든 포유동물 ― 어디까지가 그 범위냐 하는 것은 의심할 수 있을 때 의심의 이익을 어디까지 확대 적용할 것인가에 달려 있을 것이다 ― 을 대신하여 또한 같은 주장을 할 수 있다. 비록 우리는 내가 거명한 종들에서 멈춘다 하더라도, 그래서 나머지 포유류들을 제외시킨다고 해도, 인간에 의해 자행되고 있는 수많은 죽임들의 정당화 가능성에 대해서는 비록 이러한 죽임이 고통 없이 그리고 그 동물공동체의 다른 구성원에게 고통을 주지 않고 이루어진다고 해도(물론 이러한 죽임의 대부분은 그러한 이상적인 상황에서 일어나지 않는다) 커다란 의문이 제기된다.

　우리가 볼 적에 이성과 자의식이 없는 동물을 죽이는 경우에는 살생에 반대하는 주장이 좀 약하다. 자신을 개별적인 존재로 알고 있지 못하는 존재의 경우, 고통 없는 살생의 그릇됨은 그 존재가 담고 있는 쾌락의 감소에서 비롯된다. 죽여진 생명이 전체적으로 보아 즐거운 삶을 살지 못했을 것 같은 때에는 직접적으로 그릇된 것은 없다. 또 죽여진 동물이 즐겁게 살 것이었다고 할지라도 만약 그 죽여진 동물이 그 살생의 결과로서 똑같이 즐겁게 살 다른 동물로 대체된다면, 최소한 아무것도 그릇된 것이 없다고 주장하는 것이 가능하다. 이러한 견해를 취하는 것은 현존하고 있는 존재에 가해진 잘못이 아직 현존하지 않고 있는 존재에게 이익이 전이됨으로써 보충될 수 있다고 주장하는 것이다. 그래서 자의식적인 동물이 교체 불가능한 방식으로, 비자의식적인 동물은 서로 교체 가능한 것으로 간주될 수도 있다. 이것이 의미하는 것은 다음과 같은 경우에는 ― 즉, 동물이 즐거운 삶을 살고 있고 고통 없이 죽음을 당하며 그들의 죽음이 다른 동물에게 고통을 일으키지 않고 한 동물의 죽음이 그렇지 않았더라면 태어나 살 수 없었을 다른 동물의 삶에 의해 대체 가능한 경우에는 — 자의식이 없는 동물을 죽이는 것이 그릇되지 않을 수도 있다는 것이다.

이러한 노선을 따르면, 닭고기를 얻기 위해 공장식 농장이라는 환경에서가 아니라, 농장의 뜰을 자유로이 오갈 수 있도록 하는 환경에서 닭을 키우는 것은 정당화될 수 있다. 의문의 여지가 있지만 닭이 자의식이 없다고 가정해보자. 그리고 닭이 고통 없이 죽여지고, 살아남은 닭들은 자기 구성원이었던 그 닭의 죽음으로 영향을 받지 않는 것으로 보인다고 가정해보자. 마지막으로 경제적인 이유로 우리가 닭고기를 먹지 않는다면 닭을 키울 수 없을 것이라고 가정해보자. 이러할 때 대체 가능한 논변은 닭을 죽이는 것을 정당화할 수 있는 것으로 보인다. 왜냐하면 닭에게서 존재의 기쁨을 뺏는 것은 현존하는 닭이 죽임을 당할 경우에만 존재하게 될 아직 존재하지 않는 닭의 쾌락에 의해 상쇄될 수 있기 때문이다.

비관적인 도덕적 추론의 하나로서 이러한 논증은 타당할 수도 있다. 그러나 이러한 수준에서도 이러한 관점의 적용이 얼마나 제한되어 있느냐를 인지하는 것이 중요하다. 이는 동물들이 즐거운 삶을 살 수 없게 하는 공장식 농장을 정당화할 수 없다. 이는 또 일반적으로 야생동물의 살생을 정당화하지 못한다. (오리가 자의식이 없다는 확실하지 못한 가정을 해도, 그리고 사냥꾼이 틀림없이 오리를 즉시 죽여줄 것이라고 거의 확실히 틀릴 가정을 해도) 사냥꾼이 쏘아 맞힌 오리는 즐거운 삶을 살 수 있었을 것이지만, 이렇게 오리를 쏘아 죽인다고 해서 다른 오리에 의해 대체되는 일은 생겨나지 않는다. 오리의 숫자가 가용한 먹이공급이 지탱할 수 있는 최대한에 머물러 있는 경우가 아니라면, 오리를 죽이는 것은 다른 오리를 태어나게 하지 않으며, 이러한 이유로 직접적인 공리주의적 근거에서 그릇된 일이다. 그러므로 비록 동물을 죽이는 것이 그릇되지 않은 그러한 상황이 있다 하더라도 이러한 상황은 특수한 것이며, 인간이 매년 동물들에게 가하는 수천 수백만의 때이른(premature) 죽음은 이에 포함되지 않는다.

어쨌든 간에, 실천적인 도덕 원칙의 수준에서 만약 살아남기 위해 그렇게 해야 하는 경우가 아니라면, 음식을 얻기 위해 동물을 죽이는 것은 전체적으로 거부하는 것이 더 좋을 것이다. 음식을 얻기 위해 동물을 죽이는 것은 그들을 우리가 원하는 대로 우리가 사용할 수 있는 대상으로 생각하도록 만든다. 이러할 때 그들의 삶은 우리의 단순한 욕구에 비해 가벼운 것으로 간주된다. 우리가 동물을 이러한 방식으로 계속 사용하는 한, 동물에 대한 우리의 태도를 마땅한 방식으로 바꾸는 것은 불가능한 과제가 될 것이다. 만약 사람들이 단지 그들의 즐거움 때문에 동물들을 계속 먹는다면, 어떻게 우리가 사람들에게 동물을 존중하고 그들의 이익에 대해 동일한 관심을 가지라고 고무할 수 있겠는가? 비자의식적인 동물을 포함하여 동물에 대해 올바르게 고려하는 태도를 진작시키기 위해, 음식을 얻기 위해 동물을 죽이는 것은 피한다는 단순한 원칙을 가지는 것이 최선일 수 있을 것이다.[3]

〈분석적 요약 예시: 동물 살생〉

[1단계] 문제와 주장

〈문제〉
(인간의 욕망을 충족시키기 위한) 동물 살생은 (도덕적으로) 허용될 수 있는가?

〈주장〉
비자의식적인 동물을 포함하여 (인간의 욕망을 충족시키기 위한) 음식을 얻기 위해 동물을 죽이는 것을 피하는 것이 도덕적으로 최선의 선택일 수 있다.

[2단계] 핵심어(개념)

- 인격체: 자의식, 시간관념, 언어 사용 등의 속성을 가진 존재
- 자의식: 나와 내가 아닌 것을 구분할 수 있는 능력
- 의심의 이득: 도덕적으로 가장 안전한 행위 선택 원리
- 고통(감각): (공리주의적 의미에서) 불쾌를 일으키는 감각

---

3) 싱어(P. Singer), 『실천윤리학』, 철학과현실사, pp.165-168

[3단계] 논증 구성

〈숨은 전제(기본 가정)〉

_____

〈논증〉

_____

〈논증 1: 인격체(personality) 논증〉

① 인격체를 죽이는 것은 도덕적으로 허용되거나 정당화될 수 없다.

② (대부분의) 인간은 인격체다.

③ 따라서 (적어도 무고한) 인간을 죽이는 것은 도덕적으로 정당화될 수 없다.

④ 동물들 중 (적어도) 일부는 인간과 마찬가지로 인격체의 속성을 가진다.

⑤ 따라서 (적어도 인격체로 간주되는 무고한) 동물을 죽이는 것은 정당화될 수 없다.

〈논증 2: 의심의 이득(the benefit of doubt) 논증〉

① 〈인격체 논증〉의 결론에 따르면, 인격체로 간주할 수 없는 동물을 죽이는 것은 도덕적으로 정당화될 수 있다.

② 인격체인 동물과 비인격체인 동물을 완전히 구분할 수 없는 경우들이 있다.

③ 만일 우리가 ②와 같은 경우에 동물 살생에 대해 어떠한 결정을 내려야 한다면, 우리가 선택할 수 있는 도덕적으로 안전한 결정은 비인격체인 동물을 완전히 분간할 수 있을 때까지 결정을 유보하는 것이다.

④ 따라서 인격체인 동물과 비인격체인 동물을 완전히 구분할 수 없는 경우에는 동물 살생을 중지하는 것이 도덕적으로 더 안전하다.

〈논증 3: 고통(감각, pain sentient) 논증〉

① (적어도 공리주의의 입장에서) 쾌락은 선이고 고통은 악이다.

② 완전히 비인격체인 동물이라고 하더라도 대부분의 동물은 쾌락과 고통을 느낄 수 있다.

③ 만일 ①과 ②가 참이라면, (비인격체인 동물을 포함하여) 무고한 동물에게 정당한 이유 없이 고통을 가하는 것은 (공리적인 선이 아닌) 악을 행하는 것이다.

④ 따라서 쾌락과 고통을 감각할 수 있는 동물을 죽이는 것은 정당화될 수 없다.

[4단계] 함축적 결론

〈맥락(배경, 관점)〉

_____

〈숨은 결론〉

_____

동물 살생에 관한 싱어의 주장을 이와 같이 분석한 것이 옳다면, 그가 동물 살생에 반대하기 위해 택하고 있는 단계적인 논리적 전략을 간략히 정리하면 다음과 같다.

> 논증 1: 인간과 유사한 성질 또는 속성을 가진 동물들의 살생을 금지한다.
> 논증 2: 인간과 유사한 성질 또는 속성을 가졌는지 또는 그렇지 않은지 판별하기 어려운 동물들의 살생을 금지한다.
> 논증 3: 인간과 유사한 성질 또는 속성을 갖고 있지 않은 동물의 살생을 금지한다.

싱어가 동물 살생에 반대하기 위해 취하고 있는 논리적 전략은 효과적이고 설득력이 있어 보인다. 〈분석적 요약〉에서 확인할 수 있듯이, "그는 (거의) 모든 동물에 대한 살생"에 대해 반대한다. 어떤 측면에서 싱어의 주장은 매우 강한 입장이라고 할 수 있을 것이다. 만일 이와 같이 강한 주장을 예비 논증이나 사전 설명 없이 개진했다면, 많은 사람들은 심각한 숙고나 고찰을 하지 않은 채 그의 주장에 대해 반대하려 할 수도 있다. 채식만 고수하고 있는 몇몇 사람을 제외하고, 어느 날 갑자기 당신에게 "육식을 금지"한다고 말한다면 그러한 주장에 바로 수긍할 수 있겠는가? 하지만 만일 동물 살생에 관한 싱어의 주장이 옳다면, 우리는 적어도 "생존을 위한 불가피한 상황"이 아닌 경우를 제외하고 어떠한 경우에도 육식을 피해야 할 것이다. 예컨대, "맛을 즐기기 위해서" 또는 "멋진 근육을 만들기 위해서"와 같이 인간의 욕망을 충족시키기 위한 육식은 금지되어야 할 것이다.

반면에, 당신이 평소 동물의 권리를 보호하는 데 깊은 관심을 가지고 있을뿐더러 채식을 하는 것을 고수하고 있다면, 아마도 당신은 싱어의 주장에 쉽게 동의할 수도 있다. 당신의 평소 생각과 신념을 잘 보여주고 있다고 생각할 수 있기 때문이다. 하지만 그것만으로는 부족하다. 비록 싱어의 주장이 (또는 어떤 문제에 대한 어떤 이의 주장이) 겉으로 보기에 당신의 생각과 잘 들어맞는다고 하더라도 그의 주장을 받아들이기 위해서는 그가 개진하고 있는 논증에 대한 올바른 이해와 정당한 논평, 즉 '분석'과 '평가'의 과정을 거쳐야 한다. 예컨대, 싱어의 주장을 〈분석적 요약〉에서 보인 '인격체 논증', '의심의 이득 논증' 그리고 '고통 논증'으로 분석한 것이 옳다면, 우리는 먼저 그 세 논증 각각의 논리적인 형식적 타당성과 내용적 수용 가능성을 평가하고, 다음으로 그 세 논증이 전체적으로 관련성을 갖고 일관되게 최종 결론을 지지하고 있는지 등을 평가해야 한다.

다음에 제시한 세 편의 예시는 여러분 같은 대학생이 싱어의 주장에 대해 제시한 〈분석적 논평〉이다. 그들이 제시한 각 〈분석적 논평〉을 읽고 그들이 싱어의 논증에서 문제 삼고 있는 것이 무엇인지 생각해보자. 우리는 그와 같은 과정을 통해 싱어의 논증에 대해 좀 더 깊이 있게 고찰할 수 있을 것이다.

〈분석적 논평 예시 1: ○○대학교 김△△〉

[1] 중요성, 유관성, 명확성
　　필자는 '동물 살생' 행위 자체를 반대하는 태도를 보이다가 마지막에서는 음식을 얻기 위해 동물을 죽이는 것을 거부해야 한다고 말한다. 이에 따라 필자가 주장하는 것이 '동물 살생' 행위 자체의 반대인지 아니면 음식을 얻기 위해 동물을 죽이는 것만을 반대하는 것인지 주장의 범위를 확실히 해야 할 것이다.

[2] 명료함, 분명함
　　불명료하거나 불분명하게 사용된 개념은 없다.

[3] 논리성: 형식적 타당성과 내용적 수용 가능성
　　필자는 살아남기 위해 그렇게 해야만 하는 것이 아니라면 음식을 얻기 위해 동물을 죽이는 것은 피해야 한다고 주장한다. 그러나 인간이 살아가기 위해서는 음식을 먹어야 한다. 즉, 음식을 얻기 위해 동물을 죽이는 것 자체가 살아가기 위한 행동인 것이다. 이에 따라 필자의 주장은 타당하지 못하다고 볼 수 있다.
　　필자는 영구적인 정신적 장애로 인해 동물과 비슷한 지적 수준에 있는 인간존재를 죽이는 것에 반대하는 것을 근거로 동물을 죽이는 것을 반대하고 있다. 그렇지만 인간은 동물과는 다르게 인권을 가지고 있다. 즉, 인간의 목숨은 이들이 '인간'이기에 가치 있고 존중받는 것이다. 따라서 동물과 비슷한 수준의 지능을 가지고 있는 인간을 죽이는 것에 반대하는 것이 동물을 죽이지 말자는 것과 일맥상통한다고 볼 수는 없다.

필자는 또한 음식을 얻기 위해 동물을 죽이는 것은 동물의 삶을 가벼운 것으로 간주하게 만든다고 주장한다. 그러나 학교 등에서의 교육을 통해 음식은 가축의 희생을 수반한다는 것을 가르칠 수 있으며, 이를 아는 인간이라면 가축을 고마운 존재라고 생각하지 도구라고 생각하진 않을 것이다. 즉, 필자는 일부 몰상식한 인간이 인간 전체를 대표한다고 성급하게 일반화를 내린 것이다.

[4] 공정성, 충분성

필자는 가능한 반론에 대해 고려하지 않은 것 같다. 즉, '동물에 의한 동물의 살생'에 대한 자신의 입장을 밝히지 않았다. 동물이 동물을 죽이는 것이 자연의 섭리인 것을 들어 인간이 동물을 죽이는 것을 합리화시킬 수 있다. 따라서 필자는 인간이 동물을 죽이는 것과 동물이 동물을 죽이는 것이 어떻게 다른지 논의했어야 한다.

〈고려할 만한 문제〉

〈분석적 논평 예시 2: ○○대학교 최△△〉

[1] 중요성, 유관성, 명확성

동물 살생의 문제는 중요한 문제이기 때문에 비평할 내용은 없어 보인다.

[2] 명료함, 분명함

본문의 내용을 고려할 경우 인격체, 의심의 이득, 대체 가능성 등 중요하게 사용되고 있는 개념어는 이해할 수 있는 용어들이다.

[3] 논리성: 형식적 타당성과 내용적 수용 가능성

동물의 자의식을 인간이 판정 가능하다는 오류를 범하고 있다. 사람의 자의식을 판단할 수 있는 이유는 우리끼리는 같은 '사람'이기 때문에 자신의 느낌과 그에 따른 반응에 의거하여 다른 사람의 어떠한 반응으로부터 그의 생각을 유추해낼 수 있기 때문이다. 즉, 자신과 같은 생각일 것이라는 전제를 깔고 판단하는 것이 자의식이다. 이런 의미에서, 사람이 논하는 자의식은 사람들끼리만 판단할 수 있는 제한적 기준이지 동물까지 판단하는 기준이 될 수 없다.

좀 격양되어 말하자면, 사람이 어찌 감히 동물의 감정과 생각을 정의하려 하는가. 자의식이 있는 존재로서 거울실험을 예로 많이 드는데, 강아지는 보통 거울실험에서 거울에 있는 자신을 자신으로 알아보지 못하고 고양이는 거울의 자신이 자신임을 안다고 한다. 그러면 개고기는 먹어도 되고 고양이고기는 먹으면 안 된다는 결론을 가져올 수 있는가?

죽이면 안 된다고 말하는 동물들은 대부분 사람이 감정을 그 동물에 투영시켰기 때문이지 절대로 그 동물이 사람이 생각하는 그러한 감정들을 가져서가 아니다. 한 예로 동물이 죽을 때 눈물 흘리는 것을 슬픔으로 판정하는 오류를 많이 범하는데, 이 현상은 그저 죽기 전에 세포가 굳어서 눈물샘이나 세포에서 물이 나오는 현상으로, 동물의 감정과는 전혀 상관이 없다. 슬픔으로 판단하게 된 이유는 그저 사람의 의식에서 눈물은 슬픔을 의미하기에 그렇게 생각할 뿐인 것이다.

동물 살생에 대해 강아지 같은 동물을 예로 든다면, 강아지를 죽이는 데 죄책감이 드는 이유는 그 동물의 무한한 미래를 짓밟거나 행복을 박탈하게 되어서가 아니다. 강아지를 죽일 때 그 강아지가 나중에 강아지 무리의 리더가 될 것이라는 야망이 있었는데 죽였다고 죄책감을 느끼는가? 강아지가 행복하게 뛰놀 수 있는 미래가 있는데 그 미래를 짓밟아서 죄책감을 느끼는가? 아니다. 강아지를 죽이는 데 죄책감이 드는 이유는 단지 그 강아지에 우리의 감정이 투영되어서, 강아지가 죽을 때 느끼는 고통이 투영되어서 죄책감을 느끼는 것이다. 즉, 자의식을 기준으로 판단하는 것은 인간이 이성을 가지므로 판단을 잘 내릴 수 있다는 오만한 생각에서 나오는 잘못된 논리로 보이며, 따라서 사람의 기준으로 자의식을 판정하여 동물을 살생 불가능한 대상으로 말하는 것은 상당한 오류가 있어 보인다.

도덕적으로 죄책감을 느끼는 이유는 자의식이 아니라 감정투영의 관점에서 이론적이 아닌 좀 더 현실적으로 논하는 것이 옳아 보인다.

[4] 공정성, 충분성

필자가 주장하는 각 논증에 대한 가능한 반론을 다루고 있다는 점에서 동물 살생에 대한 문제를 공정하고 충분하게 논의했다고 볼 수 있다.

〈고려할 만한 문제〉

[1] 중요성, 유관성, 명확성
　　없음

[2] 명료함, 분명함
　　우선 인간 대부분이 인격체를 가지고 있다고 했는데, 그렇지 않은 경우에는 살생을 할 수 있는 정당한 요인이 된다고 생각하는가? 예를 들어 식물인간 같은 경우 어떻게 할 것인지 물어보고 싶고, 정신적 장애를 가진 인간을 죽여서는 안 되는 중요한 이유는 인간의 존엄이 그 어떤 문제보다도 더 핵심적이고 중요하기 때문이라는 것을 먼저 언급하고 싶다.
　　본문에서 자의식이라는 것은 대부분의 사람이 갖고 있고, 몇몇 동물도 확실히 갖고 있는 것이라고 말하고 있다. 그렇다면 우선 '자의식'이라는 것이 정확히 무엇인지 짚고 넘어가야 한다고 생각한다. 글쓴이는 자신을 과거와 미래를 가지는 개별적 존재로 생각한다면 자의식을 갖는 것이라고 했는데, 이것은 굉장히 추상적인 정의라고 생각한다. 예를 들어 기억력이 있다면 자의식을 갖는 것이라고 할 수 있는 것인가? 기억력이 굉장히 짧은 시간이라면? 그뿐이 아니다. 자신을 과거와 미래를 가지는 개별적 존재라는 것을 증명할 어떠한 수단에 대해서도 구체적으로 제시하지 않았다. 동물이 자의식을 갖고 있다고 결론을 내리기 위해서는 겉으로 보았을 때(실제로 동물을 겉으로밖에 볼 수 없지만) 어떠한 조건을 갖추고 있어야 하는지 명확히 하지 못했다는 것이다. 따라서 자의식은 그 자체로도 모호성을 갖고 있다고 보며, 모호한 이 단어를 살생의 기준으로 삼기 시작한 것은 이 논리에 근본적인 의문을 제기하게 한다.
　　또한 글쓴이는 인간이 갖는 자의식과 동물의 자의식은 똑같은 가치가 있다고 말한다. 하지만 엄연히 인간은 동물과 비교해서 확실히 스스로를 과거, 미래를 가지는 개별적 존재로 인식하는 능력이 뛰어나며, 동물들의 이성과 비교할 수 없는 수준이다. 따라서 인간의 자의식을 동물과 같은 것으로 생각해야 할지는 다시 생각해봐야 할 문제인 것 같다.
　　그리고 실천적인 도덕 원칙의 수준에 대한 정의도 다시 명확히 했으면 한다. 또한 이어서 글쓴이는 결국 인간이 살기 위해 어쩔 수 없이 다른 동물의 생명을 빼앗은 것은 인정하고 있는데, 결국 인간의 생존이 동물의 생존보다 더 중요하다는 것을 인정하고 있는 것이라고 생각한다. 이는 결국 인간이 동물보다 더 중요한 부분이 있는 것이라고 인정하는 셈이다. 그런데 글쓴이는 그 부분에 대해서는 왜 허용해야 하는지 이유를 명확히 밝히고 있지 않다. 하지만 개인적으로 이는 글쓴이가 인간과 동물의 자의식의 차이에 의해 결국 인간이 동물보다 더 가치 있는 존재라는 것을 인정하고 있기 때문이라고 생각한다. 물론 필자가 주장하고 싶은 것이 음식을 얻거나 기쁨을 얻기 위해 동물을 죽이는 것은 피하자는 주장과 크게 다르지는 않다. 그러나 논리를 전개할 때 자의식이 있는 동물은 인간의 것과 마찬가지로 소중하기 때문에 죽여서는 안 된다고 말을 했기에 여기에 모순이 있다고 여겨진다. 필자가 자의식에 대해 명확히 밝히고, 인간과 동물의 자의식에 어떠한 차이가 있는지 언급하지 않아서 이런 문제가 발생했다고 생각한다.

[3] 논리성: 형식적 타당성과 내용적 수용 가능성
　　위에서 언급했듯이 인간의 자의식과 동물의 자의식은 비교할 수 없는 가치를 가지고 있다고 전제하고 들어갔다. 따라서 자의식을 가지고 있는 동물을 죽여서는 안 된다고 주장했다. 하지만 앞에서 언급했듯이, 인간과 동물의 자의식에는 차이가 있다고 생각하기 때문에 다시 짚어봐야 할 논거라고 생각한다.

그리고 우리와 가까운 친척인 오랑우탄 등의 영장류에 대해서는 당연히 이러한 자의식을 가지고 있다고 보고 있다. 그러나 그러한 동물들도 자의식이 있다고 보는 것이 맞는지 구체적인 자료를 들어야 할 것이다.

그리고 포유류의 경우로 자의식을 갖는 동물의 범위를 확장해나갈 때에도 마찬가지다. 그리고 다시 말하지만, 자의식을 검증하는 과정이 굉장히 모호한 것이고 확실치 않은 부분들이 많기 때문에 글쓴이가 이러한 논리 전개를 펼쳐나갈 수 있다고 생각한다.

그런데 역으로 동물에게 자의식이 있는지 없는지 알 수 없는 경우가 많다는 글쓴이의 주장을 역이용해서 동물 살생을 정당화시킬 수 있는 경우를 말할 수 있는데, 동물실험이 바로 그러한 경우다. 우선 글쓴이는 인간이 살아남기 위해, 어쩔 수 없이 음식을 얻기 위해 동물을 살생하는 것은 찬성하고 있다. 인간의 생존은 동물의 생존보다 더 가치 있는 일이라고 생각하기 때문일 것이다. 그러나 동물실험도 이와 같은 논리로 정당화될 수 있다. 사실 이 주장 이외에도 동물실험을 뒷받침하는 강력한 논리가 있는데, 이는 사실 글쓴이가 동물 살생을 반대하는 데 썼던 여러 논거들이다. 글쓴이는 인간은 인격체이며 인간을 죽이는 것을 도덕적으로 정당화할 수 없는 것은 바로 인격체 때문이라고 주장하고 있고, 동물에게도 인격체가 있을지 모른다고 언급하고 있다. 확인되지 않았기 때문이다. 그래서 인격체가 있을 없을지 모르는 동물들을 살생하는 것을 유보하는 것이 도덕적으로 안전한 선택이라고 한다. 그런데 만약 확실히 인격체가 있는 인간이 죽을 상황에 놓이게 되었는데, 이전까지 최선을 다해서 인격체가 있는지 없는지 알려고 했으나, 결국 확인하지 못한 동물들을 희생해서 인간이 살아날 수 있다면, 오히려 그렇게 하는 것이 더 합리적인 선택이 아닐까? 확실하게 인격체가 있는 인간을 살려내기 위한 유일한 수단이 동물들을 희생하는 것이었다면, 그렇게 하는 것이 더더욱 합리적인 선택이었을 것이라고 생각한다. 이는 동물실험을 하는 강력한 이유 중의 하나다. 다시 말하지만, 이는 인간의 기쁨을 위해서가 아니라 생존을 위한 것이다. 따라서 동물실험을 통한 동물 살생은 글쓴이의 논거들을 통해 정당화될 수 있다.

그러나 나 역시 재미로 동물의 생명을 빼앗을 수 없다고 생각하며, 이는 글쓴이가 말하는 단순한 욕구에 들어가는 것이라고 생각한다. 그러나 살기 위해 그렇게 해야 하는 경우는 상관없다고 생각하며, 글쓴이도 그렇게 언급하고 있다. 그러나 인격체를 가진 동물을 죽이는 것은 정당화되지 못한다고 말하는 그의 주장과는 상반되는 부분이라고 생각한다. 아무리 인간이 살기 위해 죽인다고 하지만, 그의 논리에 따르면 인격체가 있는 동물을 죽이는 것은 어떠한 이유로도 정당화될 수 없다고 말했기 때문이다. 그렇다면 알래스카에서 어쩔 수 없이 동물을 먹어야 하는 에스키모인은 죄의식을 가지고 음식을 먹을 수밖에 없다. (글쓴이는 어쩔 수 없이 동물을 먹는 것이 왜 정당한지 얘기해야 한다.)

그리고 동물을 먹을 수밖에 없는 이유는 부족한 식물의 수요를 예로 들 수 있다고 본다. 글쓴이의 논리에 따르면 가능한 한 모든 이들이 동물 대신 밀과 쌀을 먹을 수 있도록 최대한 땅을 농사짓는 땅으로 만들어야 할 것이다. 이렇게 되면 땅도 부족할뿐더러 실제로 거기서 나오는 농산물이 모든 이들을 만족시킬 수 있을 만한 정도로 생산되는지는 알 수 없다. 따라서 인간은 어쩔 수 없이 경제적 요건 속에서 동물을 먹어야 하는 부분이 있으며, 그 부분은 굉장히 클 것이다. (효율적인 부분에 있어서도 그렇다. 콩과 달걀을 언급하지만, 사실 인간이 살아가는 데 반드시 필요한 단백질을 섭취해야 하는데 효율이 압도적으로 큰 것이 바로 동물이다.)

그리고 그렇게 먹는 이들은 쾌락을 느끼기 위해 동물을 먹는 것이 아니라, 그러한 여건들 속에서 살기 위해 먹는 것이다. 알래스카에 사는 이들이 먹는 것처럼 말이다. 따라서 쾌락을 즐기기 위해 먹는 것이 아니라, 영양분 섭취 등 생존을 이유로 먹는다는 것이 동물 살생의 정당성을 결정하는 핵심적인 기준이 되지 않을까 생각한다.

[4] 공정성, 충분성

　　글쓴이는 어느 정도 반대편에 선 이들의 입장도 고려해가면서 주장을 논리적으로 펼쳐나가고 있는 것처럼 보인다. 그러나 사실 어쩔 수 없이 동물을 먹는 것이 왜 정당한지 얘기하지 않은 채 자신의 주장을 끊임없이 펼쳐나가고 있다. 그리고 동물실험과 관련해서 해마다 수백만 마리의 동물이 살생되는 것은 정당한지 언급해야 할 것이다. 그리고 사람들이 육식을 하는 이유를 단순히 쾌락이라고 극단적으로 결론 내렸으며, 이는 잘못된 사고라고 생각한다. 더 면밀한 분석을 통해 요인들을 살펴보고 각각의 요인들이 동물 살생을 정당화시킬 만한 것인지 논리적으로 살펴보았어야 했는데, 그러한 과정이 충분하지 않았다고 본다.

〈고려할 만한 문제〉

3. 동물의 지위와 권리에 대한 다양한 관점

1) 동물의 지위와 관련된 논의들

2절에서 살펴본 싱어의 동물 살생 금지 논증이 타당하다면, 우리는 적어도 인간의 욕망을 충족하기 위해 동물을 살생하는 것을 중지해야 한다는 그의 주장에 동의해야 할 것이다. 싱어가 "인격체 논증, 의심의 이득 논증 그리고 고통 논증"을 통해 개진한 주장은 제법 설득력이 있어 보인다. 하지만 그만이 이와 같은 주장을 한 것은 아니다. 먼저 '고통' 논증에 대해 살펴보자. 현대 공리주의의 창시자인 벤담은 약 200년 전인 18세기에 이미 공리적인 입장에서 동물의 지위와 권리에 대해 다음과 같은 웅변적인 주장을 개진했다.

> 인간을 제외한 동물들이 폭군이 아니고서는 결코 빼앗아갈 수 없는 권리를 획득할 날이 올지도 모른다. 프랑스 사람들은 피부가 검다는 것이 한 인간에게 고통을 주고도 보상 없이 방치해도 좋은 이유가 되지 않는다는 것을 이미 발견했다. 다리의 수, 피부의 털, 꼬리뼈의 생김새가 감각적인 존재를 동일한 운명에 처하게 할 만한 충분한 이유가 아니라는 사실을 언젠가는 깨닫게 될 것이다. 그 외에 무엇이 뛰어넘을 수 없는 경계선이 되겠는가? 이성의 능력인가? 또는 대화의 능력인가? 그러나 충분히 성장한 말이나 개는 갓난아기와는 비교할 수 없을 정도로 합리적이고 말이 더 잘 통한다. 그렇지 않다고 하더라도 무엇이 더 필요한가? 문제는 그들이 사유할 수 있는지 또는 말할 수 있는지가 아니라 그들이 고통을 느낄 수 있는가 하는 것이다.[4]

---

4) 벤담(J. Bentham), *Introduction to the Principles of Morals and Legislation*, Chap. 17, sec.1. 싱어(P. Singer), 『실천윤리학(Practical Ethics)』, Cambridge Univ. 1979, pp.49-50 재인용. 물론, 이 진술문은 벤

여기서 벤담이 말하고자 한 것은 분명하다. 그는 공리주의적 관점으로부터 어떤 권리를 갖는 대상으로 고려될 수 있는 자격 조건으로 '고통과 쾌락을 느끼는 능력'을 제시하고 있다. 고통과 쾌락을 느끼는 능력은 싱어가 인격체 논증에서 제시한 지적 능력, 과거를 기억하고 미래를 예측하는 능력 그리고 자의식 같은 소위 고차원적인 능력 또는 속성은 아니다. 하지만 가장 기초적이고 근본적인 수준에서 고통과 쾌락을 느낄 수 있는 능력은 윤리적으로 고려할 수 있는 어떤 주장을 하기 위한 최소한의 전제조건이다.

다음으로 인격체 논증과 관련된 문제를 생각해보자. 앞서 싱어의 논증을 분석하는 과정에서 살펴보았듯이, 인간과 인간이 아닌 동물의 지적 능력의 정도 차이는 인간과 인간 아닌 동물을 차별할 수 있는 결정적인 근거가 될 수 없다.[5] 인간이 가진 특유한 특성에 의존하고 있는 이와 같은 주장이 갖고 있는 문제는 동물실험에 대한 찬성과 반대 논증을 살펴보는 과정에서 좀 더 자세히 분석할 것이다.

담이 동물 그 자체를 대상으로 한 것은 아니다. 벤담은 영국 백인이 흑인 노예들을 마치 동물을 다루는 방식으로 취급하는 것에 반대하기 위한 것이었다. 싱어(P. Singer), 『실천윤리학』, 철학과현실사, 1997, p.83 재인용.

5) 제퍼슨(T. Jefferson)은 "그들(아프리카계 사람들)이 천부적으로 가지고 있는 이해력의 수준에 대해 나 자신이 가져왔고 표현해온 그러한 의심에 대한 완벽한 반대 증거를 보기를, 또 그리하여 그들이 우리와 동등하다는 것을 알 수 있기를 나는 이 세상 누구보다도 열렬히 바라고 있다고 확실히 말씀드릴 수 있습니다. …… 그러나 그들의 재능이 어떻든 간에 그것이 그들의 권리를 재는 척도가 될 수는 없습니다. 뉴턴(I. Newton) 경의 이해력이 다른 사람보다 뛰어나다고 해도, 그렇다고 해서 그가 다른 사람의 재산이나 인격의 주인이 될 수는 없습니다"라고 말했다. 그가 노예제도를 옹호하는 측에 서 있었다는 혐의를 잠시 내려놓는다면, 이와 같은 그의 말은 지적 능력의 차이로 인해 인간을 차별할 수 없다는 주장을 하고 있다고 볼 수 있다. 싱어(P. Singer), 『실천윤리학』, 철학과현실사, 1997, p.54

2) 인간과 인간 아닌 동물을 구분하는 주장들

앞서 살펴보았듯이, 싱어의 논증이 논리적으로 타당하고 합리적으로 수용할 수 있는 것이라면, 우리는 적어도 인간의 욕망을 충족시키기 위한 동물 살생을 중지해야 하는 데 동의해야 할 것이다. 하지만 싱어의 (적어도 인간의 욕망을 충족시키기 위한 동물의 살생 중지를 촉구하는) 논증 또한 다양한 반론에 직면할 수 있다. 우선, 싱어가 제시한 '인격체 논증'에 대한 반론이 가능하다. 비록 싱어가 인격체의 필요조건으로 제시한 속성들, 즉 "사고하는 능력, 언어 사용 능력, 과거를 기억하고 미래를 예측할 수 있는 능력" 등은 인간 종이 가진 두드러지는 속성 또는 능력이라는 것을 부정할 수 없다. 싱어는 인간이 가진 그러한 속성 또는 능력이 인간에게 인격체(personality)의 자격을 부여할 수 있는 필요조건들이라면, 비록 인간 정도의 수준에는 미치지 못한다고 하더라도 (침팬지나 오랑우탄 같은) 일부 유인원들이 그와 같은 속성과 능력을 갖고 있을 경우 그들 또한 인격체로 보아야 한다는 것이다. 싱어의 논증에서 살펴보았듯이, 지적 능력, 언어 사용 능력 또는 과거에 대한 기억과 미래에 대한 예측 능력의 높고 낮음은 인격체의 자격을 부여하는 결정적인 요소가 아니다. 어떤 존재이건 그와 같은 능력을 갖고 있다는 것만이 중요할 뿐이다. 간략히 말하면, "정도(degree)의 차이는 질적(quality)인 차이를 만들지 못한다"는 것이다. (지적 능력이 낮은 인간을 떠올린다면, 그와 같은 주장이 설득력 있다는 것을 어렵지 않게 파악할 수 있다.)

하지만 싱어가 제시한 인격체의 조건들은 필요조건이지만 충분조건은 아니라는 반론이 가능하다. 예컨대, 싱어에 반대하는 사람들은 인격체에 대해 그가 제시한 조건들보다 더 중요한 조건이 있다고 주장할 수 있다. 어떤 조건이 유력한 후보가 될 수 있을까? 가장 먼저 떠올릴 수 있는 것은 이 장을 시작하면서 살펴본 '도덕 논증'(2.1절)이다. 그 논증을 다시 살펴보자.

이성을 가지고 있어야만 도덕에 대해 생각할 수 있고 도덕적 의무를 가질 수 있다. 도덕에 대해 생각할 수 있고 도덕적 의무를 가질 수 있는 존재만이 도덕적 권리를 가질 수 있다. 따라서 동물은 도덕적 권리를 가질 수 없다. 도덕적 권리를 가지지 않는 존재를 이용하는 것은 도덕적으로 문제가 되지 않는다. 결국 동물을 이용하는 것은 도덕적으로 문제가 되지 않는다고 할 수 있다.

여기서 '동물의 지위'와 관련하여 주장하고자 하는 것은 분명한 듯이 보인다. 말하자면, 동물은 "도덕에 대해 생각할 수 없는 존재"이기 때문에 "도덕적 권리 또한 없다"는 것이다. 만일 이와 같은 주장이 설득력이 있다면, 어떤 존재가 인격체의 자격을 갖기 위해서는 그가 '도덕적 존재'여야 한다고 주장할 수 있다. 만일 그렇다면, 비록 (유인원을 포함하여) 일부 동물들이 어느 정도의 지적 능력을 갖고 있다고 하더라도 그러한 능력이 '도덕'으로 이끌어진다는 증거나 근거나 없다면 그 동물들을 인격체로 간주하지 않을 수 있는 근거가 될 수 있을 것이다. 이러한 관점에 비추어 밀(J. S. Mill)의 다음과 같은 말을 들어보자.

야수의 모든 쾌락이 주어질 것이라고 약속한다 해도 어떤 저급한 동물로 바뀌어지는 데 동의하려고 하는 사람은 거의 없을 것이다. 어떠한 지적인 인간도 바보가 되기를 동의하지 않을 것이며, 배움이 있는 사람은 아무도 무식꾼이 되고자 아니 할 것이고, 분별이 있고 양심이 있는 사람이라면 비록 바보, 열등생, 불량배의 세상살이가 자신의 삶보다 더 만족스러운 것이라고 설득당했을 때라도 이기적이 되거나 비열하게 되고자 아니 할 것이다. …… 만족한 돼지보다는 불만족한 인간이 되는 것이 낫고, 만족한 바보보다는 불만족한 소크라테스가 되는 것이 낫다. 바보나 돼지는 의견이 다르겠지만, 그들은 단지 문제를 그들 자신의 편에서만 보기 때문에 그렇다. 비교되는 다른 쪽, 즉 소크라테스나 인간은 양쪽 모두를 본다.[6]

이와 같은 밀의 말은 (동물의 권리에 대한 밀의 기본적인 입장을 배제하고 해석할 경우) 인간은 동물이 가지고 있지 않은 어떤 능력을 가지고 있으며, 우리가 그러한 능력을 인식할 때 그것이 어떤 것이든 그러한 능력을 포함해야만 행복으로 간주할 수 있다고 주장하는 것으로 보인다. 특히, 인간은 "단순한 감각적 쾌락보다 지적 쾌락, 정서적 쾌락, 상상의 쾌락 그리고 도덕적 정서(moral sentiment)의 쾌락에 대해 쾌락으로서의 더 높은 가치"를 부여하지 않으면 안 된다.

인간과 동물의 차이를 보임으로써 인간과 동물의 지위와 권리를 구분하려는 시도 또한 오랜 전통을 갖고 있다. 그러한 입장을 대변하는 논의 중에서 가장 극단적인 주장 중의 하나라고 할 수 있는 것이 데카르트(R. Descartes)가 주장한 '동물 기계론(animal mechanism)'이다. 그의 주장에 따르면, 인간은 동물이 갖지 못한 것을 갖고 있기 때문에 원숭이 같은 유인원을 포함하여 여타의 동물과 다르다. 그는 동물을 기관이 잘 작동하는 '기계'에 지나지 않는다고 보았다. 그리고 그는 인간과 기계의 극명한 차이가 바로 인간이 '이성 또는 영혼(soul)'을 가지고 있는 반면에 동물은 그것을 결여하고 있다는 데서 비롯된다고 본다. 그의 말을 직접 들어보자.

…… 여기서 나는 특히 다음과 같은 것을 분명히 하려고 했다. 즉, 원숭이

---

6) 밀(J. S. Mill), 『자유론(Libertarianism)』. 하지만 밀의 이와 같은 주장으로부터 그가 동물을 인간의 의지에 따라 이용하는 것을 옹호했다고 볼 수는 없다. 밀은 만일 공리주의가 선호(preference)의 만족을 그 자체로 유일한 선으로 여긴다면, 다른 동물들의 선호와 욕망 또한 선으로 간주해야 한다고 본다. 그는 행복은 인간뿐만 아니라 "사물의 본성이 인정되는 한 감각적인 피조물 전부에게 보장되어야 한다"고 말한다. 이것은 인간이 아닌 다른 동물의 행복도 인정한 것이다. J. S. Mill, *Utilitarianism*, New York: Liberal Arts Press, 1957, 16면 참조.

나 이성이 없는 다른 동물들과 똑같은 기관과 모양을 가진 기계가 있다면, 이 기계가 저 동물과 동일한 본성을 갖지 않음을 알 수 있는 어떠한 수단도 우리에게 없다는 것이다. 반면에 우리 신체와 비슷하고, 우리 행동을 가능한 한 흉내 낼 수 있는 기계가 있다고 하더라도 그것이 진정한 인간일 수 없다는 것을 알 수 있는 매우 확실한 두 가지 수단을 갖고 있다는 것이다. 첫째, 그 기계는 우리가 다른 사람에게 우리 생각을 알게 할 때처럼 말을 사용하거나 다른 기호를 조립하여 사용하는 일이 결코 없다는 것이다. 물론, 기계가 말을 할 수 있도록, 나아가 그 기관에 어떤 변화를 일으키는 물질적 작용에 따라 어떤 말을 할 수 있도록 만들어질 수 있다. 가령 어디를 만지면 무슨 일이냐고 묻는다든가, 혹은 다른 곳을 만지면 아픈 소리를 지른다든가 하는 것 등이다. 그러나 그 기계는 자기 앞에서 말해지는 모든 의미에 대해 대답할 정도로 말들을 다양하게 정돈할 수 없지만, 아무리 우둔한 사람이라도 그런 것을 할 수 있다. 둘째는 그 기계가 우리 못지않게 혹은 종종 더 많은 일을 처리한다고 하더라도 역시 무언가 다른 일에 있어서는 하지 못하는 일이 있으며, 이로부터 그 기계는 인식이 아니라 기관의 배치에 의해서만 움직인다는 것이 드러난다. 왜냐하면 이성은 모든 상황에 적절히 대처할 수 있는 보편적인 도구(un instrumental universal)인 반면에, 이 기계가 개별적인 행동을 하기 위해서는 이에 필요한 개별적인 배치가 기관 속에서 이루어져야 하지만, 우리 이성이 우리에게 행동하게 하는 것과 같은 방식으로 삶의 모든 상황에서 행동하기에 충분한 다양한 배치가 한 기계 속에 있다는 것은 사실 불가능한 일이기 때문이다.

또 이 두 가지 수단으로 인간과 짐승 간의 차이를 알 수 있다. 아무리 둔하고 어리석고, 심지어 미쳤다고 하더라도 인간이라면 다양한 말을 정돈할 수 있고, 남에게 자신의 생각을 이해시키기 위해 이야기(un discours)를 만들어낼 수 있는 반면에, 다른 동물들은 아무리 완전하고 태생이 좋더라도 그런 것을 할 수 없다는 것은 매우 주목할 만한 일이기 때문이다. 이는 동물이 어떤 기관을 결여하고 있기 때문이 아니다. 까치와 앵무새는 우리처럼 지 껄일 수 있지만, 우리처럼 자신이 무엇을 말하고 있는지를 생각하고 있다는 것을 보여주면서 말을 할 수 없기 때문이다. 그 반면에 선천적으로 귀가 먹 고 벙어리인 사람이 말을 하기 위해 사용되는 기관을 짐승과 비슷하게 혹 은 더 심하게 결여하고 있을지라도 자기 나름대로 기호를 만드는 것이 보통 이고, 이 기호를 통해 자신의 언어를 배울 시간이 있는 주변 사람들에게 자 기 생각을 이해시킨다. 이는 짐승이 인간보다 적은 이성을 갖고 있다는 것 뿐만 아니라, 이성을 전혀 갖고 있지 않다는 것을 보여준다. 왜냐하면 매우 적은 이성만으로도 말을 할 수 있다는 것은 분명하기 때문이다. 그리고 인 간 간에도 그렇듯이, 같은 종에 속하는 동물들도 서로 동등한 것이 아니며, 그 가운데 어떤 것은 다른 것보다 더 쉽게 훈련될 수 있으므로 만일 **그들의 영혼이 우리 영혼과 본성상 매우 다른** 것이 아니라면, 그 종에서 가장 완전 한 원숭이나 앵무새가 매우 우둔한 아이나 적어도 뇌가 손상된 아이보다 위 와 같은 점에 있어서 비교가 되지 않는다는 것은 믿기지 않는 것이다. 또 말 과 자연적 동작을 혼동해서는 안 된다. 자연적 동작이란 감정을 드러내는 것이고, 동물들 못지않게 기계도 흉내 낼 수 있는 것이다. …… 또 많은 동물 들은 어떤 행동에 있어 우리보다 더 많은 재능을 보이지만, 다른 많은 경우 에 있어서는 전혀 그렇지 않다는 것도 매우 주목할 만한 것이다. 그러므로 동물들이 우리보다 더 잘한다는 것은 정신을 갖고 있음을 증명하는 것이 아 니다. 만일 그렇다면, 동물은 우리 누구보다도 정신을 더 많이 갖고 있고, 모 든 일에서 우리보다 더 잘할 수 있을 것이기 때문이다. 오히려 동물은 정신 을 전혀 갖지 않고 있고, 기관의 배치에 따라 작동하는 것이 바로 그의 자연 이며, 이는 바퀴와 태엽만으로 만들어진 시계가 우리의 모든 능력 이상으로 정확하게 시간을 헤아리고 때를 측정하는 것과 마찬가지다.[7] ……

4. 동물실험에 관련된 핵심 내용들

이와 같이 동물의 지위와 권리에 관한 오랜 논의는 다양한 관점에서 진행
되어왔다. 한쪽에서는 동물의 지위와 권리가 인간이 가진 그것과 크게 다르
지 않다고 보는 반면에, 다른 한쪽에서는 인간의 지위와 권리는 동물의 그것
과 다르다고 주장한다. 그런데 의학과 과학의 영역에서 동물이 가진 지위와
권리의 문제가 가장 직접적으로 다루어지는 영역은 아마도 '동물실험(*animal
experiment*)'에 관한 것이다. 간략히 말해서, 동물의 지위와 권리가 인간의 그것
과 다르다면 의학을 포함한 과학의 영역에서 동물을 이용하는 것은 크게 문
제가 되지 않을 수도 있다. 반면에, 인간이 가진 지위와 권리와 동물의 그것
이 서로 다르지 않을 뿐만 아니라 차이가 없다면 의학과 과학 실험에서 동물
을 이용하는 것은 윤리적 또는 도덕적 문제를 초래할 수 있다.[8]

---

7) 데카르트(Rene Descartes), 『방법서설(*Discours de la methode*)』, 이현복 역, 문예출판사, 1997, pp.213-216

8) 동물실험 또는 동물복지와 관련된 현대 철학의 입장을 크게 5가지로 구분할 수 있다. 동물 해방(Animal Liberation)은 "동물은 사람의 이익을 위해 절대 이용될 수 없다"고 주장한다. 동물권(Animal Right)은 "동물은 사람과 마찬가지로 내재적인 권리를 가진다"고 본다. 동물복지(Animal Welfare)는 "동물을 이용하는 데 있어 제도와 규정을 따라야 한다"고 주장한다. 동물 이용(Animal Use)은 "동물은 사람의 필요에 따라 이용할 수 있다"고 주장한다. 마지막으로, 동물 착취(Animal Exploitation)는 "동물을 이용하는 데 있어 윤리적인 제한은 없다"고 주장하는 극단적인 입장이다.

1) 동물실험 정당화 논증

동물실험에 찬성할 수 있는 근거들은 무엇이 있을까? 아마도 동물실험에 찬성하는 입장을 지지할 수 있는 근거들의 유력한 후보로 다음과 같은 것들을 열거할 수 있다.

[동물실험 찬성 논거들]
a. 모든 동물실험은 중요한 의학적 목표에 기여하고 있으며, 동물실험이 만들어내는 고통보다 (그 실험의 결과로서) 덜어지는 고통이 더 크다.

b. 동물실험은 인간(또는 인간 종)에 대한 어떤 사실을 발견하게 해준다.

c. 동물실험으로 수천 또는 그 이상의 사람을 구할 수 있다.

d. 동물이 (자연세계에서) 서로 잡아먹는다면, 사람 또한 동물을 잡아먹을 수 있다. (인간은 동물을 이용할 수 있다.)[9]: 프랭클린(B. Franklin)의 반론

e. 동물을 음식으로 먹는 것은 다윈적인 의미에서 진화론의 '적자생존' 법칙을 따르고 있을 뿐이지 않은가?

f. 식물도 생물이라는 측면에서 식물도 고통을 느낀다면 교배 등과 같은 실험을 금지해야 하는 것이 아닌가?

결국, 동물실험을 정당화하려는 일련의 시도들은 위에서 밝힌 '동물실험 찬성 논거'들을 중요한 근거로 사용하여 논증을 구성할 수 있다는 것을 알 수 있다. 그리고 그 논거들을 근거로 삼아 동물실험을 정당화하려는 논증은 대략 다음과 같은 4가지 방식(논증 1~4)이 있을 수 있다. 그 논증들을 살펴보자.

---

9) Benjamin Franklin's objection: 'If you eat one another, I don't see why we mayn't eat you." (from The Autobiography of Benjamin Franklin). http://www.humanedecisions.com/benjamin-franklin-said-eating-flesh-is-unprovoked-murder/

〈논증 1〉효용 논증(ⓐ, ⓑ, ⓒ로부터)

① 동물실험은 인간(또는 인간 종)에 대한 어떤 사실을 발견하게 해준다.(ⓑ)

② 모든 동물실험은 중요한 의학적 목표에 기여하고 있으며, 동물실험이 만들어내는 고통보다 (그 실험의 결과로서) 덜어지는 고통이 더 크다.(ⓐ)

③ 동물실험은 수천 또는 그 이상의 사람을 구할 수 있다.(ⓒ)

④ 수천 또는 그 이상의 (무고한) 사람을 구하는 것은 좋은 행위다.

⑤ 적은 수의 동물의 고통을 통해 수많은 사람의 큰 고통을 구하는 것은 정당하다.

⑥ 따라서 동물을 대상으로 하는 실험은 허용되어야 한다.

〈논증 2〉자연주의 논증(ⓓ로부터)

① 자연세계에서 동물은 생존을 위해 다른 동물을 살생한다.

② 인간 또한 자연세계의 일원이다.

③ 만일 ① & ②가 참이라면, 인간 또한 동물과 마찬가지로 생존을 위해 동물을 살생하는 것이 정당화될 수 있다.

④ 따라서 인간이 동물을 살생하는 것은 도덕적으로 정당화될 수 있다.

〈논증 3〉진화론 논증(ⓔ로부터)

① 다윈의 진화론에 따르면, (자연세계의) 모든 생물은 적자생존의 법칙을 따른다.

② 인간이 (여타의 동물에 비해) 뛰어난 지적 능력을 가진 것은 호랑이가 강한 근육과 이빨을 가진 것과 같은 진화의 산물이다.

③ 인간이 진화의 산물인 (여타의 동물에 비해) 뛰어난 지적 능력을 이용해 동물을 이용하는 것은 진화의 결과물인 적자생존에 다름 아니다.

④ 따라서 인간이 동물을 이용하는 것에 대해 어떠한 (도덕적) 문제도 제기

할 수 없다.

〈논증 4〉 식물 고통 논증(ⓕ로부터)

① (적어도 현재까지는) 식물을 음식으로 먹거나 실험 등으로 이용하는 데 어
   떠한 도덕적 문제도 제기하지 않는다.

② 동물과 식물은 모두 생명체라는 점에서 동등하다.

③ 따라서 동물을 음식으로 먹거나 실험 등으로 이용하는 데 어떠한 도
   덕적 문제도 제기할 수 없다.

2) 동물실험 정당화 반대 논증

만일 위에서 제시한 동물실험에 찬성하는 논거들과 그것에 기초한 일련
의 논증이 설득력이 있거나 수용할 만한 것이라면, 우리는 동물실험에 대한
윤리적 문제들을 피할 수 있을 것이다. 하지만 그러한 찬성 논거들과 그것에
기초한 일련의 논증들은 동일한 차원과 수준에서 제기될 수 있는 (동물실험) 반
대 논거와 논증에 대처해야 한다. 동물실험에 찬성하는 논거들에 대응하는
유력한 반대 논거를 정리하면 다음과 같다.

[동물실험 반대 논거들]

a′. 동물실험으로 얻어지는(또는 얻어질 것으로 예견되는) 공리적 이익이 크다
   는 주장은 가설적 주장일 뿐이다.

b′. 동물실험으로 인간(또는 인간 종)에 대한 어떤 사실을 발견할 수 있다는
   주장이 참이라면, 인간과 동물이 (중요한 어떤 측면에서) 유사하다는 주장
   을 받아들여야 한다.

c'. 동물실험으로 수천(또는 그 이상)의 사람을 구한다는 주장은 '가설적 주장'이다.

d'. 동물이 서로 잡아먹는다는 사실로부터 인간 또한 그렇게 할 수 있다고 주장하는 것은 자연주의의 오류(naturalistic fallacy)를 저지르는 것이다.

e'. 진화론에 의지하여 인간이 동물을 이용하려는 주장을 지지하려는 시도는 합리적으로 수용할 수 없는 더 어려운 문제를 초래한다. [겉으로 드러나는 득(得)보다 예견할 수 있는 실(失)이 더 많다.]

f'. 현재까지 식물이 고통을 느낀다는 주장을 확실하게 보여줄 수 있는 놀랄 만한 경험적 근거는 실증되지 않았다.

이미 살펴보았듯이 '동물실험 찬성 논거'와 '동물실험 반대 논거'는 서로 대응하고 있다. 따라서 동물실험을 정당화하려는 시도가 찬성 논거를 근거로 삼아 논증을 구성했듯이, 동물실험 반대를 정당화하려는 시도는 반대 논거를 중요한 근거로 삼아 논증을 구성할 수 있을 것이다. 따라서 동물실험 찬성 논증에 대응하는 반대 논증 또한 다음과 같은 4가지 방식(논증 5~8)으로 구성할 수 있다.

〈논증 5〉 효용 논증에 대한 반론(ⓐ', ⓑ', ⓒ'로부터)

① 동물실험 찬성론자들은 그 실험을 통해 인간에 대한 어떤 사실을 발견할 수 있다고 주장한다.

② 만일 ①이 참이라면, 동물실험 찬성론자들은 인간과 동물이 (생리학적이든 심리적이든, 또는 그 이상의 것에서) 중요한 점에서 유사하다고 가정하고 있다.

③ 만일 ②가 옳다면, 동물은 어떤 측면에서 인간이 가진 권리를 가지고 있다.

④ 만일 ③이 옳다면, 인간에게 주어진 (최소한의) 어떤 권리를 동물도 누릴
　권리가 있다.

⑤ 그 (어떤) 최소한의 권리는 신체의 자유 또는 생존에 대한 것이다.

⑥ 그러므로 동물실험은 정당화될 수 없다.

　동물실험에 대한 '논증 1'과 '논증 5'는 모두 기본적으로 인간과 동물의 생
물학적 또는 생리적 '유사성'에 근거하고 있다. 말하자면, 논증 1은 인간과 동
물은 생물학적(또는 생리적)으로 유사한 구조나 속성을 갖고 있기 때문에 위험
한 실험을 동물에게 먼저 시행함으로써 인간의 생명을 빼앗을 수 있는 위험
을 미연에 방지할 수 있고, 그것은 공리주의적 측면에서 더 큰 효용을 산출한
다고 주장하고 있다. 반면에 논증 5는 인간과 동물이 생물학적(또는 생리적)으
로 유사한 구조와 속성을 갖고 있다면, 동물 또한 인간이 갖고 있는 권리와
유사한 정도의 권리를 갖는다고 주장하고 있다.

　〈논증 6〉 자연주의 논증에 대한 반론-프랭클린의 주장에 대한 반론(ⓓ'로
　　　부터)

① 자연세계의 동물은 생존을 위해 다른 동물을 살생한다.

② 인간 또한 자연세계의 일원이다.

③ 만일 ① & ②가 참이라면, 인간 또한 동물과 마찬가지로 생존을 위해
　동물을 살생하는 것이 정당화될 수 있다.

④ 만일 ①~③이 참이라면, 인간과 동물은 자연세계에서 동등한 지위를
　갖는다.

⑤ 만일 ④가 참이고 인간이 도덕적 존재라면, 동물 또한 도덕적 존재다.

⑥ 만일 ④가 참이고 동물이 도덕적 존재가 아니라면, 인간 또한 도덕적
　존재가 아니다.

⑦ ⑤ & ⑥이 참이라면, 인간과 동물은 도덕적 존재이거나 도덕적 존재
가 아니다.

'논증 2'는 동물들이 생존을 위해 살생을 하는 것이 허용된다면, 인간 또
한 (자연세계의 일원인 이상) 생존을 위해 동물을 살생하는 것이 허용되어야 한다
고 주장하고 있다. 프랭클린의 말을 빌리자면, "동물들은 서로를 잡아먹는데,
왜 인간은 그럴 수 없는가?"라고 말할 수 있다. 하지만 이와 같은 주장은 논증
6을 통해 알 수 있듯이, 결국 인간과 동물이 (자연세계에서) 동등한 지위와 자격
을 갖는다는 반론에 대처해야 한다. 게다가 더 중요한 것은 논증 2는 '자연주
의 오류(naturalistic fallacy)'에 해당한다는 점이다.[10]

자연주의 오류는 통상 '사실-당위(is-ought)'의 문제라고 알려진 오류다. 말
하자면, "사실(fact)로부터 가치(value)를 직접적으로 도출"하는 것은 오류라는
것이다. 이것을 형식화하면 다음과 같다.

"~이다(is)"로부터 "~해야 한다(ought)"를 (직접적으로) 도출하는 것은 오류다.

"X는 Y다. 따라서 X는 Y여야 한다"를 (직접적으로) 도출하는 것은 오류다.

---

10) 자연주의 오류에 대응하는 것으로 '도덕주의 오류(moralistic fallacy)'가 있다. 이 오류는 규범문인 전
제에서 기술문인 결론을 도출하는 경우에 생기는 오류를 말한다. 도덕률은 정언적 명령으로 기술되
었기 때문에 그 정언명제가 참인 경우에 나오는 결론은 윤리적 강제력을 띠는 구조가 된다. 예컨대,
도덕주의 오류는 다음과 같은 형식을 갖는다. 즉, "사람을 죽여서는 안 된다. 따라서 살인사건은 일
어나지 않는다"와 논리 구조가 비슷하다. 따라서 도덕주의 오류는 "규범문을 논리적 틀에 끼워 넣을
경우 생기는 오류"라고 할 수 있다. 흔히 도덕 혹은 관습이나 규범이라 함은 법과는 달리 내면의 양
심이나 사회구성원의 동의와 합의에 의해 형성된 것으로, 그것이 참이라고 논리적으로 증명이 되었
는지, 또는 구체적인 기준으로 가시성 있게 나타낼 수 있는지와는 무관하게 형성된 것들이다. 물론
그렇다고 해서 이러한 것들이 쓸모없다는 것은 아니며, 단지 이들이 논증 과정에 끼어들 경우 결과
를 왜곡시키게 되는 경우가 많다. 도덕주의 오류를 보여주는 몇 가지 예를 더 제시하면 다음과 같다.

S1) 인간은 태어날 때부터 평등하다. 능력이 유전된다는 연구 결과는 틀렸다.
S2) 노인을 공경해야 한다. 그러므로 패륜은 일어날 수 없다.
S3) 다른 이의 생명을 빼앗으면 안 된다. 그러므로 살인은 일어날 수 없다.

몇 가지 예를 통해 사실(명제)로부터 가치(명제)를 도출하는 것이 왜 오류인지를 살펴보자.

[자연주의 오류 논증 1]

P₁. 인류는 역사적으로 수많은 전쟁을 일으켰다.

C₁. 따라서 인류가 전쟁을 일으키는 것은 당연하다.

[자연주의 오류 논증 2]

P₂. 고래, 코끼리, 원숭이 그리고 레밍 같은 동물은 (어떤 이유에서) 자살한다.[11]

C₂. 따라서 인간의 자살 또한 (도덕적으로) 허용되어야 한다.

먼저 "자연주의 오류 논증 1"을 살펴보자. "인류가 역사적으로 수많은 전쟁을 일으켰다"는 것은 부정할 수 없는 사실이다. 또한 우리는 그러한 전쟁으로 인해 전쟁에 직접 참여한 군인들뿐만 아니라 무고한 시민 또한 무참히 살해당하는 비극이 있었다는 것 또한 이미 알고 있다. 그런데 인간의 역사에 그와 같은 비극적인 사실이 있다는 것(사실)으로부터 "인간이 또다시 전쟁을 일으키는 것 또한 허용될 수 있다(가치)"고 주장하는 것은 이상하다. 오히려 비극적인 전쟁이 다시 일어나지 않도록 갈등을 예방하고 차단해야 한다는 주장이 우리가 가진 상식에 더 잘 부합하는 것 같다.

자연주의 오류를 보여주는 두 번째 논증은 왜 사실로부터 가치를 직접적

---

11) 레밍(나그네쥐)은 숫자가 너무 늘어나고 먹이가 모자라거나 천적이 없으면 갑자기 단체로 물가로 몰려가 자살한다. [물론, 레밍(나그네쥐)이 집단 투신하는 행동을 자살이라기보다 우두머리를 맹목적으로 따르는 습성의 산물로 파악하는 견해도 있다.] 또한 고래는 인간, 코끼리와 더불어 지구에서 가장 똑똑한 동물인데, 숫자가 너무 늘고 환경이 나빠지면 교미를 덜 하거나 중단하는 것으로 알려져 있다. 그리고 어미를 잃은 침팬지가 식음을 전폐하고 죽음에 이르는 사례도 보고되고 있다.

으로 도출하는 것이 오류인지를 더 잘 보여주는 사례라고 할 수 있다. 그 논 증을 재구성하면 다음과 같다.

[자연주의 오류 논증 2]

P_2. 고래, 코끼리, 원숭이 그리고 레밍 같은 동물은 (어떤 이유에서) 자살한다.

P_3. (동물에게 허용되는 것은 인간에게도 허용되어야 한다.)

C_2. 따라서 인간의 자살 또한 (도덕적으로) 허용되어야 한다.

재구성한 논증에서 확인할 수 있듯이, 전제 P_2로부터 결론 C_2를 도출하기 위해서는 숨겨진 전제 P_3이 논증에 추가되어야 한다. 그런데 전제 P_3은 판단 을 포함하고 있는 가치 명제라는 것을 파악하는 것이 중요하다. 말하자면, 결 론 C_2를 도출하기 위해서는 사실을 보여주고 있는 P_2만으로는 부족하고, 반 드시 P_3 같은 가치명제에 의해 매개되어야 한다는 것이다. 만일 그렇다면, 결 국 결론 C_2를 수용할 수 있는가 여부는 P_2가 아닌 P_3에 달려 있다는 것을 알 수 있다.

〈논증 7〉 진화론 논증에 대한 반론(ⓒ'로부터)

① 다윈의 진화론에 따르면, (자연세계의) 모든 생물은 적자생존의 법칙을 따른다.

② 인간이 (여타의 동물에 비해) 뛰어난 지적 능력을 가진 것은 호랑이가 강한 근육과 이빨을 가진 것과 같은 진화의 산물이다.

③ 인간이 진화의 산물인 (여타의 동물에 비해) 뛰어난 지적 능력을 이용해 동 물을 이용하는 것은 진화의 결과물인 적자생존에 다름 아니다.

④ 따라서 인간이 동물을 이용하는 것에 대해 어떠한 (도덕적) 문제도 제기 할 수 없듯이 동물이 인간을 음식으로 삼는 것 또한 허용될 수 있다.

다윈의 진화론적 관점에 의지하여 동물 살생과 동물실험을 옹호하려는 시도는 프랭클린 식의 시도와 유사한 측면이 있지만 완전히 동일한 것은 아니다. 앞서 논증 2와 논증 6을 통해 살펴보았듯이, 프랭클린 식의 시도는 사실로부터 가치(당위)를 도출하고자 한다는 점에서 자연주의의 오류라고 볼 수 있다. 반면에 다윈의 진화론적 관점에 의지하여 동물 살생과 동물실험을 옹호하려는 시도는 자연주의 오류라는 혐의로부터 벗어날 수 있는 길이 있는 듯하다. 왜 그럴까? 다음의 논증을 보자.

[진화론에 의거한 동물실험(살생) 옹호 논증]

① 동물과 식물을 포함한 자연세계의 모든 생물은 진화의 법칙에 지배받는다.

② 만일 ①이 참이라면, 동물과 식물을 포함하여 자연세계의 모든 생물의 현재 모습과 능력은 진화의 산물이다.

③ 따라서 인간의 (여타의 동물보다 뛰어난) 지적 능력은 진화의 산물이다.

④ 호랑이나 사자가 강한 힘과 발톱을 사용해 생존하는 것이 진화의 산물인 것과 마찬가지로 인간이 뛰어난 지적 능력을 사용해 생존하는 것 또한 진화의 산물이다.

⑤ (다윈의 진화론에 따르면) 진화는 적자생존의 산물이다.

⑥ 인간의 행위는 생존을 위해 환경에 적응하기 위한 활동들이다.

⑦ 생존과 진화를 위한 활동들은 가치판단으로부터 배제되어 있다.

⑧ 만일 ⑥ & ⑦이 참이라면, 인간이 생존 등을 위해 행하는 모든 것은 (진화의 법칙에 따른) 자연세계의 일일 뿐 어떠한 가치판단이 개입할 여지는 없다.

⑨ 따라서 인간이 동물을 (의지에 따라) 활용하거나 이용하는 것은 도덕적 판단의 대상이 아니다.

만일 다윈 식의 진화론에 의존하고 있는 이와 같은 논증이 설득력이 있다면, 인간이 자신의 지적 능력을 활용하여 동물을 이용하는 것은 결국 "진화의 결과물"이기 때문에 "가치(판단)의 문제가 아닌 사실(판단)의 문제"일 뿐이라는 결론을 도출할 수 있는 듯이 보인다. 그리고 만일 이와 같은 결론이 옳다면, 진화론에 의존하여 동물실험을 옹호하려는 시도는 자연주의 오류로부터 벗어난 논증이라고 볼 수 있으며, 동물실험과 살생을 정당화할 수 있는 새로운 길을 제시하는 듯하다. 과연, 그럴까? 다윈 식의 진화론에 근거하는 논증은 적어도 다음과 같은 3가지 반론에 대해 답할 수 있어야 한다.

[진화론에 의거한 동물실험(살생) 옹호 논증에 대한 반론]

- 다윈 식의 진화론적 대전제(가정)를 부정하는 방법

  진화론은 이 세계를 완전히 설명하고 있는 법칙(law of nature) 이론이 아니다. 창조론이 세계를 설명하려는 한 이론인 것과 마찬가지로 진화론도 세계를 설명하는 한 이론일 뿐이다. 만일 그렇다면, 비록 진화론이 창조론에 비해 더 과학적이라는 것을 인정할 수 있다고 하더라도 진화론이 진리(참)라는 것을 보장할 수 없으며, 기껏해야 잠정적인 진리(참)로 받아들여야 한다.

- 근거 ㉠을 부정하는 방법

  진화론이 맞는 이론이어서 인간의 뛰어난 지적 능력과 이성적 능력이 진화의 산물이라고 하더라도 만일 그것(지성과 이성)이 사실세계에서 일어나는 일들과 질적으로 다른 성질을 갖고 있다면 그 또한 진화의 산물이다. 만일 그렇다면, 질적으로 다른 성질을 갖고 있는 능력에 대해서는 다른 평가 또는 판단이 이루어져야 한다. 만일 그렇다면, 진화론에 의지하는 논증 또한 (변형된 형식의) 일종의 자연주의 오류라고 볼 수 있다.

• 유사 논증을 통한 반박

"진화론에 의지하는 논증" 또는 근거 ㉠을 수용할 경우 얻을 수 있는 이득보다 지불해야 할 손해가 더 크거나, 그것으로부터 초래되는 결과들을 해결하거나 설명할 수 없는 사안들이 너무 많아지는 문제가 있다. 말하자면, 인간이 저지르는 수많은 비도덕적이거나 비윤리적인 행위들 또한 허용될 수 있다는 주장이 가능해진다. 예컨대, 역사적으로 인간이 저지른 수많은 전쟁을 비롯하여 살인과 강간 또는 그와 유사한 인간의 생명을 빼앗거나 권리를 침해하는 행위 또한 '적응'을 위한 진화의 산물이기 때문에 도덕적 판단의 대상이 아니라는 주장이 가능해진다. 만일 그렇다면, 진화론에 의거하여 동물실험(살생)을 옹호하려는 시도는 인간의 의지에 따라 동물을 이용하는 작은 이득을 얻기 위해 수많은 사람을 살해할 수 있는 행위를 허용하는 큰 손해를 감수해야 하는 주장이라고 할 수 있다.

〈논증 8〉 식물 고통 논증에 대한 반론(ⓕ'로부터)

① 동물과 식물은 모두 생명체라는 점에서 동등하다.

② 동물은 고통을 느끼는 반면에, 식물은 고통을 느끼지 못한다. (적어도 식물이 동물과 같은 수준과 차원에서 고통을 느낀다는 것을 실증적으로 보여주는 근거는 없다.)

③ 고통을 느낄 수 있는가 여부는 도덕적 판단을 적용하기 위한 가장 기초적인 요소다.

④ 따라서 동물과 달리 식물을 음식으로 먹거나 실험 등으로 이용하는 데 (적어도 현재까지는) 어떠한 도덕적 문제도 제기할 수 없다.

미리 말하자면, 동물실험을 정당화하려는 논증 4는 동물실험에 반대하는 진영에서 보았을 때 가장 해결하기 어려운 논증이라고 볼 수 있다. 왜 그럴

까? 동물실험에 반대하는 논증 8을 성립시키는 데 있어 가장 중요한 근거는
②와 ③이다. 그리고 동물실험을 정당화하려는 논증 4는 싱어의 관점에서 보
자면 "확장된 고통 논증"이라고 할 수 있다. 논증 4와 논증 8을 평가할 때 중
요하게 고려해야 할 것들은 "한 개체에 특유한 속성을 귀속시킴으로써 다른
개체와의 차이를 보이려는 시도의 문제"와 "미끄러운 비탈길의 논증(slippery
slope fallacy)"[12]이라고 할 수 있다. 전자의 문제를 먼저 살펴보자.

첫째, 논증 4는 한 개체에게 어떤 (특유한) 속성을 귀속(attribution)시킴으로써
다른 개체와의 차이를 만들거나 보이려는 일련의 논증이 가진 문제점에 의
존하고 있다. 역설적이게도, 이러한 전략은 싱어가 동물의 권리를 향상시켜
(적어도 인간의 욕망을 충족하기 위한 수단으로) 동물을 살생하는 것을 중지시키기 위해
채택하고 있는 전략과 일치한다. 이것을 이해하기 위해 싱어의 '인격체 논증'
과 동물실험을 정당화하려는 '논증 4'를 다시 보자.

[인격체 논증]

① 인격체를 죽이는 것은 도덕적으로 허용되거나 정당화될 수 없다.

② (대부분의) 인간은 인격체다.

---

12) 미끄러운 비탈길의 논증을 가장 잘 보여주는 사례는 낙태(abortion) 또는 안락사(euthanasia) 문제
에서 제시하고 있는 몇몇 논증이다. 예컨대, 낙태에 대한 보수주의적 견해에 따르면, "…… 출산 직
후의 신생아는 사람이다. 출산 직전의 태아는 출산 직후의 신생아와 매우 작은 시간적 차이만이 있
을 뿐 질적(quality)으로 다르지 않기 때문에 사람이다. …… 따라서 수정란은 사람이다"라는 논증을
통해 인간 생명의 시작이 수정 단계에서부터 시작된다고 주장할 수 있다. 반면에 그러한 견해에 반
대하는 극단적인 진영에서는 "수정란은 자의식과 자기동일성을 인식하지 못한다는 점에서 사람의
자격을 갖고 있지 않다. …… 출산 직전의 태아는 매우 작은 시간적 차이만 있을 뿐 하루 전의 태아
와 질적으로 다르지 않다. 출산 직후의 신생아는 출산 직전의 태아와 매우 작은 시간적 차이만이 있
을 뿐 질적으로 다르지 않다. 따라서 자의식과 자기동일성을 인식하지 못하는 신생아는 사람이 아
니다"라고 주장할 수 있다. 또는 산모의 임신기간 중 특정 시기, 예컨대 산모의 몸 밖에서 생존할 수
있는 최소한의 시간을 기준으로 낙태의 허용 여부를 결정지으려는 시도 또한 미끄러운 비탈길의 오
류에 속한다고 볼 수 있다. 과학과 의료기술의 발달은 태아가 산모의 몸을 떠나 인큐베이터 안에서
생존할 수 있는 시기를 점점 앞당기고 있기 때문이다.

③ 따라서 (적어도 무고한) 인간을 죽이는 것은 도덕적으로 정당화될 수 없다.

④ 동물들 중 (적어도) 일부는 인간과 마찬가지로 인격체의 속성을 가진다.

⑤ 따라서 (적어도 인격체로 간주되는 무고한) 동물을 죽이는 것은 정당화될 수 없다.

〈논증 4〉 식물 고통 논증(ⓕ로부터)

① (적어도 현재까지는) 식물을 음식으로 먹거나 실험 등으로 이용하는 데 어떠한 도덕적 문제도 제기하지 않는다.

② 동물과 식물은 모두 생명체라는 점에서 동등하다.

③ 따라서 동물을 음식으로 먹거나 실험 등으로 이용하는 데 어떠한 도덕적 문제도 제기할 수 없다.

여기서 '인격체 논증'과 "논증 4: 식물 고통 논증"이 직접적으로 말하려는 것을 간략히 정리하면 다음과 같다.

[인격체 논증]

"인간과 인간 아닌 동물(nonhuman animal) 모두가 [비록 정도(degree)의 차이는 있다고 하더라도] '인격체의 속성'을 가지고 있다면, 그 둘을 차별하거나 다르게 처우할 수 없다."

[논증 4] 식물 고통 논증

"만일 식물과 동물 모두가 (비록 정도의 차이는 있다고 하더라도) '생명체의 속성'을 가지고 있다면, 그 둘을 차별하거나 다르게 처우할 이유가 없다."

결국, 두 논증 모두는 어떤 속성, 즉 "인격체의 속성과 생명체의 속성"을 동물(또는 식물)에게 귀속시킴으로써 인간과 인간 아닌 동물의 그리고 동물과 식물의 차이를 제거하고 있다. 게다가 논란의 여지가 있는 '인격체의 속성'이나 모든 생명체에게 적용할 수 없는 '고통'보다는 '생명체 그 자체의 속성'이 수용하기에 더 안전하고 굳건한 근거인 듯이 보인다.[13] 만일 그렇다면, 논증 4로부터 도출할 수 있는 결론은 모순(contradiction)을 함축하는 듯하다. 말하자면, 인간은 "(자신의 의지에 따라) 동물과 식물 모두를 이용할 수 있거나 이용할 수 없다." 달리 말하면, 만일 인간에게 식물을 (음식으로 먹거나) 실험 대상으로 활용하는 것이 허용된다면 동물 또한 (음식으로 먹거나) 실험 대상으로 활용하는 것이 허용되어야 한다. (역으로 말하면, 만일 인간에게 동물을 (먹거나) 실험 대상으로 활용하는 것이 허용될 수 없다면, 식물 또한 (먹거나) 실험 대상으로 활용하는 것이 허용될 수 없다.)

둘째, 비슷한 측면에서 논증 4는 "미끄러운 비탈길의 논증"에 의존하고 있다. 미끄러운 비탈길의 논증은 일단 우리가 어떤 방향으로 한 발자국 내딛게 되면, 미끄러운 비탈길에 서게 되어 우리가 가기를 원했던 것보다도 더 미끄러져 가게 된다는 것이다. 인격체 논증에 대한 싱어의 말을 들어보자.

"미끄러운 경사길 논증은 어떤 맥락에서는 소중한 경고로 기능할 수도 있다. 그러나 엄청난 의미를 가지는 것은 아니다. 이 장에서 내가 주장하고 있듯이, 우리가 지금 인간에게 부여하고 있는 특별한 위치가 우리로 하여금 수십억의 감각 있는 존재들의 이익을 무시하게 한다고 믿는다면, 이러한 상황을 교정하려는 시도를 단념해서는 안 된다. 그러한 시도가 근거가 있는

---

13) 이와 같이 한 개체에게 어떤 특유한 속성을 귀속시킴으로써 다른 개체와의 차이를 보이려는 시도는 싱어의 표현을 빌리자면 특정 종을 우대하는 '종족주의(species)'에 해당한다고 볼 수 있다. 그러한 측면에서, 종족주의는 다양한 형태를 가질 수 있다. 예컨대, 한 개체에게 '고통'을 귀속시킴으로써 어떤 권리를 주려는 시도는 '고통 종족주의'로, (데카르트와 같이) 이성을 귀속시킴으로써 권리를 확보하려는 시도는 '이성 종족주의'로 이름 붙일 수 있다. 하지만 이와 같은 종족주의에 의거하여 권리를 확보하려는 시도는 "반례와 예외적인 사례가 있을 수 있고, 귀속 속성이 자의적일 수 있으며, 자연주의의 오류에 속할 수 있으며, 순환논증의 오류를 범하고 있다"는 문제를 갖고 있다.

원칙이 나쁜 통치자에 의해 오용될 수도 있다는 단순한 가능성만으로 그러한 시도를 단념할 필요는 없다."[14]

이와 같은 싱어의 생각을 반영하여 그가 주장한 인격체 논증과 고통(감각) 논증을 미끄러운 비탈길의 논증의 형식에 따라 재구성하면 다음과 같다.

[인격체 논증의 수정 형식]
① 인격체의 속성을 가지고 있는 존재는 생명의 권리를 갖는다.
② 인간은 인격체의 속성을 가지고 있다.
③ (인간 아닌 동물) A는 (인간보다 조금 못한) 인격체의 속성을 가지고 있다.
④ (인간 아닌 동물) B는 (A보다 조금 못한) 인격체의 속성을 가지고 있다.
⑤ ……
⑥ (인간 아닌 동물) n은 (n‐1보다 조금 못한) 인격체의 속성을 가지고 있다.
⑦ 따라서 인간, (인간 아닌 동물) A, B, …… n 모두 생명의 권리를 갖는다.

[고통(감각) 논증의 수정 형식]
① 고통을 느끼는 감각적 존재는 생명의 권리를 갖는다.
② 인간은 고통을 느끼는 감각적 존재다.
③ (인간 아닌 동물) A는 고통을 느끼는 감각적 존재다.
④ (인간 아닌 동물) B는 고통을 느끼는 감각적 존재다.
⑤ ……
⑥ (인간 아닌 동물) n은 고통을 느끼는 감각적 존재다.
⑦ 따라서 인간, (인간 아닌 동물) A, B …… n 모두 생명의 권리를 갖는다.

---

14) 싱어(P. Singer), 『실천윤리학』, 철학과현실사, 1997, p.104

우리는 수정된 형식의 두 논증을 통해 몇 가지 결정적인 문제를 제기할 수 있는 듯이 보인다. (그 문제는 곧바로 논증 4가 보여주고 있는 핵심 문제와 같다.) 예컨대, 고통(감각) 논증에서 "고통을 느끼지 못하는 생명체는 생명의 권리를 갖지 않는가?"라는 문제를 제기할 수 있다. 또한 만일 (적어도 현재까지는 고통을 감각하지 못한다고 알려진) 식물 또한 고통을 느낀다는 것이 확인된다면, 즉 '논증 8-②'가 거짓임이 밝혀진다면, 논증 8의 결론은 부정될 것이다.[15]

인격체 논증 또한 고통(감각) 논증과 사정이 크게 다르지 않다. 말하자면, 인격체의 속성을 가진 존재를 규정하는 미끄러운 비탈길에서 더 이상 미끄러지지 않기 위한 지점인 '(인간 아닌 동물) n'은 굳건한 버팀목인가? 만일 매우 작은 차이 때문에 'n'과 'n-1'이 같은 속성을 갖는다면, 같은 원리로 매우 작은 차이 때문에 'n+1' 또한 같은 속성을 갖는다고 말할 수 있을 것이기 때문이다. 또한 미끄러운 비탈길 논증은 논증 4에서 더 결정적으로 작동하는 듯이 보인다. 식물이 생명체임도 불구하고 인간의 편익을 위해 사용되는 것이 허용될 수 있다면, 동물 또한 인간의 편리와 복지를 위해 사용되는 것이 허용되어야 한다고 주장할 수 있다.

---

15) 고통을 귀속시킴으로써 생명권을 확보하려는 시도에 대한 반례 또는 예외적 사례로 선천성 무통각증 및 무한증(Congenital Insensitivity to Pain with Anhidrosis, CIPA)을 생각해볼 수 있다. 이 질병은 무한증을 수반한 선천성 무통각증으로, 통점·냉점·온점 등의 감각(압력 제외)을 뇌에서 인지하지 못하는 유전성 질환이다. CIPA 환자는 일상생활에서의 피곤함, 허기, 배설 본능, 성욕 등은 정상인과 같이 느끼지만 고통, 뜨거움, 차가움 같은 감각은 인지하지 못한다. 두뇌로 감각을 전달하는 신경세포가 NTRK1 유전자의 변이에 의해 생성되지 않을 때 병이 생긴다. 만일 고통 논증이 통증을 감각할 수 있는가에만 의존할 경우, 이 질병을 앓고 있는 사람들은 생명권을 갖지 않는다고 보아야 할 것이다. 하지만 이와 같은 결론은 직관적으로 수용할 수 없을뿐더러 괴이하기까지 하다는 것을 알 수 있다.

5. 허용 가능한 동물실험의 조건

동물실험의 3원칙(3Rs)

• 대체(Replacement)

• 최소화(Reduction)

• 정교화(Refinement)

우리는 동물실험과 동물 살생에 관한 앞선 논의들을 통해 동물실험(살생)을 정당화하려는 일련의 시도들과 그것에 반대하는 논증들을 살펴보았다. 그것들을 검토하는 과정에서 어떤 이는 (적어도 논리적 또는 이론적으로) 동물실험(살생)을 반대하는 입장을 지지하는 것이 더 합당하다고 생각할 수 있다. 반면에, 다른 사람은 (비록 논리적 또는 이론적으로는) 동물실험(살생)을 반대하는 것이 더 합리적이라고 하더라도 현실적인 측면에서 동물실험(살생)의 불가피함을 주장할 수도 있을 것이다.[16] 의학을 포함한 과학 연구와 실험에서 아직까지 인간

---

16) 실험동물의 역사: 동물에 대한 해부와 실험의 기원은 고대 그리스 시대로 거슬러 올라간다. 히포크라테스(Hippocrates, B.C. 460?~B.C. 377?)는 동물 해부를 통해 생식과 유전을 설명했고, 아리스토텔레스(Aristoteles, B.C. 384~B.C. 322) 역시 동물을 관찰하여 해부학과 발생학을 발전시켰다. 2세기 로마의 외과의사였던 갈레노스(Claudios Galenos, 129~199)는 원숭이, 돼지, 염소 등을 해부하여 심장, 뼈, 근육, 뇌신경 등에 대한 의학적 사실을 규명한 것으로 유명하다. 16세기 베살리우스(Andreas Vesalius, 1514~1564)에 의해 인체해부학이 발전하기 전까지 동물 해부 연구는 의학에서 가장 중요한 토대였다. 동물실험이 독성학, 생리학 등의 분야에서 본격적으로 활용된 것은 19세기 이후다. 1860년대에 근대 실험의학의 시조로 불리는 프랑스의 생리학자 클로드 베르나르(Claude Bernard, 1813~1878)는 특정한 물질이 인간과 동물에게 미치는 영향은 정도의 차이만 있을 뿐 동일하기 때문에 동물에 대한 실험이 독성학과 인간위생학에서 확실한 증거로 활용될 수 있다고 주장함으로써 동물실험을 생리학 분야의 표준적인 연구 방법으로 확립시켰다. 비슷한 시기에 이루어진 파스퇴르(Louis Pasteur, 1822~1895)의 탄저병 연구와 백신 실험에도 양 등을 활용한 동물실험이 기초가 되었다. 한편, 1900년경에 러시아의 생리학자 이반 파블로프(Ivan P. Pavlov, 1849~1936)는 개의 식도에 관을 삽입해서 타액이 입 밖으로 나오도록 수술한 뒤에 조건반사(conditioned reflex) 실험을 한 것으로 유명하다. 이렇게 동물실험이 의학과 생물학을 진보시키는 데 필수적인 과학적 방법으로 자리 잡는 동안 동물실험을 반대하는 사람들도 늘어갔다. 베르나르의 실험을 가장 가까이에서 지켜본 가족과 조수들은 열성적으로 동물실험에 반대했는데, 베르나르의 부인인 마리 프랑수아 마

을 대상으로 하는 임상실험을 하기에 앞서 동물실험을 대체할 수 있는 안전한 대상과 확실한 방법이 없다는 점에서 동물실험은 피할 수 없는 선택이라는 것이다. 이러한 생각처럼 만일 (적어도 현재까지는) 동물실험을 수행하는 것이 불가피한 것이라면, 실험의 대상이 되는 동물의 피해를 최소화하는 방식을 택해야 할 것이다.

아래의 글은 신약과 화장품 개발을 위한 동물실험을 금지해야 한다고 주장하고 있다. 그리고 그와 같은 주장을 뒷받침하기 위해 몇 가지 근거를 제시하고 있다. 우선, 〈분석적 요약〉을 통해 아래 글의 논증을 구성해보자. 다음으로, 구성된 논증의 근거들로부터 불가피하게 동물실험을 수행해야 할 경우, 어떠한 원칙과 방식에 따라 동물실험이 이루어져야 하는지에 대해 생각해보자.

생물시간에 동물을 가지고 실험하게 되면 학생들이 동물을 일종의 소모품으로 여겨 하찮게 생각하게 된다. 또한 최근 연구에 따르면 이런 동물을 공급하는 업체들은 동물의 고통에 별로 신경을 쓰지 않는다. 실험 방법과 절차를 정교하게 만듦으로써 실험에 이용되는 동물의 고통을 줄일 수 있는 방법이 있음에도 불구하고 비용을 줄이기 위해 동물이 느낄 고통에 무관심하다는 것이다. 또한 현재의 동물실험은 더 정확하고 확실한 결과나 데이터를 얻는다는 이유로 필요한 정도를 넘어서는 실험이 수행되고 있

르탱(Marie Françoise Martin)은 1883년에 프랑스 최초로 동물생체해부반대협회를 설립했다. 다윈(Charles Darwin, 1809~1882)도 동물실험에 마음의 갈등을 느낀 것으로 유명한데, 그의 주도하에 1876년 최초로 동물실험을 규제하는 동물학대법(Cruelty to Animals Act)이 제정되었다. 다윈은 생리학 분야에서 동물실험이 실제로 유용할 수 있다는 점은 인정했지만, 끔찍한 동물실험이 정당화될 수는 없다고 보았다. 1900년대 초에는 런던대학의 베일리스(William Maddock Bayliss, 1860~1924) 교수의 심리학 실험실에서 갈색 테리어 개를 해부한 실험의 합법성을 두고 의대생들과 동물생체해부 반대자들 사이에서 논쟁이 벌어졌다. 이후 동물생체해부 반대자들이 죽은 개를 기리는 동상을 세우면서 동물실험 찬성과와 반대파 사이의 갈등이 수년간 계속되었고, 이 갈색개 사건(brown dog affair)을 계기로 동물실험을 둘러싼 문제들이 대중적으로 알려지게 되었다. 장하원 블로그 참조. http://m.blog.daum.net/chkim0921/6593347

다. 게다가 지금은 해부를 통해 배울 수 있는 것을 컴퓨터 시뮬레이션을 통해서도 배울 수 있다. 따라서 이런 모든 이유에 비추어보았을 때, 이제 더 이상 생물시간에 동물을 가지고 실험을 해서는 안 된다.

　그런데 동물실험이 가장 빈번하게 일어나고 있는 곳은 신약과 화장품을 개발하는 의약 회사와 화장품 회사다. 그러므로 신약이나 화장품을 개발하기 위한 동물실험은 금지되어야 한다.

〈분석적 요약 예시〉

[1단계] 문제와 주장

　〈문제〉
　동물실험은 허용될 수 있는가?

　〈주장〉
　동물실험은 금지되어야 한다.

[2단계] 핵심어(개념)

　사육: 도살을 위해 동물을 기르는 행위

[3단계] 논증 구성

　〈숨은 전제(기본 가정)〉
　없음

　〈논증〉
　P_1. 생물시간에 동물을 가지고 실험하게 되면 학생들이 동물을 일종의 소모품으로 여기게 된다.
　P_2. 실험동물을 공급하는 업체들은 동물의 고통에 별로 신경을 쓰지 않는다.
　P_3. 더 정확한 결과와 데이터를 얻을 수 있다는 이유로 결과를 도출하기 위해 필요한 실험보다 많은 동물실험이 이루어지고 있다.
　P_4. 현재는 해부를 통해 배울 수 있는 것을 컴퓨터 시뮬레이션을 통해서도 배울 수 있다.
　P_5. 불필요한 고통(살생)을 주는 것은 정당하지 않다.
　C_1. 생물시간에 동물을 가지고 실험해서는 안 된다.
　P_6. 동물실험이 가장 빈번하게 일어나고 있는 곳은 신약과 화장품을 개발하는 의약 회사와 화장품 회사다.
　C_2. 신약이나 화장품을 개발하기 위한 동물실험은 금지되어야 한다.

[4단계] 함축적 결론

　〈맥락(배경, 관점)〉
_____

　〈숨은 결론〉
_____

　여기서 (신약과 화장품 개발을 위한) 동물실험에 반대하는 주장을 뒷받침하는 중요한 3가지 근거는 다음과 같다.

> P₂. 실험동물을 공급하는 업체들은 동물의 고통에 별로 신경을 쓰지 않는다.
>
> P₃. 더 정확한 결과와 데이터를 얻을 수 있다는 이유로 결과를 도출하기 위해 필요한 실험보다 많은 동물실험이 이루어지고 있다.
>
> P₄. 현재는 해부를 통해 배울 수 있는 것을 컴퓨터 시뮬레이션을 통해서도 배울 수 있다.

　만일 이와 같은 분석이 옳다면, 결국 동물실험을 불가피하게 수행하더라도 위 논증의 P_2~P_4를 피하거나 줄이는 방식을 채택해야 한다는 결론을 도출할 수 있을 것이다.

> C₂′. 실험의 대상이 되는 동물의 고통을 최소화해야 한다.
>
> C₃′. 필요 이상의 동물실험을 수행해서는 안 된다.
>
> C₄′. 동물실험을 대체할 수 있는 방법이 있을 경우 동물을 희생시키는 대신에 그 방법을 채택한다.

이미 짐작했겠지만, 위의 C_2'~C_4'는 동물실험의 3원칙(3Rs)을 가리키고 있다. 미리 말하자면, C_2'는 정교화의 원리를, C_3'는 최소화의 원리를, 그리고 C_4'는 대체의 원리를 가리키는 명제라고 할 수 있다.

1) 동물실험 3원칙(3Rs)

동물실험의 3원칙으로 알려진 '3Rs'는 지난 50년간 동물 관련 과학의 연구 수행에 있어 심도 있게 고려될 수 있는 윤리 원칙으로 폭넓게 받아들여져 왔다. '3Rs'의 개념을 러셀(W. Russel)과 버크(R. Burch)의 개념 설명에 따라 정리하면 다음과 같다.[17]

- 대체(Replacement): 살아있고 의식이 있는 척추동물을 이용하는 동물실험을 체외배양기술 또는 컴퓨터 시뮬레이션 같은 방법으로 대체함으로써 동물실험에 있어서 실험에 이용되는 동물의 고통을 최소화하는 것을 말한다.
- 최소화(Reduction): 동물을 이용한 실험에서 정교한 실험 절차를 통해 필요한 동물의 수를 최소한으로 줄이는 것을 말한다. 즉, 과학적으로 의미 있는 정확성과 충분한 양의 정보를 확보하는 데 이용되는 실험동물의 수를 최소화해야 한다는 것이다.
- 정교화(Refinement): 실험의 정교함과 정밀함을 높임으로써 실험으로 인해 동물에게 초래되는 고통을 줄이는 것을 말한다. 즉, 동물실험에서 불가피하게 동물에게 가해지는 비인도적인 실험방법과 절차의 가혹

---

17) William Russel & Rex Burch, "The Principle of Humane Experimental Technique", 1959 참조.

정도를 감소시키는 모든 연구절차의 개발을 가리킨다. 동물실험에 앞서 동물의 생물학적 욕구를 알고 적절한 사육 및 환경 조건을 이행하는 것이 중요하다.

　러셀과 버크의 동물실험 3원칙의 개념을 좀 더 자세히 살펴보자. 우선, 동물실험 '대체의 원칙'은 동물실험의 대안으로 무생물을 사용하는 시스템의 이용을 말한다. 예컨대, 지각력이 있는 동물을 지각력이 낮은 동물로 대체하거나 세포 및 조직 배양법 등을 이용하는 것도 포함할 수 있다. 생물학 기초 원리의 연구를 위해 동물을 광범위하게 사용하는 연구자들은 동물의 생리기능과 생화학적 기제가 사람과 유사한 동물을 이용하려고 할 것이다. 하지만 기초적이고 기본적인 생리작용은 무척추동물을 포함하여 거의 모든 생물체에서 동일하게 나타난다. 만일 그렇다면, (공리주의적 관점에서도) 고통의 총량을 줄인다는 측면에서 (쾌고감수 같은) 지각능력이 높은 동물을 대체하는 수단으로 지각능력이 낮은 하등동물을 사용하는 것을 고려해볼 수 있을 것이다. 또한 일반적이고 보편적인 생리학적, 생화학적 그리고 해부학적 현상은 빅 데이터와 컴퓨터 시뮬레이션 같은 기술을 활용하여 동물실험을 대체할 수 있는 가능성도 열려 있다. 의학 교육 및 훈련에 있어 대체의 원칙은 동물실험을 대신할 다양한 재료와 기술을 활용하는 것이라고 할 수 있다.

　둘째, 동물실험 '최소화의 원칙'은 실험으로부터 얻을 수 있는 유용한 정보의 손실 없이 실험을 위해 이전에 사용되었던 동물의 개체 수를 줄이는 것을 의미한다. 이것은 적절한 실험 설계, 유전적으로 균일한 동물의 사용, 실험 조건의 엄격한 관리 등을 통해 실험에 대한 예측 가능한 변수를 줄임으로써 실험동물의 개체 수를 줄일 수 있다. 또한 실험의 불필요한 중복을 방지하기 위해 실제 실험에 앞서 문헌자료를 철저히 검색하는 것이 매우 중요하다. 이것을 간략히 정리하면 다음과 같다.

① 사용할 동물(시험군 및 대조군 모두)의 적절한 수를 확인해야 한다.
  – 연구 시작 전에 연구의 통계학적 설계가 면밀하게 검토되어야 한다.
  – 필요한 경우에는 통계전문가의 자문을 받아야 한다.
② 적절한 자료 수집 및 분석을 통해 정확한 실험설계를 해야 한다.
③ 모든 연구 관련 절차 및 주변 절차의 표준화를 확증해야 한다.

마지막으로, 동물실험의 '정교화 원칙'은 실험동물의 개체수 최소화, 실험동물의 대체, 그리고 실험동물의 고통(통증과 스트레스)을 감소시키기 위해 실험과 관련된 환경과 절차 등을 변경하거나 개선하는 것을 의미한다. 예컨대, 동물 관리 방법과 환경을 개선함으로써 실험동물의 복지를 향상시킬 수 있다.

9장

의무의 충돌: 충분한 설명에 근거한 자발적 동의와 진실 말하기

(Informed Consent & Truth Telling)

인간을 대상으로 하는 의학 실험과 의료에서 실험에 참여하는 피험자와 진료를 받는 환자에게 '충분한 설명에 근거한 자발적 동의(informed consent)'를 얻어야 한다는 것은 의학과 인간을 대상으로 하는 실험에 참여하는 연구자에게는 반드시 지켜야 할 준칙 같은 원리라고 할 수 있다. 하지만 오늘날에는 너무나 당연한 것으로 받아들여지고 있는 이 원리가 아무런 논의나 희생 없이 정착된 것은 아니다. 또한 우리 대부분은 어떠한 경우에도 환자에게 거짓말을 해서는 안 되며 진실을 말해야 한다고 생각한다. 하지만 우리는 어떤 경우에는 소위 '하얀 거짓말(white lie)'을 수용해야 한다고도 생각한다.

이번 장에서 논의하고자 하는 것은 이렇다. 먼저 '충분한 설명에 근거한 자발적 동의'의 역사적 배경과 논리적 구조를 분석함으로써 현대의학과 의료에서 이 원리가 갖고 있는 의미가 무엇인지 고찰할 것이다. 다음으로 이 원리를 구성하고 있는 두 요소인 '충분함'과 '자발성'에 대해 제기될 수 있는 문제들을 살펴볼 것이다. 마지막으로 우리가 진실을 말할 때 충돌하거나 경쟁할 수 있는 원칙이 무엇인지를 탐구함으로써 인간을 대상으로 하는 의학 실험과 의료에서 지켜져야 할 도덕적 자세가 무엇인지를 스스로 탐구하고 분석할 수 있는 길을 제시해볼 것이다.

1. 충분한 설명에 근거한 자발적 동의(Informed Consent)

인간을 대상으로 하는 실험과 관련하여 의학자의 윤리적 문제가 크게 대두된 대표적인 사건 중 하나로 1972년에 폭로된 '터스키기 매독 연구(Tuskegee syphilis experiment)'가 있다. 이 사건은 국가의 암묵적인 승인하에 이루어진 비윤리적인 연구 활동이라는 점에서 특히 논란이 되었지만, 실험에 참가한 피험자에게 실험의 위험성을 고의로 알리지 않은 채 연구가 수행되었다는 점에서 피험자가 위험성에 대한 충분한 정보를 갖지 못한 상황에서 이루어지는 실험이 갖는 도덕적 위험성을 보여주는 사례이기도 하다. 아래의 글은 터스키기 매독 연구의 전말을 보여주고 있다.

> 미 연방정부 산하 공중보건국(Public Health Serveice) 성병 소속 의사들은 1932년 매독의 치료와 자연적인 경과 과정에 관해 연구하기 위해 메이콘 카운티 지역 내에서 매독에 걸린 399명의 흑인을 실험군으로 하고 200명의 건강한 흑인 남자를 대조군으로 선정하여 '터스키기 매독 연구'라고 칭해진 실험을 개시했다. 이 흑인들은 가난하고 대개가 문맹인 소작인들이었고, 자신들이 무슨 병에 걸렸는지 알지 못하고 있었다. 단지 그들은 의사들에게서 자신들이 '나쁜 피'를 가지고 있다고만 들었고, 자유로이 해당 병원에 가

서 치료를 받을 수 있고, 하루에 한 끼 따뜻한 식사를 대접받을 수 있다는 데 순순히 정기적인 검사 요구에 응했다. 또한 사망 시에는 장례비로 50달러를 받을 수 있다고 들었다. 피험자들은 사망 후 부검에 응해야 했지만, 이에 관해서는 결코 듣지 못했다. 그 병의 치명적인 진행 과정을 관찰하기 위해 많은 환자들에게 거짓으로 위약(placebo) 치료를 실시했다. 1934년에 첫 번째 임상 데이터가 공개되었고, 1936년에 첫 번째 주요 보고서가 발표되었다. 이것은 비밀스런 연구가 아니었고, 연구 전 진행 과정에 걸쳐 여러 논문이 발표되었다. 1947년경 페니실린이 매독을 위한 표준 치료제가 되었기에 성병을 말소하라는 국가적인 캠페인이 메이콘 카운티에도 이르렀지만, 의사들은 피험자들이 거기에 참여하지 못하게 했다. 페니실린 발견 이전에 매독은 흔히 만성적이고 고통스러우며 치명적인 합병증으로 이끌곤 했다. 실험을 주도하던 의사들은 매독에 걸린 피험자들을 페니실린으로 치료하여 연구를 끝내려 하지 않고, 순전히 어떻게 그 병이 퍼지고 죽음에 이르게 하는지 연구하기 위해 페니실린이나 페니실린에 대한 정보를 차단시켜버린 것이다. 그래서 참가자들은 메이콘 카운티 지역의 다른 사람들은 참가했던 매독 치료 프로그램에도 접근할 수 없었다. 또한 제2차 세계대전 중에는 징병된 250명의 남자가 매독 판정을 받고 치료 명령이 내려졌지만, 공중보건국은 그들을 면제시켜버렸다. 이 연구는 1972년까지 계속되었고, 한 연구자가 이에 대해 언론에 고발함으로써 장장 40여 년에 걸친 터스키기 매독 연구는 막을 내리게 되었다. 연구가 끝난 1972년에 피험자들 중 784명만이 살아있었다. 28명이 직접 매독으로 인해 사망했고, 100명이 합병증으로 죽었다. 40명의 부인이 감염되었고, 19명의 아이가 선천성 매독을 지니고 태어났다.[1]

---

1) 홍경남, 『과학기술과 사회윤리』, 철학과현실사, 2007, p.215-216 재인용.

충분한 설명에 근거한 자발적 동의(informed consent)는 임상진료와 인간을 대상으로 하는 연구 영역에서 매우 중요한 개념이다. 위에서 언급한 예에서 알 수 있듯이, 충분한 설명에 근거한 자발적 동의의 개념은 특히 인간을 대상으로 하는 연구에서 의료정보와 결정권에서 상대적으로 취약한 피험자를 대상으로 하는 비자발적이고 비윤리적인 연구로부터 초래되는 피험자 또는 환자들의 위험을 방지하고 그들의 이익을 보호하기 위한 노력으로 발전했다고 할 수 있다. 의학에서 충분한 설명에 근거한 동의에 관한 문제는 크게 '임상진료 영역'과 '연구 영역'으로 구분하여 생각해볼 수 있다. 그것을 간략히 정리하면 다음과 같다.

- 임상진료 영역: 의료 중재의 특성, 예견되는 결과와 위험 그리고 가능한 대안들에 대한 정보의 공개와 그것에 대해 환자가 **충분히 이해**할 것 등을 요구한다.
- 연구 영역: 환자 또는 피험자가 위험을 판단하고 자신에게 초래될 수 있는 위험을 최소화할 수 있는 기회를 제공할 뿐만 아니라 자신의 신체에서 이루어질 의료 서비스 및 실험을 자율적으로 결정함으로써 **자기결정권**을 행사할 수 있도록 한다.

충분한 설명에 근거한 자발적 동의는 적어도 현대에는 의학을 포함하여 인간을 대상으로 하는 과학 실험 전반에 있어 반드시 지켜야 할 기본 원리로 자리매김한 듯이 보인다. 하지만 이 개념은 서구사회에서조차 1960~70년대를 거치면서 점진적으로 어렵게 정착되었다는 점을 떠올릴 필요가 있다. 말하자면, 이 개념은 지금은 너무도 당연해서 반드시 준수해야 할 한 가지 원칙으로 받아들여지지만, 지난 과거를 돌이켜보았을 때 항상 그렇지는 않았다는 것이다. 따라서 충분한 설명에 근거한 자발적 동의가 학문적인 이론적 차원에서뿐만 아니라 의료와 실험 현장의 실천적 차원에서 준수해야 할 원칙으로 자리매김하기 위해서는 역사적 탐구와 논리적 의미를 비롯한 많은 논의와 적극적인 노력이 이루어져야 한다.

충분한 설명에 근거한 자발적 동의에 관한 논의가 제2차 세계대전이 연합국의 승리로 종결된 후 전후 처리 과정에서 이루어진 뉘른베르크 전범 재판을 계기로 본격적으로 이루어졌다는 것은 이미 잘 알려진 사실이다. 재판의 결과로 얻어진 뉘른베르크 강령(The Nuremberg Code, 1947)은 인간을 대상으로 하는 실험이 허용될 수 있는 조건들과 피험자가 그 실험에 자발적으로 참여하기 위한 세부적인 필요조건들을 현대적인 의미에서 최초로 제시했다는 데 큰 의미가 있다. 뉘른베르크 강령에서 제시한 규범과 인체 실험에 대한 반성은 제18회 세계의사협회 총회에서 발표된 헬싱키 선언(Declaration of Helsinki, 1964)에서 더 구체화되었으며, '인간 존중', '선행' 그리고 '정의'의 3가지 윤리적 원칙을 제시하고 있는 벨몬트 보고서(Belmont Report, 1978)에 이르러 인간을 대상으로 하는 연구와 실험에서 준수해야 할 필수적인 윤리 지침을 마련하게 된다.[2] 이와 같은 일련의 부단한 노력은 의학 연구자의 인체 및 인간을 대상으로 하는 실험에 대한 윤리규범을 더 구체적으로 제시하고 명문화했다는 데 큰 의의가 있다.

현대 의사들과 과학자들은 인간을 대상으로 하는 실험에서 충분한 설명에 근거한 자발적 동의를 통해 실험이 수행되어야 한다는 것을 충분히 이해하고 있을 뿐만 아니라 적어도 겉으로 보기에 그 준칙을 잘 준수하고 있는 듯이 보인다. 하지만 앞서 보았듯이, 이와 같은 생각이 처음부터 확고하게 지켜지고 준수된 것은 아니며, 인간을 대상으로 하는 실험에 대한 윤리적 기준을 제시한 뉘른베르크 강령, 헬싱키 선언, 벨몬트 보고서 등과 같은 일련의 준칙

---

2) 같은 책, pp.210-221

또한 아무런 대가 없이 그리고 치열한 논의 없이 얻어진 것이 아니다. 뉘른베르크 재판에서 나치 의사들이 자신들의 무죄를 입증하기 위해 제시한 다음의 논거를 분석함으로써 '충분한 설명에 근거한 자발적 동의'가 어떠한 도덕적 구조와 함의를 갖고 있는지 살펴보자.

2. 뉘른베르크 강령(The Nuremberg Code, 1947)에 대한 논리적 분석

제2차 세계대전의 종전 후 1946년 11월 9일 뉘른베르크 정의의 전당(the Palace of Justice) 법정에서 23명의 나치 의사들이 전쟁 범죄와 인간성에 대한 범죄의 이유로 기소된 재판이 진행되었다. "나치 의사들에 대한 재판(The Case against the Nazi Physicians)"으로 알려진 이 재판은 1947년 8월 20일에 이르러서야 완결되었다. 23명의 피고인 중 15명은 유죄판결을 받았으며, 그중 7명은 교수형에 처해졌다.

'충분한 설명에 근거한 자발적 동의'에서 자발성(voluntariness)의 요건은 인간이 위험한 실험에 자신의 몸을 내맡길 수 있음을 인정하고 주어진 것이다. 뉘른베르크 재판에서 나치 의사들은 피험자의 자발적 동의가 법적으로 인체실험을 허용하는 데 필수적인 것일 경우 자신들이 항변할 여지가 없음을 잘 알고 있었다. 그래서 그들은 의학의 역사에서 자발적 동의가 없는 숱한 실험들이 있었음을 강조한 것이다. 그들이 뉘른베르크 재판에서 자신들을 변론하기 위해 제시한 주요 논증을 정리하면 다음과 같다.

[뉘른베르크 재판에서 나치 의사를 위한 변론의 핵심][3]

① 전쟁이라는 국가적 위급 상황에서 (인체)실험은 필수적인 것이었다. 군대와 시민의 생존은 인간 실험으로부터 도출되는 과학적이고 의학적인 지식에 의존할 수 있다. 극한의 상황은 극한의 행위를 요구한다.

② 죄수를 실험 대상으로 사용하는 것은 보편적으로 수용되어왔다. 변호인은 특히 미국 교도소에서 수행된 인간 실험을 강조하면서 세계적으로 죄수를 인간 실험의 대상으로 삼은 예를 제시했다.

③ 인간 실험에 활용된 죄수는 이미 사형이 구형된 사람들이었다. 따라서 인간 실험에 포함된 죄수는 사형 집행을 금지하고 자신의 생명을 유지함으로써 실제로 그가 가진 최상의 이익(interest)을 제공했다.

④ 실험 대상은 군대 수뇌부(국가) 또는 죄수들 스스로에 의해 선정되었다. 따라서 의사 개인은 실험 대상을 선정한 행위에 대해 책임이 없다.

⑤ 전쟁 기간 동안 사회의 모든 구성원은 전쟁의 승리를 위해 기여해야 한다. 군대, 시민 그리고 감금된 죄수 또한 전쟁의 승리를 위해 기여해야 한다.

⑥ 인간 실험을 수행한 독일(나치) 의사들은 단지 독일법을 따랐을 뿐이다.

⑦ 인체 실험 윤리에 대한 어떠한 보편적인 규준(standard)도 없다. (윤리)규준은 시간과 장소에 따라 다양하다[도덕 상대주의(moral relativism)] 변호인은 전 세계적으로 수행된 인간 실험을 포함하는 60쪽에 달하는 보고서를 제시했다. 그 실험들 중 대다수는 자발적 동의가 이루어졌는지 의심스런 상황에서 심각한 결과를 초래했으며, 대부분 과학의 진보를 위한 자료를 축적할 필요성에 근거한 정당화를 주장하고 있다.

⑧ 만일 (나치) 의사들이 그와 같은 인간 실험에 참여하지 않았다면, 그들

---

3) George J. Annas & Michael A. Grodin, *Nazi Doctors and The Nuremberg Code*, pp.132-133

은 생명의 위협을 받았을 것이고, 최악의 경우 죽임을 당했을 것이다
(강요에 의한 행위). 게다가 만일 (나치) 의사들이 스스로 의학 실험을 수행
하지 않았다면, 숙련되지 않은 비전문가가 수술과 의학 실험을 수행했
을 것이고, 그것은 더 큰 해악을 낳았을 것이다.

⑨ (독일) 정부가 인간 실험의 필요성을 결정했다. (나치) 의사들은 단지 (독
일) 정부의 명령에 따랐을 뿐이다.

⑩ 다수를 구하는 더 큰 선(good)을 위해 소수를 죽이는 작은 악(evil)을 감
수해야 하는 경우가 있다. 변호인은 전쟁 중 미국과 영국이 일본에 대
항하기 위해 나치의 인간 실험으로부터 얻어진 데이터를 이용한 증거
를 제시하며 그 인간 실험은 유용한 것이었다고 주장했다.

⑪ 죄수들이 인간 실험에 참여하기로 동의한 것은 암묵적인 것이었다. 실
험 대상자(죄수)들이 실험 참여에 동의하지 않는다는 그 어떠한 진술도
없기 때문에 그들의 분명한 동의가 있었다고 추정할 수 있다.

⑫ 인간 실험을 수행하지 않고서는 과학과 의학을 발전시키고 진보시킬
어떠한 방법도 없다.

위에 제시한 나치 의사들의 변호인이 개진한 12개 주요 변론은 일부 중복
되는 내용이 있다. 중복되거나 반복된 내용을 정리하여 나치 의사들이 무죄
를 주장하기 위해 개진한 12개 주요 변론에서 쟁점이 되는 3가지 중요한 핵
심 문제가 무엇인지 밝혀보고, 그것을 기초삼아 논증을 구성해보자.

[3가지 주요 문제]

ⓐ 〈＿＿＿＿＿＿＿＿＿＿＿＿＿＿〉의 문제: ①, ③, ⑧, ⑩, ⑫로부터

ⓑ 〈＿＿＿＿＿＿＿＿＿＿＿＿＿＿〉의 문제: ④, ⑤, ⑥, ⑧, ⑨로부터

ⓒ 〈＿＿＿＿＿＿＿＿＿＿＿＿＿＿〉의 문제: ③, ⑦, ⑪로부터

[논증 구성]

P₁. _____

P₂. _____

P₃. _____

P₄. _____

P₅. _____

P₆. _____

……

C. 나치 의사들은 (법적 · 도덕적으로) 죄가 없다.

나치 의사들을 위한 12개 핵심 변론에서 "①, ③, ⑧, ⑩, ⑫"는 공통적으로 "인체 실험이 공리적인 측면에서 이익"이 있었다고 주장하고 있다. 다음으로 "④, ⑤, ⑥, ⑧, ⑨"는 나치 의사들의 인체 실험은 그들 스스로 선택했거나 자발적으로 수행한 것이 아니라, 정부의 결정과 선택에 의해 '비자발적'으로 또는 '수동적'으로 받아들였다는 점을 강조하고 있다. 마지막으로 "③, ⑦, ⑪"은 인간을 대상으로 하는 실험은 당시에는 일반적으로 수행되어왔고 윤리적인 논의나 제한이 없었다고 주장하고 있다. 만일 이와 같은 분석이 옳다면, 결국 나치 의사들을 위한 변론에서 쟁점이 되는 3가지 주요 문제는 다음과 같은 것이다.

- 공리주의(utilitarianism)의 문제: 공리주의적 해결방법을 수용할 수 있는가?
- (조직에 대한) 충심(loyalty)과 복종의 문제: 조직의 명령은 항상 옳은가, 또는 그 명령에 복종해야 하는가?
- 관례(convention)에 의거한 행위 정당화의 문제: 오랜 기간 암묵적으로 지속된 행위는 항상 수용될 수 있는가?

만일 이와 같은 분석이 옳다면, 우리는 뉘른베르크 전범 재판에서 나치 의사들을 위한 변론의 3가지 쟁점 문제들을 검토함으로써 그들의 변론(주장)이 설득력이 있는지를 평가할 수 있을 것이다.

1) 공리주의에 의거한 의사결정의 문제

공리주의(utilitarianism)는 18세기 영국에서 발전한 철학적/윤리적 개념이다. 이미 잘 알고 있듯이, 공리주의는 영국의 철학자이자 법학자였던 벤담(J. Bentham)과 밀(J. S. Mill)에 의해 발전했다. 공리주의는 영국과 미국의 자유주의적 입법에 크게 영향을 미쳤으며, 아마도 우리가 어떤 행위를 할 것인가를 결정할 때 가장 일반적으로 적용하는 도덕 원리이기도 할 것이다. 공리주의는 서구문화에서 그리고 현대사회에서 가장 강력하고 설득력 있는 도덕철학 중의 하나임에 분명한 것 같다.

공리주의가 채택하는 유일한 보편성은 단지 제1 원리인 '효용의 원리(principle of utility)'뿐이다. [달리 말하면, 벤담(J. Bentham)의 "최대 다수의 최대 행복의 원리(the greatest happiness principle)"] 효용의 원리에 따라 행복과 쾌락을 극대화시키는 행위를 택해야 한다고 할 때 중요한 문제는 그 대상이 "누구인가?"라는 것이다. 이 질문은 중요한 의미를 지닌다. 만일 그 대상이 어떤 결정과 행위의 영향을 받을 모든 사람일 경우 우리는 그러한 이론을 '공리주의'라 부르며, 개인일 경우에는 '윤리적 이기주의(ethical egoism)'라고 부른다.[4] 공리주의자에게 있어

---

4) 공리주의의 원리와 종류를 간략히 정리하면 다음과 같다. 임종식, 『생명의 시작과 끝』, 로뎀나무, 1999 참조.

[쾌락적 공리주의(hedonistic utilitarianism)]
주어진 상황에서 선택 가능한 행위 중 그 행위들에 영향을 받을 모든 사람의 쾌락을 극대화시킴으로써 그들 모두에게 최대의 행복을 안겨주는 행위를 선택해야 할 의무가 있다.

인간의 복지는 유일한 선(good)이다. 이기주의가 오직 자신의 행복에만 관심을 갖고 그것을 추구하는 반면에 공리주의는 자신의 복지와 더불어 타인의 복지 또한 중요한 가치로 삼고 있다는 것을 파악하는 것은 중요하다. [엄밀히 말해서, '나'의 공리와 '타인'의 공리에는 그 어떠한 (질적인) 차이도 없다.]

〈효용의 원리〉

- 최대의 효용을 산출하거나 또는 적어도 다른 행위(또는 규칙)보다 더 큰 효용을 산출하는 행위는 (도덕적으로) 옳다.
- 주어진 상황에서 선택할 수 있는 행위 중 A를 선택할 경우 그 행위에 영향을 받을 모든 사람에게 최대의 효용을 안겨준다면, 또는 적어도 다

Q: 쾌락의 총량 또는 질적인 쾌락의 총량만으로 옳은 행위의 선택 여부를 결정할 수 있는가? 예컨대, 자신이 대통령이라고 생각하는 과대망상증 환자가 가진 행복의 양과 질이 대통령이 되기 위해 일생을 노력하고 있는 사람의 행복의 양과 질에 비해 낮거나 적다고 말할 수 있을까?

[선호 공리주의(preference utilitarianism)]
주어진 상황에서 선택 가능한 행위 중 그 행위들에 영향을 받을 모든 사람에게 선호하는 정도를 만족시키기를 극대화시키는 행위를 선택해야 할 의무가 있다.

Q: 대중 또는 다수의 사람이 선호하는 행위를 따르는 것이 항상 정당화될 수 있는가? [대중의 선호를 충족하기 위해 희생할 한 사람을 선택해야 하는 풋(Philippa Foot)의 예를 참조하자.]

[행위 공리주의(act utilitarianism) vs. 규칙 공리주의(rule utilitarianism)](p.41)
- 행위 공리주의: 옳은 행위를 판별하기 위해서는 효용의 원리를 각 행위에 직접 적용시켜야 한다. 달리 말하면, 각각의 행위는 효용의 원리에 의해 직접 정당화될 수 있다.
- 규칙 공리주의: 효용의 원리는 먼저 도덕 규칙들에 적용시켜야 하며 그 효용의 원리가 적용된 규칙을 각 행위에 적용시켜야 한다. 각 행위는 도덕 규칙들에 의거해 정당화될 수 있으며, 도덕 규칙들은 효용의 원리에 의거해 정당화될 수 있다.

[행위 공리주의]
주어진 상황에서 선택 가능한 행위 중 그 행위들에 영향을 받을 모든 사람에게 최대의 효용을 안겨주는 또는 적어도 다른 행위만큼의 큰 효용을 안겨주는 행위를 선택해야 할 의무가 있다.

[규칙 공리주의]
주어진 상황에서 따를 수 있는 여러 도덕 규칙 중 일반적으로 따라 행할 때 그 행위들에 영향을 받을 모든 사람에게 최대의 효용을 안겨주는 또는 적어도 다른 규칙을 따를 때만큼의 효용을 안겨주는 규칙을 따라야 할 의무가 있다.

른 행위만큼의 큰 효용을 안겨줄 경우 오직 그 경우에만 A는 (도덕적으로) 옳은 행위다.

[공리주의의 문제점]5)

A. 효용의 원리에 근거한 행위는 항상 옳은가?

행위	관련된 사람의 수	개인당 효용	효용 총량
행위 1	2	100	200
행위 2	50	2	100

위의 표가 보여주는 것은 분명하다. 행위 1은 행위 2보다 효용의 총량은 크지만 그 효용의 혜택을 받는 사람의 수는 적고, 행위 2는 행위 1에 비해 효

---

5) 공리주의에 대한 가장 결정적인 반론은 "(개인의) 내적 통일성(integrity)에 관한 것이다. 말하자면, 공리주의는 어떤 행위에 있어 개인적인 내적 통일성을 유지할 수 없는 도덕 원리라는 비판이 제기될 수 있다. 윌리엄스(B. Williams)는 공리주의에 대한 비판(A critique of utilitarianism)에서 이 문제를 다루고 있다. 그가 제시한 유비적 사례 중 하나를 간략히 정리하면 다음과 같다(B. Williams, *A critique of utilitarianism*, "3. Negative responsibility: and two example" p.98).

식물 분류학자인 짐은 남부 아메리카의 어느 작은 도시의 광장에 있다. 그 광장에는 일부는 겁을 먹은 표정을, 그리고 일부는 분노한 모습을 하고 있는 인디언 20명이 포승줄로 묶여 있는 상태로 무장한 군인들 앞에 줄지어 서 있다. …… 군인들 중 우두머리로 보이는 페드로는 짐에게 그 20명의 인디언은 정부에 대항하는 사람들이며, 다른 인디언이 정부에 대항하지 못하도록 하기 위해 곧 처형될 것이라고 설명했다. 그러나 페드로는 짐이 다른 나라에서 온 특별한 손님이기 때문에 20명 중 한 사람을 선택하여 살해할 수 있는 권리를 기꺼이 주겠다고 제안했다. 만약 짐이 그 우두머리의 제안을 받아들이면 선택된 한 명을 제외한 나머지 19명은 특별히 풀어줄 것이지만, 짐이 그 제안을 거절한다면 예정대로 20명은 모두 처형될 것이다. …… 묶여 있는 20명의 인디언과 주변의 마을 주민은 이 상황을 잘 알고 있으며, 짐이 페드로의 제안을 받아들이기를 애원하고 있다. 짐은 어떻게 해야 하는가?

⟨공리주의적 결정에 대한 책임 논증⟩
내가 X를 한다면 결국 O_1이 일어날 것이고, 내가 X를 하는 것을 참는다면 결국 O_2가 일어날 것임을 안다면, 그리고 O_2는 O_1보다 좋지 않음을 안다면, 또한 내가 X를 하지 않기로 자발적으로 결정했다면, O_2에 대한 책임은 나에게 있다.

용의 총량은 작지만 그 효용의 혜택을 받는 사람의 수는 많은 (극단적인) 경우를 보여주고 있다. 간략히 말하면, 행위 1은 최대의 효용을 산출하지만 폭넓은 분배를 산출하지 못하고, 행위 2는 폭넓은 분배를 산출하지만 최대의 효용을 산출하지 못한다. 이것은 공리주의의 제1 원칙인 효용의 원리를 항상 적용할 수 없다는 것을 보여준다. 벤담의 말을 빌려 표현하자면, "최대 **다수**의 최대 **행복**"에서 '다수'의 효용을 위해 '행복'의 이익을 포기하거나 '행복'의 이익을 위해 '다수'의 효용을 보장하지 못할 수 있다는 것이다.

B. 실용주의의 오류(fallacy of pragmatism)

아래 글에서 신부가 펼치고 있는 논증은 무엇인가? 글의 분위기(mood)를 고려할 때, 신부는 사후의 삶이 존재한다는 것을 말하고자 하고 있다. 신부가 저지르고 있는 오류는 무엇이고, 어떻게 그의 주장에 반박할 수 있을까?

> "당신은 그럼 아무 희망도 없고, 죽으면 완전히 없어져버린다는 생각을 가지고 있습니까?" 하고 말했을 때, 그의 목소리는 떨리지 않았다. "그렇습니다" 하고 나는 대답했다.
>
> 그러자 그 신부는 머리를 숙이고 다시 걸터앉았다. 그는 나를 불쌍히 여긴다고 말했다. 그것은 **인간으로서 도저히 견딜 수 없는** 일로 생각된다는 것이었다.
>
> 카뮈, 『이방인』

〈신부의 논증〉

P1. 우리의 삶이 죽음으로써 완전히 끝나고, 그래서 죽음 후에는 아무 희망도 없다는 것은 인간으로서 도저히 견딜 수 없는 일이다(가설 H).

P₂. 우리는 도저히 견딜 수 없는 일을 수용할 수 없다.

C. 그러므로 우리의 삶이 죽음으로써 완전히 끝나고, 그래서 죽음 후에 아무 희망이 없다는 것은 거짓이다.

P₁. H는 ( )하다.	P₁. H는 ( )하지 않다.
P₂. ( )한 것은 참이다.	P₂. ( )하지 않은 것은 거짓이다.
그러므로 C. H는 참이다.	그러므로 C. H는 거짓이다.

위의 논증에서 ( )에 공통으로 들어갈 단어는 무엇인가? 그것을 찾기 위해 아래의 논증들에서 결론이 참이기 위해 필요한 전제 'P₂'가 무엇인지 생각해보자. 다음으로 "논증 1~4"의 전제 P2의 공통적인 속성 또는 성질이 무엇인지 생각해보자.

〈논증 1〉 도둑질한 돈을 사용해야 할까?

　　P₁. 도둑질한 돈이라도 살림에 크게 보탬이 된다.

　　P₂. (_____).

　　그러므로 C. 도둑질한 돈이라도 좋다.

〈논증 2〉 거짓말은 도움이 되는가?

　　P₁. 거짓말하는 것이 출세에 도움이 된다.

　　P₂. (_____).

　　그러므로 C. 거짓말을 비난하는 것은 어리석다.

〈논증 3〉 누구에게 투표해야 하는가?

　　P₁. 그는 부패한 정치인이지만 경제에 도움이 된다.

P₂. (_____).

그러므로 C. 그에게 투표하는 것이 옳다.

〈논증 4〉 개혁을 해야 하는가, 그렇지 않은가?

P₁. 개혁을 강행하면 기득권 세력이 반발하는 등 부작용이 많다.

P₂. (_____).

그러므로 C. 개혁을 해서는 안 된다.

신부의 주장이 성립하기 위해서는 두 번째 전제인 "P₂. 우리는 도저히 견딜 수 없는 일을 수용할 수 없다"가 참이어야 한다. 마찬가지로 논증 1~4의 결론이 참이기 위해서는 두 번째 P₂가 참이어야 한다. 각 논증의 P2는 아마도 다음과 같은 것들이다.

〈논증 1〉 살림에 보탬이 되는(또는 유용한) 돈은 좋다.

〈논증 2〉 출세에 도움이 되는(또는 유용한) 것은 좋다.

〈논증 3〉 경제에 도움이 되는(또는 유용한) 것은 좋다.

〈논증 4〉 기득권 세력의 반발과 같은 부작용(또는 유용하지 않은 것)은 좋지
        않다.

만일 각 논증의 결론이 참이기 위한 전제 P₂에 대한 이와 같은 분석이 옳다면, 신부의 주장이 참이기 위해 필요한 전제 "우리는 도저히 견딜 수 없는 일을 수용할 수 없다"를 "견딜 수 없는 일을 수용하는 것은 좋지 않다(또는 유용하지 않다)"로 이해할 수 있을 것이다. 그런데 논증 1~4의 결론을 수용할 수 있는가? 아마도 대부분의 사람은 그 결론들은 받아들일 수 없는 것이라고 여길 것이다. 만일 그렇다면, 결국 결론을 지지하는 필수 전제인 각 논증의 P₂ 또한

수용할 수 없는 전제라고 할 수 있다. 이러한 생각이 옳다면, 어떤 사건이나 사태에 대한 결론이나 주장을 그것의 "유용성 또는 실용성"만으로 평가할 수 없다고 볼 수 있다.

C. 타인의 이익을 침해하지 않는 실험과 효용의 원리

앞에서 살펴본 공리주의의 두 가지 문제점, 즉 공리주의의 제1 원칙인 효용의 원리를 적용할 수 없는 경우와 유용성 또는 실용성만으로 행위의 결과를 평가할 경우 초래되는 실용주의의 오류 문제는 모두 타인의 이익이나 효용을 침해하거나 할 수 있다는 공통점을 가지고 있다. 하지만 어떤 경우에는 효용의 원리에 따르는 행위나 결정이라고 하더라도 적어도 겉으로 보기에 타인의 이익을 침해하지 않는 경우들이 있을 수 있다. 예컨대, 어떤 행위나 결정으로 인해 그 행위나 결정에 영향을 받는 대다수의 사람들이 이익을 보는 반면에 그 이익을 상쇄하거나 없애는 불이익이 초래되지 않는 경우들이 있을 수 있다.

다음에 제시하고 있는 간염 면역 실험 사례에 대해 생각해보자. 적어도 겉으로 보기에 그리고 결과적으로 실험 참가자들의 이익을 침해하지 않는 듯이 보이는 다음의 사례에서 효용의 원리에 의거하여 행한 실험은 허용될 수 있는가?

[사례: 문제 제기][6]

1958년과 1959년 「뉴잉글랜드 의학지」는 뉴욕 주에 있는 스테이튼 아일랜드의 지진아를 위한 시설인 윌로브룩 시립 특수학교의 재학생과 신입생을 대상으로 시행된 일련의 실험 결과를 보고했다. 이 실험은 간염에 대한

---

6) 해리스(C. E. Harris), 『도덕 이론을 현실문제에 적용시켜보면』, 김학택 · 박우현 역, 서광사, 2004

면역 실험으로 감마글로불린의 유용성 확증과 간염의 혈청 개발 그리고 간염에 관한 그 밖의 더 많은 것을 알기 위해 시도한 실험이었다. 이 특수학교의 학생들은 이미 낮은 수준의 유행성 간염에 걸려 있었다. 연구자들은 아이들이 미성년자인 동시에 지진아였기 때문에 부모들의 동의를 얻었다. 아이들은 간염의 정도에 따라 다양한 간염 치료 주사와 다양한 강도의 감마글로불린 접종을 받은 후에 실험 집단과 조절 집단으로 구분되었다. 일부의 감마글로불린 접종은 허용된 수준보다 낮은 강도였다. 병에 걸린 아이들은 (간의 팽창, 구토, 식용 감퇴 같은) 평범한 징후를 겪었으나 모두 완치되었다.

이와 같은 실험의 허용 가능성 여부를 평가해보자. 단계적 사고 과정을 통해 이 실험에서 쟁점이 되는 사실적 정보 같은 중요한 요소들을 찾아내고 (단계 1), 그것에 기초하여 「뉴잉글랜드 의학지」의 논증을 구성한 다음(단계 2), 그 주장을 수용할 수 있는지 여부를 평가해보자(단계 3).

[단계 1] 중요한 요소(사실적 정보) 찾기
a. 간염에 대한 감마글로불린의 유용성 확증, 간염 혈청 개발 등에 대한 실험을 수행했다.
b. 피험자인 특수학교의 학생들은 이미 낮은 수준의 유행성 간염에 걸려 있었다.
c. 실험은 부모의 동의를 얻은 다음에 수행되었다.
d. 피험자인 병에 걸린 아이들은 (간의 팽창, 구토, 식용 감퇴 같은) 평범한 징후를 겪었으나 모두 완치되었다.

[단계 2] 논증 구성하기
① 아이들은 (이미) 비록 낮은 수준이기는 하지만 유행성 간염에 걸려 있

었다(ⓑ로부터).

② 아이들은 어떤 방식으로든 간염 바이러스에 노출되어 위험을 겪게 되었을 것이다(ⓑ로부터).

③ 실험은 부모의 동의를 얻은 다음에 수행되었다(ⓒ로부터).

④ 실험에 참가한 아이들 중 사망에 이른 경우는 없었으며, 모두 완쾌되었다(ⓓ로부터).

⑤ 간염에 대한 면역 실험이 성공한다면 의학적으로 가치 있는 지식을 얻을 수 있을 것이고, 결과적으로 그 질병을 앓고 있는 많은 사람들을 구할 수 있을 것이다(암묵적 전제: 공리주의의 효용의 원리).

⑥ 따라서 전체적인 인간 복지의 견지에서 본다면, 이 실험은 도덕적으로 문제되지 않는다.

[단계 3] 평가하기

2) 국가(또는 조직)의 명령에 대한 복종과 충심(loyalty)의 문제

앞서 분석했듯이, 나치 의사들을 위한 변론의 두 번째 쟁점은 국가(또는 조직)에 대한 충심과 복종의 문제다. 그들은 자신들이 행한 인체 실험은 나치(국가 또는 정부)의 명령에 의한 것이라고 주장하고 있다. 전쟁이라는 국가적으로 중대한 상황에서 의사는 전쟁에 직접적으로 참여하고 있는 군인과 마찬가지로 국가의 결정에 따라야 할 의무가 있다는 것이다. 그리고 그와 같은 생각의 배후에는 "국가는 전쟁에 승리하기 위해 개인의 희생을 요구할 수 있다"는 전제가 놓여 있다. 정리하자면, 그들은 "국가는 (적어도 전쟁 같은 국가적으로 위급하고 중대한 상황에서는) 개인의 희생을 요구할 수 있으며, 나치 의사들이 국가(나치 정부)의 명령이나 요구에 의해 인체 실험을 행한 것은 군인이 국가를 위해 전쟁에 참여하는 것과 마찬가지"라는 유비적(analogy) 주장을 하고 있는 셈이다.

하지만 나치 의사들의 이와 같은 주장이 설득력을 갖기 위해서는 몇 가지 문제에 대해 답할 수 있어야 한다. 우선, 나치 의사들은 직접적인 전투에서 싸웠던 군인과 마찬가지로 전쟁의 승리를 위해 국가의 명령에 복종했을 뿐이라는 유비적 주장을 평가해보자. 그것을 논증으로 구성하면 다음과 같다.

> [유비논증]
>
> P₁. 군인은 국가의 명령에 따라 전쟁을 수행한다.
>
> P₂. 전쟁(또는 전투) 중에 초래된 불행한 결과(죽음)는 불가피한 악이다.
>
> C₁. 군인에게 전쟁으로 인해 초래된 불행한 결과에 대한 책임을 물을 수 없다.
>
> P₃. 의사 또한 국가의 명령에 따라 전쟁을 수행한다.
>
> P₄. 의사의 인체 실험에 의해 초래된 불행한 결과(죽음)는 불가피한 악이다.
>
> C₂. 의사에게 전쟁 중 일어난 인체 실험으로 인해 초래된 불행한 결과(죽

음)에 대한 책임을 물을 수 없다.

유비논증은 "서로 다른 대상이나 현상의 유사성을 근거로 한 추리로서, 본질적으로 부당한 추리다. 그러나 서로 다른 대상들인 x와 y가 함께 가지고 있는 공동 성질 또는 속성 P가 x와 y의 본질적인 속성일 경우에 결론의 참을 개연적으로 정당화하는 비증명적 논증"이다.[7] 따라서 나치 의사들의 변론을 위한 유비논증이 설득력이 있기 위해서는 전쟁을 수행한 '군인'과 '의사'가 (본질적으로) 동일한 속성을 가지고 있어야 한다. 나치 의사들의 유비논증은 성공적인가? 달리 말하면, 그들의 논증은 설득력이 있는가?

A. 상실의 원리(principle of forfeiture)에 의거한 반박

상실의 원리는 "내가 타인을 단순한 수단으로 대한다면 자유와 행복에 대한 나의 권리를 상실한다는 것"을 의미한다. 나는 나의 모든 권리를 필연적으로 상실하는 것은 아니지만, 일반적으로 나의 권리는 내가 침범한 타인의 권리에 비례해서 상실된다.[8] 자연법 윤리학(ethics of the laws of nature)[9]에 기초하고

---

7) 김광수, 『논리와 비판적 사고』, 철학과현실사, 2007, p.194 참조. 유비논증은 귀납논증이다. 따라서 어떠한 유비논증도 그 결론이 전제로부터 논리적 필연성을 갖고 도출된다는 의미에서 연역적으로 타당하다고 할 수 없다. 하지만 어떤 유비논증이 다른 유비논증에 비해 더 설득력이 있다고 할 수는 있다. 즉, 결론이 긍정될 수 있는 개연성 높은 유비논증은 더 설득력 있는 유비논증이라고 할 수 있다. 유비논증의 일반적 형식은 다음과 같다.

P_1. x와 y는 (서로 다르지만) P라는 속성을 가지고 있다는 점에서 유사하다.
P_2. x는 Q라는 (본질적인) 속성을 가지고 있다.
C. y도 Q라는 (본질적인) 속성을 가지고 있다.

8) "상실의 원리는 개인의 자기방어뿐만 아니라 전쟁과 사형을 정당화하는 데도 적용될 수 있다. 방어를 위한 전쟁에서는 상황에 따라 비록 다른 사람을 죽이게 된다고 하더라도 정당화될 수 있다. 왜냐하면 침략자들의 생명에 대한 권리는 상실되었기 때문이다. 마찬가지로 살인자들은 타인을 살해함으로써 자신의 생명에 대한 권리를 상실했기 때문에 그들에 대한 사형도 정당화된다." C. E. Harris, 『도덕 이론을 현실문제에 적용시켜보면』, 김학택·박우현 역, 서광사, 2004, pp.118-9, p.208

9) 자연법은 사람들이 실제로 행하는 것보다 행위해야 하는 것을 규정하는 윤리적 지침이나 규칙이며, 또한 모든 인간은 인간성 그 자체에 근원을 두고 있기 때문에 모든 사람에게 동등하게 적용되는 윤

있는 상실의 원리에 따르면, 무고한 사람의 생명을 빼앗거나 위협하는 사람은 동시에 자신의 생명권도 상실된다. 물론, 여기서 말하는 '무고한 사람'은 타인의 생명을 빼앗거나 위협하지 않은 사람을 가리킨다. 하지만 일반적으로 '죽임(killing)과 살해(murder)를 구별'[10]하는 기본적인 생각에 기대어 상실의 원리를 다음과 같이 잠정적으로 일반화해볼 수 있을 것 같다.

[상실의 원리의 (잠정적) 일반화]
만일 A가 B의 권리를 침해하거나 위협하는 행위를 할 경우, A는 그 행위를 함과 동시에 그 행위에 상응하는 A의 권리를 상실한다.

또는

만일 A가 B의 권리를 침해하거나 위협하는 행위를 할 경우, A는 그 행위를 함과 동시에 B가 그 행위에 상응하는 A의 권리를 침해하거나 위협하는 것을 허용한다.

만일 상실의 원리를 이와 같이 잠정적으로 일반화하는 것을 받아들일 수 있다면, 우리는 이것으로부터 나치 의사들의 유비논증을 반박할 수 있는 근

리적 지침이나 규칙을 지칭한다. 자연법 윤리학이 도덕 판단을 내릴 때 적극적으로 적용하는 두 원리는 상실의 원리와 이중결과의 원리(principle of double effect)다. 자연법의 대표자인 토마스 아퀴나스(St. Thomas Aquinas)는 적절한 인간 행위의 기본적인 성향은 상대적으로 분명하다고 믿었다. 자연법 윤리학은 도덕이 (자연과학과 마찬가지로) 객관적 기준을 갖는다고 믿는다. 말하자면, 도덕적 진리는 과학적 진리처럼 존재한다. 따라서 그들은 극단적인 도덕 상대주의나 회의주의자가 될 수 없다. 같은 책, pp.110-130 참조.

10) 상실의 원리에 따를 경우, 죽임(killing)과 살해(murder)는 구별되어야 한다. 죽임은 죄 있는 사람의 생명을 빼앗는 것인 반면에 살해는 죄 없는 사람의 생명을 앗는 것이다. 이러한 생각에 따르면, 자신을 죽이려는 사람의 생명을 빼앗았을 경우에 그는 그 사람을 죽인 것이지 살해한 것은 아니다. 같은 책, p.118

거를 마련할 수 있는 듯이 보인다. 간략히 말해서, 전쟁을 수행한 군인과 인체 실험을 행한 의사 사이에 유비적인 동등관계가 성립하지 않는다는 것이다. 그 까닭은 이렇다. (여기서 다루고 있는 직접적인 논의에 집중하기 위해 '방어를 위한 전쟁' 또는 '정당한 전쟁'에 관한 어려운 문제는 잠시 제쳐두기로 하자.)

전쟁(또는 전투)을 수행하는 군인은 적국의 군인을 살해하려는 의도를 실현하기 위해 어떤 "수단과 방법"을 동원하는 과정에서 적국의 군인 또한 자신을 살해하려는 의도를 실현하기 위해 (비슷한 정도의) "수단과 방법"을 동원할 수 있다는 것을 알고 있다. 반면에 나치 의사들이 행한 인체 실험의 경우는 군인의 경우와 다르다. 말하자면, 나치 의사들은 인체 실험에 동원된 피실험자들의 생명권을 침해하거나 위협할 "수단과 방법"을 갖고 있었던 반면에, 인체 실험에 동원되어 희생된 피실험자들은 그러한 "수단과 방법"을 전혀 갖고 있지 않았다. 비록, 전쟁 중에 초래된 죽음이라고 하더라도 무장한 군인 사이에서 일어난 죽음과 달리 비무장한 일반인 또는 포로를 죽이는 행위를 '전쟁 범죄'로 단죄하는 것도 같은 이유라고 볼 수 있다. 만일 지금까지의 논의가 올바른 것이라면, 나치 의사들이 자신들을 변론하기 위해 제시한 유비 논증은 성립하지 않는다.

B. 충심(loyalty)과 (개인의) 내적 통일성(integrity)에 의거한 반론

우리 대부분은 전쟁과 같이 국가의 운명을 가름하는 위급한 상황에서는 국가가 수행하는 전쟁에 어떤 형태로든 참여해야 한다고 생각한다. 우리는 일반적으로 그것을 일종의 국가에 대한 '충성'이라고 여긴다. 그리고 우리 대부분은 내가 속한 국가나 조직에 충성하는 것을 당연하다고 생각하거나 미덕(美德)이라고 생각한다. 또한 우리는 일반적으로 내가 속한 국가나 조직의 명령에 복종해야 한다는 데 동의한다. 하지만 우리는 이와 같은 통념적인 생각이 정당화될 수 있는지에 대해 의문을 제기할 수 있다. 예컨대, 다음과 같은 문제를 제기할 수 있다.

> "나는 내가 속한 국가나 조직의 (도덕적으로) 부당한 명령이나 지시에도 무
> 조건적으로 복종하거나 충성해야 하는가?"

또는

> "나는 내가 속한 국가나 조직의 명령이 내가 가진 (도덕적) 신념에 위배되
> 는 경우에도 그 명령에 복종하거나 충성해야 하는가?"

이러한 물음은 결국 "국가나 조직은 도덕적으로 부당하거나, 또는 한 개
인이 가진 개인적인 내적 통일성(integrity)에 위배되는 일을 강제할 권리를 갖
는가?"라는 문제와 결부되어 있으며, 이것은 폭넓고 깊은 논의를 통해 탐구
되어야 할 중요한 문제다. 이것에 관해서는 '자율규제'를 논의하는 다음 장에
서 좀 더 면밀히 살펴보도록 하자.

3) 관례(convention, 또는 관습)에 의거한 행위 정당화의 문제

나치 의사들의 변론에서 세 번째 쟁점은 자발적인 동의를 얻지 않은 인체
실험이 과거로부터 관행적으로 있어왔으며, 그러한 관행을 전 세계가 묵인했
다는 것이다. 나치 의사들이 이러한 근거를 제시한 이유는 분명한 것 같다. 세
번째 핵심 쟁점에 대한 그들의 주장을 다음과 같은 논증으로 구성할 수 있다.

P₁. 자발적인 동의를 얻지 않은 인체 실험은 과거로부터 행해진 관행적인

실험이다.

P₂. 나치 정부뿐만 아니라 미국을 포함한 다른 나라에서도 그와 같은 실험이 관행적으로 수행되었다.

P₃. 미국을 포함한 다른 나라에서 수행된 그와 같은 실험에 대해 (관행적으로) 처벌하지 않았다.

C. 나치 의사를 처벌해서는 안 된다.

사실 이와 같은 나치 의사들의 논증을 반박하는 것은 어렵지 않다. 그럼에도 불구하고 그들이 제시한 논증의 문제점을 정확히 파악하기 위해 그들의 주장을 다음과 같이 정리한 다음 한 가지 반례를 구성해보는 것이 도움이 될 것 같다.

〈논증〉

P₁. 관례 또는 관습은 사회구성원으로부터 암묵적 동의를 얻었으며, 오랜 기간 지속된 사회를 유지하는 일종의 규칙이다.

P₂. (   )

C. 관례 또는 관습에 근거한 행위는 (도덕적으로) 허용된다.

이 논증에서 P₂의 ( )에 들어갈 전제는 무엇인가? 이미 짐작했겠지만, 이 논증에서 결론을 도출하기 위해 필요한 전제는 "관습으로 굳어진 규칙은 (도덕적으로) 허용될 수 있다"가 될 수 있다. 하지만 우리는 어떤 관습이 일종의 규칙처럼 현재 사회에 통용되고 적용되고 있다는 것이 곧 그 관습이 정당하다는 것을 보장하지 않는다는 것을 알고 있다. 예컨대, 동양과 서양을 막론하고 고대에는 '노예제도'가 일반적으로 수용된 관습(또는 법, 규칙)이었다는 근거를 들어 현대에도 노예제도를 유지해야 한다고 주장할 수 없다는 것은 자명하다. 우리가 오늘날 그와 같이 생각하는 것은 노예제도가 인간의 존엄성을 훼손하는 잘못된 관습이라는 것을 이성적 판단을 통해 깨달았기 때문이다. 인간세계의 문명과 문화는 잘못된 관습을 타파하고 합리성으로 나아가는 과정을 통해 발전했다고 해도 지나친 말은 아닐 것이다.

이것과 관련하여 다음과 같은 가상의 문제를 생각해보자. 그 문제에 대해 당신이 내린 결론은 나치 의사들의 주장을 반론하는 근거로 사용될 수 있을 것이다.

당신이 A 대학교의 교수라고 해보자. 당신은 중간고사에서 부정행위를 한 지섭을 징계하려고 한다. 그런데 지섭은 당신에게 다음과 같은 논리를 들어 자신을 징계하는 것은 옳지 않다고 주장한다.

P₁. 나(지섭)는 연희가 부정행위를 한 것을 알고 있다.

P₂. 나(지섭)는 강호가 부정행위를 한 것을 알고 있다.

P₃. 나(지섭)는 민아가 부정행위를 한 것을 알고 있다.

P₄. 그런데 연희, 강호, 민아는 징계를 받지 않는다.

C. 나(지섭) 또한 징계를 받지 않아야 한다.

만일 당신이 A 대학교의 교수라면 어떻게 하겠는가? 또는 당신은 지섭의 논증에 대해 어떻게 반론하겠는가? 이와 같은 가상의 사례를 통해 말하고자 하는 것은 분명하다. "나쁜 일은 나쁜 일일 뿐이다." 비록 어떤 나쁜 행위를 많은 사람들이 행한다고 하더라도 그 행위는 결코 좋은 행위가 될 수 없다.

3. 자기결정(self-determination, autonomy)：
   '충분한' 또는 '만족할 만한'?

　　오늘날 충분한 설명에 근거하는 자발적 동의가 중요한 의미를 갖는 것은 인체를 대상으로 하는 실험에서 불가피한 이유에서건 또는 의학의 발전이나 질병의 극복을 위한 선택이건 간에 인체 실험이 이루어져야 한다면 그 결정은 의사가 아닌 환자 또는 피험자에 의해 이루어져야 한다는 것에 대한 일반적인 동의를 이루고 확인했다는 점이다.

　　앞서 논의한 뉘른베르크 전범 재판의 분석은 충분한 설명에 근거한 자발적 동의가 왜 중요하고 필요한지를 '인체 실험'의 측면에서 논리적으로 분석한 것이라고 할 수 있다. 하지만 '충분한 설명' 그리고 그것에 근거한 '자발적 동의'의 중요성은 단지 인체 실험에서만 한정되는 것이 아니다. 앞서 보았듯이, 충분한 설명에 근거한 자발적 동의는 인체를 대상으로 하는 '연구 영역'뿐만 아니라 '임상진료 영역'에서도 필수적으로 요구된다. 그 까닭을 충분한 설명에 근거한 자발적 동의의 두 요소인 '충분한 설명(informed)'과 '자발적 동의(consent)'로 구분하여 생각해보자.

1) 충분한 설명(informed, sufficient explanation)

　　진료 현장과 과정에서 의사가 환자에게 충분한 설명을 한다는 것은 겉으로 보기에 너무 당연해서 반드시 지켜져야 할 일로 보인다. 그런데 이와 같이 진료 과정에서 상식적으로 지켜져야 할 일을 새삼 강조하는 까닭은 무엇일까? 다양하고 복잡한 요인이 있을 수 있지만, 우선 지적할 수 있는 것은 의사가 환자에게 투입할 수 있는 진료시간이 턱없이 모자란다는 것이다. 진료시간에 관한 한 조사에 따르면, 의사가 환자 한 명을 진료하는 평균 시간이 고작 1~2분에 지나지 않았다. 이처럼 턱없이 짧은 진료시간은 자연스럽게 의사가 환자에게 충분한 설명을 할 수 있는 기회를 박탈한다. 샌더스(Risa Senders)의 말을 들어보자. 그녀는 짧은 진료시간으로 인해 의사가 환자로부터 말할 시간과 권리를 빼앗고, 그로 인해 환자의 병력을 올바르게 이해할 수 있는 기회를 상실한다고 지적한다.[11]

    …… 병원에 가면 의사는 가장 먼저 환자에게 무엇 때문에 병원에 왔는지 물어본다. 환자들은 이미 친구나 가족들에게 이야기한 것처럼 길고 자세히, 때로는 현재의 증세와 상관없는 것들까지 이야기하려고 한다. 하지만 자신의 이야기를 충분히 할 기회를 얻지 못하는 경우가 대부분이다. 수사관이 목격자를 심문하는 것처럼 환자에게 질문을 늘어놓는 것이 진단 과정의 시작이라고 생각하는 의사들이 많기 때문이다. 이런 관점에서 본다면, 환자들의 이야기는 단지 의사들이 요구하는 사실을 전달하는 과정일 뿐이다.

    사실만 확인하려는 의사는 환자들이 자신의 이야기를 다 하기도 전에 자꾸만 말을 끊는다. 실제로 진료실에서의 대화를 녹음해 분석한 결과 환자들이 자신의 증상을 설명하는 도중에 의사가 방해하는 경우가 무려 75%에 달했다. 환자의 말을 끊기까지 오랜 시간이 흐른 것도 아니다. 어느 연구 결과에 따르면, 의사들은 평균적으로 환자가 입을 연 뒤 16초간 듣다가 말을 끊었다. 심지어 3초 만에 끼어드는 경우도 있었다. 이야기가 끊어지면 하던 이야기를 다시 이어서 하기 어렵다. 녹음 기록을 근거로 보면 의사가 환자의 이야기를 도중에 끊었을 때 환자가 하고 싶은 말을 모두 끝낼 확률은 채 2%도 되지 않았다. ……

---

11) 리사 샌더스, 『위대한 그러나 위험한 진단』, 장성준 역, 랜덤하우스, 2009, p.43

의사의 짧은 진료시간으로부터 발생할 수 있는 다음과 같은 가상의 사례를 생각해보자. 만일 당신이 그와 같은 상황을 접한다면, 아마도 당신은 의사로부터 충분한 설명을 듣지 못했다고 생각할 것이다.

[사례 1][12]

당신은 최근 들어 예전에 비해 피로감이 빨리 찾아오고 잠도 깊이 들지 못하는 것 같아 병원을 찾았다. 의사 A는 혈액과 심전도 등 몇 가지 검사를 받아야 한다고 말한다. 검사를 마친 당신은 의사와 마주한다. 의사는 모니터에 나타난 복잡한 지표와 영상을 바라보며 당신에게 다음과 같이 말한다.

"음, 이것은 문제가 없고, 저것은 수치가 조금 높은 듯이 보이지만 걱정할 정도는 아니고……. 큰 문제는 없어 보이네요. 운동 열심히 하시고 충분한 휴식을 취하면 좋아질 것입니다. 약을 처방해 드릴 테니 챙겨 드세요. 약을 복용하는 방법은 간호사에게 설명을 잘 들으세요."

다음으로 지적할 수 있는 것은 '충분한(sufficient)'이라는 용어가 갖고 있는 모호성으로부터 초래되는 의사와 환자의 개념적 차이를 들 수 있다. "충분한 설명은 무엇인가?" 달리 말하면, 환자를 진료하는 의사 또는 인체를 실험하는 의과학자가 환자 또는 피험자에게 충분하게 설명한다는 것은 무엇을 의미하는가? 여기서 우선 '충분하다'는 용어가 매우 모호한 개념일 수 있다는

---

12) 비슷한 사례로 다음과 같은 의사와 환자의 가상의 대화를 생각해보자.
　　의사: 금연과 금주하셔야 합니다. 그리고 스트레스를 피하고 적당한 운동과 휴식을 취해야 합니다.
　　환자: 선생님 말씀처럼 금연과 금주할 뿐만 아니라 스트레스를 피하고 적당한 운동과 충분한 휴식을 취한다면 건강하지 않을 이유가 없을 것 같은데요?
　　환자의 입장에서 이 가상의 대화를 평가하자면 이렇다. 즉 "나는 현재 (이러저러한 이유로) 금연과 금주를 할 수 없는 상황이고, 스트레스를 피하기 위해 적당한 운동과 충분한 휴식도 취할 수 있는 상황이 아니다. 나는 이와 같은 상황에서 현재 나의 건강을 회복하거나 개선할 수 있는 방법이 무엇인지 묻는 것이다." 만일 당신이 의사라면, 환자의 이와 같은 문제 제기에 어떻게 대처하겠는가?

문제를 제기할 수 있다. '충분하다'의 사전적 의미는 "모자람이 없이 넉넉하다"로서 필요한 정도에 딱 들어맞는 정도와 그것을 초과하는 것 모두 충분함에 포함된다. 그렇다면, 충분히 설명한다는 것은 어느 정도 시간과 내용을 전달하는 것인가? 물론, 설명을 위해 무조건 많은 시간을 소비하거나 관련된 모든 내용을 전달하는 것만이 충분한 또는 좋은 설명은 아닐 수 있다. 그럼에도 불구하고 대다수의 환자들은 의사로부터 (적어도) '만족할 만한(contentable or good enough)' 수준의 설명을 듣기 원한다.

우리는 여기서 흥미로운 것을 발견할 수 있다. 만일 지금까지의 논의가 옳다면, '충분한 설명'에 대해 의사와 환자가 서로 다른 개념을 사용할 수도 있다는 것이다. 말하자면, '충분한 설명'에 대해 의사는 문자 그대로 '충분한'으로 사용하는 반면에, 환자는 그것을 '만족할 만한'으로 사용할 수도 있다. 그리고 이러한 개념적 차이는 의사와 환자의 의사소통을 가로막는 중요한 요인으로 작용할 수 있다는 것을 추론할 수 있다. 만일 그렇다면, 의사는 '충분히' 설명했음도 불구하고 환자는 '만족할 만한' 설명을 듣지 못했다고 여기는 상황은 무엇일까? 다음에 제시하는 두 예가 적절한 것이라면, 그 예를 통해 작은 실마리를 찾아볼 수 있을 것이다.

[사례 2] 실제 진단 사례: 의학 전문용어를 사용한 경우 예시[13]
지금 MMSE 검사 결과로는 경도인지기능장애가 의심됩니다. 검사항목별로 보면, 지남력은 비교적 괜찮습니다. 기억력의 경우에는 새로운 정보의 등록과 회상에서 점수를 전혀 얻지 못해서 단기기억력장애가 의심되지만 중장기 기억이나 의미 기억은 비교적 양호해 보입니다. 언어이해나 표현에서는 점수가 거의 깎이지 않았고, 운동기능이나 실행능력도 괜찮은 것 같습

---

13) 이 사례의 진단 설명은 정신과 전문의인 장형주 선생의 도움을 받았다.

니다. 도형의 다면적인 부분을 제대로 그리지 못하셨는데, 이것이 공간지각 능력의 저하 때문인지 미세운동기능의 저하 때문인지는 분명하지 않습니다. 지금 증상으로 알츠하이머병을 진단하기는 어렵고 경도인지장애 수준으로 보는 것이 타당할 것 같습니다.

[사례 3] 유방암 조기 진단[14]

유방암 조기 진단을 원활하게 하기 위해 정해진 나이가 된 여성은 분명한 증상이 없어도 일정한 간격으로 정기검진을 받기 시작하도록 권장을 받는다. 의사 A는 유방 촬영술을 이용한 유방암 검진을 수행했다고 가정해보자. 의사 A는 당신에게 유방암 조기 진단을 위해 증상이 없는 40대 여성에게 유방 촬영술 검진을 받도록 다음과 같은 정보를 제공할 수 있다.

"유방암 조기 진단을 받는 여성들 가운데 유방암이 있을 확률은 0.8%입니다. 만일 어떤 여성이 유방암에 걸렸을 경우 유방 촬영술에서 양성이 나올 확률은 90%입니다. 만일 어떤 여성이 유방암에 걸리지 않았더라도 유방 촬영술에서 양성이 나올 확률은 7%입니다. 따라서 만일 당신이 유방 촬영술에서 양성이 나왔다면, **실제로 유방암에 걸렸을 확률은 (   )%입니다.**"

당신은 사례 2에서 의사의 진료 의견에 대해 어느 정도 이해할 수 있는가? 그리고 당신은 사례 3에서 실제로 유방암에 걸렸을 확률을 '몇 %'로 추론했는가? 물론, 최근에는 의사의 권위를 드러내기 위해 불필요한 의학 용어를 많이 사용한다거나 의사 자신도 이해하기 어려운 확률적 통계 수치를 제시하는 경우는 거의 찾아볼 수 없다. 앞서 말했듯이, 오히려 의사와 환자 사이의 의사소통에서 최근에 문제가 되는 경우는 사례 1에 가깝다고 볼 수 있다.

---

14) 게르트 기거렌처, 『숫자에 속아 위험한 선택을 하는 사람들』, 전우현·황승식 역, 살림, 2002, pp.61-62. 제시한 사례는 논의를 위해 문장을 조금 수정했다.

하지만 사례 2와 3은 의사가 환자에게 제공하고 있는 겉으로 보기에 '충분한' 설명이 환자 입장에서는 결코 충분하지 않을뿐더러 '만족스럽지' 않다는 것을 보여주고 있다. 일반적으로 의료 현장이나 진료 상황에서 환자가 의사에게 불평하는 중요한 요인은 그들이 진료나 처방에 있어 잘못된 정보를 제공하거나 그릇된 설명에 의거하여 환자의 동의를 구해서가 아니라, 자신들이 '이해(understanding)'할 수 없는 전문적인 의학 용어로 설명을 들었거나 정작 자신의 몸에 어떤 일이 일어날지에 관한 중요한 부분에 대한 충분한 설명을 듣지 못했기 때문일 수 있다. 요약하자면, 환자의 입장에서 충분한 설명은 곧 자신이 '이해'할 수 있는 설명일 수 있다. 「벨몬트 보고서」에서도 충분한 설명에서 피험자 또는 환자가 정확하게 이해하는 것이 중요한 요소라는 것을 명시적으로 밝히고 있다. '충분한 설명에 근거한 자발적 동의'에 관한 「벨몬트 보고서」의 말을 잠시 들어보자.[15]

> [충분한 설명에 근거한 자발적 동의]
> …… 인간 존중은 피험자에게 그가 할 수 있는 정도로 자신에게 일어나거나 일어나지 않을 것을 선택할 기회를 주어야 한다고 요구한다. 이러한 기회는 충분한 설명에 근거한 자발적 동의를 위한 적절한 기준이 만족될 때 주어진다.
> 충분한 설명에 근거한 자발적 동의의 중요성은 의문시되지 않지만, 충분한 설명에 근거한 자발적 동의의 본성과 가능성에 관해서는 논쟁이 자주 일어나고 있다. 그렇지만 그 동의의 과정이 3가지 요소를 포함하는 것으로 분석될 수 있다는 데 널리 합의가 이루어지고 있다. '충분한 설명'과 '이해', '자발성'이 그것이다.

---

15) 홍경남, 앞의 책, pp.247-269 참조 및 재인용.

다음으로 「벨몬트 보고서」의 '이해'에 관한 말을 들어보자.

[이해]

설명이 이루어지는 방식과 맥락은 설명 그 자체만큼이나 중요한 것이다. 예컨대, 잘 짜이지 않은 설명을 성급하게 제시하는 일, 생각할 시간을 거의 주지 않거나 질문할 기회를 줄이는 일은 모두 충분한 설명에 근거하여 선택할 피험자의 능력에 부정적인 영향을 미칠 수 있다.

피험자의 이해력은 지적 능력과 합리성과 성숙도와 언어에 달려 있는 것이기 때문에 충분한 설명을 제시하는 일을 피험자의 능력에 맞추어 이루어내는 것이 필요하다. 연구자는 피험자가 설명을 이해했는지 확인할 책임이 있다. ……

만일 「벨몬트 보고서」에서 제시하고 있는 생각이 옳다면 그리고 그것을 받아들일 수 있다면, 충분한 설명이란 곧 "환자가 이해할 수 있는 방식으로 정확한 정보를 제공"하는 것이라고 보아야 할 것이다. 사례 2의 경우 치매 의심환자는 대부분 노인이어서 청력이나 이해력이 다소 떨어질 수 있고 치매일지도 모른다는 엄청난 두려움을 안고 있기 때문에 특히 더 자세하고 쉽게 설명해야 한다. 사례 3의 경우에는 실제 위험도를 파악할 수 있는 설명이 주어져야 한다. 사례 2와 3을 환자가 좀 더 쉽게 이해할 수 있는 방식으로 다음과 같이 수정할 수 있다.

[사례 2의 수정]

지금 하신 것이 간이 정신상태 검사라고 하는 것인데, 치매증상이 있는지를 보기 위해 가장 보편적으로 하는 검사라고 보시면 됩니다. 보통 치매증상은 뭘 자꾸 잊어버리는 기억력 저하나 집중력이 떨어지는 것 등이 있는 데, 증상만으로 진단하는 것은 아니고 일상생활을 잘하고 계신지까지 종합적으로 고려해서 판단합니다. 어쨌든 지금 하신 검사만 놓고 보면 아직 치매라고 얘기할 수준은 아닌 것 같고, 경도인지기능장애라고 해서 치매 전 단계 정도로 볼 수 있을 것 같습니다. 검사항목별로 보면, 시간이나 장소는 다 맞게 대답하셨는데 단어를 기억했다가 대답하는 것은 잘 못하셨습니다. 예전에 있었던 일은 비교적 잘 기억하시는데, 새로운 것을 기억하시는 것이 좀 힘드신 것 같습니다. 물건 이름은 대답을 잘하셨고 말씀하시는 것도 전반적으로 자연스러운 것 같습니다. 제가 시키는 대로 종이접기를 잘하신 것으로 봐서 이해하는 능력이나 들은 것을 실행하는 능력, 운동기능도 괜찮으신 것 같습니다. 제가 보여드린 그림에서 동형이 겹치는 부분을 제대로 따라 그리지 못하셨는데 복잡한 부분을 제대로 보지 못하셔서 그런 것인지, 아니면 그리는 것이 어려워서 그런 것인지는 확실하지 않은 것 같습니다. 지금 증상으로는 우리가 흔히 치매라고 부르는 알츠하이머병으로 볼 단계는 아닌 것 같고 치매 전 단계 정도로 보는 것이 맞을 것 같습니다.

[사례 3의 수정][16)

"1,000명 중 8명의 여성이 유방암에 걸린다. 8명 중 7명은 유방 촬영술에서 양성이 나올 것이다. 유방암에 걸리지 않은 992명 중 70명에서도 유방 촬영술에서 양성이 나올 것이다. 이제 검진 결과 유방 촬영술에서 양성이 나온 여성만 고려해보자. 그녀들 중 실제로 얼마나 많은 여성이 유방암에 걸렸는가?" 유방 촬영술에서 양성이 나오는 경우의 수는 '70 + 7=77명' 중 7명으로 '11명 중 1명'꼴로 유방암에 걸려 있다. 즉, 9% 정도의 비율이다.[17)

---

16) 같은 책, pp.61-62

17) 기거렌처(G. Gigerenzer)는 "충분한 설명에 따른 동의를 통해 의료적 결정을 내리기를 바란다면, 그와 같은 동의는 어떤 문서에 서명하는 절차 이상을 필요로 한다는 사실을 알아야 한다. 즉, 그 이상

지금까지의 논의를 간략히 정리하면 다음과 같다. 즉, 충분한 설명에 근거한 자발적 동의를 구성하는 두 요소는 '충분한 설명'과 '자발적 동의'다. 그리고 전자에 해당하는 '충분한 설명'은 환자의 측면에서 '이해'를 통해 재검토되어야 한다.

은 위험 소통을 필요로 한다. 이러한 사실은 의학적 훈련에서 매우 중요한 것으로 다루어져야 한다"고 말한다. 그는 "충분한 설명에 따른 동의는 환자들의 지성, 성숙함, 대처 능력에 달려 있는 것이 아니라, 의사들이 일하는 환경의 제약조건에 달려 있다"고 말한다. 그는 충분한 설명에 따른 동의라는 이상과는 정반대로 나아가게 만드는 제도적 제약조건을 다음과 같은 4가지 이유에서 찾는다. 같은 책, pp.123-128

분업화: 정보의 흐름을 차단하는 이유로 분업화를 들 수 있다. 유방 촬영술을 진행하는 영상의학과 의사는 환자의 암이 자랐는지 아닌지 대개 알 수 없다. 대부분의 의료 제도에서는 검진 이후의 정보를 추적하지도 제공하지도 않으며, 의사들이 스스로 관련 수치를 축적하려는 노력에 대해 성과급을 주지도 않는다. 단, 이 설명은 영상의학과 전문의들에게는 적용할 수 있으나 적합한 정보를 확보하고 있는 부인과 의사에게는 적용되지 않는다.

법적/재정적 보상 구조: 정보의 흐름을 차단하는 또 다른 이유는 전문가들의 공포와 자부심, 그리고 이와 연결된 법적/재정적 보상이 있다. 실수를 저지른 의사들이 가장 두려워하는 것은 암을 놓치는 일이다. 암을 발견할 능력이 없다고 알려지면 감정적 압박을 받을 뿐만 아니라 앞으로 활동하는 데 상당히 불리할 것이다. 또한 암을 놓치면 동료 의사들이 그에 대해 소문을 퍼뜨려서 업계에서 쌓은 명성이 무너질 것이고, 고객으로부터 소송을 당할 가능성도 높아진다. 따라서 암에 걸릴 가능성을 과대 추정하는 오류의 이면에는 소송을 피하려는 의도(암을 덜 놓칠수록 소송도 덜 당할 것이다)가 숨어 있다. 이러한 정책을 택하면 진단과 치료가 늘어나 병원과 개업의의 수입 역시 늘어날 것이다. 이러한 정책의 비용(위 양성의 수가 몹시 많다는 것, 환자가 부담할 신체적/심리적/금전적인 잠재적 비용)은 의사들이 암에 걸릴 가능성을 과대평가하는 것을 두려워하지 않도록 해준다.

이해충돌: 다양한 이해관계가 충돌한다는 점도 정보의 흐름을 막는 이유다. 어떤 유방암 전문의는 이제는 영상의학과 전문의를 찾는 여성들에게 때가 되면 모든 여성이 검사를 받아야 한다고 권장하지 않는다고 했다. 그 대신 여성들 각각에게 유방 촬영술 검진의 비용과 이득에 대해 알려준다고 했다. 이는 검사를 받을지 말지, 그리고 언제 해야 할지에 대해 여성들이 스스로 합리적으로 판단할 수 있도록 하기 위해서다.

계산맹: 마지막이지만 결코 그 중요성이 떨어지지 않은 이유로 계산맹이 있다. 많은 의사들은 통계적 자료를 다루는 방식에 대해 매우 빈약한 교육만을 받았고, 이 낯선 추론 형식에 발을 담글 만한 동기가 몹시 희박하다. 만일 환자들이 숫자를 살펴보기 시작한다면 의사들 역시 그렇게 해야 할 것이다.

2) 자발적 동의(자기결정; consent, self-determination)

충분한 설명에 근거한 자발적 동의의 두 번째 요소인 자발적 동의(consent)에서 중요한 개념은 '자발성(voluntariness)'이다. 진료 현장에서 이 개념은 자율성(autonomy) 또는 자기결정(self-determination)을 가리킨다. 간략히 말하면, 사람은 이성적이고 합리적인 결정을 내릴 수 있는 존재이기 때문에 자신의 몸에서 일어나거나 일어날 수 있는 일에 대해 스스로 결정해야 한다는 것이다. 이러한 의미에서 자발성은 비첨(R. Beaucham) 등이 말하는 의료윤리의 4대 원칙 중 하나인 자율성 존중의 원칙(the principle of autonomy)과 깊은 관련이 있다.[18]

자율성 존중의 원칙을 간략히 정리하면 이렇다. 인간은 이성적인 존재로서 자신의 몸에 대한 스스로의 결정권을 가질 수 있어야 한다는 것이다. 우리가 행한 행위가 자신의 선택과 결정에 따른 것일 때만 자율적이라고 할 수 있다는 것은 상식에 가깝다. 만일 그렇다면, '자율성'은 '스스로에 의한 결정'과 다른 말이 아니다. 예컨대, 비가역적인 상태에 놓인 환자가 인위적으로 생명을 연장하는 치료를 받지 않을 권리를 인정하는 것이나 환자에게 어떤 시술을 할 때 충분한 설명에 근거한 자발적 동의를 받는 것 등은 환자의 자율성을 존중하는 행위를 잘 보여주고 있다. 하지만 자율성 존중의 원칙을 무조건적으로 받아들여야 한다는 주장은 문제가 있을 수 있다. 말하자면, 자율성 존중의 원칙이 절대적인 것은 아니며, 의료와 진료 현장에서 개인의 자율성이 제한될 수 있는 경우들이 있을 수 있다. 예컨대, 다음과 같은 경우를 보자.

---

18) 비첨 등이 말하는 의료윤리의 4대 원칙은 일반적으로 자율성 존중의 원칙, 악행금지의 원칙(the principle of nonmaleficence), 선행의 원칙(the principle of beneficience), 정의의 원칙(the principle of justice)을 일컫는다. 정의의 원칙과 관련된 것은 간략하게나마 '7장 의료자원과 분배적 정의'에서 살펴보았다. 악행금지와 선행의 원리에 관한 것은 '12장 히포크라테스 선서의 윤리적 분석'에서 좀 더 논의할 것이다.

〈악행금지의 원칙에 의거한 자율성의 제한〉

만일 한 의사가 에이즈나 결핵과 같이 치명적이고 강한 전염성을 가진 질병을 진단했다면, 그는 그 환자의 신상정보를 질병관리본부 같은 관계 당국에 반드시 알려야 한다. 말하자면, 환자의 자율성을 존중하는 것이 타인에게 명백한 해악을 줄 수 있는 경우에는 '악행금지의 원칙'에 의거하여 개인의 자율성은 제한될 수 있다.

〈선행의 원칙에 의거한 자율성의 제한〉

환자의 자율성을 존중하는 것이 그의 최선의 이익에 현격하게 반한다고 여겨지는 경우에도 개인의 자율성이 제한될 수 있다. 예컨대, 심한 신경증을 앓고 있는 환자에게 위약을 사용하거나 알코올 중독 환자를 강제로 입원시키는 경우는 환자의 이익을 적극적으로 보호하는 '선행의 원칙'에 의거하여 개인의 자율성을 제한하는 경우다.[19]

이와 같이 몇몇 경우에 의료윤리의 4대 원칙과 관련하여 환자의 자율성이 제한될 수 있는 예외적인 경우들이 있지만, 환자의 자율성을 존중해야 한다는 명령은 당연한 듯이 보인다. 환자의 몸은 자신의 것이고, 어떤 의료적 처치로 인해 자신의 몸에서 일어날 것이라고 예견할 수 있는 일에 대해서는 그 스스로가 결정해야 한다는 주장을 상식으로 받아들일 수 있기 때문이다.

이제 '자발적 동의 또는 결정'과 '충분한 설명'을 연결 지을 때 일어날 수 있는 문제를 생각해보자. 지금까지의 논의에 따를 경우, 한 행위자가 '자발적 동의 또는 결정'을 하기 위한 필요조건은 다음과 같다.

---

19) 이와 같이 환자의 자율성을 제한하는 것은 (온정적) 간섭주의(paternalism)의 문제와 관련이 깊다. (온정적) 간섭주의에 대해서는 '10장 자율규제의 두 얼굴'에서 좀 더 자세히 살펴볼 것이다.

[자발적 동의(결정)를 위한 필요조건]

- 이성적이고 합리적인 의사결정을 할 수 있는 능력이 있으며,
- 의사의 측면에서 충분한 정보를 제공하고,
- 환자의 입장에서 이해할 수 있는 설명이 주어졌다.

만일 이러한 분석이 옳다면, '자발적 동의 또는 결정'에 관한 필요조건이 충족되었을 때 아래와 같은 가정적 상황에서 어떤 결정을 할 수 있는지 생각해보자.

[사례]

현재 IT회사에 다니고 있는 25세의 여성 환자 A와 몇 해 전 대학교수를 정년퇴임한 70세의 여성 환자 B는 자신의 유방에서 종양을 발견했다. A와 B에게서 발견된 종양은 조직검사를 통해 악성 병변으로 밝혀졌다. 수술을 맡은 외과의사 C는 유방에서 발견된 종양을 (완전하게) 제거하는 치료법은 외과적 수술이라고 생각한다. 하지만 C는 A와 B에게 외과적 수술 외에 다른 치료 방식들, 특히 방사선 치료에 대해서도 설명해야 한다고 생각했다. C는 A와 B에게 유방을 절제하는 ⓐ 외과적 수술과 ⓑ 방사선 치료의 장단점을 자세히 설명했고, 환자 A와 B는 C가 제공한 외과적 수술과 방사선 치료의 장단점을 잘 이해했다.

주어진 상황은 자발적 동의(결정)를 위한 필요조건을 모두 충족하고 있는 듯이 보인다. 의사(C)는 환자(A와 B)에게 유방에 있는 종양에 대한 다양한 치료법을 '충분히' 설명했으며, 환자(A와 B)는 의사(C)의 설명을 잘 '이해'했다고 볼수 있기 때문이다. 만일 당신이 환자(A와 B)와 같은 상황에 처한다면 어떤 결정을 내리겠는가?

환자 A와 B에게 주어진 문제 상황은 분명하다. 말하자면, 그녀는 외과적 수술(ⓐ)과 방사선 치료(ⓑ) 중 선택해야 한다. (물론, 그녀는 어떤 이유에서 모든 치료를 거부할 수도 있다. 하지만 여기에서는 논의를 위해 그와 같은 선택은 잠시 제외하자.) A와 B는 서로 같은 선택, 즉 모두 외과적 수술(또는 방사선 치료)을 선택했을 수 있다. 반면에 그녀들은 서로 다른 선택, 즉 A는 외과적 수술(또는 방사선 치료)을 B는 방사선 치료(또는 외과적 수술)를 선택했을 수도 있다. 여기서 우리의 관심을 끄는 것은 서로 다른 선택을 하는 후자의 경우다. 서로 다른 결정을 한 A와 B의 말을 들어보자.[20]

[A의 선택]

나는 의사 C와 오랫동안 이야기를 주고받은 끝에 외과 수술을 미루기로 했다. 나는 종양절제술을 한다고 해도 방사선 치료를 받은 후에 하기로 결정했다. 주변의 몇몇 친구들과 C를 포함한 의사들은 종양을 바로 제거하지 않은 것이 매우 위험할 수 있다고 경고했다. 하지만 나는 나의 결정을 후회하지 않는다. 당시에 나는 사랑하는 사람과의 결혼을 앞두고 있었다. 결혼식에서 사랑하는 사람에게 가장 아름다운 모습으로 기억되고 싶었다. 그리고 나는 절박했던 결혼을 문제없이 할 수 있게 돼 매우 기뻤다.

[B의 선택]

내가 수술을 받던 때는 종양과 약간의 조직만을 제거하는 (물론 몇 주 동안 방사선 치료도 받아야 한다) 종양절제술이 아니라 유방절제술을 받는 것이 너무 과도한 치료라고 생각하는 사람들이 있었다. 그들 중에는 의사도 포함되어 있었다. 나는 그들의 말에 화가 났으며 지금도 여전히 그렇다. 이는 매우 개인

---

20) 앞의 책, p.135. 여기에서 A는 이피게니아(가명)라고 불린 여성의 사례이고, B는 미국의 전 영부인 고(古) 낸시 레이건(N. Reagan)의 말이다. 세부적인 표현은 논의를 위해 필자가 조금 수정했다.

적인 결정이며, 모든 여성은 자신을 위해 결정을 내려야 한다. 결국 그것은 나의 결정이다. 또한 나는 내가 이 때문에 비판받아야 한다고 생각하지 않는다. 몇몇 여성에게는 잘못된 결정일 수 있지만, 내게 이 결정은 옳은 것이었다. 내가 20세 여성이고 결혼하지 않았다면 아마도 다른 결정을 내렸을 것이다. 하지만 나는 이미 아이들이 있고 훌륭하고 이해심 많은 남편도 있다.

이 사례가 보여주는 것은 분명하다. 환자에게 충분하고 이해할 수 있는 설명이 주어진다고 하더라도 환자가 가진 입장과 환경 그리고 앞으로 기대할 수 있는 가치에 따라 결정은 달라질 수 있다는 것이다. 말하자면, 사람이 중요하게 여기는 가치는 서로 다르며, 한 사람이 가진 가치 또한 그가 겪는 삶의 경험에 따라 달라질 수 있다. 당연한 말이지만, 위의 사례에서 A와 B의 결정이 다르다고 하여 그들 중 한 명을 비난할 수 없다. 그녀들은 '충분하고 이해'할 수 있는 설명에 기초하여 자신이 가진 '가치'에 따라 스스로 자신의 몸과 삶에 대해 결정했기 때문이다. 그리고 이것은 환자의 자율성 또는 자기 결정이 존중받는 또는 존중받아야 하는 모습을 보여주고 있다. 하지만 앞서 보았듯이, 환자의 자율성이 항상 존중되고 보장받는 것은 아니다. 다음의 사례를 분석하고 평가해보자.

> 논란의 한방 항암제 '넥시아' 치료 중단 위기…… 환자단체 "치료 재개" 요구[21]

> 옻나무 진액(한약명 칠피·건칠)으로 만들어진 한방 항암제 '넥시아'(NEXIA · Next Intervention Agent)의 효능을 증명하겠다며 대한암환우협회 회원들이 기자

---

21) 최은경 기자, 조선닷컴, 2016. 01. 29.
http://news.chosun.com/site/data/html_dir/2016/01/29/2016012902597.html

회견을 열었다. 대한암환우협회는 2000년 넥시아를 복용한 뒤 치료된 환자 133명이 모여 만든 단체다. 이들은 서울 태평로 프레스센터에서 '4기암 5년 이상 생존자 발표 기자회견'을 열어 '넥시아'를 통해 말기암을 치료한 환자 13명의 이름과 직업, 회복 과정 등을 공개했다. 지난해 12월 대한의사협회와 환자단체연합회가 넥시아 효능 검증을 위해 '4기암 환자 5년 생존 여부 자료 공개'를 요청한 데 따른 것이다.

이정호 대한암환우협회 회장은 "우리는 양방병원으로부터 말기암 선고를 받고 '더 이상 치료할 수 있는 방법이 없다'는 시한부 선고를 받았으나 넥시아 치료를 받고 5년에서 19년 넘게 생존하고 있는 암환자들과 그 가족"이라며 "넥시아를 경험하지도 않고 불법이라며 온갖 비난을 퍼뜨리는 사람들 때문에 넥시아 치료가 중단될 위기에 놓여 있다"고 말했다.

이어 4명의 환자와 환자 가족이 자신의 신분증을 공개하며 넥시아의 효험에 대해 공개 증언하기 시작했다. 생존 환자 정미자(여 · 74) 씨는 "1998년 8월 소세포폐암 말기 진단을 받고 항암치료 6차례와 방사선 치료 30차례를 받았을 땐 생니 6개와 머리카락이 다 빠질 정도로 고통스러웠다"며 "하지만 넥시아를 한두 달 먹었더니 밥이 먹고 싶은 생각이 들었고 걸을 수 있었다. 이후 18년째 건강하게 살고 있다"고 주장했다. 9년 전 신장암 말기 진단을 받고도 넥시아 복용으로 생존해 있다는 전종범(58) 씨는 "혈액종양내과 교수에게 더 이상 치료할 방법이 없다는 선고를 받았지만, 넥시아로 6개월 치료받은 뒤엔 살 수 있다는 희망을 얻었다"고 말했다. 전 씨는 2010년 SCI급 암 관련 국제학술지(Annals of Oncology)에 넥시아 말기암 치료 증례로 학계에 소개된 바 있는 인물이다.

이날 기자회견에는 넥시아 개발자인 최원철 단국대 의무부총장도 참석했다. 최 교수는 "오늘 오전 의협에서 단국대를 공격해 앞으로 넥시아 진료가 어렵다는 소식을 들었다"며 "양방병원에서 버림받은 환자들을 제가 고

처주지 못해서 죄송하다. 양·한방을 떠나서 많은 환자들이 행복하기를 빌겠다"고 발언했다.

한의사인 최원철 교수가 1996년 개발한 넥시아는 1999년 초 KBS 특집 다큐멘터리를 통해 '4기암 환자를 살려낸 기적의 항암제'로 널리 알려졌다. 최 교수 측은 2013년 「주간조선」과의 인터뷰에서 넥시아를 이용해 치료가 불가능하다고 알려진 말기암(4기암) 환자를 1996년부터 2013년까지 216명이나 치료했다고 주장한 바 있다.

하지만 대한의사협회는 옻나무 추출물을 이용한 암 치료방법은 그 유효성과 안전성에 대한 임상시험 과정을 거치지 않았고, 식품의약품안전처의 의약품 허가도 받지 않았다는 점을 들어 환자 투여를 중단해야 한다고 맞서는 상황이다.

〈분석적 요약〉

[1단계] 문제와 주장
　〈문제〉
　──────────────────────────────
　〈주장〉
　──────────────────────────────

[2단계] 핵심어(개념)
　──────────────────────────────
　──────────────────────────────

[3단계] 논증 구성
　〈숨은 전제(기본 가정)〉
　──────────────────────────────
　〈논증〉
　──────────────────────────────
　──────────────────────────────

[4단계] 함축적 결론
  〈맥락(배경, 관점)〉

  〈숨은 결론〉

〈분석적 요약〉을 통해 문제의 쟁점을 파악했다면, '넥시아'를 이용한 치료를 주장하는 환자(단체)의 논증과 그것에 반대하는 의사(단체)의 논증을 제시해보자. 다음으로 두 논증 중 더 설득력 있는 논증이 무엇인지에 대한 자신의 견해를 근거를 밝혀 개진해보자.

〈'넥시아' 사용에 대한 환자(단체)의 논증〉

C. 따라서 넥시아를 이용한 항암 치료는 **허용되어야 한다.**

<'넥시아' 사용에 대한 의사(단체)의 논증>

_____

_____

_____

_____

_____

C. 따라서 넥시아를 이용한 항암 치료는 **허용되어서는 안 된다.**

4. 진실 말하기(Truth Telling)

우리 대부분은 거짓말을 피하고 진실을 말해야 한다는 데 동의한다. 칸트를 빌려 말하자면, "우리가 거짓말을 해서는 안 되는 것은 그것이 그 자체로 잘못된 행위이기 때문"이다. 당연한 말이지만 진료과정에서 의사는 환자에게 진실을 말해야 한다. 그리고 의사는 거짓말을 해서는 안 된다. 우리가 상식으로 받아들이는 이러한 명제가 가진 실천적 의미를 다음의 사고실험을 통해 고찰해보자.

1) 진실 말하기와 하얀 거짓말: 사고실험

사례 1: 당신이 다음과 같은 상황에 처했다고 하자. 아래의 글을 읽고 물음에 답해보자.

당신이 연구 논문을 작성 중이었다고 하자. 당신은 발표일이 얼마 남지 않아 의과대학 연구실에서 새벽까지 논문 작성에 매진하고 있다. 그러던 중 당신은 피곤하기도 하거니와 공복감을 느껴 산책도 하고 식사도 할 겸 안암동 사거리로 나섰다. 당신은 간단한 간식과 진한 커피 한 잔을 사들고 연구실로 돌아가던 중 신발도 신지 않은 채 왼쪽 골목으로 허겁지겁 도망치는 한 여인을 보았다. 잠시 후 우락부락하게 생긴 건장한 남자 세 명이 당신에게 방금 보았던 여인의 인상착의를 말하면서 어디로 갔는지를 물었다. 당신은 직감적으로 (적어도 현재 상황에서는) 그녀에게 좋지 않은 일이 생겼으며, 그 원인이 그들에게 있다고 생각했다. 이러한 상황에서 당신이 취할 수 있는 선택지는 두 가지다.

① 당신은 도망간 여인의 안위를 염려하여 "그녀를 보지 못했다"고 말하거나 "그녀가 오른쪽 골목으로 가는 것을 보았다"고 말한다.
② 당신은 그녀가 그들에게 붙잡혔을 경우에 초래될 결과가 걱정스럽기는 하지만 솔직하게 "그녀가 왼쪽 골목으로 가는 것을 보았다"고 말한다.

이와 같은 상황에서 당신은 두 가지 선택지 중 어떠한 결론을 내리겠는가?

[Q 1] 선택지 "①과 ②" 중에서 당신이 내린 결정은 무엇인가?

사례 2: 당신은 의사이고, 다음과 같은 문제 상황에 처했다고 하자. 아래의 글을 읽고 물음에 답해보자.

올해 72세가 된 영희는 복통과 계속되는 소화불량으로 병원에 입원했다. 그녀는 평소 암에 걸리는 것을 매우 두려워했으며, 만일 암에 걸릴 경우 자신에게 알려주는 것을 결코 원하지 않는다고 명시적으로 수차례 말했다. (변호사의 공증을 거친 유언장에도 정확히 명기되어 있다.) 조직검사에 의해 영희는 치유가 불가능한 간암에 걸렸음이 밝혀졌다. 의사인 당신은 그녀가 정서적으로 매우 불안정하다는 것을 알고 있다. 그녀에게 진실을 말하는 것은 영희와 그녀의 가족에게 커다란 고통을 줄지도 모르며, 최악의 경우 심한 충격으로 인한 절망감으로 영희의 죽음을 앞당길 수도 있다. 그래서 그 의사는 영희의 요구를 지켜주려고 한다.

그러나 다른 한편으로, 그녀가 진실을 알지 못한다면 자신의 죽음에 대해 적절하게 준비할 수 없으며, 의사가 영희에게 진실을 말할 경우에 그녀가 정서적으로 심각하게 나빠진다고 말할 (완전히) 충분한 이유도 없다. 이러한 상황에서 당신이 취할 수 있는 태도는 두 가지뿐이다.[22]

---

22) 해리스(C. E. Harris), 『도덕 이론을 현실문제에 적용시켜보면』, 김학택 · 박우현 역, 서광사, 2004

① 환자인 영희에게 치유가 불가능한 암에 걸렸다는 사실을 말하지 않는다.

② 환자인 영희에게 치유가 불가능한 암에 걸렸다는 사실을 말한다.

의사인 당신은 어떤 선택을 하겠는가?

[Q 3] 선택지 "①과 ②" 중에서 당신이 내린 결정은 무엇인가?

[Q 4] 그러한 결정을 내린 까닭은 무엇인가? 이유를 밝혀 주장을 기술해보자.

[Q 5] 다음의 물음에 답해보자.

[Q 5-1] 〈사례 1〉과 〈사례 2〉에서 당신이 내린 결정은 무엇인가? 말하자면, 다음과 같은 4가지 결정
조건 중에서 당신이 취한 입장은 무엇인가?(○ : 사실을 말하지 않는다/ X: 사실을 말한다)

	사례 1	사례 2
결정 1	○	○
결정 2	○	X
결정 3	X	○
결정 4	X	X

[Q 5-2] 당신이 그와 같이 선택한 이유는 무엇인가?

[Q 5-3] 이러한 사고실험에서 행위 결정에 영향을 미치고 있는 충돌 또는 경쟁하는 도덕적 원리
또는 의무가 무엇인가?

---

2) 사고실험에 대한 다양한 답변들

당신의 선택과 결정은 무엇인가? 이와 같은 사고실험에 대한 답변은 다양할 수 있다. 여러분과 같은 대학생이 결정 1~4에 대해 추론한 내용을 살펴보자. 그 과정을 통해 각 결정을 지지하는 대략의 이유와 근거가 무엇인지 파악할 수 있을 것이다.

[결정 1] 예시글(○○대학교, 이△△, 1학년)

[Q 2] 그러한 결정을 내린 까닭은 무엇인가? 이유를 밝혀 주장을 기술해보자.

3명의 건장한 남자가 내게 거친 욕을 하며 어디로 갔는지를 묻고 있다. 여기서 내가 할 수 있는 선택은 3가지다.

방법	나의 위험부담	여인의 위험부담
i) 그녀를 보지 못했다.	中	中
ii) 그녀는 오른쪽으로 갔다(거짓말).	上	下
iii) 그녀는 왼쪽으로 갔다(진실).	下	上

위는 각각의 선택에 대해 나와 여인에게 가해지는 위험부담을 나타낸 것이다. 여기서 나는 상대적으로 여인보다 강하기 때문에 여인의 동일량의 위험부담에 대해서도 취약성을 미친다고 하자. 이때, 나와 여인의 위험부담의

합을 최소화하기 위해서는 i), ii)의 선택을 해야 한다. [cf. i)에서 나와 여인 모두 中이지만 여인의 위험부담이 더 크다.]

[Q 4] 그러한 결정을 내린 까닭은 무엇인가? 이유를 밝혀 주장을 기술해보자.

의사가 영희에게 진실을 말하고자 한다면 그 이유는 두 가지다.

i) 그녀가 진실을 알지 못하면 자신의 죽음에 대해 적절히 준비할 수 없다.

ii) 진실을 말한다고 해서 그녀가 정서적으로 심각하게 나빠진다고 말할 수 없다.

그러나 이 두 가지 이유는 합당치 못하다. 영희는 평상시 의사에게 자신이 암이라는 사실을 알려주지 말아달라고 부탁했다. 또한 현재 영희의 나이는 72세로 적지 않다. 이러한 점을 볼 때 영희도 이런 부탁을 하면서 자신의 죽음에 대한 준비를 어느 정도 해왔을 것이다. 이 병은 치유가 불가능하다고 한다. 만약 의사가 암이라는 것을 알려준다면 가족들과 영희는 충격과 절망에 빠진 채 영희는 죽음을 맞을 것이다. 하지만 이를 알려주지 않는다면, 적어도 영희는 행복하게 생을 마칠 수 있을 것이다.

	환자의 감정	가족의 감정	총합
의사가 말할 경우	☹	☹	☹☹
의사가 말하지 않을 경우	☺	☹☹	☹

[Q 5-3] 이러한 사고실험에서 행위 결정에 영향을 미치고 있는 충돌 또는 경쟁하는 도덕적 원리 또는 의무는 무엇인가?

	도덕적 원리	의무
사례 1	거짓말을 하지 않음	여자를 지킴
사례 2	약속을 지킴	의사로서 환자에게 병명을 전달함

[Q 5-4] 이와 같이 도덕적 원리 또는 의무가 충돌할 경우, 그것을 해소하거나 화해시킬 수 있는 방안은 무엇이라고 생각하는가?

최선의 방법은 중도의 길을 걷는 것이다. 두 개의 가치 중 하나를 지키기 위해 다른 하나를 아예 포기하는 것이 아니라 두 개의 가치 중 일부라도 모두 지켜낼 수 있도록 중도의 길을 가는 것이다. 그러나 가끔은 중도의 길이 불가능한 경우가 있을지도 모른다. 이 경우에는 각각의 가칭 우선순위를 매기고 내가 할 수 있는 선택이 가져올 결과를 공리적 관점에서 바라볼 수도 있을 것이다.

[결정 2] 예시글(○○대학교, 김△△, 1학년)

[Q 2] 그러한 결정을 내린 까닭은 무엇인가? 이유를 밝혀 주장을 기술해보자.

이것이 실제 상황일 경우, 급박한 상황임에 틀림없고 정상적인 사건은 아니다. 남자들과 여인은 무언가 잘못된 일에 연관된 것이 분명하고, 여인은 그 남성들에게 무엇인가 잘못된 일을 저질렀거나 그 반대로 피해자의 상황일 수 있다. 그리고 이 상황은 법적 개입이 없는 상태이고 개인들 간에 발생한 사건이다. 그러므로 불법적인 범죄의 발생 가능성도 예측해볼 여지가 충분하다. 따라서 법적 개입이 필요하다고 판단할 수 있다(판단 1). 다음으로 이 사건에서는 잘못된 일이 발생할 가능성이 매우 높은데, 그렇다고 할 때 이를 바로잡아야 할 필요성이 있다. 즉, 내가 남자들에게 거짓말을 하여 그들이 만나지 못한다면 일이 바로잡아지기 어려울 것이며 적어도 갈등의 해결이 늦어지게 될 것이다. 그러므로 그들은 여인을 만나야 한다(판단 2). 하지만 급박한 상황으로 미루어 여인의 신변에 어떤 위해가 가해질 수 있기 때문에 이에 대한 대처 또한 필요할 것이다(판단 3). 따라서 판단 2에 의해 그들에게 솔직하게 이야기할 것이고, 판단 3에 따라 그 남자들의 뒤를 따라가 상황을 주시하고 위험한 상황에서는 개입하여 위해의 가능성을 줄이고, 판단 1에 의해 경찰을 즉시 불러 법적 도움을 받을 것이다.

[Q 4] 그러한 결정을 내린 까닭은 무엇인가? 이유를 밝혀 주장을 기술해보자.

영희가 만일 젊고 남은 생애가 길다면 그녀에게 사실을 정확히 전달하고 죽음을 준비할 시간을 주는 것이 더 바람직하다고 생각한다. 하지만 영희는 72세로 여생이 많다고 볼 수 없다. 자연스럽게 죽음을 받아들일 수 있는 인생말년이라고 보아도 괜찮은 시기다. (평균 80세 시대이므로) 이런 상황에서 의사에게 영희의 남은 삶을 불행하게 할 필요는 없다. 의사는 환자의 건강과 삶의 질을 지켜주어야 할 의무가 있다. 이런 상태에서 자연스럽게 인생의 끝을 마무리할 수 있는 영희에게 사실을 이야기해 죽음에 대한 절망감을 일찍이 전달하여 남은 삶을 비참하게 만드는 것은 바람직하지 않다. 특히 영희는 암일 경우 그 고통스러운 심경을 감내할 자신이 없어 알기를 원치 않는 상황이기 때문에 그녀에게 사실을 알려 고통을 가중하는 것은 더더욱 잘못된 것이다. 의사로서 더 이상 질병에 대한 컨트롤 능력이 없는 상황에서, 특히 얼마 남지 않은 시간만이 허용된 환자에게 삶의 기쁨과 안정감을 제공하고 지켜주는 것이 의사로서 할 수 있는 최선이라고 생각한다. (특히 영희가 암에 대해 느끼는 두려움이 매우 크고 이를 유언장에 명기할 정도이므로 사실을 말할 때도 감당할 수 없는 큰 고통이 그녀를 헤어 나올 수 없는 절망감으로 몰아넣을 수 있다는 예상은 충분히 할 수 있기 때문이다.)

[Q 5-3] 이러한 사고실험에서 행위 결정에 영향을 미치고 있는 충돌 또는 경쟁하는 도덕적 원리 또는 의무가 무엇인가?

사례 1: "거짓말하지 말아야 한다" vs. "어려운 사람을 도와야 한다"

사례 2: "거짓말하지 말아야 한다" vs. "모를 권리를 지켜주어야 한다"

[Q 5-4] 이와 같이 도덕적 원리 또는 의무가 충돌할 경우, 그것을 해소하거나 화해시킬 수 있는 방안은 무엇이라고 생각하는가?

원형적 의미의 도덕적 지침에 따르면 다른 도덕적 지침과 '충돌'하는 상황과 조건이 무수히 많다. 따라서 원형적 의미에서만 매달리지 말고 인간을 중심에 두고 인간의 복지를 극대화할 수 있는 결정을 선택하는 것이 바람직하다.

[결정 3] 예시글(○○대학교, 서△△, 1학년)

[Q 2] 그러한 결정을 내린 까닭은 무엇인가? 이유를 밝혀 주장을 기술해보자.

만약 1번과 같은 답변을 한다면 여인을 두둔하는 입장에 서는 것이다. 하지만 상황을 정확히 모르는 상태에서 지레짐작으로 한쪽의 편을 드는 것은 합리적인 사고가 아니라고 생각한다.

2번과 같은 답변을 할 경우에 관찰자로서의 중립성을 지킬 수 있으며, 혹시라도 발생할 수 있는 비약적 판단으로부터 자유롭다. 만약 여성의 안위가 걱정된다면 남성들을 따라가 함께 여인을 찾는 척하며, 혹은 미행을 하며 뒷일을 감시한다든가 남성들이 떠난 후 경찰을 불러 상황을 묘사한 후 상황 정리를 부탁할 것이다.

[Q 4] 그러한 결정을 내린 까닭은 무엇인가? 이유를 밝혀 주장을 기술해보자.

영희의 주치의로서 그녀의 의사를 존중해야 한다. 이미 치유 불가능한 상태라면 그녀에게 암에 걸린 사실을 통보할 경우 ① 건강상 호전될 여지가 없으며, ② 정신적 고통을 가중시킬 수 있으므로 상황이 악화되는 결과를 초래할 것이 분명하다. 영희가 죽음을 어떻게 대비하느냐는 의사의 1차적인 고려 요소가 아니라고 생각한다. 그리고 만약 영희가 평소에 암을 두려

위했다면 그에 대비하여 암에 의해 갑자기 세상을 떠날 시 절차를 마련했을 거라고 생각한다. 결론적으로 의사는 환자의 건강과 자율을 최선으로 생각해야 하나 암에 걸린 사실을 통보할 시 둘 다 위반하는 행위이므로 ①번을 선택했다.

[Q 5-2] 당신이 그와 같이 선택한 이유는 무엇인가?

사례 1에서 사실을 말한 이유는 나 자신이 사건과 아예 무관한 관찰자의 입장이기 때문이다. 이 경우엔 중립적인 입장을 취하는 것이 적절하며, 후에 발생할 수 있는 사태에 내가 개입을 할지 말지 자유롭다. 반면 사례 2에서 사실을 말하지 않은 이유는 영희의 주치의로서 사건에 깊이 개입한 입장이기 때문이다. 그녀의 의사를 아는 한 의료인으로서 그를 존중해야 할 의무가 있으며, 그녀의 신체적 건강뿐만 아니라 정신적 건강도 고려해야 마땅하다. 즉, 사건에 얼마나 개입해 있는지(방관자 또는 행위자), 의무가 있는지 없는지에 따라 사례별로 결정이 달라졌다.

[Q 5-3] 이러한 사고실험에서 행위 결정에 영향을 미치고 있는 충돌 또는 경쟁하는 도덕적 원리 또는 의무가 무엇인가?

| 거짓말을 하거나 정보를 은폐하는 누군가에게 신체적 혹은 정신적 안정을 제공할 것인가? | vs. | 거짓말은 대체적으로 옳지 못한 행위이며 후의 일은 당사자에게 맡길 것인가? |

[Q 5-4] 이와 같이 도덕적 원리 또는 의무가 충돌할 경우, 그것을 해소하거나 화해시킬 수 있는 방안은 무엇이라고 생각하는가?

　사례 1에 대한 답변에서 밝혔듯이, 거짓말이 윤리적으로 옳지 못하다고 생각하면 사실을 말하면 된다. 단, 당사자의 안전 혹은 안정을 보장할 수 있을 때로 이를 국한한다. 사실 Q 5-3에서 충돌하는 도덕 원리들은 아예 상반되는 가치들이 아니며, 곰곰이 생각하면 두 원리를 지킬 수 있는 해결책이 떠오를 수도 있다. 즉, 경쟁하는 가치들이 무조건 반대되는 것은 아니므로 두 원리를 모두 지키는 해결책을 찾는다.

[결정 4] 예시글(○○대학교, 최△△, 예과 1년)

[Q 2] 그러한 결정을 내린 까닭은 무엇인가? 이유를 밝혀 주장을 기술해보자.

　옷의 일부가 찢기고 신발도 신지 않은 채 도망가는 여인, 거친 욕을 하며 따라가는 건장한 남자 세 명. 새벽 상황과 그에 대한 묘사에 따라 읽는 사람에게 다르게 전달될 수 있지만, 위의 상황을 고려했을 때 여자는 남자로부터 위협을 받고 있음을 추론할 수 있다. 그러나 이러한 경우일지라도 ②의 결정을 내릴 것이며 그 이유는 다음과 같다.

1. 죄의 경중을 고려할 때, 거짓말도 죄의 일부다. 여자가 어떤 상황에 처했는지 모르면서 남자들에게 거짓말을 하는 것은 도덕적으로 옳지 못하다. 도덕적인 이유로 여자를 구하고 싶다면 그 수단과 방법 또한 도덕적이어야 한다.

2. 거짓말의 결과를 예상할 수 없다. 우리 사회는 행위의 자유를 허락하며 그 대가를 치르도록 한다. 거짓말로 인한 대가를 요구한다면 그 결과를 물을 수 없다.

3. 여인을 도울 수 있다. 여인이 걱정된다면 남성들을 쫓음으로써 여인에

게 벌어지는 상황을 관찰할 수 있고, 경찰력 등을 통해 도울 수 있다.

[Q 4] 그러한 결정을 내린 까닭은 무엇인가? 이유를 밝혀 주장을 기술해보자.

우리 사회는 알 권리도 존재하지만 모를 권리도 존재한다. 영희는 암에 걸릴 경우 알리지 말아달라고 수차례 말했으며, 의학은 가능성의 학문으로서 영희가 암에 걸렸다는 소식을 듣고 몸의 상태가 악화될 가능성이 존재한다. 그러나 나는 의사다.

1. 환자의 상태를 가장 잘 알고 유일하게 환자에게 사망선고를 내릴 수 있는 직업이다. 영희의 가족을 통해 죽음을 준비하도록 도울 수 있지만, 사망의 원인에 대해 환자에게 알리는 것은 의사의 직업적 의무이기에 가족에 선행하여 환자에게 직접 상태를 말해야 한다.

2. 게다가 임상실험 등을 통해 병의 치유를 꾀하거나 병의 악화를 막는 등의 조치를 취할 수 있다.

3. 환자 자신도 병, 삶, 죽음에 대해 고찰하고 인생의 여정을 마무리할 기회를 가질 것이다.

4. 구체적인 병 정보로 인해 오히려 원인 모를 두려움으로부터 벗어날 가능성도 있다.

[Q 5-4] 이와 같이 도덕적 원리 또는 의무가 충돌할 경우, 그것을 해소하거나 화해시킬 수 있는 방안은 무엇이라고 생각하는가?

언제나 참인 명제를 바탕으로 상황을 바라보는 것이라고 생각한다. 진실을 말해야 한다는 행위자의 도덕적 의무를 바탕으로 사례 1을 바라볼 때 여자가 어떤 상황에 처했는지 모른 채 짐작만 하고 있다는 것과 거짓말로 상황을 모면하더라도 궁극적으로 문제를 해결하지 않았다는 점이 문제가 됨을 알 수 있었다.

병의 원인을 환자에게 말해야 한다는 의사의 직업적 가치관에 비추어 사례 2를 바라볼 때 환자의 알 권리가 박탈되며 병을 호전시킬 기회 또는 지연시킬 가능성을 포기해버린다는 문제가 발생했다.

10장
자율규제의 두 얼굴
(Two Faces of Self-Regulation)[1]

공적 규제는 일반적으로 정부에 의해 전문가 집단 같은 개별 집단을 규제하는 것을 말한다. 달리 말하면, 공적 규제는 정부 같은 외부 기관이 만든 규칙에 의해 관리되고 감독받는다는 측면에서 일종의 타율규제라고 할 수 있다. 반면에, 자율규제는 일반적으로 전문가 집단 같은 개별 집단이 스스로 규칙을 만들고 그것에 따라 자신의 집단을 관리하고 감독하는 권한을 갖는 것을 의미한다. 따라서 공적 규제와 자율규제는 서로 다른 성격을 갖는다.

현대사회에서 의사, 변호사 또는 예술과 관련된 문화 콘텐츠 개발 전문가 같은 전문가 집단의 자율규제에 대한 요구와 관심이 날로 증가하고 있다. 하지만 자율규제를 해석하고 실천적으로 적용하는 모습은 전문가 집단과 그에 대응하는 일반 시민사회에서 사뭇 다른 양태로 드러나고 있는 듯이 보인다.

---

1) '10장 자율규제의 두 얼굴'의 많은 부분은 "의료전문직업성의 역사와 철학: 자율성과 자율규제의 의미", 대한의사협회 의료정책연구(2015) 연구 결과 보고서; 전대석, "전문직업성의 자율규제와 충심의 개념", 인문과학(2016. 08); 전대석·김용성, "전문직 자율규제의 철학적 근거에 대한 탐구"; 『J Korean Med Assoc』 2016, August (JKMA, 2016. 08)에 기초하고 있다.

달리 말하면, 전문가 집단과 일반 시민사회는 자율규제를 서로 다르게 이해하고 있을 뿐만 아니라 그것을 적용하는 방식에도 차이가 있다는 것이다. 만일 그렇다면, 자율규제 문제에 직접적으로 관련된 두 집단, 즉 전문가 집단과 일반 시민사회에서 발견되는 개념적인 틈(conceptual gap)이 발생하는 이유는 무엇인가? 이와 같은 문제에 대한 여러 입장과 가능한 답변이 무엇인지를 탐구하는 것이 이번 장에서 논의하려는 주제다.

1. 전문직업성의 두 측면 그리고 두 얼굴의 자율규제

1) 전문직 자율규제 논의의 구조

'자율규제(自律規制)'는 'self-regulation'을 우리말로 옮긴 것이다. 하지만 이 용어는 의사 또는 변호사 같은 전문가 집단의 입장과 일반 시민사회 같은 그밖의 집단의 입장에서 달리 해석될 여지가 있다. 자율규제의 내용과 형식 그리고 개념적 정의와 관련된 본격적인 논의를 하기에 앞서 간략히 그 이유를 밝히면 다음과 같다. 말하자면, 의사 또는 변호사 같은 전문가 집단은 '효용성(efficacy)'의 극대화를 위해 전문가 집단의 규제의 자율성을 강조하는 반면에, 일반 시민사회는 규제의 '공공선(common good)'을 위해 전문가 또는 전문가 집단의 처벌과 감시를 강화하는 데 더 많은 관심을 둔다. 또 다른 문제는 우리나라의 경우 가부장적 관료문화와 전문가 집단이 지니는 정보의 비대칭성으로 인해 자율규제에 관한 논의가 왜곡되는 경향이 있다. 예컨대 2015년에 주사기 재사용에 따른 C형 간염 집단감염 사태를 일으켜 사회적으로 큰 문제를 일으킨 '다나의원'과 '원주 한양정형외과의원'[2) 사건은 의사 집단의 자율규제의 실효적 강화보다는 정부 주도의 감시와 처벌의 강화를 불러왔다. 간략히 정리하면, 자율규제에 관한 적실성 있는 논의는 자율규제의 효용성과 공공성 모두를 최대화하는 방향으로 나아가야 함에도 불구하고 우리나라의 경우 자율규제의 권한을 제한하고 처벌을 강화하는 방향으로 진행하고 있다는 것이다.

전문직의 자율규제와 관련된 문제는 다양한 모습과 차원을 가지고 있다. 예컨대, 전문직의 자율규제는 의사 또는 변호사 집단이나 단체 같은 특정 개별 전문직 집단 내부의 규준(standard) 문제, 의사 또는 변호사 같은 전문직의 면허에 관련된 문제, 전문직 또는 전문직 집단과 일반 시민사회와의 관계 설정의 문제, 전문직 종사자가 가져야 할 윤리적 문제 등과 같이 여러 가지 수준과 관계 속에서 탐구되고 파악되어야 한다.

또한 자율규제는 문자 그대로 읽을 경우 "스스로 규칙을 정하고 관리한다" 정도로 해석할 수 있을 것이다. 이와 같이 상식에 부합하는 해석을 따를 경우, 전문직의 자율규제의 문제는 '스스로'에 해당하는 '자율'의 차원과 '규칙과 관리'에 속하는 '규제'의 차원으로 구분하여 살펴보는 것이 도움이 될 수 있다. 그리고 전문직의 자율규제와 관련된 두 차원의 문제는 다음의 표에

---

2) 다나의원과 한양정형외과의원 사건은 일회용 주사기를 재사용함으로써 C형 간염이 집단감염으로 확산되어 의료계와 국민을 충격에 빠뜨린 사건이다. 특히, 다나의원 사건은 2015년 11월 19일 서울 양천구 보건소로 다나의원에서 주사기 재사용으로 C형 간염이 전파되었다는 제보가 접수되면서 세상에 알려지게 되었다. 질병관리본부의 역학조사에 따르면, 2016년 2월 1일 기준으로 조사 대상자 2,266명 중 1,672명의 C형 간염 검사를 한 결과, 97명이 C형 간염 바이러스에 감염되었고 63명이 치료가 필요한 C형 간염 환자(HCV RNA 양성)인 것으로 확인되었다. 당시 다나의원 원장은 2012년 뇌내출혈로 장애 2급(뇌병변장애 3급과 언어장애 4급의 중복 장애)으로 혼자서는 보행이 불가능할 정도여서 의사를 대상으로 하는 연수교육에 참석할 수 없었고, 일부 교육은 간호조무사 자격이 있는 부인이 대신 출석했다고 알려졌다. 다나의원 원장이 뇌병변장애로 판단력이 떨어져 이런 사고가 벌어졌다는 주장이 있었으나 피해 환자들은 그 원장이 장애를 입기 전에도 주사기를 재사용했다고 증언하고 있으며, 실제 감염도 장애를 입기 전에 2008년 12월부터 발생한 것으로 드러났다. 윤구현 (블로그), 「서울 다나의원 사건 정리」, http://liverkorea.tistory.com/257 참조.

서 볼 수 있듯이 더 세부적인 층위의 논의를 통해 규명되어야 할 것이다. 하지만 우리는 여기에서 한정된 지면으로 인해 아래에 제시한 모든 것을 자세히 살펴볼 수는 없다. 그럼에도 불구하고 그것들에 관한 대략의 모습과 내용을 이해하는 것은 필요하다. 따라서 자율규제 논의의 주된 흐름을 형성해온 '규제'와 관련된 일련의 논의를 먼저 간략히 살펴봄으로써 그러한 접근법의 장점과 문제점을 파악하고, 다음으로 전문직 또는 전문가 집단의 윤리적 태도와 더 밀접하게 관련 있는 '자율'과 관련된 문제들을 고찰해보자.

2) 전문직업성 정의에 관한 두 가지 접근법

전문직 종사자로서 의사에게 요구되는 윤리적 자세와 실천적 태도의 밑바탕이 되는 전문직업성(professionalism) 또는 의학전문직업성(medical professionalism)은 의료 전문직 종사자에게 핵심적인 개념이며 실천적인 요구라고 할 수 있다. 물론, 전문직업성은 의사 또는 의료 종사자에게만 한정되어 적용되는 개념은 아니다. 구체적이고 세부적인 내용은 조금 상이할 수 있다고 하더라도 전문직업성은 법조인, 전문 경영인 그리고 교수 등 소위 '전문가'라고 일컬어지는 사람들뿐만 아니라 공무원, 기술자 또는 근로자 등에게도 요구되는 일종의 직업윤리라고 할 수 있다. 물론, 법조인이나 의료 종사자와 같이 일반적으로 더 높은 전문성을 갖추고 있는 집단에게 더 높은 윤리적 자세가 요구되고 요청된다는 데 어렵지 않게 동의할 수 있을 것이다. 하지만 모두가 승인하고 동의할 수 있는 전문직업성에 관한 정의를 도출하는 것은 어려운 일이다. 의학과 의료 분야에만 한정해보더라도 의사의 '실무적 역량'에 초점을 맞추는 경우와 '도덕적 자세'를 중시하는 경우에 따라 전문직업성에 관한 정의는 달라질 수 있다. 카이저와 클라크(Kasar & Clark)의 정의는 전자의 경우를 잘 보여주고 있다. 그들은 전문직업성을 다음과 같은 의사의 8가지 역량에 의거하여 정의한다.[3]

- 임상사고능력(clinical reasoning)
- 감정이입(empathy)
- 언어적 그리고 서면적 의사소통(verbal and written communication)
- 조직성(organization)
- 관리 과정(supervisory process)
- 협력(cooperation)
- 진취성(initiative)
- 전문적 표현(professional presentation)

반면에 안덕선은 전문가로서 의사가 갖추어야 할 윤리적 자세 또는 도

---

3) Kasar J. & Clark N. E. (2000). *Developing Professional Behaviors*, Slack Inc. 3-8, 34, pp.119-125, p.161

덕적 의미에 좀 더 비중을 두어 전문직업성을 정의한다. 그는 캐나다 퀘벡 면허기관(Medical Council Quebec)의 정의를 따라 전문직업성을 구성하는 3가지 요소로 임상적 자율(clinical autonomy), 직무윤리(serve ethics) 그리고 자율규제(self-regulation)를 제시하고 있다.[4] 여기서는 전문직업성을 윤리적 또는 도덕적 차원에서 다루고 있는 후자의 정의로부터 논의를 시작하는 것이 좋을 듯하다. 퀘벡 면허기관과 안덕선의 정의에 따르는 전문직업성의 3가지 요소를 간략히 설명하면 다음과 같다.

- 임상적 자율: 진료 현장에서 의사의 독립성 보장
- 직무윤리: 전문직으로서 준수해야 할 포괄적인 의미의 윤리와 도덕 규준
- 자율규제: 전문직 스스로의 관리와 감독, 실천적 의미의 윤리와 규준

이것을 내용적으로 구분할 필요가 있다. 앞의 두 요소, 즉 '임상적 자율'과 '직무윤리'는 전문직 또는 전문직에 종사하는 사람들이 갖추어야 할 속성 또는 역량에 관한 것이라고 할 수 있다. 구체적으로 말해서, 진료 현장에서 환자의 이익을 최우선으로 여기고, 전문가로서 자신이 맡은 일과 임무에 대해 정직하고 책임감을 가져야 한다는 것이다. 전문직에 대한 이와 같은 요구는 결국 '이타성(altruism)'으로 수렴된다. 세 번째 요소인 '자율규제'는 실천적인 측면에서 전문직 집단의 자율적인 규준을 제정하고, 그에 따라 관리하고 감독하는 것을 의미한다.

---

4) 안덕선, 「한국의료에서 의학전문직업성의 발전 과정」, 『J Korean Med Assoc』 2011 November; 54(11), p.1138. 여기에서 그는 영국, 미국 그리고 캐나다 같은 서양의 경우 의사의 권익과 신분을 보장하는 의사회(medical association)와 의료에서 전문직업성을 보장하기 위한 사회적 책무의 수행 기관인 면허기관(regulatory authority, licensing body)으로 이원화되어 있는 것을 우리나라와 다른 중요한 특징으로 파악하고 있다. 그리고 그 원인을 서양의 경우에서 발견되는 집단적(collective) 전문직업성의 발달에서 찾고 있다.

이러한 의학전문직업성을 구성하는 3가지 중요한 요소는 모두 일반적으로 '환자와 의사'의 관계에서 일어날 수 있는 일들과 사건들에 대한 규정이라고 볼 수 있다. 세 요소는 모두 의사가 갖는 의무 및 권리와 관련된 것들이다. 하지만 세 요소는 '적용할 시간과 대상'에 따라 내용적으로 구분될 수 있는 듯이 보인다. 간략히 말해서, ① 임상적 자율과 ② 직무윤리는 "어떤 (의료) 사건이 일어나기 전(前, pre)에 환자와 의사 사이에서 규정되고 준수되어야 할 것"들에 관한 문제에 더 많은 관심을 갖는 반면에, ③ 자율규제는 "어떤 (의료) 사건이 일어난 후(後, post)에 의사 집단 내부 또는 의사와 사회 사이에서 준수해야 할 것"들에 관한 문제에 더 초점을 맞추고 있다고 볼 수 있다.

3) 자율규제의 두 얼굴: 사전적 의미와 사후적 의미

물론, 지금 우리가 핵심 문제로 다루고 있는 '자율규제' 또한 의사 개인 또는 의사 집단을 스스로 규율하고 감독함으로써 어떤 (의료) 사건이 일어나는 것을 미연에 방지하고 예방하는 것을 목표로 한다는 측면에서 사건의 '후(後, post)'가 아닌 '전(前, pre)'에 관한 것을 적용 대상으로 삼고 있다고 볼 수 있다. 말하자면, 만일 '규제'의 주된 목적이 어떤 행위를 적극적으로 '금지(prohibition)'하고 '제한(limitation)'하는 것이라고 본다면, 규제가 적극적으로 적용되는 때는 어떤 (의료) 사건이 일어나기 전이라고 볼 수 있다. 반면에 '금지와 제한' 조건을 만들고 제정하는 것은 일반적으로 그 조건들이 지켜지지 않았을 경우를 대비하기 위한 것이다. 말하자면, '금지와 제한' 조건들에 위배되거나 위반하는 사건들에 대해 응분의 책임을 지우기 위한 것이라고 할 수 있다. 이와 같이 '규제'는 "사전에 예방하기 위한 조건"과 "사후에 응분의 책임을 묻기 위한 조건"이라는 두 얼굴(janus)을 갖고 있다.[5] 그리고 만일 현실에서 규제를 전자가 아닌 후자의 개념으로 주로 사용한다면, 규제 개념이 주로 적용되는 시간은 전(前, pre)이 아닌 후(後, post)라고 볼 수 있다. 만일 이러한 생각이 옳다면, 의학전문직업성의 중요한 세 요소의 속성과 특성을 다음과 같이 간략히 정리해볼 수 있다.

	적용 시간	적용 대상	주요 내용
임상적 자율	전(pre)	환자-의사	의료 전문직으로서 갖추어야 할 속성 • 환자 우선의 의료 • 정직, 책임감, 이타성 등
직무윤리			
자율규제	후(post)	의사-사회	의료 전문직 집단의 자율적인 규준 제정 • 관리, 감독 • 책임 묻기, 제재(制裁, restriction)

만일 지금까지의 논의가 적절한 것이라면, 의료에서 전문가로서의 의사와 그들의 고객인 시민의 이익이 가장 직접적으로 맞닿아 있는 지점이 '자율규제'라는 것을 알 수 있다. 물론, 전문직업성을 구성하는 3가지 요소 중에서 직무윤리가 "전문직으로서 준수해야 할 포괄적인 의미의 윤리와 도덕 규준"을 제시한다는 측면에서 의사와 그들의 고객인 시민의 권리와 이익을 가장 폭넓게 설명할 수 있다고 볼 수도 있다. 하지만 앞서 보았듯이 '자율규제'는 의료 전문직 집단의 올바른 또는 적실성 있는 행위를 미리 규정하여 관리하고 감독할 뿐만 아니라, 만일 그러한 규정에 위배되거나 현격하게 위반하는

---

5) 이러한 측면에서, 'self-regulation'을 우리말로 옮길 경우 통상 '자율규제(自律規制)'로 번역했지만, 그것을 '자율규정(自律糾正)'으로 해석할 수 있는지에 관한 논의를 하는 것은 의미가 있는 듯이 보인다. 왜냐하면 '규제'는 일반적으로 '처벌'을 가리키는 것으로 받아들여지지만, 적어도 '자율규제'에서 '규제'는 단지 '처벌'만을 가리키지 않는 듯이 보이기 때문이다. 여기서 규제는 사후적 의미의 '처벌(punishment)'뿐만 아니라 사전적 의미의 '규칙(rule)'의 뜻도 갖고 있다고 볼 수 있다는 점에서 "규칙을 정할 뿐만 아니라 그것을 제어하고 조정(control)"하는 모습을 가지고 있다.

행위가 있을 경우 그 행위에 대해 응분의 책임을 묻는다는 점에서 포괄적인 의미의 직무윤리에 비해 더 명시적이고 실천적인 성격을 가지고 있다고 할 수 있다.

2. 전문가의 자율규제 요구 논리와 그것의 문제점

1) 전문성에 의거한 자율규제 요구 분석

전문직 또는 전문가 집단과 시민으로 불리는 일반 대중은 전문성(profession)에 대해 상반된 입장을 가지고 있다. 간략히 말해서, 전문직은 높은 수준의 지식과 기술을 가지고 있으며, 그러한 특성으로부터 자체적인 규제를 해야 한다고 본다. 반면에 시민, 즉 일반 대중은 전문직이 높은 수준의 보수를 받고 있을 뿐만 아니라 사회적 지위가 높고, 그와 같은 특성으로 인해 독과점 같은 특권을 누린다고 본다.[6] 이와 같이 전문직과 일반 대중으로 이루어진 사회의 상반된 입장 때문에 자율규제는 적어도 서로 다른 두 가지 해석이 가능하다. 전문직 또는 전문가 집단은 자율규제를 자율성(autonomy)과 규제(regulation)의 연언으로 받아들인다. 말하자면, 그들은 의사 집단 스스로가 자발적인 규준과 규칙을 제정하고, 의사 전문직을 관리하고 감독할 권리와 의무가 있다고 생각한다. 반면에 일반 시민은 자율규제를 일반적으로 의사 및 의사 집단이 전문직으로서 반드시 갖추어야 할 도덕적 또는 윤리적 규준 및 의

---

6) Chamberlain, John Martyn, *The Sociology of Medical Regulation*, Springer, 2012. pp.23-29

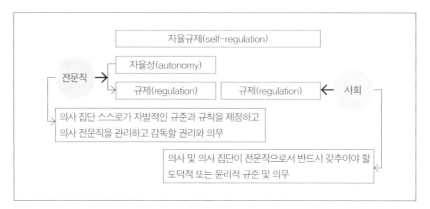

〈자율규제의 두 가지 해석 가능성〉

무라고 받아들인다. 간략히 정리하면, 일반 시민사회는 전문직의 자율규제를 규준과 규제를 강조하는 의미로 받아들이는 반면에 전문직의 자율성을 중요한 요소로 생각하지 않는다.

전문직 또는 전문가 집단이 자율규제를 주장하는 기본적인 생각은 다음과 같은 전문가에 대한 과거의 논증 또는 정의로부터 나온다. 간략히 말해서, 전문직은 그들이 가진 높은 수준의 지식과 숙련된 기술 때문에 그들만이 스스로 규제할 수 있다고 생각한다. 5장에서 분석했던 전문직에 대한 과거의 오랜 정의를 다시 살펴보자.

[전문성(profession) 정의][7]

① 전문성(profession)은 오랜 연구가 필요한 지식(knowledge)과 술기(practice)의 확장되고 전문화된 집합체를 말한다. ② 그러한 지식과 술기의 집합체는 일반 대중에게 충분히 설명하거나 그들이 완전히 이해하는 것이 어려울 만

7) 세계의학연맹(World Federation for Medical Education, WFME) Task Force Report, Copenhagen, Denmark 2010, pp.3-5

큰 매우 복잡하고 심오하다. ③ 그러한 이유로 전문가는 일반 대중과 완전하고 열린 의사소통을 할 수 없다. (여기서 일반 대중은 전문가 영역에 관해 취약한 사람을 말한다.) 따라서 ④ 전문직에 속하는 사람은 스스로 역량을 개발하고 유지할 의무가 있다. ⑤ 그리고 지식과 술기의 집합체는 전문화되어 있는 까닭에 ⑥ 전문가 집단 외부의 사람은 그것을 완전히 이해할 수 없다. 따라서 ⑦ 전문직은 스스로 자율규제를 해야 한다.

전문성 또는 전문가에 대한 기존의 정의를 논리적으로 자세하게 분석하기에 앞서 진술문 ①~⑦에서 중복된 내용을 정리하는 것이 좋을 듯하다. 진술문 ①과 ⑤는 같은 의미이고, 진술문 ②와 ⑥은 같은 뜻이라는 것을 알 수 있다. 만일 그렇다면, 전문성 또는 전문가에 대한 기존의 정의는 다음과 같은 논리적 구조를 갖고 있다는 것을 알 수 있다.[8]

[논증 1]

P₁. 전문성은 오랜 시간의 연구가 필요한 지식과 술기의 확장되고 전문화된 집합체다(①, ⑤).

P₂. 전문성의 지식과 술기의 집합체는 대중에게 충분히 설명하거나 그들

---

8) 전문직의 자율규제를 요구하는 논증은 다양하게 나타날 수 있다. 아벨(R. Abel) 등은 다음과 같은 논증을 통해 전문직의 자율규제 요구를 정당화하고자 한다. Abel, R., "The Politics of the Market for Legal Services," 1982, in Disney, J./ Basten, J., Redmond, P., Ross, S. and Bell, K., *Lawyers*, 2nd, 1986, The Law Book Co., Melbourne, p.89

P₁. 전문가들의 자율규제는 전문가들이 높은 수준의 서비스와 기술 수준을 유지하고 기술적, 도덕적 그리고 사회적으로 보다 적절한 사회적 서비스를 제공할 수 있게 하는 핵심적인 수단이 된다.

P₂. 전문직 종사자들은 자율규제라는 특권을 통해 자신들을 여타 직업 종사자들로부터 구분하고자 한다.

P₃. 자율규제 단체는 전문직업성을 대표하고, 형식적으로 바로 그렇게 함으로써 전문직업군으로 인식된다.

C. 따라서 전문직 단체는 그에 속한 구성원들을 징계하고 통제할 권한을 가진다. 전문가는 자율규제라는 수단을 통해 보다 높은 직업적 수준을 유지하게 된다.

이 완전히 이해하는 것이 어려울 만큼 매우 복잡하고 심오하다(②, ⑥).

C₁. 전문가는 일반 대중과 완전하고 열린 의사소통을 할 수 없다(③, 'P₁ + P₂').

C₂. 전문가는 스스로 역량을 개발하고 유지할 의무가 있다(④, 'C₁').

C₃. 전문가는 스스로 자율규제를 해야 한다(⑦, 'P₁ + P₂').

만일 이와 같은 전문직 자율규제에 관한 논증 분석이 옳다면, 전문직 또는 전문가 집단이 자율규제를 해야 한다는 결론은 적어도 겉으로 보기에 타당한 듯이 보인다. 하지만 여기에는 한 가지 중요한 문제가 숨어 있다. 앞서 간략히 말했듯이, 전문직의 자율규제에 대해 전문가 집단과 일반 시민사회는 서로 다른 입장을 가지고 있는 듯이 보이기 때문이다. 만일 그렇다면, 전문직 또는 전문가 집단이 자율규제의 권한을 요구하고 있는 이러한 논증은 결국 그들 집단만의 입장과 견해를 강조하는 것일 수 있다. 게다가 전문가 집단 밖의 집단, 즉 일반 시민사회의 입장에서는 '결론 C₁'을 더 중요한 문제로 여길 것이라고 생각하는 것은 자연스런 추론이다. 그리고 그것은 곧 일반 시민사회와 전문가 집단이 어떤 형식과 이유에서든 단절된다는 것을 의미한다. 또한 만일 전문직의 자율규제가 한 사회를 구성하고 있는 전문가와 그들의 서비스를 제공받고 있는 일반 시민의 계약으로부터 성립하고 도출되는 것이라면, 전문가 집단과 일반 시민의 단절을 초래할 수 있는 '결론 C₁'을 간과한 채 전문직의 자율규제 권한을 요구하는 '결론 C₃'을 주장하는 것은 공정하지 않은 것 같다. 이러한 맥락에서, 권복규는 의사를 포함하는 전문가 집단과 일반 시민사회가 의사소통이 단절된 채 서로 대립할 경우 서로에게 불행한 일이 초래된다고 말한다. 그의 말을 직접 들어보자.[9]

---

9) 권복규, 한국 의과대학과 대학병원에서의 의학전문직업성의 의미, 『J Korean Med Assoc.』, 2011 November; 54(11), p.1148-1149. 본문에서 볼드체로 표기한 부분은 용어의 혼동을 피하고 논의의

프로페셔널리즘(전문직업성)의 가치는 의학의 근본인 '이타성'과 '책무성'의 형태로 표현된다. 이로부터 자신의 직무능력을 언제나 적정 수준 이상으로 유지해야 할 책임과 조직화된 의료(학회 등)에 능동적으로 참여하고 동료들과 원만한 관계를 유지해야 할 책임, 그리고 의사로서 품위를 유지해야 할 책임 등이 따라나온다.

결론적으로, 의학전문직업성은 의사의 '의사다움'이라 할 수 있으며, 이것이 없는 의사는 의사라고 보기 어려울 것이다. 이는 우선 의사의 자율적 노력을 통해 준수되고 고양되어야 하지만, 의료계를 둘러싼 사회 환경도 대단히 중요하다. 의사를 국가의 통제와 관리의 대상으로, 혹은 타도해야 할 기득권층으로 보는 사회에서는 의료문화의 꽃이라 할 수 있는 의학전문직업성이 설 자리가 없으며 그 결과는 의사와 환자 모두에게 불행일 것이다.

만일 전문직의 자율규제에 대한 이와 같은 주장과 분석이 옳다면, 그것은 결국 자율규제가 단지 전문직 또는 전문직 집단과 일반 시민사회를 계약적 관계로 파악하는 것으로부터 나오는 나쁜 결과라고 할 수 있다. 달리 말하면, 자율규제를 사회계약적 모형[10]만으로 파악할 경우 전문가 집단은 그들이 가진 지식과 기술을 제공하고, 그들의 고객인 일반 시민은 제공받는 지식과 기

맥락을 이해하는 데 도움을 주기 위해 필자가 추가했다.

10) Dunfee, Thomas W. & Donaldson, Thomas, "Social Contract approach to business ethics: bridging to 'is-ought' gap", 1995, p.38. ed. Frederick, Robert E., *A Companion to Business Ethics*, Blackwell, 2003 참조. 여기서 던피와 도날드슨은 "(비즈니스 윤리의 영역에서) 사회계약적 접근법은 제도나 기구와 사회의 "공정한 합의 또는 계약"이 무엇인지를 파악하는 시도에 의해 경제 기구 또는 정부 같은 중요한 사회 기구 또는 제도에 관한 의무를 더 잘 이해할 수 있다는 단순한 가정으로부터 시작한다고 주장한다. 그는 19세기 전까지는 사회계약적 접근이 주로 정부와 시민의 계약에 초점을 맞추고 있다고 말한다. 예컨대, 홉스(Thomas Hobbes)는 시민과 군주의 근본적인 합의가 혼란과 전쟁을 피할 수 있는가에 관해 논의했으며, 루소(Jean Jacques Rousseau)는 사회적인 복지와 행복을 증진시킬 수 있는 근본적인 합의가 무엇인지를 탐구했다. 로크(John Locke)는 자유와 재산을 수호하고 보호하기 위한 정부와 시민의 합의는 무엇인가에 관해 답하고자 했다"고 말한다.

술에 대한 비용을 지불하는 단편적인 관계로 설정될 수 있다.

2) 공리주의적 · 자유주의적 전문직 자율규제의 구조와 문제점

오거스(Ogus, 1995)는 자율규제가 요구되는 맥락은 일반적으로 다음과 같은 3가지 경우라고 말한다.[11]

ⓐ 시장이 실패했을 경우

ⓑ 시장의 실패를 바로잡으려는 사적 영역의 법 기구(private law instruments)가 적절하지 못하거나 너무 고비용일 경우

ⓒ 그 문제를 해결하는 데 있어 자율규제가 협약적인 공적 규제보다 더 나은 또는 비용이 덜 드는 방법일 경우

오거스는 특히 'ⓒ' 항목을 중요하게 논의한다. 그에 따르면, 자율규제자 (self-regulatory agency)는 전통적으로 다음의 4가지 이유에서 공적 규제보다 낫다고 여겨진다.

① 전문적인 적합한 규제를 할 수 있으며, 규준(standard)을 해석하고 구성하는 데 있어 적은 비용이 든다. 이로 인해 (때로는) 더 혁신적일 수도 있다.

② 감시와 제재 비용이 저렴하다.

③ 규준을 개정하는 비용이 저렴하다. (이것은 자율규제자의 규칙들이 공적 규제 체

---

11) Ogus, Anthony, "Rethinking Self-Regulation," *Oxford Journal of Legal Studies*, Vol. 15, No. 1 (Spring, 1995), pp.97-108

제보다 덜 형식적이라는 전제가 요구된다.)

④ 관리비용이 저렴하다. (관리비용을 스스로 해결하기 때문에 세금이 필요하지 않다.)

이러한 자율규제의 필요성 논증은 매우 유용하고 강력한 것으로 보인다. 우선 현대사회가 공리적 효용성을 강조한다는 점에 비추어볼 때, 자율규제의 경제적 가치를 통해 그 필요성을 사회의 각 주체들에게 설득력 있게 증명해 보일 수 있다. 이러한 철저한 경제적 논리는 공리주의적 접근과 매우 밀접한 관련을 갖는다. 우리는 위와 같은 자율규제의 필요성 논증에서 공리 극대화(utility maximizing) 원리를 쉽게 찾을 수 있다. 자율규제를 사회계약론적으로 바라볼 경우, 한편으로 양 측면의 계약 당사자들에게 스스로 규제 제도를 도입하고 준수하도록 설득하는 차원에서 유용한 공리적 효용성을 통한 자율규제의 필요성은 매우 강력하고 유용해 보인다. 하지만 다른 한편으로는 역설적으로 자율규제의 실패 원인으로 작용할 수 있다. 앞서 살펴보았듯이, 계약 당사자인 전문가 집단과 일반 시민사회가 각자의 이익만을 추구할 경우 상반된 두 집단의 갈등과 충돌을 피할 수 없기 때문이다.

그럼에도 불구하고 우리가 여기서 인정해야 할 부분이 있다. 그것은 자율규제가 선택의 문제라기보다는 불가피한 제도라는 점이다. 여타의 산업과 달리 일부 고도의 전문성을 필요로 하는 사회 영역에 있어서 자율규제는 필수적이다. 관료 집단이 가진 전문성은 의료나 법률에 관한 고도로 특화된 전문 영역에 미칠 수 없기 때문이다. 따라서 관료 주도의 공적 규제는 이러한 영역에서 매우 비효율적이며 비실효적인 성과를 거둘 가능성이 높다. 이를 극복하기 위해 공적 규제의 영역에서 별도의 전문가들을 양성한다는 것은 결국 하나의 방에 냉방기와 난방기를 동시에 틀어놓고 온도를 조절하는 것만큼이나 비효율적이다. 여름철 우리에게 필요한 것은 자동으로, 즉 "자율적으로 작동"하는 하나의 냉방기다. 이 문제를 좀 더 자세히 살펴보자.

3. 사회계약적(social contract) 관점에 의거한 전문직 자율규제 분석

1) 자율규제에 대한 사회계약적 접근

지금까지의 논의가 적절한 것이라면, 전문가 또는 전문가 집단이 정부와 일반 시민사회로부터 자율규제 권한을 요구할 수 있는 가장 강력한 두 가지 근거는 (a) 그들이 가진 높은 수준의 지식과 술기, (b) 전문직과 일반 시민사회의 자유로운 계약으로부터 산출되는 공리적인 효용이라고 할 수 있다. 러쉬메이어(D. Rueschemeyer)는 그러한 입장에서 전문직의 자율규제가 일반 시민사회와의 계약으로부터 나온다고 주장한다. 그는 다음과 같은 논증을 통해 그것을 잘 보여주고 있다.

> [논증 2][12]
> P₁. 전문직은 높은 수준의 숙련된 지식이 필요하다.
> P₂. 비전문가가 전문직을 규제할 때 현실적인 한계가 발생할 수 있다.
> C. 따라서 전문직은 자신의 자율성을 사회와의 계약을 통해 확보한다.

러쉬메이어는 논증 2를 통해 사회계약을 통한 전문직의 자율규제를 주장하고 있다. 하지만 이 논증을 더 잘 이해하기 위해서는 다음의 [논증 3]과 같이 수정되어야 한다. 즉, 비전문가와 전문가 사이의 계약이 "현실적인 한계"를 극복할 수 있는 적절한 방편이라는 새로운 전제가 추가되어야 한다.

---

12) Rueschemeyer, D., *Lawyers and their Society: A Comparative Study of the Legal Profession in Germany and the United States*, Harvard University Press, Cambridge, Mass., 1973, p.13

[논증 3]

P₁. 전문직은 높은 수준의 숙련된 지식이 필요하다.

P₂. 비전문가가 전문직을 규제할 때 현실적인 한계가 발생할 수 있다.

P₃. (비전문가와 전문가의 계약은 현실적 한계를 극복하기 위한 좋은 방법이다.)

C. 따라서 전문직은 사회와의 계약을 통해 자신의 자율성을 확보한다.

하지만 [논증 2]를 [논증 3]과 같이 수정한다고 하더라도 여전히 답해야 할 중요한 문제가 남아 있다. 말하자면, 이와 같이 전문직의 자율규제를 전문가 또는 전문직 집단과 비전문가로 분류되는 일반 시민사회의 '계약'에서 찾으려는 시도가 적절한 것이라고 하더라도 우리는 "그 계약이 어떤 것이어야 하는가?"에 대해 답해야 한다. 달리 말하면, 그 계약은 전문직 집단과 일반 시민사회 모두가 승인하고 만족할 만한 것이어야 한다. 그러한 '계약'은 무엇인가?

다음 글은 자율규제를 전문직 집단과 일반 시민사회의 계약적 관점으로 분석하는 사회계약론에 관한 홉스, 루소 그리고 로크의 입장을 간략히 보여주고 있다. 분석적 요약을 통해 각 이론의 특성을 파악해보자. 다음으로 분석적 논평을 통해 전문직의 자율규제를 정당화하거나 옹호할 수 있는 가장 적절한 사회계약론이 무엇인지 생각해보자.[13]

전문직의 자율규제를 분석하는 하나의 중요한 틀은 사회계약적 관점이다.

(중략)

홉스(T. Hobbs)의 '사회계약'에 기초한 정치 이론은 그의 심리적 이기주의

---

13) 전대석·김용성, "전문직 자율규제의 철학적 근거에 대한 탐구", 『J Korean Med Assoc.』, 2016, August (JKMA, 2016. 08) pp.580~591

를 이해해야 잘 연구될 수 있다. 홉스는 자연 상태(natural state)라고 부르는 하나의 가상적 상태를 고안했다. 홉스의 『리바이어던(Leviathan)』에 따르면, 마치 자연세계가 운동에 의해 산출되듯이 인간세계도 기계적으로 자기이익이라는 요인에 의해 움직인다. 인간은 합리적이고 계산적이며 또한 이기적인 본성을 가진다. 그런데 사회가 구성되기 전 자연 상태에서 인간은 한정된 자원으로 인해 개인 대 개인으로서 마치 전쟁과도 같은 극한 상황에 처하게 된다. "만인에 대한 만인의 투쟁 상태"인 것이다. 따라서 인간은 이러한 상황을 벗어나기 위해 절대적인 권위에 복종하게 된다. 사회를 지배하는 절대적인 권력, 즉 왕(군주)이 이러한 상태로부터 벗어난 생존(평화)을 보장해 주기 때문이다. 홉스에게 있어서 절대 권력(절대 군주)의 필요성은 자연 상태의 야만성과 폭력성 때문이었다. 자연 상태, 즉 사회 구성 이전의 원시상태는 결코 참을 수 없는 무지막지한 생태를 갖고 있어서 합리적인 인간은 그것으로부터 벗어나기 위해 기꺼이 자신들을 절대 권위에게 복종시킬 수 있었다.

하지만 로크(J. Locke)에게 있어서 자연 상태란 전혀 다른 것을 의미했다. 비록, 로크는 홉스가 제시한 자연 상태라는 방법론적 장치를 사용하기는 했지만 전혀 다른 목적으로 이용했다. 로크는 "정부에 관한 두 가지 논고(Two Treatises on Government)"에서 소위 '왕권신수설'로 불리는 그 당시 지배적인 이론을 논박하는 데 할애했으며, "시민 정부의 진정한 확장과 목적에 관한 에세이(An Essay Concerning the True Original Extent and End of Civil Government)"에서는 시민 정부의 정당성에 대한 견해를 피력했다. 로크에 따르면, 자연 상태의 인간은 완전하고 온전하게 자신의 의지대로 가장 적합하게 보이는 바대로 자신의 인생을 살 수 있으며, 타자의 간섭으로부터 자유로운 상태다. 하지만 그렇다고 해서 이것이 온전히 보장된 삶을 의미하는 것은 아니다. 자연 상태에서 인간은 자신이 원하는 것을 실질적으로 모두 할 수는 없다. 물론, 사람들의 행동을 제약할 정부나 법이 있는 것은 아니지만, 그렇다고 해도 도덕으로부터 자유로운 상태는 없는 것이다. 사람들은 모두 평등하게 자연법에 의해 구속된다. 따라서 로크에게 있어서 자연 상태는 홉스의 생각처럼 곧 전쟁 상태인 것은 아니다. 그에게 있어서 사회계약의 핵심적 동인은 바로 사유재산(권)이다. 사회계약은 이러한 사유재산을 지키기 위해 필요한 계약이었으며, 자연법에 의해 보장되어야 하는 자연적 권리다.

루소(J. Rousseau)에게 있어서 자연 상태는 홉스의 '개인 대 개인'이라는 개인주의 모델을 따르는 것이었지만, 단지 개인들이 모인 것이 아니라 그가 "부부 중심의 소규모 가족사회(conjugal society)"라고 부른 가족 단위의 작은 공동체로 구성된 모델을 따른다. 가족이라는 사회는 자발적인 동의에 의해 구성된다. 또한 그것은 도덕에 의한 것이지 정치적인 계산에 의한 것이 아니다. 사회계약은 이러한 가족의 구성원들 중의 대표들이 개인으로서 모여 이룩하게 된다. 루소는 "인간 불평등 기원론(Discourse on the Origin and Foundations of Inequality Among Men)"을 통해 자연 상태를 평화롭고 열정적인 상태로 나타내고 있다. 사람들은 서로 떨어져 살고 있으며, 얽매이지 않고 살아간다. 그들의 소박한 욕구들은 거의 모두 자연에 의해 쉽게 충족된다. 인구는 많지 않고 자연은 풍족해 경쟁이 없기 때문이다. 더군다나 단순하고 도덕적으로 순수한 사람들은 자연적으로 동정심이 넘쳐서 타인을 해하려 들지 않는다. 하지만 시간이 흐르자 변화가 생겼다. 인구가 증가하자 사람들은 가족 단위로 서로 모이고, 또 공동체들로 서로 모여서 살기 시작했다. 노동의 분화와 기술의 발달은 인간에게 여가시간을 선물했다. 그리고 결정적으로 인간을 타락시키는 사유재산이라는 것이 생겨나기 시작했다. 자연 상태에서는 필요한 재화들은 충족되었지만 사유재산이라는 것이 있지 않았다. 사유재산이 생기면서 사람들 사이에 불평등이 등장하고, 사람들 사이에서 계급의 차이가 생기기 시작한 것이다. 루소에게 있어 가장 기본적인 약속, 즉 사회계약은 개개의 사람들이 모여서 하나의 인민(a people)을 형성하기로 동의하는 것이다. 인민이라는 것은 그저 산술적으로 개개인들이 모인 집단이 아니라 진정한 의미에서 사회의 토대가 되는 하나의 단위다. 자연 상태에서 누렸던 개개인의 권리와 자유를 집단적으로 포기함으로써 이러한 권리들을 집단적인 단체로, 즉 새로운 인민에게 넘겨주는 것이 바로 사회계약이 의미하는 것이다. 따라서 주권이라는 것은 자유롭고 평등한 사람들이 모여서 그들 스스로를 하나의 단일체로 형성하고 모두의 좋음, 즉 선(the good)을 지향하기로 동의할 때 생겨난다. 개인의 의지가 개인의 이해를 좇아 형성되듯이 인민의 일반적인 의지는 공공의 이익을 좇아 형성된다. 이러한 맥락에서 상호적인 의무가 형성된다. 즉, 주권은 그것을 생성시킨 개개인들의 좋음을 약속하고 개개인들은 마찬가지로 전체의 좋음을 추구할 것을 약속한다. 루소는 이러한 이론이 바로 민주주의를 함축하고 있다고 여겼다.

(중략)

만일 홉스 식의 사회계약 모델을 자율규제에 적용한다면, 우리는 계약의 이해관계에서 계약 당사자 개개인들의 이해들, 즉 그러한 개개의 이해관계들의 집합을 고려해야 할 것이다. 이러한 관점은 노벨 경제학상을 받은 스티글러(J. G. Stiggler)의 '공공 선택(public choice)' 이론과도 부합한다. 또한 그러한 관점으로부터 규제가 왜 실패하는지에 대한 하나의 해답을 제시할 수도 있다. 공공 선택 이론에 따르면, 정부 같은 공공성이 강조되는 집단도 이기적인 개인과 마찬가지로 합리적이고 이기적인 동기에 의해 추동되는 개인적 본성을 공유한다. 이러한 맥락에서 사회의 각종 규제들은 공공선을 지키기에는 취약한 약점을 가진다. 더구나, 자율규제의 경우에는 계약의 이해당사자들 간의 관계가 경쟁적이고 경합적일 수밖에 없게 된다. 즉, 전문가 집단은 보다 많은 이익을 위해 자신들의 전문지식과 술기를 이용할 확률이 높다. 반면 일반 대중은 이러한 전문가 집단의 독점적 권한으로부터 자신들의 이익을 지켜내기 위해 의료 제도에 있어서 자율규제의 범위를 축소하거나 시민 영역 스스로 그러한 자율규제 단체에 편입되기를 시도한다. 하지만 이러한 시도는 결국 자율규제 집단의 효율성과 합리성을 저해하는 결과를 가져올 것이다. 따라서 상황은 전문가와 시민이 모두 승리하는 방식(Win-Win)이 아닌 모두 잃게 되는 방식(Lose-Lose)으로 치닫게 될 수 있다.

반면에, 루소는 사회계약의 당사자로 개개인의 합리적이고 이기적인 행위자들의 단체를 상정하지 않는다. 루소는 특별히 인민으로 불리는 개인들의 추상적 집합체를 상정한다. 이러한 인민에 의해 발현되는 의지가 '일반 의지(General Will)'다. 개개인이 자기 자신의 이익을 추구하듯 일반 의지는 모두의 이익을 추구한다. 이와 같은 루소의 계약 조건을 전문직의 자율규제 계약에 대입해보자. 자율규제라는 계약의 양쪽 당사자는 각각 개인의 합리적인 이기심이 아닌 일반 의지 차원의 공공선을 위해 계약을 체결한다. 특정 영역의 전문가들은 각자 자신이 속한 영역의 개별적인 직업인으로서 계약을 조정하고 승인하지 않는다. 그들은 바로 그들이 속한 전문가 단체의 일반 의지를 통해 계약을 체결한다. 만일 그 전문가가 의료인이라면, 의료 행위를 통한 의료 단체 공공의 이익을 위해 자율규제에 임할 것이다. 이것은 홉스의 관점에서 보는 '협약 당사자의 이익의 극대화'와는 매우 다른 의미를 가진다. 홉스 식의 설명에 따르면, 한 전문가가 자신이 속한 규율 단체의 규율을 따르기로 마음먹는 것은 그것이 자신에게 이익이 되기 때문이다. 또한 자신이 속한 자율규제 단체가 그 모집단인 사회와 맺는 계약에 있어서도 그에 따르는 동기는 전적으로 그것이 단기적으로든 장기적으로든 자신에게 돌아올 이익의 극대화다. 하지만 루소의 관점에서 보자면, 개개의 전문가들이 하나의 단체를 형성하는 것은 그 자체로 하나의 새로운 추상체를 형성하는 것이며, 자신의 이익을 포기할지언정 단체의 규율이 단체의 공공선에 부합한다면 이에 기꺼이 따를 책무가 생긴다. ……

〈분석적 요약〉

[1단계] 문제와 주장
　〈문제〉
　_____

　〈주장〉
　_____

[2단계] 핵심어(개념)
　_____
　_____

[3단계] 논증 구성
　〈숨은 전제(기본 가정)〉
　_____
　_____

　〈논증〉
　_____
　_____
　_____
　_____
　_____
　_____

[4단계] 함축적 결론
　〈맥락(배경, 관점)〉
　_____

　〈숨은 결론〉
　_____

[1] 중요성, 유관성, 명확성

_____

_____

[2] 명료함, 분명함

_____

_____

_____

_____

[3] 논리성: 형식적 타당성과 내용적 수용 가능성

_____

_____

_____

_____

_____

[4] 공정성, 충분성

_____

_____

_____

_____

사회계약적 관점 또는 사회계약론이 전문직 자율규제를 분석하는 하나의 중요한 틀이라는 것은 분명한 사실이다. 하지만 앞에서 분석한 글을 통해 알 수 있듯이, 전문직 자율규제를 홉스(T. Hobbes) 식의 사회계약적 모형에만 의존하여 파악하는 것은 전문가 집단과 일반 시민사회를 사회계약론의 입장에서 합리적이고 이기적인 구성원으로 이루어진 서로 다른 성격의 이익집단으로 파악할 수 있는 길을 열어놓기 때문에 결국 서로에게서 최대한의 이익을 빼앗아와야 하는 경쟁적 관계로 설정하게 되는 문제를 안고 있다.

지금까지의 논의를 간략히 정리할 수 있다. 말하자면, 자율규제의 일반적인 구조적 본성을 홉스 식의 사회계약론에 의거하여 이해할 경우, 자율규제의 계약 당사자들은 합리적이고 이기적인 개인이다. 또한 공공 선택 이론에 따라 규제의 공적 영역에까지 그러한 관점이 적용된다면, 집단이나 단체 또한 합리적이고 이기적인 동기를 공유한다. 이러한 형식의 사회계약론적 자율규제 분석은 다음과 같은 중요한 특징을 가지고 있다.

- 통상적인 자율규제 개념은 그 형태와 양식, 그리고 심지어 동기부여의 차원에서도 사회계약론적 모델로부터 막대한 영향을 받아왔다.
- 자율규제에 대한 사회계약론적 분석은 내재적으로 공리주의와 자유주의(개인주의)를 기반으로 하고 있다.

하지만 그럼에도 불구하고 한 가지 흥미로운 점을 추가해야 할 것이다. (홉스와 달리) 루소의 사회계약론은 개인을 자연법의 구속에서 자유롭지 않은 도덕적 존재로 묘사하고 있다. 따라서 사회계약은 일반 의지를 통해 개개인의 지위를 넘어선 인간에 의해 이루어진다. 자율규제의 전체적인 측면에서 '자율성'은 자유주의적·개인주의적 사회계약 이론의 측면에 많이 의존하고 있으나, 자율규제의 '규율성'은 루소 같은 도덕으로부터 자유롭지 않은 인간상을 내포하고 있는 것으로 보인다.

2) 규제 포획(regulatory capture)의 문제: 사고실험

자율규제는 '전문성, 효율성, 적응성' 측면에서 직접적인 정부규제보다 유용하다고 할 수 있지만, 자율규제의 도입이 항상 바람직한 것은 아니다. 자율규제는 절차적인 공정성이나 책임성을 어떻게 확보할 것인가에 관한 논란의 여지가 여전히 남아 있기 때문이다. 따라서 자율규제가 정부규제를 대체하고 그 효과성을 확보하기 위해서는 자율규제 시행에 있어서 공정성 및 책임성을 확보하기 위한 제도적인 설계와 뒷받침이 요구된다. 자율규제 단체는 겉으로는 공익을 위해 최선을 다하고 있는 것처럼 보이지만, 실제로는 구성원들의 이익을 위해 봉사하는 경향이 짙다. 이러한 맥락에서 자율규제 단체가 가지는 공공선에 대한 소극적인 태도의 문제가 제기되고 있다. 공공성 또는 사회적 책임성을 확보하기 위한 중요한 요소는 자율규제가 유효하게 집행될 수 있도록 만드는 제재수단이 효과적으로 확보되어야 한다는 것이다. 이러한 점에서 기존 한국 사회의 전문직 자율규제는 그 집행을 보장하는 안전장치가 매우 미흡한 측면이 있다고 볼 수 있다. 자율적으로 합의된 규칙이나 협약을 어기는 것에 대해서는 정부 차원에서의 제재 방책이 없다는 것이다. 따라서 자율규제는 그 기준이 모호하거나 작위적인 경향이 강하고, 집행 또한 실질적이지 않고 처벌도 상대적으로 가벼워서 온정주의적으로 이루어진다는 비판을 받고 있다.

만일 이와 같이 전문직의 자율규제가 실패하거나 많은 문제를 초래할 경우, 우리는 아마도 정부에 의한 공적 규제에서 해답을 찾으려 할 것이다. 하지만 정부가 주도하는 공적 규제 또한 전문직 스스로의 자율규제와 마찬가지로 사회계약적 또는 공리적인 관점으로 접근할 경우 실패할 수밖에 없는 요인들을 갖고 있다. 왜 정부가 주도하는 공적 규제는 성공하기 어려운가? 다음과 같은 간단한 사고실험을 통해 그 까닭을 밝혀보자.

[사고실험]

K 나라에 다음과 같은 세 영역의 단체 또는 대표자가 있다고 하자. 즉, P는 10명의 전문가로 이루어진 전문 영역 p의 전문가 집단을 가리킨다. G는 그 전문가 집단과 관련된 일련의 법과 행정을 담당하는 정책 입안자 또는 행정 관료다. 그리고 C는 그들의 서비스를 제공받는 대신 사용료와 세금을 납부하는 1,000명의 시민을 가리킨다. (간략히 말해서, "G = 정부, P = 10명의 전문가, C = 1,000명의 시민"이다.)

[RC 사례]

최근 K 나라에서는 전문 영역 p와 관련하여 "전문가 자격, 서비스 제공의 범위와 절차 그리고 사후 보상 규정" 등에 관한 기존의 제도를 정비하고 보완하여 새로운 제도를 도입하려고 한다. K 나라의 이러한 움직임은 C가 G에게 P가 얻는 이득이 너무 큰 반면에 자신들이 감수해야 할 손해가 너무 크다는 문제를 제기하면서 시작되었다. G는 C가 제기한 전문 영역 p의 문제를 정밀하게 검토한 결과 'P가 + 200'의 이득을 얻는 반면에 'C는 - 200'의 손실이 발생하고 있음을 파악했다. G는 이 문제를 해결할 수 있는 새로운 제도를 만들기 위해 전문 영역 p에 관한 연구와 조사를 시작했지만, 곧 어려움에 처하게 된다. 전문 영역 p가 제공하고 있는 서비스와 기술은 매우 전문적일 뿐만 아니라 범위 또한 방대해서 짧은 시간 안에 새로운 제도를 입안하는 것이 결코 쉽지 않기 때문이다. 아무튼, 정책 입안자인 동시에 행정가인 G는 짧은 시간 안에 C와 P 모두가 승인할 수 있는 새로운 제도를 만들어야 한다.

Q 1: 만일 당신이 G라면 전문 영역 p에 관한 새로운 제도를 만들기 위해 어떻게 하겠는가? 그 이유를 간략히 밝혀보자.

A 1:

[RI 사례]

　G는 비록 쉽지는 않았지만 〈RC 사례-A 1〉의 방식과 과정을 통해 새로운 제도와 정책을 입안했다. 그는 이제 새롭게 마련된 제도와 정책을 실제 현장, 즉 전문 영역 p에 적용하기에 앞서 이해당사자인 C와 P에게 새로운 제도와 정책에 관해 설명하고 동의를 구하려고 한다. 오래된 제도를 정비하여 새로운 정책을 만드는 것은 결국 그 제도와 정책으로부터 보호를 받고 이익을 산출하는 C와 P를 위한 것이기 때문이다. G가 제안한 새로운 제도를 도입하기 위해서는 초기 비용으로 1,000이 투입되어야 하며, 그 비용은 시민 C의 몫이다. C와 P는 모두 G가 제안한 새로운 제도와 정책의 세부적인 내용이 기존 제도에 비해 시민의 권리를 전반적으로 잘 보장할 뿐만 아니라 전문 영역 p의 전문성 및 권리와 의무도 잘 반영하고 있다고 평가했다. 그런데 비용의 측면에서 본다면, G가 제안한 새로운 제도와 정책은 다음과 같은 특성을 갖고 있다.

	구분	P	C	감가
①	기존의 제도를 유지할 경우 집단의 이익	+ 200	− 200	0
②	새로운 제도를 도입할 경우 집단의 이익	0	0	0
③	새로운 제도 도입 시 개인의 기대비용(② ÷ 집단의 구성원 수)	− 20	+ 0.2	− 19.8
④	새로운 제도 도입 시 개인의 실제비용(③ − 초기 투입 비용)	− 20 (− a)	− 0.8	− 20.8 (− a)

기존 제도를 유지하는 경우와 새로운 제도를 도입할 경우의 기대비용과 실제비용을 계산한 표에서 알 수 있듯이, 집단 P의 구성원은 개인당 '−20'의 손실을 감수해야 한다. 집단 C의 구성원은 개인당 '+0.2'의 기대비용의 이익을 얻지만, 실제비용은 '−0.8'의 손실을 감수해야 한다. 만일 그렇다면, G가 제안한 새로운 정책의 특징을 대략적으로 다음과 같이 정리할 수 있다.

- 새로운 정책은 내용적인 측면에서 기존의 제도에 비해 우수하다는 점을 시민사회 C와 전문가 단체 P 모두가 승인한다.
- P에게 있어 새로운 정책은 기존의 정책과 비교할 경우 손실이 발생한다.
- C에게 있어 새로운 정책은 기존의 정책과 비교할 경우 기대비용은 약간의 이득을 산출하지만 실제비용은 약간의 손실이 발생한다.

Q 2: 만일 당신이 P라면 새로운 제도의 시행에 대해 찬성하겠는가, 또는 반대하겠는가? 그 이유를 간략히 밝혀보자.

A 2:

Q 3: 만일 당신이 C라면 새로운 제도의 시행에 대해 찬성하겠는가, 또는 반대하겠는가? 그 이유를 간략히 밝혀보자.

A 3:

이와 같은 사고실험은 자율규제가 실패하게 되는 원인을 "규제 포획

(regulatory capture)"과 "합리적 무시(rational ignorance)" 같은 두 가지 원리를 통해 설명하려는 시도라고 할 수 있다. 우선, 'RC 사례'에 대해 생각해보자. 당신이 G라면 어떤 방식과 절차를 통해 기존의 제도를 대체할 새로운 제도를 입안하겠는가? 다양한 방식과 절차가 있을 수 있겠지만, 우리가 쉽게 떠올릴 수 있는 가능한 방식은 대략 4가지 정도라고 할 수 있다.

> ① 집단 G(행정 관료) 단독으로 추진하거나(집단 G에서 전문 영역 p에 대해 비교적 많은 지식을 갖고 있는 사람들을 선발하거나),
>
> ② 집단 G와 집단 C(시민)로 이루어진 팀을 구성하거나,
>
> ③ 집단 G와 집단 P(전문가)로 이루어진 팀을 구성하거나,
>
> ④ 집단 C, 집단 P 그리고 집단 G로 이루어진 협의체를 구성한다.

우리는 아마도 이와 같이 G에게 주어진 4가지 선택지 중에서 ③과 ④를 가장 유력한 후보로 간주할 것이다. 앞서 보았듯이, ①과 ②는 전문가 집단과 정부 관료와 일반 시민사회를 포함하는 비전문가 집단의 극복하기 어려운 정보의 비대칭으로 인해 전문 영역 p의 특성과 요구가 적절히 반영된 제도를 수립하기 어려울 수 있기 때문이다. 반면에 ③과 ④, 특히 ③의 경우에는 새로운 제도를 만드는 과정에 전문가 집단 P가 포함되어 있기 때문에 전문 영역 p의 특성과 요구가 반영된 제도를 수립하는 데 훨씬 용이할 것이다. 만일 그렇다면, 정부 관료인 G는 전문 영역 p에 관한 새로운 제도를 만들기 위해 전문가 P의 도움을 받을 수밖에 없다는 것을 알 수 있다. 그리고 전문가 P는 자신들이 가진 높은 수준의 지식과 정보를 활용하여 자신들에게 더 유리한 제도를 만들려 할 수 있다. 이와 같은 현상을 '규제 포획(regulatory capture)'이라고 한다. 규제 포획 이론은 정부가 전문성을 요구하는 영역에서 규제를 가하려 할 경우, 전문가 집단이 관료들보다 더 높은 관련 지식을 갖추고 있기 때

문에 결국은 전문가 집단의 입맛대로 규제를 만들게 된다고 주장한다.

게다가 규제 포획 현상에 더하여 '공공 선택(public choice)'이 결합되면 전문가 집단에 대한 규제의 문제는 더 복잡한 양상을 보이게 된다. 스티글러(J. G. Stiggler)의 공공 선택 이론에 따르면, 이기적인 합리적 개인 모델은 경제(시장) 분야에만 국한되지 않는다. 흔히 공공의 복리를 위해 움직이는 것으로 여겨지는 공공 행정 등의 분야에도 이러한 이기적인 합리적 개인 모델이 적용될 수 있다.[14) 이러한 관점에서 볼 때, 만일 규제의 권한이 입법부에 있다면, 규제를 받아야 하는 사람들은 자신의 이익을 극대화하기 위해 규제를 만들어야 하는 입법부에 최대한의 로비를 펼칠 것이다. 예컨대, 'RC-사례'에서 P는 기존의 제도에서 얻는 200의 이익 중 100을 사용하여 G에게 로비를 하거나 추가적인 세금을 제공하는 방식 등으로 새로운 제도를 도입하는 것을 적극적으로 저지하려 할 수 있다. 정부 또는 관료 집단 역시 하나의 합리적인 이기적 개인으로 간주되므로 이러한 로비에 의해 규제 대상의 편익에 따른 규제를 입안하게 될 확률이 매우 높다. 이러한 상황은 곧바로 지대 이윤(rent profit)을 보장해주고 강화해주는 쪽으로 흘러가게 된다. 정치인들과 관료들도 자신의 효용을 극대화하기 위한 합리적인 이기적 행위자에 불과하므로 자신에게 유리한 쪽의 편익을 제공하려는 경향성을 띨 수밖에 없기 때문이다. 이러한 와중에 여러 산업, 특히 전문직 종사자들에 대한 규제에 있어서 포획 현상은 일반화될 가능성이 높아진다.

다음으로 'RI 사례'를 살펴보자. 이 사례에서 최초의 문제 상황은 P의 이익이 큰 반면에 C의 손해가 크다는 데 있다. 앞서 살펴본 규제 포획의 문제를 잠시 밀쳐두고 'RI 사례' 상황에서만 문제를 생각해보자. 말하자면, 정부 G는 적어도 중립적이어서 물질적인 이익에 무관하다고 하자. 만일 그렇다면, 합

---

14) Stigler, J. George, "The theory of economic regulation", *Bell Journal of Economics and Management Science*, no. 3, 1971, pp.3-18

리적이고 이기적인 개인으로 구성된 전문가 집단 P는 새로운 제도에 찬성할 수 있을까? 아마도 집단 P는 새로운 제도의 도입을 적극적으로 저지하려 들 것이라고 예상하는 것이 자연스럽다. P는 새로운 제도 그 자체는 기존의 제도와 비교했을 때 더 공정하고 합리적이라는 데 동의하더라도 그들 집단 또는 개별적인 개인이 감수해야 할 손실이 너무 크다고 생각할 것이기 때문이다. 시민 C의 선택은 어떨까? 시민 C 또한 전문가 P만큼은 아니라고 하더라도 새로운 제도의 도입에 반대할 것이라고 예상할 수 있다. 그들이 기대할 수 있는 명목적인 비용이 크지 않을뿐더러 실제로는 그들 또한 어느 정도 손실을 감수해야 하기 때문이다. 예컨대, 'RI 사례'에서 시민 C의 구성원인 개별 시민은 기존의 제도를 유지할 경우 '－0.2'의 손실을 보지만, 새로운 제도를 도입할 경우 '－0.8'의 손실을 감수해야 한다. 개인의 입장에서 보자면, 감수해야 할 손실이 4배로 늘어나게 되는 것이다. 만일 이러한 분석이 옳다면, 기존 제도의 문제를 개선하기 위해 마련한 새로운 제도 그 자체는 내용적으로 공정하고 합당하다고 하더라도 P와 C 모두는 새로운 제도를 도입하는 것에 반대하거나 소극적일 수 있다는 역설적인 결과가 도출된다. 이와 같은 현상을 '합리적 무시(Rational Ignorance)' 이론이라고 한다. 간략히 말해서, 합리적 무시 이론은 잘못된 규제 제도를 개선하고 새로운 규제 제도로 대체하기 위한 비용이 현행의 잘못된 제도로부터 발생하는 손해를 감수하는 것보다 클 경우 규제를 고치고 대체하는 데 소극적일 가능성이 있다고 말한다.

3) 자율규제의 사회계약론적 분석 그리고 자율규제 실패와의 논리적 관계

지금까지의 논의를 통해 결론적으로 말하자면, 자율규제의 본성은 **사회**

계약론적으로만 파악되어서는 안 된다는 것이다. 이때 주의해야 할 것은 그렇다고 해서 자율규제의 사회계약론적 구조가 결코 적절하지 않다거나 무의미하다고 주장하는 것은 아니라는 것이다. 무엇보다도 자율규제의 구조를 사회계약론적으로 파악하는 것은 여전히 실질적인 의미가 있다. 또한 어떤 형이상학적 근거에 의해 인간의 본성을 선하다고 규정하거나, 엄숙한 도덕주의에 입각하여 보편타당하게 적용되는 규범적 원리가 있다고 주장하면서 자율규제의 새로운 구조를 제시하려는 시도는 매우 이상적이기는 하지만 현실을 잘 반영하지 못한다는 비판에 직면할 것이다. 인간은 어떤 점에서는 여전히 합리적 이기심을 가진 존재라는 것을 부정할 수 없을 것이기 때문이다. 만일 그렇다면, 실천적인 차원에서 공리주의적이고 자유주의(개인주의)적인 사회계약 이론이 여전히 영향력 있는 자율규제의 틀을 제시해줄 수 있다는 데 동의할 수 있다. 그럼에도 불구하고 여타의 사회제도와 마찬가지로 자율규제라는 사회제도 역시 정의로운 사회에 대해 사회구성원들이 가지는 계약 이전의 근본적인 관념에 대한 연구가 필요하다. 즉, 자율규제의 심층적 차원에서 이러한 구성원들의 정의관에 의해 규율되는 부분에 대한 논의 또한 함께 이루어져야 한다는 것이다. 자율규제 대한 철학적인 탐구와 숙고를 배제한 채 단지 사회계약적 이론만을 통해 자율규제의 본성을 이해한다면 앞서 언급된 자율규제의 어두운 면이 실질적인 위협으로 나타날 수 있기 때문이다.

우선, 공리주의적 원리를 따르는 자유주의 사회계약론적 관점에서 자율규제의 자율성이 자율규제의 실패와 맺는 관계를 살펴보자. 자율규제의 자율성은 규제의 주체가 전적으로 규제 대상과 일치할 때 최대가 된다. 특정 전문영역을 규제하는 규제 주체가 순수하게 그 영역의 전문가들로 구성될 때 자율규제의 전문성과 효율성은 극대화되며 자율적 규제가 성립한다. 한편, 사회계약에서 말하는 계약의 당사자들은 효용의 극대화 원리를 따르는 합리적이고 이기적인 개인들 또는 개인들의 집합체다. 즉, 합리적이고 이기적인 인간은 자신의 이익을 위해 사회와 계약을 맺는다. 전문직 종사자들은 자신의 이익을 극대화하게 위해 자율규제라는 제도에 합의하며, 이들로부터 공공 서비스를 제공받는 사회의 여타 구성원들 역시 자신들의 이익을 극대화하게 위해 자율규제라는 제도에 합의할 것이다. 공공 선택 이론에 따르면, 심지어 정부와 같이 공공성이 강한 집단의 경우에도 자기 이익 또는 자기 집단의 이익에 따른 선택을 한다. 즉, 이러한 관점에서 자율규제의 두 당사자인 시민사회 영역과 전문직 자율규제 단체의 합리적 선택에 공공선이나 공공의 이익이 고려 대상이 될 것이라고 생각하는 것은 조야한 견해에 불과하다. 따라서 자율규제의 주체는 자기들의 최대 이익을 보장받기 위해 사회와 계약한다고 보아야 한다.

전문직 규제는 고도의 전문성으로 인해 외부의 감시가 제한적이다. 또한 전문 영역의 지식은 일반 대중이 이해하기 어려운 측면이 다분하다. 이는 상당한 노력이 투여된다 해도 극복할 수 없는 계약 당사자들 간의 정보 격차가 있다는 것을 의미한다. 잘 알려진 것처럼 공리주의는 특정 행위가 가져오는 결과를 토대로 하는 결과주의(consequentialism)적 이론이다. 따라서 완벽하진 않더라도 행위자에게 어느 정도 특정 행위들이 가져올 결과들을 사전에 예견할 수 있는 능력이 있다는 것을 미리 전제하는 이론이다. 하지만 이러한 예견이 얼마나 제대로 이루어질 수 있는가의 문제는 공리주의 이론가에게는 답하기 어려운 문제다. 인간적 약점으로 간주할 수 있는 미래 예측의 한계성은 전문직 자율규제의 측면에서 극대화되는 경향이 있다. 왜냐하면, 예컨대 의료 영역의 경우 자율규제에서 계약 당사자들 간의 계약 이해관계에 대한 정보 격차는 극복하기 어려울 정도로 비대칭적이기 때문이다. 일반 대중에게 있어서 자율규제의 구체적 규범들이 어떻게 작용할 것이며, 그 결과가 어떠할 것인지에 대한 예측은 매우 어렵고 피상적 수준에 머무를 것이 자명하다.

따라서 계약의 당사자들 중 한편은 효용성의 극대화 원리를 적용함에 있어서 매우 보수적인 관점을 취하는 것이 합리적일 것이다. 쉽게 말하자면, 일반시민은 자율규제의 범위는 최소화하고 집행력에 있어서는 최대화를 요구하는 것이 합리적이다.

역설적으로, 이러한 점에 있어서는 정반대 차원의 단점 또한 노출된다. '합리적 무시 이론'에 따르면, 사회구성원들은 전문가들이 가하는 사회적 피해를 오히려 무시할 만한 충분한 합리성 또한 갖고 있다. 즉, 위와 같은 방식으로 자율규제의 협약에서 최대한의 보수적 입장을 취하지 않는 사람들은 오히려 정반대로 규제 포획의 문제를 무시하는 경향이 증대될 수 있다. 앞서 살펴본 바와 같이, 전문가 집단에 의해 공정하지 못한 규제가 이루어진다 해도 그것을 대체하거나 수정함으로써 손해를 보는 사회구성원의 수가 너무나 커서 오히려 공정하지 못한 규제에 의한 손해를 감수하는 비용이 규제를 고치는 비용보다 적다고 생각된다면 규제를 고치는 데 소극적일 수 있다. 지금까지의 논의가 옳다면, 전문직 자율규제는 곧 논리적으로 규제 실패를 의미한다. 자율규제의 주체들은 적당한 지대추구를 합리적 목적으로 설정할 수 있거나 설정해야 한다. 만일 그렇다면, 전문직 자율규제는 합리적이고 이기적인 주체들의 지대추구에 의해 자율규제의 실패를 초래할 것이라고 보는 것이 자연스런 추론이다. 게다가 규제의 실패가 감당하기 어려운 사회적 비용을 가져오는 경우가 아니라면, 전문직과 그들의 봉사를 제공받는 일반 시민을 포함하는 사회는 어느 정도의 규제 실패를 용인할 것이라고 예상할 수 있다.

만일 지금까지의 논의가 옳다면, 공리주의적 배경하의 자유주의 사회계약론적 자율규제의 분석은 겉으로 보이는 유효성과는 달리 유일하고 적절한 윤리적 기반으로 작용할 수 없다. 자율규제의 근본적인 토대가 그저 사회계약론적 관점에서만 주어진다면, 우리는 계약의 협약 당사자들에게 적절한 규제 실패를 피할 방책을 마련할 수 없다. 이제, 자율규제의 도덕철학적 토대를 보완할 수 있는 관점과 접근법에 대해 살펴보자.

4. 자율규제의 도덕철학적 분석: 롤스의 정의의 원리

도덕 이론에서의 사회계약 이론(social contract theory)은 사회계약론(contractarianism)과 계약주의(contractualism)로 나누어 생각해볼 수 있다. 그 둘의 개념적 차이를 간략히 정리하면 다음과 같다.[15]

> a. 사회계약론: 도덕 규칙이란 반드시 모든 사람들의 합리적인 자기 이익에 호소해서 이루어진 것이어야 하며, 사람들은 저마다 그들의 목적을 추구하는 차원에서 그것을 받아들이는 것으로 설명되어야 한다.
> b. 계약주의: 도덕 규칙은 교섭 협상(bargaining arrangement)에서 옹호될 수 있는 것이다. (즉, 계약주의는 사회계약론보다 간접적인 방식으로 도덕을 계약에 의거하여 설명하고 있다.)

'계약주의'는 도덕 원칙이 타당하기 위해서는 그것이 그 계약의 모든 당사자 또는 그 계약이 성립되는 교섭 상황에서의 교섭 주체 모두에게 수용될 만한 것이 되어야 한다고 말한다. 롤스는 『정의론』에서 초기의 규칙 공리주의자적 면모에서 벗어나 약속을 지키는 책무성은 단순히 '계약의 문제'가 아니라 '정의(justice)의 문제'라고 바라보았다. 그에 따르면, 약속의 책무성은 정

---

15) Habib, Allen, "Promises," *The Stanford Encyclopedia of Philosophy* (Spring 2014 Edition), Edward N. Zalta (ed.)

의 이론에 의해 근거 지워지는 것이며 그러한 정의의 원칙들은 '원초적 입장 (Original Position)'에서 사회구성원들의 숙고를 통해 도출되는 것이다. 원초적 입장에서 주체들은 그들이 가지고 있는 정보에 있어서 제한을 받는다. 즉, 소위 '무지의 장막(Veil of Ignorance)'은 계약과 무관한 정보들을 모두 차단한다. 이러한 원초적 상황에서 주체들은 우선 사회의 기초 구조를 이루는 구성 원리를 선택한다. 사회구조의 구성 원리들은 넓은 의미에서 사회의 기초 제도들을 정의롭게 조정하여 배치시키는 것을 의미한다. 사회를 구성하는 개인들에게 있어 상호 간의 규칙들이 선택되는 것은 그다음에 일어나는 일이다. 물론, 매킨타이어(A. MacIntyre)와 샌델(M. Sandel) 등은 롤스가 제시한 무지의 장막의 가정을 비판한다. 우리는 태어나면서부터 누구의 자식이며, 특정 공동체의 구성원으로서 구체적인 인간이 되어간다. 만일 그렇다면, 무지의 장막 같은 개념은 극도로 추상적인 것이어서 그 의미가 무색하다고 볼 수도 있을 것이다. 하지만 이러한 무지의 장막은 전문직 자율규제에 있어서 의미하는 바가 크다고 보인다. 앞서 살펴보았듯이, 사회계약적 관점에서 자율규제의 계약 당사자들 간의 정보의 비대칭성은 심각한 제도적 안정성의 결함을 초래할 수 있기 때문이다. 따라서 우리가 애초에 무지의 장막을 따르는 공정으로서의 정의를 지킬 수만 있다면 이러한 점에서 많은 도움을 받을 수 있을 것이다.[16]

롤스는 약속의 책무성을 여타 사회제도적 책무성과 본질적으로 다르지 않은 것으로 파악한다. 즉, 약속이란 것은 그 자체로 하나의 도덕적 행위라기보다는 사회적 필요에 의해 계약된 제도적 인공물이다. 하지만 이러한 계약론적 관점은 기존의 사회계약 이론들과는 달리 계약들이 '공정으로서의 정의의 원리'에 의해 지지될 경우에만 정당성을 부여받는 것으로 바라본다. 만일 그렇다면 사회계약은 제도를 만들지만, 단지 계약론적 관점에서 만들어

---

16) Rawls, John, "Two Concepts of Rules," *philosophical Review*, 1955, 64(1): p. 3-32; "Legal Obligation and the Duty of Fair Play," in *Law and Philosophy*, S. Hook (ed.), New York: New York University Press, 1964

진 제도들은 정당성을 획득하지 못한다. 즉, 권리, 자유, 기회 및 소득과 재산의 분배에 관한 제도들과 같은 사회의 기본적 제도들의 조정을 통해 보다 원초적인 선택이 이루어지며, 이에 의해 지지받는 제도만이 우리에게 그 제도에 따를 책무성을 온전히 부여할 수 있다.

한편, '공정의 원리'는 한 개인이 제도에 의해 부여받은 어떤 행위를 하기위한 조건을 제시한다. 롤스에 따르면, 그 제도는 정의로운 것이어야 하며, 그러한 제도의 결과에 대해 행위 주체가 자발적으로 동의해야 공정의 원리가 충족된다. 이를 토대로 어떤 하나의 약속 또는 계약이 공정의 원리를 충족하려면 어떤 조건들을 충족해야 하는지 유추해볼 수 있을 것이다. 왜냐하면 롤스는 "약속의 책무성" 또한 "제도의 책무성"과 동일한 것으로 보기 때문이다. 롤스는 이를 위해 다음과 같은 3가지 이론적 요소를 도입한다.[17]

① 약속의 규칙은 그 약속이 자발적 동의와 수행에 의해 이루어졌는가의문제다.
② 성실한(bona fide) 약속의 개념은 그 약속이 정의로운 것인가의 문제다.
③ 충실성의 원리(Principle of Fidelity)는 계약 당사자가 자발적으로 동의한정의로운 약속에 있어서 그것이 규정하고 제재하는 행위들을 실행하지 않는다면, 무임승차의 문제를 일으키기 때문에 공정하지 못한 것이된다.

이제 이러한 3가지 이론적 요소를 한데 묶어 간략히 표현하면 다음과 같을 것이다. "자발적 동의에 의해 만들어진 정의로운 약속의 경우에 그것은 반드시 지켜져야 한다. 왜냐하면 그러한 제도적 약속을 지키지 않는다면 그것

---

17) Rawls, John, *A Theory of Justice*, Cambridge, MA: Harvard University Press, 1999[1971]. p.112, pp.346-347

은 무임승차이며, 따라서 공정의 원리에 위배되는 것이기 때문이다."

지금까지의 논의가 옳다면, 우리는 롤스에 있어서 공정의 원리가 여타의 기존 사회제도의 정당성을 평가하는 적절한 원리가 될 수 있다는 것을 알 수 있다. 따라서 하나의 제도는 그것이 단지 자발적으로 제도적 계약 당사자들에 의해 따르기로 승인되었음을 통해 그 자체로 정당성을 확보하는 것이 아니다. 하나의 사회 하부적 제도(계약)는 계약 이전에 원초적 입장에서 공정의 원리에 따라 기본적인 사회제도적 배치가 숙고를 통해 결정되고, 그에 따라 선택된 이후에 비로소 그것이 정의로운 제도인지 아닌지 판별할 수 있는 시금석이 마련되는 것이다. 따라서 이러한 잣대로 미루어보아 그것이 정당할 경우, 그리고 그것에 따른 계약을 자발적으로 승인한 경우 정당성을 확보할 수 있다. 즉, 자율규제 같은 제도적 계약도 그것이 그저 계약 당사자들 간의 자발적 합의에 의해서만 오로지 정당성을 확보한다고 볼 수 없을 것이다. 그러한 계약 이전에 공정으로서의 정의(justice as fairness) 원리에 의해 권리, 자유, 기회 및 소득과 재산의 분배에 관한 기초적 사회제도가 조정된 이후 그에 따르는 정의로운 계약일 경우 정당성을 확보할 수 있을 것이다. 이러한 경우에 계약 당사자들은 그러한 계약에 따를 의지를 제대로 발현할 수 있다.

공정으로서의 정의의 관점에서 보자면, 근본적인 자연적 의무는 정의의 의무다. 이 의무는 우리로 하여금 기존의 정의로운 사회제도를 따르고 지지할 것을 요구한다. 이것은 또한 우리에게 너무 많은 부담이 지워지지 않는 한 아직 성립되지 않은 더 나아간 정의로운 질서를 추구하도록 한다. 따라서 루소의 입장과 같이 우리가 원초적 상태에서조차 도덕적 또는 자연법적 의무에서 자유롭지 않다면, 사회제도에 대한 정의의 원리를 따를 의무는 선(先)계약적으로 주어져 있는 것이다. 롤스는 바로 그러한 직관을 통해 루소의 '일반의지'에 해당하는 '공적 이성'에 따르는 정의의 원리가 선제되지 않는 사회계약은 제도의 안정성을 가져올 수 없을 것이라 예견한다. 롤스의 표현대로 "만약 사회의 기초 구조가 정의롭다면 또는 모든 상황에서 이성적으로 합당할 만큼 정의롭다면, 모든 사람은 기존의 사회구조 속에서 자신의 역할을 수행할 자연적 의무를 지닌다."[18] 이는 곧 정의의 원리에 따르지 못한 사회제도는 그것이 자발적 합의에 근거했다 해도 우리에게 그것을 기꺼이 따를 책무성을 온전히 부과하지 못함을 암시한다. 결론적으로, 롤스는 계약 이론적 한계 속에 자연적 의무를 가둬두기보다는 그의 원초적 입장이라는 가설적 상황을 전제로 자연적 의무가 사회적 계약을 지키려는 책무보다 더 중요한 또는 우선적인 것이라고 주장한다. 물론, 이와 같은 대략적인 그림은 지나치게 이상적인 낙관론으로 보일 수 있다. 하지만 롤스는 분명히 현실주의적인 실현 가능한 유토피아주의자이지 이상적 낙관론자가 아니다.

5. 충심(loyalty) 개념 분석을 통한 자율규제의 이해

1) 자율규제에 대한 규범 윤리적 분석과 덕 윤리적 분석

앞서 간략히 말했듯이, 자율규제에 관한 논의는 주로 '자율'이 아닌 '규제'에 더 많은 초점이 맞추어져왔다. 또한 이와 같이 규제에 초점을 맞춘 논의들은 자율규제의 문제를 결국 규제의 대상이 되는 이해당사자들의 충돌을 어떻게 해소할 것인가의 문제로 한정지어 생각할 여지가 있다. 하지만 만일 지금까지의 논의가 옳다면, 자율규제는 결과론적 입장에서 제재와 처벌에 더

---

18) Rawls, John, "Justice as Fairness: A Restatement" [JF], E. Kelly (ed.), Cambridge, MA: Harvard University Press, 2001

많은 초점을 맞추고 있는 '규제'뿐만 아니라 그것의 앞에 놓인 '자율'의 관점으로부터의 논의가 반드시 선행되거나 적어도 병행되어야 한다고 할 수 있다. 따라서 전문직의 자율규제에 관한 논의는 상호 간의 사회계약적 모형을 넘어서는 윤리적 또는 도덕적 차원에서 다루어져야 할 필요성이 있다.

이러한 측면에서, 의무론과 공리주의 같은 규범 윤리(normative ethics)와 그것의 반대편에 서 있는 덕 윤리(virtue ethics)의 틈을 이해하는 것은 중요하다. 의학과 의료 분야를 중심으로 생명의료윤리 같은 응용윤리에 관한 논의가 활발하게 이루어지면서 공리주의와 의무론 같은 규범 윤리는 모든 사람과 상황에 적용할 수 있는 보편적인 도덕 규칙이나 원리를 찾고자 했다. 말하자면, 공리주의자와 의무론자는 다음과 같은 것을 찾고자 했다.

> (a) 어떠한 특별한 경우에 올바른 행위가 무엇인지를 결정할 수 있는 보편적인 규칙과 원리를 찾고,
> (b) 심지어 덕성을 갖추지 못한 사람조차 도덕 규칙 또는 원리를 올바르게 이해하고 적용할 수 있는 방식으로 도덕 명령을 진술하는 것을 목표로 했다.[19]

반면에, 덕 윤리를 지지하는 사람들은 의무론자와 공리주의자가 추구하는 그러한 규범 윤리학의 목표가 실제로 가능하지 않다는 점을 지적한다. 말하자면, 그들은 그와 같은 보편적인 윤리적 규칙이나 명령을 구체적으로 진술하는 것은 가능하지 않다는 것이다.[20] 그들은 특히 규범 윤리학의 두 번째 논제, 즉 어떠한 상황에서 모든 사람이 적용할 수 있는 보편적인 방식으로 도

---

19) Hursthouse, Rosalind, "Virtue Ethics," *The Stanford Encyclopedia of Philosophy* (Fall 2013 Edition), Edward N. Zalta (ed.) 참조.

20) McDowell, John, 1979, "Virtue and Reason," *Monist*, 62: p. 331-350 참조.

덕 명령을 진술하는 것에 대해 더 회의적이었다. 이러한 맥락에서 덕 윤리를 지지하는 사람들은 올바른 도덕 명령이나 규칙을 따르려는 사람의 본성이나 경향성에 주목한다. 이러한 논의와 견해를 자율규제 문제에 적용해볼 수 있을 것이다. 말하자면, 전문직 또는 전문가 집단의 자율규제는 그들이 지키고 준수해야 하는 규칙과 규준이 있으며, 만일 규제가 필요하다면 그것에 '기꺼이 따르려는 마음'으로 이해할 수 있다는 것이다. 여기서 규제에 기꺼이 따르려는 마음은 곧 전문가 개인 또는 그들이 구성한 집단의 성향이나 경향성일 수 있다. 그리고 우리는 그러한 성향이나 경향성을 개인에 대한 또는 그들이 속한 집단에 대한 '충심(loyalty)' 개념에 의거하여 분석해볼 수 있다.[21]

2) 충심의 논리적 근거

자율규제와 관련하여 충심에 관한 세부적인 논의를 진행하기에 앞서 충심에 관한 논리적 근거를 살펴보는 것이 도움이 될 듯하다. 충심에 관한 대략의 전반적인 그림을 이해한 다음에야 전문직의 자율규제와 관련된 충심의 다양한 해석을 논의할 수 있기 때문이다. 또한 전문직에 관련된 충심을 올바르게 이해하기 위해서는 동양과 서양의 관점을 구분해서 생각해보아야 한다. 우리나라를 포함하는 동양에서의 충성 또는 충심은 유교적 신분사회로

---

21) 이와 관련된 논의는 "Ethics and Profession in Harvard Univ." 연구를 통해 활발하게 진행되고 있다. Ross Cheit (1997), Albert Hirschman, "Exit, Voice and Loyalty," 1997; *Loyalty in Public Service*, Cambridge Univ. Press, 1966; *Violence and Police Culture*, ed. Tony Coady, Stephen James, Seumas Miller and Michael O'Keefe, Melbourne Univ. Press, 2000 등을 참고할 수 있다. 그리고 전문직의 충심에 관한 대부분의 연구는 주로 변호사 같은 법 영역을 중심으로 이루어져왔다. 이러한 경향은 아마도 변호사, 의사, 회계사 그리고 기술사 같은 다양한 전문직 중에서도 법의 영역이 다른 전문 영역에 비해 가장 이른 시기에 전문직으로서 자리를 잡았기 때문일 것이다. Fletcher, George, *Loyalty: An Essay on the Morality of Relationship*, New York, Oxford Univ. 1993 참조.

부터 연원한다고 보는 것이 일반적인 견해다. 이러한 관점에 따르면, 각자의 신분은 천명에 의한 것이고, 각각의 신분은 종속적이고 위계적 관계에 놓인다. 반면에, 서양에서의 충성 또는 충심은 적어도 근대 시민사회 이후로부터 동양의 그것과는 역사적으로 다른 기초를 갖는다고 보아야 한다. 중세 봉건사회가 붕괴하고 근대 계몽사회로 이행하면서 군주와 자유 시민은 계약을 통해 상호 호혜적인 관계를 형성했기 때문이다. 그러한 연유로, 서양의 충심 개념을 우리나라를 포함하는 동양의 충성 개념과 동일시할 경우 혼동이 발생할 수 있다.[22]

클레니그(J. Kleinig)는 충심의 핵심이 감정적(emotional)인 것이 아니라 덕(virtue)이라고 주장한다. 만일 그렇다면 어떤 종류의 덕인가? 그의 논의에 따라 '충심'이라는 '덕'이 자기-이익(self-interest), 정의(justice) 또는 공평무사한 행위(pair play) 같은 자유주의적 접근법과 대치되는 것이라는 주장에 대해 검토해보자.[23]

충심이 제약하고 있는 '자기-이익'이라는 것이 본래적으로 잘못된 것은 아니다. 한 개인이 가진 자기-이익과 욕망은 인간을 풍요롭게 하는 중요한 요소이며 개인을 발전시키는 힘의 원천이기 때문이다. 하지만 충심은 개인이 추구하는 자기-이익을 제약하는 경우들이 있다. 왜 우리는 친구를 돕고 나라를 지키고 전문성을 키우고 조직에 봉사해야 하는가? 클레니그는 이와 같은 물음에 대한 가능한 답변은 여러 가지가 있을 수 있다고 말한다. 예

---

22) 특히, 우리나라의 경우 충성에 관한 유교적 전통과 서양적 개념이 상황과 조건에 따라 혼재되어 사용되고 있는 듯이 보인다. 따라서 일반적으로 '충성'으로 번역되는 'loyalty'를 전문직 윤리 또는 자율 규제에도 그대로 사용하는 것은 적절하지 않은 듯이 보인다. 동양적 개념의 충성을 떠올리기가 쉽기 때문이다. 그렇다고 해서 조직 또는 집단을 강조하는 차원에서 '소속감', '신의' 등의 용어도 적절하지 않은 듯이 보인다. 따라서 여기서는 가족과 국가와 같이 자연적으로 귀속되는 집단뿐만 아니라 직업과 직능 공동체와 같이 개인의 선택에 의해 귀속되는 집단에 대한 의무를 포함할 수 있다는 측면에서 'loyalty'를 '충심'으로 옮기는 것이 의미를 더 잘 전달할 수 있는 듯이 보인다.

23) Kleinig, John, *On Loyalty and Loyalties*, Oxford Univ. Press. 2013, pp.72-81 참조.

컨대, 그는 우리가 자신의 이익을 포기하고 가족, 친구 그리고 사회와 국가를 포함하는 타자의 이익을 위해 행하는 이유를 "보은(gratitude)의 의무, 공평무사의 의무, 그리고 자연적(natural) 의무"의 관점에서 논의할 수 있다고 말한다.[24]

a. 보은의 의무(duty of gratitude)

의무로서의 충심을 논의할 때 보은의 의무는 우리가 경험하는 가족, 사회, 국가 같은 집단을 경험하면서 자연스럽게 발생한다고 할 수 있다. 만일 그렇다면, 그와 같은 집단에 대한 충심을 우리에게 이로운 집단에 대한 감사의 마음으로 이해하는 것은 그럴듯한가? 클레니그는 그러한 해석은 올바르지 않다고 주장한다. '충심의 의무'와 '보은의 의무'는 비록 그것들이 형성되는 과정에서 유사한 모습이 있다고 하더라도 내용적으로 구분되기 때문이다. 예컨대, 철수가 산행 중 다리를 다쳐 신음하고 있는 영희를 우연히 발견했다고 하자. (철수가 영희를 본 것은 그날이 처음이라고 하자.) 그리고 철수가 어려움에 처한 영희가 안전하게 하산할 수 있도록 도왔을 뿐만 아니라 응급치료를 받을 수 있도록 그녀를 병원까지 데려다주었다고 하자. 만일 그렇다면, 영희는 철수에게 충심을 가져야 하는가? 우리는 아마도 영희가 철수에게 감사의 마음, 즉 보은의 의무는 가질 수 있더라도 그에게 충심의 의무도 가져야 한다는 것에는 동의할 수 없을 것이다. 물론, 철수가 생면부지의 영희를 도운 것은 칭찬받아 마땅한 일이며, 도움을 받은 영희가 철수에게 감사의 마음을 갖고 (어떤 형태로든) 보답하려는 것은 자연스럽다. 하지만 충심 또는 충심의 의무는 일반적으로 그 충심의 대상이 되는 어떤 사람 또는 집단과의 지속적인 관계나 연결맺음이 있어야 한다. 보은의 의무가 있고 충심의 의무가 있다. 그 둘이 비록 충족되는 과정이 비슷할 수는 있다고 하더라도

---

24) Kleinig, John, ibid., pp.83-84

그것은 서로 구분되어야 한다.

b. 공평무사의 의무(duty of fair play)

하트(H. L. A. Hart)와 롤스(J. Rawls) 등은 정치적인 또는 국가에 대한 의무를 공평무사의 의무를 통해 설명하려고 시도했다.[25] 공평무사의 의무의 견해에 따르면, 어떤 집단이나 조직이 성공하기 위해서는 그 집단을 이루고 있는 구성원들 스스로 자신을 통제하는 제약조건(constraint)을 가져야 한다. 그리고 만일 그 제약조건이 공정하고 공평하다면, 한 집단의 구성원은 그와 같은 제약조건을 준수할 것이다. 공평무사의 의무에 기초하여 충심을 설명하는 접근법은 사회계약적 접근과 달리 동의나 계약의 구체적인 내용 또는 행위를 필요로 하지 않는다. 따라서 공평무사의 의무를 충심에 귀속시킬 경우, 개별적인 개인의 동의가 없더라도 한 집단에 속한 구성원에게 충심을 적용할 수 있다. 하지만 롤스가 지적하듯이, 가족이나 국가 같은 집단이 항상 상호 호혜적이고 그 구성원 모두에게 공정하고 공평한가에 대한 의문은 여전히 남는다. 게다가 그러한 집단에 속한 구성원이 그 집단으로부터 어떤 형태의 이득을 얻는다는 것이 곧바로 그 집단을 승인하고, 그와 같은 승인으로부터 의무가 생성되는지에 대한 것은 분명하지 않다.[26] 만일 그렇다면, 비록 공평무사의 의무에 기초하여 충심을 정당화하려는 시도가 사회계약적 접근법이 초래하는 문제를 해소하는 장점이 있다고 하더라도 전문가 집단의 충심을 올바르게 이해하는 이론적 도구로 사용하기에는 충분하지 않다고 할 수 있다.

---

25) Hart, H. L. A., "Are There any Natural Right?", *Philosophical Review* 64, no.2, 1995; Rawls, John, "Legal Obligation and Duty of Fair Play", *Law and Philosophy*, ed. Sidney Hook, New York Univ. Press, 1964, pp.8-10 참조.

26) Rawls, J., *A Theory of Justice*, Cambridge, Harvard Univ. Press, 1971, p.350

c. 자연적 의무(natural duty)

충심에 관한 자연적 의무는 간략히 말해서 정의로운 제도를 지지할 자연적 의무를 말한다. 롤스는 자연적 의무는 정의로운 제도가 존재하고 그것이 우리에게 적용될 경우 우리에게 그것을 지지하고 옹호해야 할 자연적 의무가 발생한다고 본다.[27] 하지만 클레니그가 잘 지적하고 있듯이, 자연적 의무에 의거하여 충심을 적용하는 것은 제한적일 수밖에 없다. 자연적 의무는 국가나 정부 또는 정치 공동체와 같이 '정의'를 가장 중요한 덕목으로 삼고 있는 집단에 잘 적용될 수 있는 개념이다. 말하자면, 이러한 접근법은 정의를 가장 중요한 덕목으로 삼고 있기 때문에 포괄적 집단을 대상으로 하는 정치적인 공동체에 잘 적용될 수 있지만, 다양한 속성과 지향을 갖고 있는 개별적인 집단 모두에게 적용할 수 있는 충심 개념으로 받아들이기에 적절하지 않다는 것이다. 예컨대, 의사협회 같은 의사들의 공동체나 변호사협회 같은 변호사들의 공동체처럼 부분적으로 이익집단의 성격을 갖는 집단에까지 정의로부터 비롯되는 자연적 의무를 적용할 수 있는지에 대해서는 많은 의문을 제기할 수 있다.

d. '내적 통일성(integrity)'의 의무

만일 지금까지의 논의가 옳다면, 보은의 의무, 공평무사의 의무 그리고 자연적 의무에 의거하여 충심을 지지하려는 시도들은 나름의 장점에도 불구하고 개별 전문가 집단에 그대로 적용하기에는 어려움이 있다고 할 수 있다. 이러한 측면에서, 클레니그는 전문직의 충심 개념은 '(도덕적인) 내적 통일성(integrity)'에 의거하여 파악해야 한다고 주장한다. 그는 우리가 충심의 본성과 본질을 가장 직접적이고 분명하게 파악할 수 있는 경우로 '우정

---

27) Rawls, J., ibid. p.351; Greenwalt, Kent, *Conflict of Law and Morality*, Oxford: Clarendon, 1987 참조.

(friendship)'을 제시한다. 우리의 인생은 일반적으로 우정을 통해 풍요롭게 된다. 하지만 그것은 우정이 가진 규범적(normative) 또는 도구적(instrumental) 성격 때문이 아니다.[28] 그것은 우정이 가진 내재적 가치(internal value)로부터 나온다.[29]

지금까지의 논의가 옳다면, 충심의 본성은 '개인의 도덕적인 내적 통일성'으로부터 나온다는 것을 알 수 있다. 하지만 여기서 한 가지 주의할 것이 있다. 클레니그가 충심의 본성을 (도덕적인) 내적 통일성에서 찾고 있다고 하더라도 그것은 '개인적 차원'의 내적 통일성이 아닌 '집단 또는 단체' 안에서의 내적 통일성을 가리키고 있다는 것을 파악하는 것은 중요하다. 우리는 자신이 속한 집단이나 사회조직으로부터 어떤 이익을 주고받는다. 하지만 충심에 있어 이와 같은 이익은 중요한 요소가 아니다. 충심과 그것으로부터 발생하는 의무는 어떤 이익의 차원이나 집단을 이루는 구성원의 여타 다른 의무들과는 상관성이 없다는 것이다. 이러한 논의들은 흔히 정치적 의무 등을 다룰 때 논의되는 요인들이다. 그러나 정치적 의무와 정치적 충심은 구분된다. 따라서 이러한 요인들을 주요 토대로 충심을 분석하는 것은 옳지 않다. 따라서 그는 "우리의 충심을 요구하는 그러한 집단이나 단체는 그 자체로 그럴만한 가치가 있는 것으로 간주되는 것이지 그것이 보장하는 사회적 가치나 자기-이익을 위해서가 아니다"라고 말한다.

---

28) 인간은 관계를 맺고 살아간다. 이런 관계들은 외재적이거나 계약적인 것만 있는 것이 아니다. 우리가 어떤 집단에 진입할 경우 처음에는 그것이 직업을 갖는다는 측면에서 도구적이고 계약적인 모습을 갖는다고 할 수 있다. 하지만 우리는 그 집단의 구성원으로서 시간을 공유하면서 그 집단이 가진 목적이나 지향을 자신의 목적이나 지향으로 받아들일 수 있다. 그것은 자신이 속한 집단을 더 이상 도구적이고 계약적인 가치로만 평가하고 있지 않다는 것을 의미한다. 말하자면, 그는 비록 전체가 아닌 일부분이라고 하더라도 자신의 속한 집단을 내재적인 가치로 받아들이고 있는 것이다.

29) Kleinig, John, ibid., pp.159-164 참조.

3) 충심의 위계적 구조

일상적인 의미에서 충심 또는 충성은 어떤 개인이나 집단에 대한 지향이나 자세의 문제로 정도로 다루어질 수 있다. 하지만 전문직의 자율규제에 관한 충심은 개념, 차원 그리고 유형으로 구분하여 체계적으로 살펴보아야 한다. 각 단계의 관점에 따라 충심이 갖고.있는 다양한 모습과 특성을 잘 파악할 수 있기 때문이다. 충심을 개념, 차원 그리고 유형에 따라 구분한 아래의 표에 따라 논의를 시작하는 것이 충심의 본성을 이해하는 데 도움이 될 것이다.

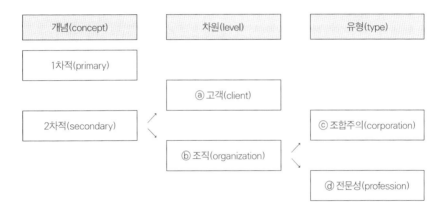

(1) 충심의 두 개념

플레처(G. Fletcher)는 충심의 핵심적인 의미는 "가족, 제도 그리고 국가에서 역사적으로 근거를 둔 관계"로부터 기원하는 의무와 관련이 있다고 말한다.[30] 그에 따르면, 충심은 일반적으로 두 가지 개념으로 구분된다.

---

30) Fletcher, George, *Loyalty: An Essay on the Morality of Relationship*, New York, Oxford Univ. 1993, p.21

① 충심의 1차적 개념: 역사적 자아(historical self)로부터 형성

② 충심의 2차적 개념: 자유로운 개인의 자발적 계약으로부터 형성

간략히 말해서, 1차적 개념의 충심은 가족이나 공동체 또는 국가에 대한 의무로부터 비롯되는 충심을 가리킨다. 2차적 개념의 충심은 변호사가 의뢰인에게 갖는 의무 또는 의사가 환자에게 지는 의무와 같이 전문직이 그들의 고객에 대해 갖는 의무라고 할 수 있다. 따라서 전자가 통상적이고 관례적인 의미에서 '충심'인 반면에, 후자는 자유로운 개인들 간의 관계에서 형성되는 일종의 '계약적(contract)' 상태로서 집단과 사회에 대한 책임감, 소속감 그리고 연대의식 등을 강조하는 측면에서의 '충심'이라고 할 수 있다.

플레처는 충심의 1차적 개념과 2차적 개념, 즉 역사적 자아로부터 형성된 충심과 자유로운 개인의 계약과 자발적인 참여로부터 구성된 충심을 함께 다룬다. 그는 충심의 1차적 개념과 2차적 개념 모두 개인이 속한 집단에서 발견할 수 있는 역사적 자아를 보여주는 것이 아닌 '자발적 참여'로부터 충심이 나온다고 보기 때문이다. 반면에 클레니그는 그 둘을 구분해야 한다고 주장한다. 전자는 형식적으로 한 개인이 자유롭게 선택할 수 없는 집단인 반면에, 후자는 그 집단의 구성원이 될 것인가의 여부가 그의 자유로운 선택에 달려 있기 때문에 '자발적 참여'의 차원에서 서로 다르기 때문이다.[31]

---

31) 충심은 힘과 존엄을 부여한다. 도덕적 동기를 부여하는 훌륭한 원천이기도 하다. 하지만 충성에는 비극적 경향이 있다. 충성은 서로 갈등하는 골치 아픈 습성이 있기 때문이다. 모순된 의무의 양립할 수 없는 요구 사이에 처하는 경험은 매우 고통스럽다. 말하자면, 내가 속한 집단이 서로 다른 내용의 충성을 요구하는 경우가 그렇다. 예컨대, 가족에 대한 충심, 회사에 대한 충심, 사회에 대한 충심, 그리고 국가에 대한 충심이 서로 충돌하거나 갈등을 빚는 경우를 상상하는 것은 결코 어려운 일이 아니다. 충심과 의무가 중요한 곳이라면 반드시 도덕적 갈등이 존재한다. 미국의 경우, 연방정부 공무원들이 준수해야 하는 공식적인 윤리 강령의 최고 조항은 "미국의 헌법, 법률, 법적 규제를 지킨다"가 아니다. 이것은 두 번째 강령일 뿐이다. 첫 번째 강령은 가장 보편적인 윤리적 문제, 즉 여러 문제가 충돌하는 곤란한 상황이 발생할 수 있는 원천을 봉쇄하는 것이다. "최상의 도덕적 원리와 국가에 대한 충성을 개인, 정당, 정부 부처에 대한 충성보다 우선한다." Felten, Eric, *Loyalty: The Vexing Virtue*,

클레니그가 충심의 1차적 개념과 2차적 개념을 구분하는 이유를 좀 더 자세히 살펴보자. 그의 분석에 따르면, 통상적인 의미에서 1차적 개념의 충심은 우리가 일반적으로 가족 또는 국가에 대한 '충성'으로 받아들이는 개념이라고 할 수 있다. 그런데 2차적 개념의 충심은 한 사회를 구성하는 다양한 조직과 집단 그리고 그 조직과 집단을 이루고 있는 개인들 사이의 자유로운 계약 또는 협약으로부터 발생하는 일종의 '의무'라는 점에서 1차적 개념의 충심과 다른 속성을 갖는다고 할 수 있다. 간략히 말하자면, 1차적 개념의 충심은 일반적으로 한 개인이 자신이 충심을 바칠 집단을 선택할 수 없는 반면에, 2차적 개념의 충심은 1차적 개념의 충심에 비해 충심을 바칠 집단을 비교적 자유롭게 선택할 수 있다는 점에서 큰 차이가 있다.

(2) 충심의 두 차원

여기서 우리가 관심을 갖고 좀 더 폭넓은 논의를 해야 하는 것은 2차적 개념의 충심이다. 변호사, 의사, 회계사 그리고 기술사 같은 전문직 집단에 직접적으로 적용되는 것은 2차적 개념의 충심이기 때문이다. 2차적 개념의 충심은 자신의 충심을 바칠 대상에 따라 다시 두 차원으로 구분할 수 있다.[32]

> A. 고객에 대한 전문직 충심(Loyalty for Client): 일반적으로 전문가가 자신의 고객에 대해 갖는 충심으로서, 통상적 의미의 전문직 충심
>
> B. 조직에 대한 충심(Loyalty For Organization): 전문가 자신이 속해 있는 조직 또는 집단에 대해 갖고 있는 충심으로서, '조직에 대한 전문직 충심'

Simon & Schuster, 2012, pp.168-169

32) Kleinig, John, ibid. pp.209-10

고객에 대한 전문직 충심은 비교적 설명이 어렵지 않기 때문에 이것에 관해 먼저 간략히 살펴보자. '고객에 대한 전문직 충심'은 통상적인 차원에서 서비스 수혜자에 대한 전문직 충심이라고 할 수 있다. 예컨대, 이 충심은 변호사가 자신의 의뢰인에게 또는 의사가 자신의 환자에 대해 갖는 충심이다.[33] 1차적 차원이라고 할 수 있는 고객에 대한 전문직 충심에서 가장 중요한 덕목은 변호사나 의사 같은 전문직은 그 어떠한 상황에서도 오직 수혜자, 즉 의뢰인 또는 환자의 권익과 이익을 위해 최선을 다해야 한다는 것이다.[34] 고객에 대한 전문직 충심은 의뢰인의 자율성을 최대한 보장하고, 서비스를 제공하는 전문직은 단지 의뢰인의 이익을 추구하기 위한 도구로서 직무에 임할 뿐이다. 따라서 이와 같은 충심은 플레처가 구분한 두 개념 중에서 1차적 개념이 아닌 2차적 개념에 해당한다고 보아야 한다. 고객에 대한 전문직 충심에는 어떠한 역사적 자아와 서사(self & narrative), 달리 말하면 자기 자신을 어떤 공동체의 일원으로 스스로 규정(self-defining)하는 기제가 작동하고 있지 않기 때문이다. 의학의 영역에서 한 예를 들자면, 환자와 의사의 관계에서 의사의 환자에 대한 충심은 9장에서 논의한 '충분한 설명에 근거한 자발적 동의(informed consent)'의 형태로 드러날 수 있다.[35] 여기서 환자에 대한 의사의 충심은 환자에게 의료 과정에서 발생하거나 일어날 수 있는 모든 정보를 제공함으로써 환자가 치료 과정에 동의하기 위해 필요한 전제조건을 인지한 상

---

33) Kleinig, John, *On Loyalty and Loyalties*, Oxford Univ. Press. 2013, p.213

34) 이것과 관련하여 선행의 원리와 악행금지의 원리를 결부시켜 생각해볼 수 있다. 의사 또는 변호사 같은 전문가에게 1차적으로 요구되는 원리는 무엇인가? 충심에 따르면, 전문가는 선행의 원리를 따라야 한다. 즉, 최소한의 도덕적 요구 그 이상을 해야 할 의무가 있다고 할 수 있다. 이러한 관점은 프랑케나(W. K. Frankena)의 (적극적인) '선행의 조건부 의무(prima facie duty)'에 대한 필요조건을 떠올리게 만든다. 그는 "① 피해나 해악을 입혀서는 안 되고, ② 피해나 해악을 방지해야 하고, ③ 해악을 제거해야 하고, ④ 선을 행하거나 증진시켜야 한다" 같은 조건을 통해 선행이 구성된다고 주장한다. Frankena, W. *Ethics*, Prentice-Hall, Inc., Englewood Cliffs, New Jersey, pp.46-48

35) Ramsey, Paul, *The Patient as Person: Explanation of Medical Ethics*, New York, Yale Univ. Press, 1970, pp.2-5

황에서 자유롭게 결정할 수 있도록 돕는 형태로 드러난다.[36]

(3) 조직에 대한 전문직 충심(Loyalty For Organization)의 두 유형

조직에 대한 전문직 충심은 '조합주의(corporativism) 충심'과 '전문성(professional) 충심'으로 구분해야 한다.[37]

> C. 조합주의 충심: 자신이 속한 집단, 예컨대 회사 또는 조합 같은 이익단
>   체에 대한 개인의 충심
> D. 전문성 충심: 특정 전문직 집단의 구성원들 간에 유지하고 준수하는
>   충심

따라서 전문성 충심은 전문가로서 구성원 모두가 승인할 수 있는 소명(aspiration), 규준(standard) 그리고 가치(value)를 존중하는 것이 핵심적인 내용이다. 말하자면, 전문직 충심의 핵심은 전문직의 사회적 목표, 전문직으로서 갖추어야 할 표준적인 역량 그리고 전문직의 윤리적 규준에 대한 자발적인 참여 등에 놓여 있다고 할 수 있다. 그리고 이와 같은 전문성 충심은 변호사협회 또는 의사협회 같은 형식으로 제도화된 모습으로 나타날 수 있다. 비록 전

---

36) 물론, 충분한 설명에 의거한 자발적 동의(informed consent)는 좀 더 폭넓은 논의가 필요한 중요한 문제라고 할 수 있다. 예컨대, 「벨몬트 보고서」에서는 충분한 설명에 의거한 자발적 동의의 필요조건으로 '충분한 설명', '이해' 그리고 '자발적 동의'를 제시하고 있다. 문제의 핵심을 간략히 말하자면, 충분한 설명은 정보를 제공하는 의사의 입장에서 그리고 그 정보를 수용하는 환자의 입장에서 모두 충분한 것이어야 한다는 것이다. 이러한 측면에서 "동의가 있으면 피해도 없다(volenti non fit injuria)"는 일반 원리가 수용될 수 있는지에 대해 문제를 제기할 수 있다.

37) 클레니그는 조직에 대한 충심을 조합주의 충심과 전문성 충심으로 분명하게 구분하지 않는다. 두 유형의 충심 모두 조직에 대한 또는 조직의 구성원으로부터 형성되는 충심으로 파악하기 때문인 것으로 보인다. 하지만 그의 논의를 따를 경우 이와 같은 조직에 대한 충심은 '조합주의와 전문성'으로 구분하는 것이 가능하다는 것을 알 수 있다. Fletcher, George, ibid. pp.216-219 참조.

문직에 대한 충심은 그 구성원들에게 그와 같은 협회에 가입할 것을 강제하지는 않는다고 하더라도 전문가 조직은 전문직 공동체의 공식적인 수호자로서 행위하고 행동할 것을 요구한다. 그리고 어떤 경우에는 조합주의적 충심과 전문성 충심이 서로 충돌하는 경우들도 발생할 수 있다. 그 경우에 무엇을 더 우선시할 것인가는 곧바로 윤리적 문제를 일으킨다. 이제, 그러한 윤리적 문제를 일으키는 조합주의적 충심과 그것을 극복할 수 있는 전문성 충심에 대해 살펴보자.

6. 조직에 대한 조합주의적 충심과 전문성 충심

1) 조합주의적 충심의 본성

어떤 조직에 가입하게 되면 응당 그에 따른 의무를 지게 마련이다. 조직에 대한 멤버십은 권리이자 의무다. 만일 가입한 조직이 회사라면 피고용자는 출근 또는 업무 완수 같은 일반적인 의무를 지게 될 것이다. 하지만 이러한 일반적인 고용으로부터 발생하는 의무는 조직에 대한 충심에 미치지 못한다. 조직에 대한 충심은 이보다 더 나아가 자신이 속한 집단이나 조직을 비난으로부터 보호하고 옹호하는 것 같은 추가적인 행위와 자세를 요구한다.

충심 의무(loyalty obligation)는 엄중함에 따라 크게 소극적인 의무와 적극적인 의무로 나눌 수 있다.

- 소극적(negative) 의무: 가장 엄격한 의무로서 조직에 해를 가하지 말아

야 한다.

- 적극적(positive) 의무: 덜 엄격한 의무로서 조직에 이익을 가져오는 어떤 행위를 해야 한다.

일반적으로 조직이나 단체에서 내부고발에 대해 부정적이거나 금기시하는 것은 충심의 소극적 의무를 강조하기 때문이다.[38] 하지만 충심에 있어 역할 의무를 엄밀히 구분하는 것은 어려운 일이다. 비록, 역할 의무와 충심 의무가 다른 동기에서 비롯된 것이기는 하지만 서로 중첩되는 부분이 있으며, 조직은 그들의 구성원에게 어떤 희생을 요구하는 방식이 조직에 따라 그리고 시간의 흐름에 따라 다를 수 있기 때문이다. 조직에 대한 충심은 예상되는 또는 조직이 기대하는 개인의 희생이 무엇인가에 따라 차별화된다. 예컨

---

38) '내부고발(whistle blowing)'이라는 용어가 도입된 것은 20세기 중엽이다. 이것이 어디서 유래한 것인지는 확실치 않다. 누구는 산업단지에서 오염물질이 유출되면 불던 호루라기 소리에서 비롯한 것이라 말하고, 또 다른 누구는 축구 경기의 심판이 경기를 중단시키기 위해 부는 호루라기에서 비롯한 것이라고도 한다. 둘 다 모두 조직의 고용인이 그 조직의 문제점을 더 큰 그룹에게 알리는 행위를 가리키는 중립적인, 심지어 긍정적인 용어를 가리킨다. 하나의 조직은 가령 이윤을 추구하려는 목적하에 더 큰 그룹인 지역사회의 이익, 가령 환경이나 건강, 각종 권리 등에 역행하는 행위를 할 수 있다. 이럴 때 그 조직의 조직원이 이를 더 큰 그룹인 지역사회에 알리는 행위가 바로 내부고발에 관한 하나의 사례. 내부고발을 둘러싼 논의의 규범적 토대는 두 가지 요소로 이루어지고 있다. 첫째, 조직원은 조직에 충심하며 조직의 이익에 역행하는 정보를 외부로 누설하지 말아야 한다는 조직적 차원의 기대가 있다. 둘째, 내부고발이라는 불충이 불러오는 심각한 조직의 와해라는 부정적인 요소다. 내부고발자는 조직이 붕괴될지도 모르는 심각한 위험에 있어서 내부고발을 정당화할 필요가 있다. 이러한 점에서 볼 때, 내부고발은 다음과 같은 상황들을 고려해야 정당화된다고 주장할 수 있을 것이다. Kleinig, John, ibid. pp.208-210; Davis, Michael (1996), p.209 참조.

① 조직 붕괴의 위험에 있어서 내부고발은 최종 수단이어야 한다.
② 조직의 문제점이 충분히 심각한 것이어야 한다.
③ 내부고발은 확실한 근거가 있어야 한다.
④ 잠재적 내부고발자는 자신이 역할관계적 의무(role-related obligation)가 있는지 없는지 살펴야 한다. (자신도 공모자인지 아닌지 판단해야 한다.)
⑤ 내부고발의 목적은 변화이기 때문에 충분히 효과적인 개연성이 있는지 미리 고려해봐야 한다.
⑥ 내부고발은 적절하게 동기화된 것이어야 한다. 예컨대, 복수심 또는 공명심 같은 것에 의해 동기화되어서는 안 된다.

대, 과거와 달리 최근에는 회사가 구성원의 정년 또는 고용의 안정성을 보장하지 않는다. 이와 같은 경우들은 조직의 구성원에게 그들의 충심을 보상하지 않는 사례라고 할 수 있다. 따라서 변화한 환경과 상황에 따라 조직과 집단의 구성원에게 기대하는 충심의 내용과 모습도 달라지고 있다. 하지만 구체적인 사항들은 각각의 개별 조직들에 따라 그 유형과 내용이 다를 수 있다.

2) 조합주의적 충심에 대한 잠재적 도전들(문제들)

앞서 보았듯이, 조직에 대한 충심에서 조합주의적 충심은 문제 상황과 환경에 따라 그 유형과 내용이 달라질 수 있다. 특히 우리는 일반적으로 조직과 집단에 대한 충심을 가진다고 말하지만, 그 조직과 집단의 "어떤 측면과 부분에 대해 어떤 내용의 충심"을 갖고 있는지에 대해서는 다양한 설명과 해명이 가능하다. 예컨대, 조직과 집단에 대한 조합주의 충심은 조직과 집단의 목적에 대한 충심, 경영진 같은 조직과 집단의 리더에 대한 충심, 조직과 집단 내부의 위계적 서열에서 감독자나 선임자 같은 상급자에 대한 충심, 함께 일하는 동료, 그리고 상위 조직 및 집단과 하위 조직 및 집단에서의 충심 등과 같이 다양한 측면에서 다루어져야 한다.[39]

조직에 대한 충심을 갖는다는 것은 그 조직의 목적 및 가치에 동의하는 것을 포함한다. 그러한 측면에서, 조직에 대한 충심은 경영진 같은 조직과 집단 수뇌부의 업무 추진 방식과 과정에 대한 충심을 갖는다는 것과는 구분되어야 한다. 조직에 대한 충심을 갖는다는 것이 곧 조직이 내리는 명령을 모두 수용하고 승인하다는 것을 함축하지는 않는다는 것이다. 따라서 만일 조직

---

39) Kleinig, John, ibid. pp.196-201 참조.

과 집단의 목표와 목적에 대해 어떤 결점을 발견했다면, 그것에 대해 비판적인 자세를 갖는 것이 오히려 조직과 집단에 대한 올바른 충심이라고 할 수 있다. 그러한 측면에서 조직에 대한 충심과 경영진에 대한 충심은 구분되어야 한다. 경영진은 통상 조직과 집단의 목적을 이루기 위해 조직 운영을 기획하고 관리한다. 따라서 경영진에 대해 충심을 갖는 것을 곧 조직에 대한 충심으로 잘못 받아들일 수 있는 길이 열려 있다. 하지만 조직과 집단은 경영진이나 수뇌부가 바뀌어도 존속할 수 있다. 따라서 현재의 경영진이나 수뇌부에 대한 충심이 어떤 경우에는 조직에 대한 충심에 위배될 수 있다.

상급자나 감독자에 대한 충심 또한 조직에 대한 충심에서 중요한 역할을 하지만 조직에 대한 충심과는 구별되어야 한다. 간략히 말해서, 상급자나 감독자의 개인적인 야망이나 기획이 항상 조직의 목적과 지향에 일치하는 것은 아니기 때문이다. 동료에 대한 충심도 동일한 노선에서 이해할 수 있다. 조직과 집단의 입장에서 본다면, 동료에 대한 충심은 오히려 장려되어서는 안 된다고 볼 수 있다. 예컨대, 동료의 부정하거나 위법한 행위를 묵과하거나 용인하는 행위는 조직의 지향과 목적에 위배되는 행위이고, 그것은 곧 조직에 대한 충심 의무를 저버리는 것이기 때문이다.

여기에 더하여, 전문직의 조합주의적 충심은 전문가 조직이나 집단 내부가 아닌 다른 집단이나 조직과의 관계에서 비롯되는 다른 유형의 문제를 초래할 수 있다. 예컨대, 의사나 변호사 같은 전문가는 그들의 전문 직종이 아닌 다른 단체나 조직에 고용되는 경우가 있을 수 있다. 의사가 의료센터에 고용되거나 변호사가 법률자문회사에 고용되는 경우들이 이에 속한다. 전문가는 그들이 가지는 전문가로서의 충심과 그들이 속한 조직에 대한 충심 사이에서 긴장과 갈등을 겪을 수 있다. 의사의 경우, 이익을 위해 공공의 건강이나 환자의 이익에 반하는 행위를 할 수 있다. 물론, 이와 같은 일들은 일상적인 상황이라고 볼 수도 있다. 예컨대 우리는 일상에서 한 친구에 대한 충심이

다른 친구에 대한 충심과 대치되거나 국가에 대한 충심이 종교에 대한 충심과 충돌하는 경우를 어렵지 않게 발견할 수 있다. 이와 같은 경우 그러한 충돌과 갈등을 규제하고 규정할 수 있는 정책과 실천이 필요하다는 것은 자명하다.

슐츠(D. Schultz)는 앞서 언급한 문제들을 해소하기 위해 조직이나 단체에 대한 충심을 "원칙이나 원리들에 대한 충심"으로 환원시켜야 한다고 주장한다.[40] 예컨대, 그는 경찰관에게 있어 최우선적이고 1차적인 충심은 사람에 대한 것이 아닌 원칙과 원리에 대한 것이라고 말한다. 하지만 다양한 차원과 상황으로부터 초래되는 충심의 충돌과 갈등의 문제를 이와 같이 원칙에 대한 환원적 접근으로 해소하려는 시도는 해결하기 어려운 더 근본적인 문제를 초래하는 듯이 보인다. 말하자면, 우리는 경찰관의 예에서 그들이 충심의 원인 또는 원천으로 삼은 "원칙, 규칙 또는 법"이 정의롭고 정당한가에 대해 문제를 제기할 수 있다.[41] 만일 그렇다면, 조직에 대한 전문가의 충심을 다루는 데 있어 충심을 환원적 접근법에 따라 개별적 주체인 개인들 간의 상호적인 관계로부터 너무 과격하게 도려내는 것은 실천적인 차원이나 분석적인 차원에서 얻어지는 이득보다 감수해야 할 손실이 더 크다고 할 수 있다.

---

40) Schultz, Donald, O. ed. *Critical Issues in Criminal Justice*, Springfield, IL, 1975 참조.

41) 액신(Sidney Axinn)은 "공자를 제외하고 유교에 관해 적절하게 말할 수 있는가? 예수를 제외하고 기독교에 대해 적절하게 말할 수 있는가? 또한 부처를 제외하고 불교에 대해 올바르게 말할 수 있는가?"라고 물으면서 조직에 대한 전문가의 충심에 관한 논의에서 전문가가 속한 조직 그리고 전문가를 제외하는 것은 적절하지 않다고 주장한다. Axinn, Sidney, "Thought in Response to Fr. John C. Haughey on Loyalty in the Workplace," *Business Ethics Quareterly* 4. no. 3, 1994, p.335. 또한 슐츠 같은 해법은 '선결 문제 요구의 오류(begging the question)'라고 볼 수도 있다. 즉, 그러한 접근법을 채택하기 위해서는 충심을 환원시키는 원리와 원인이 올바르고 정당하다는 것이 먼저 증명되어야 한다.

3) 전문성 충심(Professional Loyalty)

지금까지의 논의를 통해 조직에 대한 충심을 조합주의적 개념으로 접근할 경우 충심의 본성을 왜곡하거나 개념적으로 구분되는 다양한 차원의 충심이 서로 충돌하고 갈등을 일으킬 수 있다는 것을 살펴보았다. 만일 그렇다면, 조직에 대한 충심을 올바르게 이해하고 적용하기 위해서는 많은 문제를 초래할 수 있는 조합주의적 충심 개념을 대체할 새로운 충심 개념이 요구된다는 것을 알 수 있다. 그리고 앞서 보았듯이, 의사와 변호사를 포함하는 전문직은 일반적으로 그가 봉사해야 할 환자와 의뢰인뿐만 아니라 그가 속한 조직, 집단 또는 공동체에 대한 충심 또한 부여받는다. 말하자면, 전문가 또는 전문가 집단은 1차적 개념의 충심뿐만 아니라 2차적 개념의 충심에 대한 의무 또한 요구받는다. 클레니그는 대상을 달리하는 두 가지 개념의 충심을 아우를 수 있는 방법을 '전문성 충심(professional loyalty)' 개념에서 찾는다.[42] 전문성 충심은 전문가 자신이 속한 개별 조직이나 집단뿐만 아니라 "전문직 그 자체가 갖는 사회적 가치와 소명 그리고 지식과 역량"으로부터 발생하는 충심을 가리킨다. 이와 같은 충심 개념은 결국 상호 의존적인 관계를 갖는 공동체 속에서 구성원들이 서로 결속하고 연대하는 것에 기여할 수 있을 뿐만 아니라 공동체에 대한 외부적 위협과 오해를 방지하고 해소하는 데 있어서도 큰 기여를 할 수 있다. 전문직은 결국 그 전문직 종사자들의 공동체가 공유하고 있는 가치나 역할 등에 의해 정의되고 역할을 규정하는 것이 더 바람직하기 때문이다. 만일 그렇다면, 비록 전문성 충심이 충심의 1차적 개념과 2차적 개념을 포괄한다고 하더라도 고객에 대한 충심에 초점을 맞추고 있는 1차적 차원의 전문직 충심은 부차적일 수 있다는 것을 알 수 있다. 전문성 충심은 전

---

42) Kleinig, John, ibid. pp.217-219

문가의 집합적인 이상(collective goal or idea)과 기술적인 소명(descriptive aspiration) 의식에서 무엇보다 우선시되어야 하기 때문이다. 이와 같은 전문성 충심의 집합적인 규범과 규준은 조합주의적 충심과 달리 개별적인 조직이나 집단의 요구만을 반영하는 것이 아니다. 그것은 전문직 또는 전문가 집단 자체가 공유하고 있는 가치와 소명 그리고 그들이 제공하리라고 예상하고 예견하는 행위에 관한 것이다.

11장
의학적 추론, 근거중심의학
그리고 빅 데이터

우리가 몸담고 있는 사회의 한 구성원인 의사를 포함하는 보건의료인(이하 '의사'로 표기)은 여러 가지 역할을 가지고 있다. 당연히 처음으로 떠올릴 수 있는 역할은 질병을 앓고 있는 환자를 성심을 다하여 돌보는 것이다. 하지만 의사의 역할이 그것에만 한정되었다고 할 수는 없다. 의사의 중요한 역할 중 하나는 예상되거나 예견할 수 있는 질병을 예방하고 관리하는 것이다. 또한 의사는 현대의학과 의료기술의 발달에도 기여해야 한다. 예컨대, 위험 가능성이 높은 현재의 수술 방식을 개선하여 위험률을 낮추기 위해 연구를 진행하거나, 새로운 의료 도구를 개발하여 현재까지 접근하지 못했던 질병을 치료할 수 있는 신기술을 개척하는 것도 의사의 역할에 포함된다고 볼 수 있다.

앞서 "의사의 두 역할"에서 살펴보았듯이, 의사는 사랑으로 환자를 보살펴야 하는 역할을 가지고 있을 뿐만 아니라 과학자로서 의학을 올바르게 이해하고 의학의 발전에 기여해야 하는 역할도 가지고 있다. 만일 의사가 과학자로서의 역할 또한 갖는다는 것이 참이라면, 우리는 과학의 의미와 과학적 추론의 방식에 대해서도 이해할 수 있어야 할 것이다. 따라서 이번 장에서는 과학적 또는 의학적 탐구에서 사용하는 추론 방식과 내용에 관한 것들을 함께 생각해볼 것이다.

1. "아니 땐 굴뚝에 연기 날까?"와 "콩 심은 데 콩 나고 팥 심은 데 팥 난다"

본격적인 논의를 시작하기에 앞서 다음과 같은 문장들이 주는 정보로부터 무엇을 알아낼 수 있는지를 생각해보자. 말하자면, 당신은 다음의 문장들을 통해 무엇을 추론할 수 있는가?

〈예 1〉
① 연희는 늦게 도착했다.
② 주문한 배달 음식은 곧 도착할 것이다.
③ 지섭은 화가 났다.
〈추론: _____〉

아마도 당신은 이와 같은 세 문장으로부터 "왜 지섭이 화가 났는가?"를 생각할 것이다. 그리고 주어진 문장의 정보로부터 "주문한 배달 음식은 곧 도착할 것이라면 지섭이 그것 때문에 화가 난 것은 아닐 것이기에 연희가 늦게 도착하여 화가 났다"라고 추론할 것이다. 하지만 그러한 추론은 옳은 추론일 수도 있고 그렇지 않을 수도 있다. 말하자면, 주어진 정보만으로는 "지섭은 연희가 늦게 도착하여 화가 났다"고 단정적으로 추론할 수 있는 근거는 거의 없다. 바꾸어 말하면, "지섭이 화남"이라는 결론의 원인이 "연희가 늦게 도착함"이라고 확정적으로 말할 수 있는 근거는 없다. 지섭은 다른 이유, 즉 '방금 받은 보이스피싱 전화 때문에', '컴퓨터가 갑자기 작동하지 않는 바람에 작업 중이던 문서 파일을 모두 잃어버렸기 때문에' 또는 '어제 받은 무료 영화 초대권을 옷과 함께 세탁했기 때문에' 등 수많은 다른 가능한 원인 때문에 화가 났을 수도 있기 때문이다. 그럼에도 불구하고 우리는 습관적으로 주어진 사실로부터 '일관성(coherence)'을 갖고 있고 '인과적(causation)'이라고 생각되는 이야기들을 만들어내는 데 익숙하다. 말하자면, 우리는 습관적으로 어떤 사건의 '결과(effect)'에는 그 사건을 초래한 '원인(cause)'이 있을 것이라고 생각하고, 특히 우리의 주목을 끌거나 관심을 유발하는 사건에 대해서는 그 결과의 원인이 무엇인지 찾아내기 위해 애쓰곤 한다.

다음으로 앞서의 사례와 유사한 다음의 예를 생각해보자.

〈예 2〉
①′ 지섭의 얼굴은 (평소와 달리) 약간 붉은색을 띠고 있다.
②′ 지섭의 현재 체온은 38℃다.
③′ 최근에 독감 바이러스가 유행하고 있다.
〈추론: _____〉

아마도 당신은 이와 같은 세 문장으로부터 "왜 지섭의 몸 상태가 평소와 다른가?"에 관해 생각할 것이다. 다음으로 (비록 당신이 의사가 아니라고 하더라도) 당신은 주어진 정보로부터 어렵지 않게 "지섭이 현재 감기를 앓고 있다"고 추론할 것이다. 당신이 지섭의 현재 상태에 대해 내린 결론은 옳은가? 이미 짐작했겠지만, 앞선 예에서와 마찬가지로 그러한 추론은 옳은 것일 수도 있고 그렇지 않을 수도 있다. 지섭은 실제로 현재 독감을 앓고 있어 체온이 평소보다 높고 혈색도 붉은색을 띨 수 있다. 하지만 현재 지섭의 그러한 상태는 지난밤의 과도한 음주로 인한 것일 수도 있고, 지섭이 1,000m 달리기를 마친 지 얼마 되지 않았기 때문일 수도 있다. (물론, 만일 당신이 의사라면 진료 내용과 항체검사 등과 같은 몇 가지 정보를 추가적으로 얻음으로써 지섭의 현재 상태를 더 정확히 판단할 수 있을 것이다.)

〈예 1〉과 〈예 2〉는 모두 주어진 정보만으로는 지섭의 현재 상태, 즉 '지섭이 화남' 그리고 '지섭이 평소와 다른 몸 상태를 가지고 있음' 같은 결과를 초래한 원인을 정확히 추론할 수 없다는 공통점을 가지고 있다. 하지만 〈예 1〉과 〈예 2〉에는 작은 차이가 있는 것 같다. 〈예 2〉에서 주어진 정보는 〈예 1〉에서 주어진 정보에 비해 결과 사건과 더 밀접한 관련성을 갖고 있다고 볼 수 있다. 말하자면, 〈예 1〉에서 주어진 정보 ①~③은 '지섭이 화남'과 전혀 관련이 없을 수 있는 반면에, 〈예 2〉에서 주어진 정보 ①´~③´은 '지섭이 평소와 다른 몸 상태를 가지고 있음'과 어느 정도 관련성을 갖고 있는 듯이 보인다는 것이다.

어쨌든, 우리는 이와 같은 일상사의 문제뿐만 아니라 의학을 포함하는 과학과 여타의 학문 영역에서 중요한 문제에 대한 인과적 관계(causal relation)를 찾고자 하는 열망을 가지고 있는 것 같다. 만일 그렇다면, 인과성은 무엇이고, 과학적 탐구와 지식에서 어떤 현상에 대한 인과관계를 찾아내는 것이 중요한 까닭은 무엇인가?

우리는 인과관계 또는 인과성에 관해 말할 때 흔히 "아니 땐 굴뚝에 연기 날까?"라는 속담을 인용하곤 한다. 이미 알고 있듯이, 이 속담은 "원인이 없으면 결과가 있을 수 없다"는 것을 비유적으로 보여주고 있다. 또는 우리는 인과성 또는 인과관계를 말할 때 "콩 심은 데 콩 나고, 팥 심은 데 팥 난다"는 속담도 즐겨 사용하곤 한다. 이 또한 원인과 결과의 관계를 유비적으로 보여주는 말로서 "모든 일은 원인에 따라 결과가 결정된다"는 의미를 갖고 있다.

이와 같이 두 속담은 모두 인과성 또는 인과관계에 관한 것을 보여주고 있지만, 인과관계를 추론하는 방식에는 차이가 있다고 볼 수 있다. 두 속담을 명제로 재정리하여 어떤 차이가 있는지 좀 더 분명하게 살펴보자. 두 속담을 명제로 재정리하면 다음과 같다.

[속담 1] "아니 땐 굴뚝에 연기 날까?"
[명제 1] "아니 땐 굴뚝에는 연기가 나지 않는다." $(p{\rightarrow}q \equiv {\sim}q{\rightarrow}{\sim}p)$

(단순명제: p='굴뚝을 때지 않는다', q='연기가 안 난다')

[풀이 1] (어떤) 결과가 있으면, 그것의 원인도 있다.

[속담 2] "콩 심은 데 콩 나고, 팥 심은 데 팥 난다"
[명제 2] "콩을 심으면 콩이 난다. 그리고 팥을 심으면 팥이 난다." $(p{\rightarrow}q)$

[단순명제: p='콩을 심다(팥을 심다)', q='콩이 난다(팥이 난다)']

[풀이 2] (어떤) 원인이 있으면, 그것이 초래하는 (필연적인) 결과가 있다.

간략히 말하면, 전자는 '결과로부터 원인을 추론'하는 반면에, 후자는 '원인으로부터 결론을 추론'하고 있다고 볼 수 있다. 그리고 우리는 일상에서뿐만 아니라 의학을 포함한 학문의 영역에서도 일반적으로 이와 같이 주어진 결과로부터 원인을 추론하거나 주어진 원인으로부터 결과를 추론하곤 한다. 하지만 의학을 포함하는 과학적 문제의 해석과 탐구는 우리의 일상사에서 일어나는 사건을 해석하는 데 필요한 정확성보다 훨씬 큰 엄밀성을 요구하고 있다는 것은 굳이 설명하지 않아도 될 것이다. 게다가 만일 우리가 몸담고 있는 세계에서 인간의 생명에 관한 일이 가장 존엄하고 중요한 일 중 하나라고 한다면, 그것을 직접적으로 다루고 있는 의학은 아마도 과학의 여러 분야 중에서도 가장 큰 엄밀성을 요구하는 학문 중 하나라고 할 수 있을 것이다. 만일 그렇다면, 우리는 "과학으로서의 의학" 또는 "과학자로서의 의사 또는 의학자"에게 "과학이란 무엇인가?" 또는 "과학지식이란 무엇인가?"에 관해 (적어도 한 번쯤은) 생각해보아야 한다는 데 어렵지 않게 동의할 수 있을 것이다. 그리고 우리는 다음의 글을 분석함으로써 '과학지식'이 무엇인지에 대한 대략의 큰 그림을 찾아낼 수 있을 것이다.

다음은 『과학철학이란 무엇인가』(박이문, 민음사, 1995)의 일부를 정리한 것이다. 분석적 요약을 통해 여기서 제시하고 있는 과학지식이 무엇인지 제시해보자.

온 세계가 과학의 중요성을 날이 갈수록 강조하는가 하면 과학의 엄청난 위험성을 경계하기도 한다. 원시적 사회를 제외하고는 지구 상의 모든 사회는 실로 과학 문명의 시대를 맞이하고 있다. 과학을 모르고서는 우리 시대와 우리의 삶을 이해할 수도 없고 그날그날을 생존해나갈 수도 없다.

과학이란 무엇인가. 피상적이나마 과학이라는 말의 의미를 모르는 사람은 아무도 없다. 과학 하면 사람에 따라 뉴턴이나 아인슈타인을 생각하거나, 수식으로 가득 찬 이론들, 신기한 기계, 복잡한 실험실, 생물학이 보여주는 유전인자의 그림 혹은 고분자물리학이 설명하는 미립자들의 구조 등을 상기한다. 그러나 여기서 문제는 과학이라는 말의 의미가 너무나 다양한 데 있다. 과학의 중요성이나 위험성을 따지고 과학 문명의 의미를 파악하고 그런 시대에 적응하려면 먼저 '과학'이라는 말의 일관된 의미를 밝혀야 한다. 그렇다면 과학이라는 말은 도대체 무엇을 뜻하는가. 과학이라는 개념은 무엇보다도 먼저 지식을 가리킨다. 과학이 지식 아닌 다른 다양한 것들, 예컨대 일종의 기술 혹은 일종의 공산품 등을 의미할 수도 있다면, 그러한 의미는 지식으로서의 과학을 전제한다. 요컨대 과학이라는 말은 무엇보다도 먼저 근본적으로 과학적 지식을 뜻한다.

그렇다면 과학적 지식이란 무엇인가. 지식은 관념에 관한 것과 사물 현상에 관한 것으로 분리된다. 논리나 수학 그리고 그 밖의 다양한 인위적 법칙 혹은 규범에 대한 지식과 시간과 공간을 떠나서는 존재할 수 없는 사물 현상에 대한 지식은 동일하지 않다. 전자의 대상이 시간과 공간 밖에 있는 비경험적, 즉 비지각적 존재라면 후자의 대상은 경험적, 즉 지각적인 존재다. 수학을 과학의 정수로 생각하는 것은 비전문가들의 상식적인 생각이고, 수학이라는 학문을 동원하지 않고는 엄밀한 과학이 불가능하지만 수학은 어디까지나 과학의 도구에 불과하며 그 자체로서 과학의 일부가 될 수 없다. 한마디로 과학은 경험의 대상이 될 수 있는 구체적 사물 현상에만 한계 지워진 지식을 가리킨다.

그러나 현상에 관한 모든 지식이 자동적으로 과학지식이 되지는 않는다. 현상에 관한 지식 자체는 또다시 관찰적 지식과 설명적 지식의 두 가지로 분리할 수 있다. 눈을 뜨면 보이는 사과의 떨어짐이나 귀에 대면 들리는 전화 목소리에 대한 지식은 만유인력이나 전파의 원리에 대한 지식과 사뭇 다르다. 전자를 '지각적 지식'이라 한다면 후자는 '설명적 지식'이며, 전자를 '직접적 지식'이라 부른다면 후자는 '이론적 지식'이다. 그런데 오직 설명적, 즉 이론적 지식만이 과학적 지식에 속한다. 과학적 지식의 목적은 어떤 개별적인 현상을 지적하거나 발견함에 있지 않고 그러한 현상들을 설명함에 있으며, 한 믿음(신념, belief)의 소유가 아니라 그런 믿음을 뒷받침, 즉 정당화(justification)함에 있다. 이러한 주장에 대뜸 반발이 나올 수 있다. 과학적 발견이라는 말이 가능하기 때문이다. 뒤에서 밝혀지겠지만, 어떤 발견이 과학적이라고 규정될 수 있는 이유는 발견된 사물 현상의 내용이나 성질 때문이 아니라 그러한 사물 현상이 설명에 의해 정당화될 수 있는 데 있다. 과학적 발견이란 설명의 고안을 뜻한다.

(중략)

과학적 설명은 인과적 설명(causal explanation)이다. 과학적 지식이 어떤 현상에 대한 설명적 지식이기는 하나 모든 설명적 지식이 모두 과학적 지식에 속하지는 않는다. 설명은 그것의 틀을 마련해주는 자연 현상의 법칙의 성격에 따라 인과적 설명과 목적론적(teleological) 설명으로 구별된다. 전자는 인과적 법칙을, 그리고 후자는 목적론적 법칙을 각기 전제한다. 이 두 가지 법칙 간의 차이는 법칙을 구성하는 하나의 사건 C와 그 결과 E를 기계적(mechanical)으로 보느냐 아니면 의도적으로 보느냐에 달려 있다. 아인슈타인의 특수상대성 이론의 법칙 $E=mC^2$은 에너지 E와 다른 한편으로 질량 m에 광속의 제곱 C^2을 곱한 등가적 관계가 기계적임을 전제한다. 물체가 땅에 떨어지는 현상에 대한 아리스토텔레스의 설명은 목적론적 설명의 전형적 예가 된다. 그에 의하면, 모든 물체는 휴식하려고 땅으로 떨어지려는 의도를 갖고 있다는 것이다. 우주와 인간에 대한 성서적 설명은 빅뱅 이론에 의한 현대적 설명과 대조된다. 사물 현상에 대한 이와 같은 견해의 차이는 그 밑바닥에 사물 현상에 대한 형이상학적 견해의 차이를 전제한다. 자연 현상을 하나의 방대한 기계임을 전제로 하는 인과적 설명이 이른바 결정론적 형이상학을 전제하는 데 반해, 개별적 모든 자연 현상을 의도적 전제로 보는 목적론적 설명은 형이상학적 자유의지를 전제한다.

(중략)

과학적 인과법칙은 그것을 찾아내는 방법에 의해 구별된다. 역학(易學)은 우주를 구성하는 원리로서 음괘와 양괘의 인과적인 비인격적 법칙으로 자연 현상만이 아니라 인간의 운명까지도 기계적으로 설명한다. 불교의 윤회설은 한 인간에 있어서의 삶과 죽음은 물론 지구 상의 생명이 놀랍도록 다양한 현상도 형이상학적인 인과법칙 안에서 원인을 의미하는 '업(業)'이라는 개념으로 설명하려 한다. 이런 점에서 역학이나 윤회설은 갈릴레이의 천문학, 뉴턴의 역학, 아인슈타인의 상대성 이론 같은 거시물리학적 이론이나 맥스웰의 전자학 혹은 보어 등의 양자역학을 비롯한 허다한 현대 과학적 이론 혹은 법칙들과 전혀 다를 바가 없다. 그럼에도 불구하고 역학이나 윤회설은 과학적 이론으로 수용되지 않는다. 그 이유는 이 이론들의 옳거나 그릇됨이 증명되지 않을 뿐만 아니라 원칙적으로 실증도 반증도 될 수 없다는 데 있다. 어떤 믿음이나 이론이 실증되려면 첫째 그것들을 구성하는 언어의 개념적 의미가 명확해야 하고, 둘째 그것들이 지칭한다고 전제되는 대상들이 객관적으로 경험될 수 있는 것이어야 한다.

(중략)

과학적 방법은 첫째 개별적 사실들의 관찰로 시작하고, 둘째 거기서 귀납적으로 그 관찰 대상에 대한 일반적 명제를 하나의 가설로서 법칙을 끌어내고, 셋째 그 일반적 명제로부터 연역적 논리로 추리되는 어떤 결과를 예측한 다음, 넷째 예측대로의 결과가 구체적으로 나타나는가를 검증하는 4가지 실증 절차를 밟는 데 있다. 그뿐만 아니라 이러한 실험이 모든 사람에게 반복될 수 있어야 한다.

(중략)

과학이 같은 현상을 종교, 신화 그리고 예술작품과는 다른 모양으로 표상할 뿐만 아니라 더 바람직하게 표상한다고 해도 그러한 사실은 과학만이 절대적 진리를 독점한다는 것을 입증하지 않는다. 과학은 여러 가지 가능한 서술 가운데 하나에 지나지 않으며, 과학자는 코끼리를 어루만지는 장미 중의 하나일 따름이다. 따라서 과학적 지식, 즉 표상만이 유일한 진리라고 주장하는 과학자들이나 그 밖의 사람들의 과학에 대한 인식은 전적으로 잘못이다. 과학적 지식의 매력과 힘과 가치는 그것의 예측 능력에 있다. 과학이 추구하는 지식은 예견을 도와주는 표상의 틀이며, 과학이 말하는 진리는 그러한 표상이 의도한 대로 우리로 하여금 미래를 예견하는 발판이 된다는 뜻에 지나지 않는다.[1] ……

박이문, 『과학철학이란 무엇인가』

〈분석적 요약〉

[1단계] 문제와 주장
　　〈문제〉
　　_____

　　〈주장〉
　　_____

[2단계] 핵심어(개념)
　　_____

　　_____

[3단계] 논증 구성
　　〈숨은 전제(기본 가정)〉
　　_____

　　_____

　　_____

　　〈논증〉
　　_____

　　_____

　　_____

　　_____

　　_____

　　_____

　　_____

　　_____

---

1)　박이문, 『과학철학이란 무엇인가』, 민음사, 1995, pp.19-27

이와 같은 분석을 통해 확인할 수 있는 과학 또는 과학지식의 특성은 무엇인가? 짧은 글을 통해 과학지식이 가진 모든 특성을 파악하기에는 부족할 것이다. 그럼에도 불구하고 우리는 과학 또는 과학지식에 관한 몇 가지 특성을 확인할 수 있다. 우선, 과학지식은 자연 현상을 보여주는 '설명적 지식'이라는 것이다. 말하자면, 과학은 어떤 현상이 왜 일어나는지를 설명한다.

다음으로 과학지식은 경험을 통해 발견되며, 찾아진 현상에 대한 믿음이나 지식을 설명을 통해 정당화(justification)한다는 것이다. 우리가 일반적으로 말하는 과학은 '경험과학(empirical science)'을 가리킨다. 말하자면, 과학 탐구의 직접적이고 1차적인 대상은 바로 우리가 경험할 수 있는 '자연세계(nature)'다. 앞서 분석한 글에서 확인할 수 있듯이, 역학(易學)이나 불교의 윤회설(輪回說)이 과학적 탐구의 영역에 속할 수 없는 것은 경험적으로 관찰할 수 없기 때문이다. 이것은 마치 우리가 유령이나 귀신을 경험적으로 관찰할 수 없기 때문에 일반적으로 과학적 탐구의 대상으로 여기지 않는 것과 같다.

여기서 주의해서 살펴야 할 것이 있다. 과학지식에서의 '정당화'는 논증이나 주장함에서의 '정당화'와는 의미적으로 다르다. 우리가 주어진 텍스트와 사건 등을 분석하고, 그러한 분석으로부터 나의 입장과 주장을 보이는 과정에서의 정당화는 "어떤 주장의 옳고 그름, 좋음과 나쁨 또는 수용할 수 있음과 없음"을 보이는 것이었다. 반면에 과학 또는 과학지식에서의 정당화는 그러한 뜻을 담고 있지 않다. 과학지식에서 설명적 정당화는 "어떤 현상이 일어남이 옳다거나 그르다, 또는 좋거나 나쁘다"고 말하는 것이 아니다. 단지 그 현상이 "적절하고 올바른 절차나 과정(right process or chain)을 통해 일어났는지를 보이는 것"을 말할 뿐이다. 예컨대, "임상적으로 중심체온(심부체온)이 35℃ 이하로 떨어질 경우, 인체의 열생산이 감소되거나 열손실이 증가되어 혈액순환과 호흡 그리고 신경계의 기능이 저하되는 저체온증이 발생한다" 같은 의학적 설명 자체에는 어떠한 "옳고 그름 또는 좋음과 나쁨"에 대한 판단이나 정당화가 들어 있지 않다. 거기에는 단지 "중심체온(심부체온)의 35℃ 이하 상태는 저체온증을 초래한다(또는 초래할 수 있다)" 같은 적절한 또는 올바른 '원인-결과'를 보여주는 설명적 과정이 있을 뿐이다.

바로 이 지점에서 과학적 탐구의 설명이 곧 '인과적 설명(causal explanation)'이라는 것을 파악하는 것은 중요한 의미를 갖는다. 우리가 자연세계 또는 경험세계에서 발견한 현상을 인과적으로 설명하려는 이유는 무엇인가? 또는 그것들이 인과적으로 설명되어야 하는 이유는 무엇인가? 앞서 예로 든 저체온증을 통해 말하면 다음과 같다. 당신이 의사라고 해보자. 그리고 만일 임상적으로 중심체온이 35℃ 이하로 떨어질 경우 어떤 경우에는 저체온증이 발생하고 다른 경우에는 일어나지 않는다면, 당신은 동일한 조건과 상황에서 저체온증을 올바르게 진단할 수 있을까? 또는 우리는 (정상 기압의 조건하에서) 물을 가열했을 경우 온도가 100℃에 도달하면 물이 끓을 것이라고 예측하고 예견한다. 하지만 만일 물을 가열하여 온도가 100℃에 도달했음에도 불구하고 어떤 경우에는 물이 끓고 다른 경우에는 끓지 않는다면, 우리는 "물은 (정상 기압의 조건하에서) 100℃에 끓는다"고 확실하게 말할 수 있을까? 이와 같은 예는 너무 많기 때문에 일일이 제시하는 것조차 불필요하다. 그리고 과학적 탐구와 지식에서 이와 같은 인과성을 발견하고 현상을 인과적으로 설명하려는 것은 바로 발견된 그 현상을 경험세계에서 다시 재현(再現, reproducibility)할 수 있어야 하기 때문이다. 달리 말하면, 우리가 익숙하게 생각하듯이 "동일한 입력(same input)에는 동일한 출력(same output)"을 얻을 수 있어야 하기 때문이다. 그것이 확보되지 않을 경우, 우리는 경험적 자연세계에서 일어나는 그 어떠한 현상도 예측할 수 없을 것이다.

2. 인과적 설명의 어려운 문제와 빅 데이터

우리가 의학과 과학을 포함하는 학문 영역에서 일어나는 모든 현상을 인과적으로 설명할 수 있거나 사건과 사건 사이의 인과관계를 규명할 수 있다면, 우리가 자연세계에서 경험하는 모든 일과 현상을 세세히 설명할 수 있는 길이 열려 있다고 생각할 수도 있다. 하지만 이미 짐작하듯이, 어떤 현상에 대한 원인과 결과를 정확히 밝혀 올바른 인과관계를 규명하는 일은 결코 쉬운 일이 아니다. 또한 우리가 몸담고 있는 세계의 모든 현상을 인과적으로 설명하거나 해명할 수 있는 것도 아니다. 게다가 인과성에 대한 우리의 상식적인 관념과 달리 인과성 그 자체를 정의하는 일은 심지어 철학적으로 아직까지 해결되지 않은 가장 어려운 문제 중의 하나다.[2] 그럼에도 불구하고 우리

---

2) 흄의 인과성 정의는 탁석산, 『흄의 인과론』, 서광사, 1998을 참고하고, 그 정의에 대한 반론은 C. J. Ducasse, *Causation and Type of Necessity*, New York, Dover, 1969를 살펴보라. 인과성에 관한 가장 고전적인 이론 중 하나인 흄의 이론을 간략히 정리하면 다음과 같다.

[인과성에 관한 흄의 정의]
우리는 원인을 다음과 같이 정의할 수 있다. 그것은 한 대상이 다른 대상에 앞서고 근접해 있는 것으로, 전자와 유사한 모든 대상이 후자와 유사한 모든 대상과 선행성과 근접성의 관계에서 같을 때 원인이라고 부를 수 있다(Tretise: 76).
[유형 사건 E의 한 (사례) 사건은 유형 사건 C에 유형 사건 E가 항상 잇따르는 것처럼 바로 앞서 유형 사건 C를 가진다.]

이와 같은 흄의 인과성 정의를 일반적으로 '상례성(regularity) 견해'라고 한다. 덧붙여 말하자면, 흄에게 있어 인과성은 결코 필연을 함축하는 것이 아니다. 흄은 우리가 인과성을 필연적인 것으로 여기는 것

는 자연세계에 '인과성'이 '(자연)법칙(law of nature)'처럼 작용한다는 것을 너무도 자연스럽게 상식(common sense)으로 받아들인다. 하지만 문제는 그렇게 간단하지 않다. 그 이유를 『해리포터(*Harry Potter*)』가 성공한 이유를 분석한 글과 2015년 우리나라에서 일어난 메르스(MERS. 중동호흡기증후군) 전파의 이유를 밝히고 있는 글을 통해 살펴보자.

[예 1]

쾌활한 학생들이 살고 있는 신기한 기숙학교를 배경으로 신데렐라 식 플롯이 펼쳐지는 것만으로도 이미 많은 성공요소를 갖춘 셈이다. 거기에 비열함과 탐욕, 시기, 음흉함, 사악함을 구현하는 상투적 인물형을 더해 긴장을 고조하다가 용기, 우정, 사랑의 힘이 지닌 가치에 대한 건전하고도 명백한

은 단지 "유사한 사건을 반복적으로 경험함으로써 발생한 심리적 습관" 때문이라고 말한다. 말하자면, 필연성은 원인과 결과 사이에 객관적으로 존재하는 것이 아니라 우리가 가진 마음의 성향으로부터 비롯된 것이다.

[상례성 견해]
① c가 e를 초래하는 경우는 다음의 경우 그리고 그 경우뿐이다.
② c는 e에 시공간적으로 인접해 있고,
③ e는 시간적으로 c에 연속하고,
④ 유형 사건 C에 유형 사건 E가 잇따른다.

하지만 흄의 노선을 따르는 상례성 견해는 곧바로 다음과 같은 반론을 받을 수 있다.

[예 1]
(시침)시계는 똑딱 소리를 내며 시간을 알려준다. 그 시계가 정상적으로 작동한다면 앞선 소리와 잇따르는 소리는 결코 분리되는 일 없이 "항상적으로 연접"되어 있다. 앞선 소리 "딱"은 잇따르는 소리 "딱"의 원인인가? 다른 예로, 낮이 끝나면 밤이 온다(또는 밤이 끝나면 낮이 온다). 말하자면, 낮과 밤은 결코 단절되는 일 없이 "항상적으로 연접"되어 있다. 낮은 밤의 원인(또는 밤은 낮의 원인)인가?

[예 2]
망치로 (충분히 적당한 힘을 가하여) 화병을 때리면 화병은 깨진다. 달리 말하면, 어떠한 경우든 망치로 (충분히 적당한 힘을 가하여) 화병을 때리면 화병은 깨진다. 여기서 "망치로 때림"과 "화병이 깨짐"은 인과관계를 갖는 것 같다. 하지만 그 두 사건은 항상 시공간적으로 인접해 있고 연속해 있는가? 달리 말하면, 화병의 깨짐 사건은 규칙적으로 일어나는가?

도덕적 교훈으로 마무리한다. 대결을 승리로 이끌기 위한 공식에 필요한 요소는 다 나와 있다.[3]

　　[예 2][4]

　　2015년 대한민국은 이전까지 이름도 생소했던 메르스 코로나 바이러스(MERS-Cov)라고 하는 중동호흡기증후군으로 초래된 '메르스 사태'로 인해 엄청난 인명 피해와 경제적 손실을 겪는 초유의 사건을 경험했다. 메르스의 초기 증상은 사스(SARS)나 독감의 증상과 유사하다고 한다.

　　메르스의 감염 경로와 전파 및 확산 경로에 관한 보도 내용에 따르면, 바레인에서 귀국한 1번 환자가 메르스에 감염되어 귀국했고, 일주일 후 첫 증상이 발현하자 감염 여부를 모르고 아산서울병원, 평택성모병원, 365서울열린의원, 삼성서울병원 등에서 진료를 받았고, 1번 환자가 확진 판정을 받은 후 2번 환자인 그의 부인, 그리고 그와 같은 병실을 사용했던 3번 환자가 확진 판정을 받았다. 5월 20일 1번 환자의 확진 10일 후인 6월 1일에는 첫 사망자가 발생했으며, 6월 14일에는 '슈퍼 전파자'라고 불린 14번 환자가 확진을 받으면서 감염의 전파 속도와 범위는 더 빨라졌다. 6월 25일에는 확진자 180명, 격리 대상자는 수천 명으로 급증한다. …… 11월 25일 80번 환자가 사망함으로써 메르스 감염자 수가 0이 될 때까지 메르스 감염으로 사망한 사람은 30명에 이르렀다.

[예 1]이 보여주는 핵심은 상식적인 수준에서 어떤 현상에 대한 원인을

---

3)　던컨 J. 와츠, 『상식의 배반』, 정지인 역, 생각연구소, 2011, p.89

4)　연합뉴스, 2015. 11. 25 기사 인용.
　　http://www.yonhapnews.co.kr/bulletin/2015/11/25/0200000000AKR20151125012600017.HTML?input=1195m

찾는 설명이 순환논리(circulation)⁵⁾에 의지하고 있는 경우가 많다는 것이다. [예 1]에서 밝히고 있는 『해리포터』의 성공 이유를 자세히 들여다보면 그 이유를 어렵지 않게 알 수 있다. 거기서 밝히고 있는 성공 이유를 간략히 한 문장으로 정리하면 다음과 같다.

> "『해리포터』는 (이러저러한) 성공 이유를 갖고 있었기 때문에 성공했다."

이 진술은 논리적으로 참이다. 하지만 우리가 이 진술문을 통해 알 수 있는 것은 전혀 없다. 말하자면, 이 진술문은 『해리포터』가 성공한 '원인'이 무엇인지에 대해서는 아무것도 말하고 있지 않다. 이 진술문은 우리가 이미 일어났음을 알고 있는 일이 일어났다고 말하고 있을 뿐 그 외에는 아무것도 말해주지 않는다. 그것은 우리가 결과 자체를 알고 난 후에 만들어진 설명이다. 따라서 그 설명이 정말로 (인과적으로) 설명을 하고 있는 것인지 아니면 단순히 어떤 현상을 그저 서술만 하고 있는 것인지 구별하기가 쉽지 않다.

[예 2]는 전형적인 '인과(설정)의 오류"⁶⁾를 보여주고 있다. 말하자면, [예

---

5) 순환논리의 다른 이름은 '선결 문제 요구의 오류'다. 그 오류는 결론에서 주장하고자 하는 바를 전제로 제시하는 구조를 갖고 있다. 선결 문제 요구의 오류의 형식과 간략한 예를 제시하면 다음과 같다.

$$\frac{P}{P}$$

"성경에 적힌 것은 진리다. 성경에 그렇게 적혀 있기 때문이다."
"왜 선거에서 졌지요? 그야 지지표를 충분히 못 얻었기 때문이지."
"무노동·무임금 제도는 철폐되어야 한다. 무노동·무임금 제도는 나쁜 제도이기 때문이다."

① 무노동·무임금 제도는 나쁜 제도다.
② 만일 무노동·무임금 제도가 나쁜 제도라면, 무노동·무임금 제도는 철폐되어야 한다.
③ 그러므로 무노동·무임금 제도는 철폐되어야 한다.

6) 인과(설정)의 오류(post-hoc fallacy)를 '거짓 원인의 오류(non cause pro causa)'라고 부르기도 한다. 이 오류는 실제로 어떤 사건이나 사물의 원인이 아닌 것을 그것의 원인으로 받아들일 경우를 가리킨다. 인과관계의 성격과 인과관계의 유무를 판정하는 방법은 귀납추리와 과학방법론의 중심 문제다. 우리는 때때로 시간적으로 밀접하게 어떤 사건이나 다른 사건 다음에 일어났다는 이유로 두 사건을 인과적이라고 추

2]는 결과를 통해 그것을 초래한 원인이 어떠할 것이라고 추측하고 있다는 것이다. 예컨대, "까마귀 날자 배 떨어진다"는 속담은 인과(설정)의 오류를 잘 보여주고 있다. "까마귀가 낢"과 "배가 떨어짐" 사이에는 어떠한 인과관계도 없다. 그것은 단지 "우연적 사건"일 뿐이다. 그런데 그 우연적 사건에 마치 (강한) 인과적 연결이 있는 것처럼 설명하는 것은 오류다. 마찬가지로, 메르스 (MERS)의 예에서 빠르고 강한 전파력으로 수많은 사람이 감염된 결과 사건이 바레인에서 귀국한 후 여러 병원에 진료를 받은 1번 환자와 슈퍼 전파자로 불린 14번 환자로부터 초래되었다는, 말하자면 후자의 사건이 원인이 되어 전자의 사건을 결과 지었다고 설명하는 것은 오류라는 것이다. 왜 그럴까?

'메르스 사태'의 경우를 좀 더 자세히 들여다보자. 문제의 진짜 원인은 병원에서 그 환자를 단순 호흡기 환자로 오진한 데 있음이 드러난다. 정확히 밝혀지지 않은 호흡기 바이러스 환자는 일단 격리하는 것이 표준 절차이지만, 오진을 받은 그 메르스 환자는 격리되기는커녕 공기순환도 제대로 되지 않는 개방된 병동에 수용되었다. 상황을 더욱 악화시킨 것은 단순 호흡기 질환으로 오진한 탓에 그가 여러 병원에서 진료를 받았고, 그가 뿜어낸 수많은 바이러스 입자가 특정할 수 없는 많은 주변 사람들에게 호흡되었다는 점이다. 결국 다른 환자뿐 아니라 의료진도 다수 감염되었다. 그 사건은 적어도 지역적으로 질병을 확산시키는 데 중요한 역할을 했다. 그러나 그 사건에서 중요한 것은 환자 본인보다 그를 치료한 특정한 방식이었다. 그 치료 이전에는 그

정하곤 한다. 물론, 단순한 시간적 선후관계만으로 두 사건을 인과적이라고 추정하는 것은 오류다. 예컨대, 우리는 실제로 바이러스 때문에 일어난 전염병을 갑자기 추워진 날씨나 평소보다 얇게 입은 옷 때문이라고 여기는 경우가 있다. 이것은 "그것 다음이므로 그것이 앞이다(post hoc ergo propter hoc)"라고 하는 거짓 원인의 오류다. 이와 유사한 오류로 '우연의 오류'와 '역전된 우연의 오류'가 있다. 우연의 오류는 "일반 법칙을 적용할 수 없는 특수한 경우에 일반 규칙을 적용할 수 있다고 가정할 때 발생하는 오류"를 말한다. 반대로 역전된 우연의 오류는 "특수한 경우에 참인 것을 일반적인 경우에도 참이라고 가정할 경우에 일어나는 오류"를 말한다. 두 오류는 모두 (귀납적) 일반화가 잘못 적용될 경우에 발생하는 오류라고 할 수 있다.

환자에게서 어떤 특별한 점을 전혀 찾아볼 수 없었을 것이다. 그에게는 특별한 점이 하나도 없었기 때문이다.

이와 같이 어떤 사건의 정확한 인과관계를 규명하거나 찾아내는 것은 사회과학의 영역뿐만 아니라 자연과학의 영역에서도 결코 쉬운 일이 아니다. 해결하거나 규명해야 할 문제의 배후에 놓인 진행 절차나 내용은 우리가 가늠하기 어려울 정도로 복잡하거나 다양할 수 있기 때문이기도 하지만, 앞선 두 예에서와 같이 원인을 찾아야 한다는 우리의 강한 습관이 오류를 초래할 수 있기 때문이다.

만일 우리가 어떤 현상의 인과적 관계를 적극적으로 규명하거나 인과성을 찾는 데 실패할 경우, 그 대안은 무엇인가? 빅 데이터(Big Data)에 대한 아래의 두 글[7]을 통해 가능한 실마리가 무엇인지 생각해보자.

우리는 일상에서 워낙 자주 인과적으로 생각하다 보니 인과성을 밝히는 일이 쉽다고 믿을지 모른다. 하지만 진실은 그렇게 간단하지 않다. 상관성을 계산하는 수학은 상대적으로 간단하다. 하지만 인과성을 증명하는 뚜렷한 수학적 방법이란 없다. 심지어 인과적 관계는 기본적 등식으로 표현조차 안 된다. 그러니 힘들게 천천히 생각하더라도 확정적인 인과적 관계를 찾는 일은 쉽지 않다. 우리는 정보가 부족한 세상에 익숙해져 있기 때문에 제한된 데이터로도 추론해보려는 유혹을 느낀다. 하지만 어떤 결과를 특정 원인 탓으로 돌리기에는 지나치게 많은 요소가 개입되어 있는 경우가 너무 많다.

광우병 백신의 경우를 생각해보자. 1885년 7월 6일 프랑스의 화학자 루이 파스퇴르(Louis Pasteur)에게 조제프 메스테르라는 아이가 찾아왔다. 이 아홉 살짜리 소년은 광견병에 걸린 개에게 물린 상태였다. 파스퇴르는 백신

7) 빅토르 마이어 쇤버거, 케네스 쿠기어, 『빅 데이터가 만드는 세상』, 이지연 역, 21세기북스, 2013, p.123

접종을 발명하여 광견병에 대한 실험적 백신을 개발하던 중이었고, 메스테르의 부모는 아들의 치료에 그 백신을 써달라고 사정했다. 파스퇴르는 그렇게 했고 메스테르는 목숨을 건졌다. 언론은 파스퇴르가 고통스럽게 죽을 것이 확실했던 어린 소년을 구했다며 대서특필했다.

하지만 정말로 그런가? 지금 우리가 알기로는 평균적으로 광견병에 걸린 개에게 물린 사람이 죽을 확률은 7명 중 1명꼴이다. 파스퇴르의 실험적 백신이 효과가 있었다고 하더라도 7명 중 1명만이 차도를 보였을 것이라는 이야기다. 백신이 있었든 또는 없었든 소년이 살았을 확률은 대략 85%에 이른다.

이 사례를 보면 백신을 투약한 것이 조제프 메스테르를 치료한 것처럼 보인다. 하지만 여기에는 두 가지 인과관계가 문제가 된다. 하나는 백신과 광견병 바이러스 사이의 관계이고, 다른 하나는 광견병에 물리는 것과 발병 사이의 관계다. 전자가 참이라고 하더라도 후자는 소수의 경우에만 참이다.

과학자들은 그동안 실험을 통해 이런 인과관계 증명의 어려움을 극복해왔다. 추정하는 원인을 실험에서 조심스럽게 적용하거나 배제했을 때 결과도 그에 따라 바뀌면 그것은 인과적 연관이 있다는 뜻이다. 실험 조건을 조심스럽게 통제할 수 있도록 실험에서 확인된 인과적 연관이 맞을 가능성도 높아진다.

그러니 상관성과 마찬가지로 인과성도 증명될 수 있는 경우는 드물고 높은 개연성으로만 보인다. 하지만 상관성과는 달리 인과적 연관을 확인하는 실험은 현실적이지 못한 경우가 많고 심각한 윤리적 문제를 일으키기도 한다. 왜 특정 단어가 독감을 가장 잘 예측하는지 그 원인을 확인할 수 있는 인과적 실험을 어떻게 구성한다는 말인가? 광견병 백신의 효과를 확인하기 위해 백신이 있음에도 불구하고 수십, 수백 명의 사람들을 (백신을 맞지 않은 대조군으로 관찰하기 위해) 고통스럽게 죽어가게 둘 것인가? 그리고 실험이 가능한 경우조차 높은 비용과 시간이 소요된다는 문제는 여전히 남는다.

빅토르 마이어 쇤버거, 케네스 쿠기어, 『빅 데이터가 만드는 세상』

위의 글에 기초하여 '상관성(corelation)'을 정의해보자.

[상관성(corelation) 정의]

상관성은 ······

다음의 글은 『빅 데이터가 만드는 세상』 중 일부를 발췌한 것이다. 다음의 글에 대한 〈분석적 요약〉을 통해 빅 데이터의 일반적인 속성을 파악하고, (적어도 의학의 영역에서) 빅 데이터에 의거한 상관성이 엄밀한 인과성을 대체할 수 있는지에 대해 생각해보자.

[빅 데이터는 생명을 구한다][8]

인간이라는 기계의 고장을 예방하기 위해 헬스케어 분야에서도 같은 방법론이 적용되고 있다. 병원에서 환자에게 튜브나 전선, 장비들을 부착하면 방대한 양의 데이터가 지속적으로 생성된다. 예컨대, 심전도 기계만 해도

---

8) 빅토르 마이어 쇤버거, 케네스 쿠기어, 같은 책, 이지연 역, 2013, p.114

홀로 초당 1,000번의 측정이 이루어진다. 하지만 놀라운 사실은 그 데이터 중 극히 일부만 이용되거나 보관되고 나머지 대부분은 그냥 버려진다는 점이다. 그 버려진 부분에 환자의 상태나 치료에 대한 반응을 알려줄 수 있는 중요한 단서가 들어 있을 수도 있는데 말이다. 만일 이 정보가 다른 환자들의 데이터와 함께 보관되고 축적된다면, 어떤 치료법이 잘 먹히고 어떤 것이 효과가 없는지 뛰어난 통찰을 얻을 수 있을 것이다.

데이터를 수집·저장·분석하는 데 드는 비용과 어려움이 컸던 시기에는 데이터를 버리는 것이 적절했을 수도 있다. 하지만 이제는 상황이 다르다. 예컨대 온타리오 공과대학 캐럴린 맥그레거(Carolyn McGregor) 박사 팀과 IBM은 많은 병원과 연계해 소프트웨어를 개발 중이다. 미숙아들을 돌볼 때 의사들이 더 나은 진단 결정을 내릴 수 있도록 돕기 위해서다. 이 소프트웨어는 심장박동, 호흡수, 체온, 혈압, 혈중 산소 레벨 등 16가지 데이터 흐름을 추적하면서 실시간으로 환자에 대한 데이터를 수집해 처리한다. 모두 합치면 초당 1,260개에 가까운 개별 데이터를 수집하는 것이다.

이 시스템은 미숙아의 미묘한 상태 변화까지 감지하여 뚜렷한 감염 증상이 나타나기 24시간 전에 미리 신호를 보내준다. "맨눈으로는 볼 수 없지만 컴퓨터는 볼 수 있죠." 맥그레거 박사의 설명이다. 그런데 **이 시스템은 인과성이 아닌 상관성에 의존하고 있다. 결과는 알려주지만 원인은 모른다.** 하지만 이것으로도 목적은 달성된다. 사전에 경고를 보내줌으로써 의사들이 더 일찍 약한 처방으로도 감염을 다스릴 수 있고, 처방이 효과가 없다는 사실도 더 빨리 알 수 있다. 환자의 상태가 개선됨은 물론이다. 당연히 미래에는 훨씬 더 많은 환자에게 이 기술이 시행될 것이다. 알고리즘 자체가 결정을 내리는 것은 아니지만 기계들은 자기 몫의 최선을 다해 의사들이 최선을 다할 수 있게 돕고 있다.

놀랍게도 맥그레거 박사의 빅 데이터 분석이 찾아낸 상관성은 어쩌면 의사들의 기존 생각과 위배되는 내용이었다. 예컨대, 맥그레거 교수가 발견한 사실에 따르면 심각한 감염에 앞서 매우 일정한 바이털사인이 감지된 경우가 많았다. 이상했다. 우리는 보통 본격적인 감염에 앞서 바이털사인이 악화될 거라고 생각하기 때문이다. 지난 수십 년간 의사들은 퇴근 전에 침대 옆에 놓인 클립보드를 흘깃 보고 아기의 바이털사인이 안정되어 있으면 '이제 안심하고 집에 가도 되겠구나'라고 생각했을 것이다. 그러다가 한밤중에 미친 듯이 전화가 울려서 받아보면 간호사실에서 아기에게 뭔가 심각한 이상이 생겼다고, 그들의 생각이 틀렸다고 알려줬다.

맥그레거 교수의 데이터는 조산아의 안정성이 개선의 징후라기보다는 폭풍 전야의 고요함과 같다고 암시한다. 마치 아기의 몸이 자신의 조그만 장기들에게 난관이 닥쳐오고 있으니 위험에 대비하라고 말하는 것처럼 말이다. 확신할 수는 없다. 데이터가 가리키는 것은 상관성이지 인과성이 아니기 때문이다. 하지만 그 숨은 관계를 밝혀내려면 엄청난 양의 데이터에 통계적 방법을 적용해봐야 한다는 것만은 분명하다. 한 점 의혹도 남지 않도록 말이다. 빅 데이터는 생명을 구한다.

〈분석적 요약〉

[1단계] 문제와 주장
　〈문제〉
　_____

　〈주장〉
　_____

[2단계] 핵심어(개념)
　_____
　_____

[3단계] 논증 구성
  〈숨은 전제(기본 가정)〉
  _____
  _____
  _____

  〈논증〉
  _____
  _____
  _____
  _____
  _____
  _____
  _____

[4단계] 함축적 결론
  〈맥락(배경, 관점)〉
  _____

  〈숨은 결론〉

앞선 글에서 보여주고 있는 사례에서 말하고자 하는 것은 분명한 듯이 보인다. 말하자면, 문제를 해결하거나 파악하는 데 필요한 충분한 데이터를 축적하거나 확보할 수 있다면, 찾거나 규명하기 어려운 인과성 대신에 상관성에 의존하는 것만으로도 문제를 적절히 해결할 수 있다는 것이다. 게다가 앞서 보았듯이, 인과관계 또는 인과성을 찾으려는 우리의 강하고 오랜 습관으로부터 초래될 수 있는 다양한 오류(fallacy or error)를 염두에 둔다면, 문제 상황에 관련된 충분히 큰 데이터의 상관관계에 의존하여 그 문제에 대한 해법을 찾는 것이 더 안전해보이기까지 하다는 데 어렵지 않게 동의할 수 있을 것이다.

그런데 여기서 주의하여 살펴야 할 것이 있다. 빅 데이터의 상관성에 의존하는 추리 방식은 일종의 귀납추리(inductive inference)라는 것이다. 이미 잘 알고 있듯이, 우리는 일상에서 보통 연역추리(deductive inference)보다는 귀납추리를 더 많이 그리고 익숙하게 사용한다. 하지만 귀납추리는 도출된 결론 또는 결과가 참임을 필연적으로 보증하지 못한다. 연역추리와 귀납추리의 일반적인 특성을 간략히 정리하면 다음과 같다.

연역추리	귀납추리
• 전제가 참이면, 그 결론 또한 필연적으로 참인 논증이다. • 연역추리는 논증의 형식적인 타당성과 내용적인 건전성을 검사한다. • 형식적으로 타당(valid)하고 내용적으로 건전(sound)한 논증을 정당한 또는 완전한 논증이라고 한다. • 결론의 필연적인 참을 보증하지만, 경험적 지식을 확장하지 못한다.	• 전제가 모두 참일지라도 결론이 거짓일 가능성이 있는 논증이다. • 결론은 전제로부터 개연적으로 또는 확률적으로 도출된다. • 귀납논증은 전제와 결론의 상관관계에 대한 설득력(cogency)과 전제들의 수용 여부에 대한 강도(strength)를 검사한다. • 결론의 필연적인 참을 보증하지는 않지만, 경험적 지식을 확장할 수 있다.

타당한 논증	건전한 논증	강한 논증	설득력이 있는 논증
부당한 논증	건전하지 않은 논증	약한 논증	설득력이 없는 논증

앞서 말했듯이, 상관성에 의존하는 빅 데이터에 따른 추리는 일종의 귀납추리라고 할 수 있다. 그리고 만일 빅 데이터에 의존하는 추리가 귀납추리라면, 위에서 정리한 귀납추리의 일반적 특성에서 알 수 있듯이 빅 데이터의 상관성 또한 해결해야 할 문제에서 사용하는 데이터의 "설득력과 강도"에 의존한다. 말하자면, 사용하는 데이터와 도출된 결론의 상관관계가 높고(설득력이 높은 논증), 그 데이터가 결론을 강하게 지지하고 있다면(강한 논증), 그와 같은 빅 데이터의 상관성은 수용할 수 있는 설득력 있는 논증이라고 할 수 있다. 예컨

대, 맥그레거 박사의 미숙아에 대한 빅 데이터 적용의 사례에서 "심장박동, 호흡수, 체온, 혈압, 혈중 산소 레벨 등 16가지 데이터 흐름을 추적하면서 실시간으로 축적한 환자(미숙아)에 대한 데이터"는 환자(미숙아)의 상태를 예측하고 예견하는 데 적용하기에 "설득력이 있고 (충분히) 강한" 근거로 사용된 사례라고 할 수 있다.

위의 예에서 인과성과 상관성에 따른 추리 결과를 간략히 정리하면 다음과 같다.

[추리 1] 인과성에 따른 추리
환자(미숙아)의 바이털사인이 일정하지 않다.(p)
→ 환자(미숙아)에게 심각한 감염이 발생할 것이다.(q)

[추리 2] 빅 데이터에 의거한 상관성에 따른 추리
환자(미숙아)의 바이털사인이 일정하다.(~p)
→ 환자(미숙아)에게 심각한 감염이 발생할 것이다.(q)

[추리 3] 상식적인 인과적 추리
환자(미숙아)의 바이털사인이 일정하다.(~p)
→ 환자(미숙아)에게 심각한 감염이 발생하지 않을 것이다.(~q)

이와 같은 추리 결과만을 놓고 본다면, 우리가 가진 상식적인 생각과 다른 결론이 도출되었다고 볼 수 있다. 특히, 우리는 [빅 데이터에 의거한 상관성에 따른 추리]와는 다른 추리를 한다. 말하자면, 우리는 일반적으로 [추리 3]과 같이 추론한다. (그리고 제시문에 따르면, 의사들 또한 일반적으로 이러한 추리를 하고 있음을 알 수 있다.) 여기서 문제가 발생한다. 우리는 습관적으로 추리 [1]과 추리 [3]

이 대우명제로서 논리적으로 동치라고 여기는 오류를 저지르기가 쉽다. 하지만 그 두 추리는 대우명제가 아니기 때문에 논리적 동치가 아니다.[9] 추리 [1]과 추리 [3]의 관계와 대우명제를 비교하면 두 추리를 논리적 동치로 보는 것이 왜 오류인지를 쉽게 파악할 수 있다. 이와 같은 추리를 명제화하여 살펴보는 것이 도움이 될 것이다.

> p: 환자의 바이털사인이 일정하지 않다.
> q: 환자에게 심각한 감염이 발생할 것이다.

> $p \rightarrow q \equiv \sim q \rightarrow \sim p$ (대우명제)

즉, 우리가 "인과성에 따른 추리"로부터 논리적(연역적)으로 말할 수 있는 것은 "환자에게 감염이 발생하지 않는다면($\sim q$), 환자의 바이털사인이 일정하다($\sim p$)"는 것뿐이다. "환자의 바이털사인이 일정하다면($\sim p$), 그 환자에게 심각한 감염이 발생하지 않을 것이다($\sim q$)"라고 추리하는 것은 오류다. 말하자면, "환자의 바이털사인이 일정하다"는 전제조건은 "환자에게 심각한 감염이 일어나지 않는다"는 것을 (논리적으로) 보증하지 않는다.

3. 근거중심의학(EBW)과 통계적 자료에 기초한 의학 추론

의학이 인간의 몸에 대한 생물학적 · 화학적 · 물리학적 탐구를 한다는

---

9) 대우명제는 "$p \rightarrow q \equiv \sim q \rightarrow \sim p$"인 반면에, 추리 [1]과 [2]는 "$\sim p \rightarrow \sim q$"의 형식을 가지고 있다.

점에서 의사 또는 의학 및 의료에 종사하는 많은 사람들 또한 과학자의 소임을 부여받았다고 보아야 할 것이다. 의학이 발달해온 역사를 잠시 들여다보는 것만으로도 의학이 과학의 성격을 갖고 있다는 것을 쉽게 발견할 수 있다. 그러한 측면에서 의학 또한 물리학과 같이 가장 엄밀한 (자연)과학에서 찾고자 하는 법칙성 또는 인과성을 발견하고자 하는 열망이 있어왔다.

아래의 글[10]은 어떤 강한 주장을 담고 있는 글은 아니다. 하지만 우리는 이 글을 통해 의학적 관점이 어떻게 변화되어왔는지를 확인할 수 있다. 분석적 요약을 통해 대표적인 3가지 의학적 관점의 특징을 파악하고, 현대의학에서 받아들이고 있는 의학적 관점이 무엇인지 생각해보자.

> 19세기에는 의학에 대한 서로 다른 관점 3가지가 충돌했다. 즉, 의사는 예술가이거나 통계학자이거나 결정론자라는 것이다. 프랑스 의사 리수에뇨 다마도르(Risueño d'Amador)는 의사란 "의학적 감각(tact)과 개별 환자에 대한 직관에 기술을 둔 예술가(artist)"라는 관점을 지지했다. 반대로 그의 라이벌이었던 피에르 루이는 의학적 감각은 덜 중요하다고 생각했으며 대신 증거를 관찰해야 한다고 생각했고, 사혈을 의학적 치료로 취급하는 교설을 거부한 것으로 유명하다. 그는 사례를 수집해 사혈을 한 사람이 그렇지 않은 사람들보다 조금 더 많이 죽었다는 것을 발견한 후 다음과 같이 결론 내렸다. "우리는 의사가 가진 신적 권능의 하나로 취급되는 의학적 감각에 더 이상 귀를 기울여서는 안 된다."
>
> 의학적 시술의 효력을 시험하기 위해 통계를 사용하는 것은 그 시기에는 대단히 혁명적인 일이었다. 이는 피에르 시몽 라플라스가 천문학에서 사용한 통계학적 방법과 아돌프 케틀레가 사회과학에서 사용한 방법에서 영향

---

10) 게르트 기거렌처, 『숫자에 속아 위험한 선택을 하는 사람들』, 전현후 · 황승식 역, 살림, 2013, pp.119-124

받은 것이었다. 하지만 통계적 증거는 의학적 '예술가'들에게만 탐탁지 않은 것이 아니었다. 프랑스인 생리학자 클로드 베르나르는 의사가 예술가라는 주장과 통계학자라는 주장을 모두 거부했다. 베르나르에게 과학은 확실성을 의미하는 것이었다. 그는 통계적 정보를 사용하려는 시도를 다음과 같이 비웃었다.

　　훌륭한 외과의는 단일한 방법으로 결석 수술을 시행한다. 그 후에 사망과 회복에 대한 통계적 요약을 하고, 이 통계들로부터 가령 이 수술의 사망률이 5분의 2라는 법칙이 성립한다는 결론을 내리는 것이다. 물론 나는 이런 비율이 과학적으로 문자 그대로 의미하는 것은 아무것도 없으며, 다음 수술을 시행할 때 어떤 확실성도 제공해주지 않는다고 생각한다.

베르나르에 따르면 평균이란 각각의 개별 사례를 결정짓는 법칙으로 준용할 수 없는 것이며, 참된 결정론자라면 어떤 것에도 만족해서는 안 된다. 이 시각에 따르면 문제의 법칙을 발견하기 위한 방법은 실험이지 통계가 아니다. 19세기에 통계적 자료는 여전히 과학적 방법과 조화시킬 수 없는 것으로 간주됐다. 과학이 확실성에 대한 것이었다면, 통계학은 불확실성에 대한 것이었기 때문이다. 따라서 통계학은 적절한 과학적 도구가 아니었다. 독일계 헝가리인 의사 이그나츠 젬멜바이스는 산욕열과 괴혈병을 통계적 방법으로 연구했는데, 그가 통계를 통해 제시한 예방 수단은 적절한 권위를 인정받지 못했다. 물리학과는 다르게, 통계적 생각은 의학적 진단과 치료에 매우 천천히 스며들었다.

　　베르나르가 통계학과 실험 사이에 그었던 경계선은 1920년대와 1930년대에 들어서 사라졌다. 영국인 통계학자 로널드 피셔가 통계학과 실험을 '과학적 방법'이라는 이름으로 한데 통합했기 때문이다. 의학 통계학자 오스틴 브래드퍼드 힐은 피셔가 제안한 무작위 대조 실험을 의학 분야에 선구적으로 적용했으며, 그 성과로 1961년 기사 작위를 받았다. 그의 작업은 의학적 통계를 실험과 통합하는 것이었고, 이 때문에 오늘날 우리는 개별적 사례들을 한데 모은 것을 통합적으로 볼 도구를 얻게 됐다. 그리고 이런 작업은 '개인의 후생에 대해 관심'을 기울인다고 칭송받았다.

의사들의 이와 같은 관점들은 오늘날 의학적 결정을 내리는 자격이 누구에게 있는지 서로 충돌하는 입장들을 형성해왔다. 의학적 결정은 누가 내리는 것인가? 의사? 환자? 모두 다? 스스로 의학적 솜씨가 뛰어난 예술가라고 생각하는 의사는 결코 환자가 주도권을 가져서는 안 되고, 환자들은 그저 의사의 솜씨에 박수나 쳐야 할 뿐 결정에 참여해서는 안 된다고 생각한다. 마치 베토벤의 작품을 어떻게 지휘해야 할지에 대해 지휘자가 청중에게 묻지 않는 것과 같은 생각이다. 이런 입장은 의사가 곧 예술가라는 전제에 기초해 의사가 사실상 모든 결정을 내려야 한다고 생각한다. 그 덕분에 환자는 안심하게 되고, 의사의 말에 권위를 부여한다. 환자의 몸은 투약을 할지 수술을 할지 결정할 전권을 지닌 의사의 소유물처럼 취급된다. 어떤 '예술가' 의사는 환자가 자신의 진료 기록을 살펴보는 것조차 허락하지 않았다.

(중략)

베르나르의 결정론적 입장에 따른 의학적 결정은 지금까지 살핀 입장과 상당히 다르다. 결정론적 관점을 지닌 의사들은 의학적 결정이란 확실성과 위험 사이에서 선택을 내리는 것이라고 생각한다. 하지만 하버드 대학교의 해럴드 버스타인 박사는 『의학적 선택, 의학적 확률(Medical Choices, Medical Chances)』에서 의학적 선택이란 대부분의 경우 확실성과 위험 사이에서 택하는 것이 아니라 두 가지 위험 사이에서 선택하는 것이라는 점을 명료하게 밝혔다. 이는 의학계에 커다란 영향을 미쳤다. 검사와 치료는 종종 결론을 내릴 수 없는 상태로 치달으며 부작용을 가져올 수도 있고, 확실성은 대개의 경우 도달할 수 없다.

버스타인 박사는 미국의 한 상위권 의과대학 부속병원에 내원한 21개월 남아의 사례를 예로 들었다. 아이는 귀에 감염 증상이 있었고 창백했으며 몸을 웅크리고 있었다. 게다가 심각한 저체중 상태였다. 아이는 계속 굶고 있었음에도 먹기를 거부했다. 치료에 나선 선량한 의사들은 자신의 책임이 아이의 질병을 확실하게 밝혀내는 것이라고 믿고 있었다. 그들은 이 목표와는 무관한 모든 행동이 위험할 것이라고 생각했지만, 깡마른 아이에게서 반복해서 피를 뽑는 가혹한 검사가 심각한 문제를 일으킬 것이라고는 보지 않았다. 검사 방법은 계속해서 바뀌었으며, 다시 다른 분야의 전문가들이 여러 차례 조직 검사를 시행했다. 뇌척수액 검사를 여섯 차례 했고, 그 외 다수의 검사를 시행했다. 이 검사는 대부분 아이의 병이 불치병인지 아닌지를 진단하기 위해 시행된 것들이었다. 의사들은 아이가 아픈 이유를 찾아내지 못할 수도 있다는 사실을 받아들이려 하지 않았다. 이 검사들이 밝혀낸 것은 무엇이었을까? 아무것도 확실하지 않았다. 하지만 각각의 외과적 검사를 시행할 때마다 아이는 점점 더 자주 음식을 거부했다. 의사들이 사명감에 불타 여러 검사를 진행한 지 6주가 지난 어느 날 아이는 사망했다. 불확실한 세계에서 확실성은 위험한 것 이상일 수 있다.

반면 진단과 치료에 대한 결정은 통계학에 기반을 두어야 한다고 본 피에르 루이의 관점은 그 자체로 의사와 환자의 상호작용 중 한 유형이 이뤄지도록, 즉 양측 모두가 사용할 수 있는 증거 및 환자의 의견에 기초하여 무엇을 해야 할지 논의하게 해준다. 이 관점을 현대적으로 계승한 입장은 '근거중심의학(EBM)'이라는 말로 부를 수 있다. 바람직하게도, 점점 더 많은 의사들이 근거 중심 의료를 적용하고 있다. 다시 말해 많은 의사들은 지역의 임상 절차나 개인적 선호에 근거하지 않고, 사용할 수 있는 근거에 기초해 어떻게 진단하고 치료해야 할지 판단하려 노력하고 있다. 의사와 환자가 의학적 치료방법에 대해 함께 결정하는 것이 이상적이다. 이때 의사는 가능한 치료가 무엇이 있고 어떤 효과를 낼지 전문가로서 의견을 제시해야 하고, 환자는 자신이 원하는 것과 필요한 것이 무엇인지 결정하는 데 참여해야 한다. ······

〈분석적 요약〉

[1단계] 문제와 주장
　〈문제〉
　_____

　〈주장〉
　_____

[2단계] 핵심어(개념)
　_____

　_____

[3단계] 논증 구성
　〈숨은 전제(기본 가정)〉
　_____

　〈논증〉
　_____

　_____

　_____

　_____

[4단계] 함축적 결론
　〈맥락(배경, 관점)〉
　_____

　〈숨은 결론〉
　_____

1) 통계적 삼단논법(Statistical Syllogism)

비록 기거렌처는 이 글에서는 명확하게 밝히고 있지는 않지만, 그가 지지하는 의학적 관점이 근거중심의학(Evidence Based Medicine)이라는 것은 분명한 듯이 보인다. 그리고 우리가 여기서 주목할 점은 근거중심의학(EBM)에서 의학적 결정을 할 때 사용하는 중요한 근거가 '(의학)통계학'이라는 점이다. 1장에서 살펴보았던 근거중심의학의 정의를 다시 보자.

> [근거중심의학(EBM)]
> '근거중심의학(EBM)'은 최고의 연구 근거를 의사의 숙련도와 환자의 가치에 접목시키는 것이다. …… 근거중심의학이란 현재까지 발표된 것 중 가장 우수한 근거를 사려 깊게 선택하고, 내 환자의 진료과정에서 판단을 내리는 데 그 근거를 적극 이용하는 것이다.[11]

> 근거중심의학은 환자 문제에 대해 의학적 결정을 내릴 때 세심하고 주의 깊게 최신 의학 지식을 적용하는 것 혹은 개별 임상경험과 체계화된 연구에서 얻어진 임상적인 근거들 중에서 최선의 것을 통합하여 개개인의 환자에게 적용하는 것이다.[12]

근거중심의학은 통상 과학적 근거로 일컬어지는 "임상 경험, 증상, 기존의 연구 자료와 성과 그리고 확률적 통계"를 중요한 의학적 결정의 근거로 사용한다. 그런데 그러한 근거들은 모두 '관찰과 경험'에 기초한 '귀납적' 자료라는 점을 파악해야 한다. 물론, 근거중심의학에서 사용하고 있는 경험적 자

---

11) David L. Sackett 외 4인, 『근거중심의학』, 안형식 외 3인 역, 아카데미아, 2004, pp.1-5

12) Trisha Greenhalgh & Anna Donald, 『근거중심의학 워크북』, EBM연구회, 아카데미아, 2007, p.19

료는 일반적으로 '신뢰할 만한' 것들이라고 할 수 있다. 하지만 앞서 보았듯이, 근거중심의학에서 사용하는 자료들이 매우 신뢰할 만한 것들이라고 하더라도 그것들이 귀납적 방법에 의해 구해진 것인 까닭에 도출된 결론 또는 결과가 참임을 필연적으로 보증하는 것은 아니다. 관찰과 경험의 축적으로 얻어진 통계적 자료에 기초한 인과적 추론이 어떤 특성을 갖고 있는지 다음의 두 논증을 비교함으로써 밝혀보자.

논증 1	논증 2
P₁. 모든 사람은 죽는다. P₂. 소크라테스는 사람이다. C. 소크라테스는 죽는다.	P₁. 흡연은 폐암의 원인이다. P₂. S는 흡연을 한다. C. S는 암에 걸린다.

이미 알고 있듯이, [논증 1]은 정언삼단논법(categorical syllogism)의 대표적인 예다.[13] 이와 같은 형식의 논증에서 전제들이 모두 참인 경우 그 결론은 필연적으로 참임을 의심할 수 없다. 반면에 [논증 2]는 겉으로 보이는 형식은 [논증 1]과 비슷하지만 전제로부터 이끌어지는 결론이 필연적으로 참인지에 대해서는 의심할 수 있는 듯이 보인다. 말하자면, [논증 2]의 두 전제 P₁과 P₂가 모두 참이라고 하더라도 결론 C가 참인지에 대해 의심할 수 있다. 어떤 차이가 있는 것일까?

[논증 1]과 [논증 2]의 차이를 만드는 것은 두 논증의 전제 'P₁'이라는 것을 어렵지 않게 찾을 수 있을 것이다. [논증 1]의 "P₁. 모든 사람은 죽는다"는 일종의 (자연)법칙 같은 진리다. 반면에 [논증 2]의 "P₁. 흡연은 폐암의 원인이다"는 (적어도 현재까지는) 참인 전제라고 하더라도 논증 1의 P₁과 같은 자격을 갖고 있다고 말할 수 없다. [논증 2]의 P₁은 지금까지의 의학 연구의 결과로 입

---

13) 정언삼단논법에 관한 자세한 내용은 코피(A. Copy)의 『논리학입문』, 이병덕의 『논리적 추론과 증명』 등을 참고하는 것이 도움이 될 것이다.

증되거나 확인된 "경험적 사실"이라고 하더라도 폐암의 유일한 원인이 흡연이라고 단정적으로 말할 수 없기 때문이다. 예컨대, 지금까지의 의학 연구에 따르면 폐암은 흡연뿐만 아니라 유전적 요인이나 환경적 요인에 의해서도 유발될 수 있으며, [논증 2]의 대전제가 보편적 법칙이나 논리적 참이 아니라 일반적인 경향성이나 개연성(probability)만을 보여주기 때문에 [논증 1]과 다르다. 만일 그렇다면 [논증 2]는 다음과 같이 수정되어야 한다.

> [논증 2′]
> P₁. **흡연은 폐암의 주된 원인 중 하나다.**
> P₂. S는 흡연을 한다.
> C. S는 폐암에 걸릴 확률이 있다.

또는 [논증 2]는 '흡연 조건'에만 의거하더라도 조금 더 명확하게 다음과 같이 수정되어야 한다.

> [논증 2″]
> P₁. 흡연자 중 x%는 폐암에 걸린다.
> P₂. S는 흡연을 한다.
> C. S는 x%의 **확률**로 폐암에 걸린다.

만일 [논증 2]를 이와 같이 수정할 수 있다면, 결국 전제 P₁에 나타난 'x%'가 어느 정도인가에 따라 그 논증의 강함과 약함이 결정된다. 말하자면, [논증 2]는 x%가 99에 가까울수록 (귀납적으로) 강한 논증이고, 1에 가까울수록 (귀납적으로) 약한 논증이다. (만일 x%가 100이라면, [논증 2]는 [논증 1]과 같은 타당한 연역논증으로서 전제가 모두 참일 경우 그 결론 또한 참임을 의심할 수 없다.) 이와 같이 어떤 결론을 도출

하기 위해 통계적 또는 확률적 자료를 전제로 사용하는 귀납추리를 '통계적 삼단논법'이라고 한다.[14]

통계적 삼단논법은 일반적인 전제로부터 개별적인 것에 관한 결론을 이끌어낸다는 점에서 형식적으로 연역추리와 유사하다. 하지만 통계적 삼단논법이 형식적으로 연역추리와 비슷하다고 하더라도 이 또한 귀납논증인 이상 전제가 모두 참이라고 하더라도 결론의 참이 필연적으로 도출되는 것은 아니라는 것을 염두에 두어야 한다.[15] 또한 통계적 삼단논법에 따른 추론은 전제에 포함된 통계 관련 집합과 주장하려는 결론의 연관성이 강해야 한다. 다음의 예를 논증으로 구성하여 분석해보자. 연희의 결정은 합리적인가?

---

14) 이좌용 · 홍지호, 『비판적 사고: 성숙한 이성으로의 길』, 성균관대학교출판부, 2013, pp.179-185 참조.
15) 기거렌처는 확률을 잘못 계산하거나 추론했을 때 진짜 사실과는 전혀 다른 결론을 추론할 수 있다는 문제점을 지적한다. 확률적 사고의 위험성을 보여주는 다른 예는 다음과 같이 확률적 계산을 잘 못하는 경우다. 예컨대,

어느 여름 날 저녁, 독일의 한 공업지대에 있는 도시인 부퍼탈에서 40대의 화가와 그의 아내가 숲속을 걸어가고 있었다. 갑자기 괴한이 나타나 화가의 목과 가슴에 총을 쏐다. 화가는 바닥에 넘어졌고 괴한은 여자를 강간하려고 했다. 여자가 저항하자 화가는 아내를 돕기 위해 다리를 올렸고, 괴한은 여자의 머리에 총을 두 발 쏘고 도망갔다. 화가는 공격에서 살아남았지만 여자는 죽었다. 사흘 뒤 삼림 순찰대원이 그 숲에서 주말을 자주 보내던 25세의 굴뚝 청소부 명의의 차량을 발견했다. 습격당한 화가는 처음에 용의자 사진을 보고 이 굴뚝 청소부가 범인이라고 생각했지만, 대면하고 나서는 그렇게 확실하지 않다고 생각하게 되었고 나중에는 다른 용의자가 살인자라고 믿게 되었다. 하지만 다른 용의자가 무고하다고 밝혀져서 검사는 굴뚝 청소부를 재판정에 세웠다. 굴뚝 청소부는 이 기소에 앞서 다른 사건으로 기소됐던 적은 없었으며, 자신은 무죄라고 주장했다.
피고인에게 불리한 증거로는 우선 살해당한 여성의 손톱 아래에서 발견된 혈액이 있었다. 이 혈액의 혈액형이 피고인의 것과 일치했기 때문이다. 공판에서 한 대학교수는 독일인 17.3%가 동일한 혈액형을 가지고 있다고 증언했다. 다른 증거로는 굴뚝 청소부의 장화에서 나온 살해당한 여성의 혈액형과 일치하는 혈액이 있었다. 언급한 전문가는 독일인 15.7%가 해당 혈액형을 공유한다고 증언했다. 이 두 확률을 곱하면 두 가지 일치 사건이 우연히 일어날 결합 확률 2.7%를 구할 수 있다. 따라서 공판에 출석한 전문가는 문제의 굴뚝 청소부가 살인자일 확률은 97.3%라고 결론 내렸다.

전문가가 계산한 확률은 올바른 추론일까? 기거렌처가 제시한 답은 이렇다. "부퍼탈의 인구가 10만 명이라고 해보자. 그리고 이 중 한 명이 문제의 범죄를 저질렀다고 하자. 이들 중 살인을 저지른 한 명은 제시된 두 증거에서 확실한 일치를 보여줄 것이다. 나머지 주민 9만 9,999명 중 우리는 2,700명(2.7%)이 동일한 일치를 보여줄 것이라고 예측할 수 있다. 따라서 피고인이 살인을 범했을 확률은 전문가의 증언대로 97.3%가 아니라 1/2,700이 맞는 확률이다. 다시 말해, 0.1%도 안 되는 값이다."

연희는 민아로부터 지섭과의 소개팅을 제안받았다. 연희는 소개팅을 하기 앞서 지섭에 대해 민아와 이야기를 하던 중 지섭의 혈액형이 B형이라는 정보를 얻었다. 그런데 혈액형이 B형인 사람은 대부분 주위 사람들과 잘 어울리지 못하고 방황을 많이 한다. 친구들을 만날 때는 형식적인 자리를 싫어하기 때문에 친하지 않은 친구들과 있을 때는 분위기만 맞춰주는 정도로 노력한다. 또한 낯가림을 하여 다른 사람 앞에 나서는 것도 싫어한다. 그러므로 지섭은 주위 사람들과 잘 어울리지 못하고 다른 사람 앞에 나서는 것도 싫어할 것이다. 그래서 연희는 지섭과의 소개팅을 주선하겠다는 민아의 제안을 거절한다.

〈논증: 연희의 추론〉

P_1. 혈액형이 B형인 사람은 대부분 x의 성질을 가지고 있다.

P_2. 지섭의 혈액형은 B형이다.

C_1. 지섭은 x의 성질을 가지고 있을 것이다.

P_3. x의 성질을 가진 사람은 이성 친구로서 바람직하지 않다.

C_2. 소개팅을 거절한다.

〈평가〉 연희의 추론은 (   )이다. 다음의 측면에서 생각해보자.

① B형 중 얼마나 많은 사람이 x의 성질을 갖고 있는가?

② B형과 x성질은 강한 연관성을 갖고 있는가?

---

2) 가설 연역적 추론(hypothesis-deductive inference)

의학적 추론과 실험에서 통계적 삼단논법 다음으로 주의 깊게 살펴보아야 할 것은 '가설 연역적 추론'이다. 이름에서 알 수 있듯이, 이와 같은 추론은 형식적으로 연역추론의 모습을 갖고 있지만, 입증하고자 하는 전제가 '가설'이라는 점에서 귀납추론이다. 따라서 가설 연역적 추론 또한 입증하고자 하는 가설이 사실로 드러난다면, 그 가설은 검증(verification)되고 (잠정적인) 참으로 받아들여질 것이다. 하지만 만일 처음에 참으로 검증된 그 가설에 대한 반대 사례가 발견된다면, 그 가설은 반증(falsification)되고 거짓으로 밝혀져 파기될 것이다. 말하자면, 가설 연역적 추론에 의해 입증되고 검증된 가설은 반례가 발견되기 전까지만 참으로 간주되는 '잠정적인' 진리일 뿐이다. 그런데 의학적 탐구를 포함하는 과학 실험은 대부분 가설 연역적 추리를 통해 연구가 수행된다는 점을 이해하는 것은 매우 중요하다. 왓슨과 크릭(James Watson & Francis Crick)이 DNA 구조를 밝힌 연구 과정을 살펴보자. 그 과정을 통해 의학 및 과학 실험에서 가설 연역적 추리가 어떻게 적용되는지를 파악할 수 있을 것이다.

[왓슨(James Watson) & 크릭(Francis Crick): DNA 구조 발견][16]
...... 오스트리아 출신의 미국 과학자인 어윈 샤가프가 그들에게 중요한 실마리를 제공했다. 1949년 샤가프는 서로 다른 생명체들은 다른 양의 DNA를 가지고 있지만, 아데닌(A)과 티민(T), 그리고 구아닌(G)과 사이토신(C)은 항상 같은 양으로 존재한다는 사실을 실험을 통해 증명했다. '염기동량설'로 알려진 이 정보는 왓슨과 크릭이 아데닌-티민, 사이토신-구아닌이

---

16) 최강열, 과학창의재단. http://navercast.naver.com/contents.nhn?rid=21 & contents_id=4378

서로 결합한다는 염기쌍의 원리를 밝히는 데 결정적인 단서를 제공했다.

당시 왓슨과 크릭은 DNA 구조를 밝히는 연구에서 당대 저명한 과학자였던 라이너스 폴링과 경쟁관계에 있었다. 폴링은 물질과 결정들의 화학결합 및 구조연구에 대한 지대한 공로를 인정받아 1954년 화학 분야에서 노벨상을 받은 사람이다. 그는 DNA의 구조가 삼중나선이라고 가정하고, 인산 뼈대가 안쪽에, 염기가 바깥쪽에 있는 모델을 제시했다. 그러나 이 가설은 원자가 너무 촘촘히 붙어 있었고, DNA가 어떻게 유전 정보를 갖고 있는지 설명할 수 없었다.

왓슨과 크릭도 처음에 DNA가 삼중나선이라고 생각했다. 재미있게도 왓슨은 폴링의 '잘못된 가설의 논문'을 들고 윌킨스와 프랭클린에게 보여주려고 떠난 여행에서 DNA 구조를 밝힐 결정적인 단서를 얻는다. 즉, DNA 구조에 대한 잘못된 논문이 결국 DNA 구조를 발견하게 한 셈이다. 왓슨은 평소 프랭클린과 사이가 좋지 않았다. 둘은 폴링의 논문을 두고 격론을 주고받다가 윌킨스의 중재로 겨우 감정을 가라앉혔다. 이날 윌킨스는 프랭클린이 최근에 찍은 DNA의 X선 회절 사진을 왓슨에게 보여줬다. 검은 X자 모양의 사진을 본 순간 젊은 천재에게 DNA가 이중나선 모양이라는 영감이 떠올랐다. 돌아오는 기차에서 내내 생각에 잠긴 왓슨은 DNA가 이중나선 구조라는 확신을 갖게 됐다고 한다.

곧바로 왓슨과 크릭은 DNA 모형을 제작하기 시작했다. 이 과정에서 ① 인산 뼈대는 바깥쪽에 존재하며, 안쪽에는 염기들이 존재해야 한다는 것, ② 아데닌(A)은 티민(T)과, 구아닌(G)은 사이토신(C)과 쌍으로 수소 결합한다는 것, ③ 이 같은 형태로 염기쌍을 이루기 위해서는 염기쌍이 사다리의 발판 같은 형태가 돼야만 한다는 것, ④ 이때 바깥쪽의 두 가닥의 인산 뼈대는 서로 반대 방향으로 향해야 한다는 등의 중요한 착안점이 제시됐다. 그리고 왓슨과 크릭은 '사다리의 발판' 사이의 거리는 3.4Å(옹스트롬, 100억분의 1m)이며, 나선은 34Å마다 한 바퀴씩 꼬여 있고, 나선의 지름은 20Å이라는 사실을 밝혀 DNA 이중나선 모형을 완성했다.

이 모형은 윌킨스와 프랭클린의 X선 회절 사진, 샤가프의 '염기동량설' 등 알려진 사실을 모두 만족시키는 매우 신비롭고 아름다운 것이었다. 이후 왓슨과 크릭은 자주 가던 선술집에서 "우리가 생명의 비밀을 발견했다!"라고 선언하는 것을 시작으로 자신들이 이중나선 구조를 발견했다는 사실을 퍼뜨리고 설명했다.

1953년 3월 7일, 왓슨과 크릭은 실제로 높이 180cm의 DNA 모형을 완성했다. 윌킨스도 이 모형을 보고 좋아했으며, 동료 과학자를 통해 이 소식을 전해들은 폴링도 직접 케임브리지를 방문했다. 면밀히 모형을 검토한 폴링은 그들의 모형이 옳다는 사실을 인정하지 않을 수 없었다.

불과 3주 뒤인 1953년 4월 25일, 128줄로 이루어진 짧지만 강력한 논문이 「네이처」에 발표됐다. 이 논문에서 제시하고 있는 DNA 이중나선 구조 모델은 오늘날에도 별로 고칠 것이 없는 이상적인 모델이다. 이것은 왓슨과 크릭이 무엇에 기여했는지를 단적으로 보여준다. 다시 말해 그들은 흩어져 있는 정보들을 한데 모아 완벽한 최종 형태를 만들어낸 것이다. ……

DNA 구조를 밝히려는 두 그룹의 연구자들, 즉 왓슨과 크릭 그리고 폴링과 윌킨스가 수행한 과학적 추론을 논증으로 구성하면 다음과 같다.

[논증: 왓슨 & 크릭]

$P_1.$	DNA 구조가 이중나선이라면, (윌킨스와 프랭클린의) X선 회절 사진, (샤가프의) 염기동량설 등 기존의 DNA 관련 이론을 잘 설명할 수 있을 것이다.	가설
$P_2.$	X선 회절 사진, 염기동량설 같은 이론을 설명한다.	관찰
$C.$	DNA 구조는 이중나선이다.	결론

P₁.	DNA 구조가 삼중나선이라면, (윌킨스와 프랭클린의) X선 회절 사진, (샤가프의) 염기동량설 등 기존의 DNA 관련 이론을 잘 설명할 수 있을 것이다.	가설
P₂.	X선 회절 사진, 염기동량설 같은 이론을 잘 설명하지 못한다.	관찰
C.	DNA 구조는 삼중나선이 아니다.	결론

이와 같은 두 논증을 연역추론의 관점에서만 평가한다면 실패한 실험 추론인 "논증: 폴링 & 윌킨스"는 연역적으로 타당하지만, DNA의 이중나선 구조를 밝혀낸 성공한 실험 추론인 "논증: 왓슨 & 크릭"의 논증은 연역적으로 부당하다. 그 까닭을 간략히 설명하면 다음과 같다.

〈단순명제〉

p: DNA 구조는 이중나선이다.

q: DNA 구조는 삼중나선이다.

r: X선 회절 사진, 염기동량설 같은 이론을 잘 설명한다.

[논증: 왓슨 & 크릭]	[논증: 폴링 & 윌킨스]
P₁. p→r P₂. r C. p	P₁. q→r P₂. ~r C. ~q
후건긍정식	후건부정식

연역추론의 긍정식에서 타당한 논증은 전건을 긍정함으로써 후건 또한 긍정하는 전건긍정식(modus ponens)이다. 그리고 부정식에서 타당한 논증은 후

건을 부정함으로써 전건 또한 부정하는 후건부정식(modus tollens)이다.[17] 따라서 "논증: 왓슨 & 크릭"은 연역적 관점에서 보면 '후건긍정의 오류'를 저지르고 있지만, 입증하려는 가설이 참인 것으로 검증(verification)되었다고 할 수 있다. 반면에 "논증: 폴링 & 윌킨스"는 연역적 관점에서 보면 후건부정식으로 타당한 추론이지만, 입증하려는 가설이 거짓인 것으로 반증(falsification)되었다고 볼 수 있다. 지금까지의 논의를 간략히 정리하면 다음과 같다.

추론의 두 유형과 가설 연역적 추론
(Deduction, Induction & Hypothetical-deductive inference)

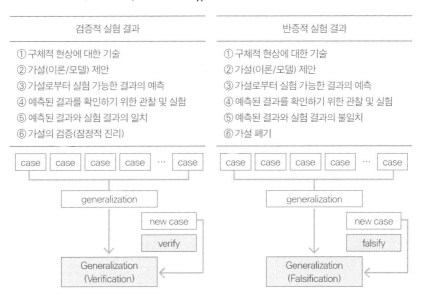

검증적 실험 결과	반증적 실험 결과
① 구체적 현상에 대한 기술	① 구체적 현상에 대한 기술
② 가설(이론/모델) 제안	② 가설(이론/모델) 제안
③ 가설로부터 실험 가능한 결과의 예측	③ 가설로부터 실험 가능한 결과의 예측
④ 예측된 결과를 확인하기 위한 관찰 및 실험	④ 예측된 결과를 확인하기 위한 관찰 및 실험
⑤ 예측된 결과와 실험 결과의 일치	⑤ 예측된 결과와 실험 결과의 불일치
⑥ 가설의 검증(잠정적 진리)	⑥ 가설 폐기

---

17) 김광수, 『비판적 사고』, 철학과현실사, 2013 참조. 이와 관련하여 논리실증주의의 검증주의와 포퍼(K. Popper)의 반증주의에 관한 논의를 살펴보는 것이 도움이 될 것이다. Popper, Karl, 『추측과 논박』, 이한구 역, 민음사, 2001 참조.

3) 진단(diagnosis)과 인과적 추론(causal inference)

뛰어난 물리학자 또는 물리학 연구 집단이 이 세계의 모든 물리적 현상과 원리를 규명하거나 밝혀낼 수 있다면, 우리가 몸담고 있는 세계가 어떻게 구성되어 있으며 어떤 원리와 법칙에 의해 작동하는지를 멀지 않은 미래에 모두 알 수 있을 것이다. 하지만 우리 대부분은 (적어도 현재까지는) 그러한 우리의 기대가 쉽게 이루어지지 않을 것을 알고 있다. 예컨대, 2016년 2월 중력파(gravitational wave)가 관측되었다는 소식에 (물리)과학계뿐만 아니라 전 세계가 그토록 환호한 것은 이미 100여 년 전 아인슈타인이 이론적으로 예측했던 "가설이 관찰을 통해 증명"되었기 때문이다. 당연한 말이지만, 의학 또한 과학의 성격을 갖고 있기 때문에 사정은 마찬가지다. 물론, 과학의 발달과 발맞추어 의학 또한 놀라운 발전을 한 것 또한 사실이다. 하지만 현대의학은 또한 새롭게 발견되는 질병을 극복하고 발병 원인을 규명하려는 노력을 해야 하는 것도 자명한 사실이다.

여기서 정밀한 물리학 이론에 관한 것 또는 세밀한 의학 이론에 관한 것을 세세히 논의할 수는 없다. 지금 우리의 주된 관심은 의학 및 진료 과정에서 이루어지는 탐구와 추리의 유형을 이해하는 것이기 때문이다. 따라서 논의를 진행하기 위해 우리의 관심을 조금 좁혀 의사가 진료에서 수행하는 '진단 과정'에 초점을 맞추어보자. 카시러(Jerome Kassirer)는 "진단은 불완전하고 일관성이 없는 정보를 가지고 불완전한 상황에서 수행하는 추론 과정"이라고 말한다.[18] 만일 그렇다면, 진단에서 이루어지는 '(의학적) 추론'이 어떤 모습과 과정을 갖고 있는지를 이해하는 것은 의사 또는 의료 전문직에게 반드시 필요하다고 볼 수 있다. 그리고 샌더스(Lisa Sanders)는 진단과 예후에 대해 다음과

---

18) 리사 샌더스, 『위대한 그러나 위험한 진단』, 장성준 역, 랜덤하우스, p.29

같이 말한다. 그녀의 말을 직접 들어보자.[19]

> 인류 역사에 의학이 등장한 수천 년 전에도 진단(diagnosis)은 환자가 앓고 있는 병을 확인하는 과정을 의미했고, 예후(prognosis)는 질병의 경과와 예상되는 결과 등을 이해한 의사가 환자에게 보여줄 수 있는 가장 효과적인 진료 기술이었다.

샌더스의 이와 같은 정의에 비추어 의학에서의 '진단과 예후'를 (가설) 연역적 추론의 형식에 비추어 설명한다면 어떨까? 아마도 진단은 질병의 '원인'을 찾아내는 것이라고 할 수 있다. 그리고 예후는 진단을 통해 추정한 질병에 대한 치료 '결과'를 예측하는 것이라고 할 수 있을 것이다. 만일 이와 같은 생각이 옳다면, 의학에서 '진단' 또는 '진단과 예후'에 대한 추론은 결국 질병의 원인과 결과를 찾으려는 '인과적 추론'이라고 할 수 있다.

의학과 진료 현장에서 다루고 있는 질병은 매우 많을 뿐만 아니라 같은 질병이라고 하더라도 겉으로 드러나는 증상은 그 질병을 앓고 있는 사람의 평소 건강 상태나 환경에 따라 매우 다양하게 나타날 수 있다.[20] 앞서 인용

---

19) 같은 책, p.18

20) 이와 관련하여 샌더스의 다음과 같은 말은 되새겨볼 만한 가치가 있다고 여겨진다. 그녀는 의사가 "환자에 대해 합리적인 차별을 해야 한다"고 주장하면서 그 이유를 다음과 같이 제시한다. 그녀의 말을 들어보자. "환자들은 의사가 자신의 피부색이나 성별, 나이, 사회적/경제적 수준의 차이를 무시하고 평등하게 진료해주기를 바란다. 또한 자신의 외모가 몸 상태를 평가하는 데 아무런 영향을 주지 않기를 바란다. 하지만 질병은 헌법에 명시된 평등을 지켜주지 않는다. 질병은 인종과 성별, 나이와 사회적/경제적 수준 모두 차별한다. …… 달리 말하면, 의사들은 환자를 보고 진단을 내리기 위해 애쓰는 과정에서 합법적인 편견을 가지고 고려해야 한다. 의사들은 진단에 도움이 될 만한 연관 요인들을 모두 고려해야 한다. 그러나 의사들이 환자를 특정 집단의 틀에 넣어 잘못 판단할 가능성 또한 존재한다. 예컨대, 고령인 환자의 경우 인간면역결핍바이러스 감염을 생각하는 일은 많지 않다. 의료 현장에서 내려지는 결정들은 다양한 요인의 영향을 받는다. 의학 교육 과정과 수련의 과정이 객관적일지라도 실제 그 교육을 받는 의사는 사람이기 때문에 사회적 고정관념에서 자유로울 수 없다. 결국, 의사가 환자를 대하고 내리는 결정들은 환자의 사회적/경제적 배경에서 자유로울 수 없다." 같은 책, p.311

한 카시러를 빌려 말하자면, 이것은 "불완전하고 일관성 없는 정보"가 될 것이다. 따라서 진단 과정을 유일하고 고정된 틀(framework) 또는 처리과정(process)으로 제시하는 것은 어려운 일일뿐더러 자칫 잘못된 편견을 심어줄 수 있다는 측면에서 위험할 수도 있다. 그럼에도 불구하고 진단에서 드러나는 "사고(생각)의 흐름"을 대략적이나마 그려보는 것은 도움이 될 수 있다. 그것을 통해 의학적 추론과 가설 연역적 추론의 유사성을 발견할 수 있기 때문이다. 예컨대, 의사는 일반적으로 환자가 가진 증상에 대해 지금까지의 임상적 경험과 의학 연구의 결과에 비추어 '가정적 진단(hypothetic diagnosis)'을 한다. 다음으로 그것을 확인하기 위해 관련된 '검사(medical exam)'를 실시한다. 의사는 검사로 얻어진 결과가 최초의 가정적 진단과 들어맞을 경우 환자의 질병에 대한 '진단'을 내리고, 진단으로부터 기대할 수 있는 예후(prognosis)를 관찰한다. 만일 예후(결과)가 진단(원인)의 예측과 일치한다면, 그 환자의 질병은 치료(또는 완화)될 것이다. 반면에 만일 예후(결과)가 진단(원인)의 내용에 부합하지 않는다면, 의사는 새로운 검사를 실행하거나 기존 검사에 의존하여 새로운 진단을 내릴 것이다. 그리고 그다음의 과정은 앞서와 동일하다. 눈치 빠른 독자는 이미 알아챘겠지만, "(가정적 진단) → 검사 → 진단 → 예후 → 치료"의 과정은 (우리가 앞서 보았던) '반증'과 '검증'의 과정과 다르지 않다는 것이다. 말하자면, 진단과 예후가 일치하는 경우는 검증된 것이고, 일치하지 않는 경우는 반증된 것이다. 이것을 다음과 같은 흐름표로 정리할 수 있다.

만일 (비록 대략적이라고 하더라도) 진단과 예후에 관한 우리의 사고 과정을 이와 같이 정리할 수 있다면, 의학적 추론 또는 진료에서 진단 추론은 곧 인과적 추론이라는 것을 다시 확인할 수 있다. 다음의 실제 사례를 통해 의사가 어떤 질병에 대해 진단을 내리기 위해 수행하는 인과적 추론(가설 연역적 추론) 과정을 확인해보자.

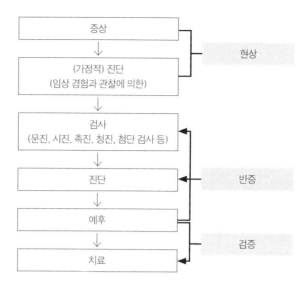

[데이비드 파웰 사례][21]

데이비드 파웰은 27세의 남성으로 현재 환경미화원으로 일하고 있다. 그는 담배도 피우지 않았고 술도 마시지 않았다. 과거에 역도 선수였고, 운동을 게을리하지 않았다. 그는 여섯 살 된 딸과 아내와 함께 살고 있었다. 그의 어머니는 55세의 나이에 심근경색증으로 사망했고, 두 사촌이 겸상 적혈구 빈혈(sickle cell anemia)[22] 환자인 것 이외에 다른 가족들은 모두 건강했다. 그는 키가 180센티미터 이상이고, 몸무게는 110킬로그램에 육박했으며, 지방이 거의 없고 대부분이 근육이었다.

그는 약 두 달 전부터 손과 손가락이 멍한 것을 느꼈으며, 그 뒤로 숨 쉬기 어려운 가슴의 답답함 또는 무거운 것이 가슴을 짓누르는 느낌을 경험

---

21) 같은 책, pp.292-298 참조. 세부적인 내용은 논의를 위해 필자가 축약 및 수정했다.

22) 유전성의 용혈성 빈혈로 이상 혈색소증의 하나이며, 흑인에게 주로 나타나고, 혈액에 낫 모양의 적혈구가 있는 것이 특징이다. 헤모글로빈 분자 구조에 이상이 생겨 나타난다.

하곤 했다. 그는 자신의 어머니가 심장마비로 얼마 전에 돌아가셨기 때문에 자신 또한 심장에 이상이 있는 것인지 의심하여 심전도검사와 혈액검사를 했지만 모두 정상으로 판정되었고, 심지어 증상을 유발하는 부하검사에서 조차 아무런 이상이 없는 것으로 나타났다.

그는 약 한 달 전부터는 쓰레기 더미를 트럭으로 옮기는 짧은 거리를 달리는 일도 어려울 정도로 근력과 체력이 떨어졌고, 몸무게는 지난 두 달 사이에 10킬로그램이나 줄었다. 최근에는 마치 갈비뼈 주변을 옥죄는 속옷이라도 입은 것처럼 가슴을 조이는 느낌 때문에 똑바로 걸을 수조차 없는 상태에 놓였다. 심지어 손으로 글씨를 곧게 쓸 수도 없을 뿐만 아니라 손가락 끝으로 매끄러운 정장 실크와 거친 작업복을 구분하지 못했다. 그 증상 이후 세 번째로 방문한 응급실 검사에서도 심전도와 혈액검사는 모두 정상이었다.

내과 전공의인 크리스틴 트위닝은 진찰을 마치고 과거의 검사 결과와 의무 기록을 검토하던 중 예전에 응급실에 와서 시행한 혈액검사에서 적혈구 수치가 낮았음을 발견했다. 빈혈은 건강한 남성에게는 매우 드문 질병이다. 그는 빈혈과 원인을 알 수 없는 근력 저하와 감각 둔화라는 전혀 다른 증상을 지니고 있었다. 팔과 다리의 근력이 약해지고 감각이 둔해졌을 경우, 만일 근육이 아니라 신경에 문제가 생겼다면 그 증상을 설명할 수 있다. 그러나 이런 형태의 신경병증을 일으킬 수 있는 질병은 당뇨병, 알코올 중독, 매독, 후천성 면역 결핍증(에이즈), 갑상선 질환, 각종 암 등 수십 가지도 넘는다. 데이비드의 직업이 환경미화원이라는 것을 고려했을 때 독소(toxin)에 의한 신경 손상을 초래했을 가능성도 있다.

빈혈에 초점을 맞추어본다면, 어떤 설명이 가능한가? 적혈구 수가 감소한 것은 현재의 증상보다 먼저 발생했을까? 겸상 적혈구 빈혈은 환자의 가족력인데 그에게 그러한 증상이 아직 나타나지 않았다면, 지금 그가 호소하는 가슴 통증이 겸상 적혈구 빈혈과 관련된 것은 아닐까? 그는 복통도 호소했는데 이것은 위장이나 소장 또는 대장의 출혈에 의한 증상일 가능성이 있지만, 적어도 그의 대변검사에서 출혈의 근거는 없었다.

(새로운) 혈액검사에서 세포의 핵 모양이 이상한 백혈구가 발견되었다. 이것은 그의 빈혈이 영양 결핍에 의한 것일 수 있음을 의미했다. 산이나 비타민 B_{12}가 부족했을 경우 발생할 가능성이 있지만, 건강한 성인 남성에게는 매우 희귀한 경우다. 하지만 환자의 몸에서 비타민 B_{12}가 합성되지 않는 상황인지 확인해야 했다. 비타민 B_{12} 결핍은 환자에게 영구적인 장애를 유발하거나 사망에 이르는 극한 상황을 초래하기 때문이다. 물론 이 가정이 맞는다면, 부족한 비타민을 보충하는 쉽고 안전한 방법으로 치료가 가능하고 증상도 대부분 호전된다.

트위닝은 환자의 혈액을 채취하여 빈혈의 원인을 밝히고, 수은이나 비소 등의 독소 농도를 측정하기로 했다. 환자의 신경병증을 일으킬 수 있는 다른 원인은 그 가능성이 낮을 것으로 생각해 필요한 경우에 추가 검사를 해보기로 결정했다. 빈혈의 원인을 찾고자 실시한 검사 결과가 먼저 나왔다. 데이비드의 혈액에서는 겸상 적혈구 빈혈은 물론이고 그 밖에 유전성 혈액질환을 의심할 만한 소견은 발견되지 않았다. 체내의 철분과 엽산은 적정량이었으나 비타민 B_{12}는 정상 농도의 10퍼센트 정도로 위험한 수준이었다. 트위닝은 데이비드의 근력 저하와 감각 이상, 병적인 변비, 빈혈의 원인이 바로 비타민 B_{12} 결핍이라고 확신했다. 이것으로 그가 호소하던 가슴 통증과 호흡 곤란도 설명할 수 있었다.

위의 글에서 나타난 데이비드에 관한 정보와 트위닝의 추론에 의거하여 아래의 〈사고 과정〉에 해당하는 내용들이 무엇인지 생각해보자.

〈(트위닝의) 사고 과정〉

단계		내용
①	최초 증상	(원인을 알 수 없는) 근력과 감각 저하 호흡 곤란과 복통
②	가설	심장 이상
③	1차 검사	심전도검사 혈액검사
④	진단	진단할 수 없음(심장에 이상이 있는 것은 아님)
⑤	2차 증상	(원인을 알 수 없는) 근력과 감각 저하 호흡 곤란과 복통 (건강한 남성에게 흔하지 않은) 빈혈
⑥	가설	a. 근력 및 감각 저하: 당뇨병, 알코올 중독, 매독, 후천성 면역 결핍증(에이즈), 갑상선 질환, 각종 암 등 b. 빈혈: (가족력에 의한) 겸상 적혈구 빈혈, 엽산과 철분 결핍, 비타민 B_{12} 결핍
⑦	2차 검사	(새로운) 혈액검사 독소검사
⑧	진단	비타민 B_{12} 결핍에 의한 악성 빈혈
⑨	예후	비타민 B_{12}를 보충하면 증상이 완화되거나 치료될 것임
⑩	치료	근력과 감각이 회복되고 호흡 곤란이 사라짐

트위닝이 데이비드를 진단한 사고 과정을 이와 같이 정리하는 것이 옳다면, 우리는 다시 그녀의 의학적 추론에서 "반증과 검증"의 추리가 있다는 것을 확인할 수 있다. 말하자면, ①은 입증 또는 해결하고자 하는 현상이다. ②~④는 최초의 가설이 반증에 의해 폐기되는 사고 과정이다. (여기서는 검증할 가설, 즉 진단이 내려지지 않았기 때문에 결론에 해당하는 예후 또한 관찰하거나 검증할 수 없다.) ⑤는 반증에 의해 새롭게 검토되어야 할 현상이라고 할 수 있다. (여기에는 기존의 관찰 및 검사 자료도 포함된다.) ⑥~⑩은 새로운 가설 ⑥이 검증되어 예후를 예견하는 사고 과정과 그 예후가 치료 결과로 확인된 최종 단계라고 할 수 있다. 이것을

정리하면 다음과 같다.

단계	사고 과정
①	최초 현상(정보)
②~④	반증: 가설 폐기
⑤	새로운 또는 추가된 현상(정보)
⑥~⑩	검증: 가설 확인

여기서 트위닝의 의학적 추론(진단)에 관해 논리적으로 한 가지 더 살펴볼 것이 있다. 그녀가 새로운 가설 ⑥으로부터 진단 ⑦에 이르는 사고 과정에서 수행한 추리 방식은 무엇인가? 미리 말하자면, 그것은 바로 가설 추리로서 "밀(J. S. Mill)의 원인 발견법" 또는 "원인을 발견하기 위한 밀의 인과 추론"이다.[23] 밀의 원인 발견법은 다음과 같은 두 가지 가정에 따라 5가지 유형으로 구분할 수 있다.[24]

① 동일한 유형의 결과의 원인은 동일한 유형이다.

② 만일 결과가 있으면 원인도 있고, (역으로) 원인이 있으면 결과도 있을 것이다.

밀은 이러한 두 가정에 따라 "일치법, 차이법, 일치차이법, 공변법, 잉여

---

23) 밀의 원인 발견법에 대해 김광수는 다음과 같이 말한다. "밀은 경험적으로 원인을 발견하는 5가지 방법을 제시했다. 그는 자신의 방법이 '현상을 발견하고 증명하는 완전한 방법'이라고 주장했다. 이 주장과는 달리 그의 방법은 원인을 발견하는 완전한 방법도 아니고, 더구나 원인을 증명하는 방법도 아니라는 비판을 받아왔다. 그러나 '발견'이라든지 '증명'이라는 표현을 문제 삼아 그의 방법을 외면하는 것은 현명하지 못하다. 우리는 그의 방법을 최선의 설명으로서 원인을 추정하는 가설 추리의 틀 안에서 사용할 수 있기 때문이다." 김광수, 『비판적 사고와 논리』, 철학과현실사, 2013, p.258

24) 밀의 원인 발견법에 관한 내용은 김광수, "비판적 사고"를 인용했다. 같은 책, pp.258-264 참조.

법" 같은 5가지 발견법을 제시한다. 그것의 일반적 형식은 다음과 같다. (이것에 관한 자세한 내용과 연습은 김광수의 『비판적 사고와 논리』 또는 이좌용·홍지호의 『비판적 사고』를 참고하는 것이 도움이 될 것이다.)

ⓐ 일치법(Method of Agreement)

선행 요소	결과
ABCD	E
DEFG	E

ⓑ 차이법(Method of Difference)

선행 요소	결과
ABCD	E
ABC	–

ⓒ 일치차이법(Joint Method of Agreement & Difference)

선행 요소	결과
ACG	E
BCG	E
ABC	–

ⓓ 공변법(Joint Method of Concomitant Variation)

선행 요소	결과
A1 B1 C2 D3	E1
A2 B2 C1 D1	E2
A3 B1 C3 D2	E3

ⓔ 잉여법(Method of Residue)

AB는 ab의 선행 요인이다.
A는 a의 원인으로 알려져 있다.
_____

B는 b의 원인이다.

이제 데이비드의 질병에 대한 트위닝의 진단 과정, 특히 "단계 ⑥~⑧"을 원인 발견법에 따라 검토해보자. 그녀의 추론을 논증으로 구성하면 다음과 같다. [물론, 트위닝의 추론을 원인 발견법을 설명하기 위한 예로 삼는 것이 완전히 적절한 것은 아니다. 그녀의 추론은 임상 경험과 의학적 데이터에 따른 귀납추리의 일반화로부터 질병의 원인으로 추정되는 것들을 단순히 제거하고 있기 때문이다. 하지만 (충분한) 임상 경험과 의학적 데이터가 쌓이는 과정에는 밀의 원인 발견법이 사용되었다는 것을 확인할 수 있다.]

[⑥-ⓐ: 근력 및 감각 저하]

P₁. **임상 경험과 데이터에 따르면**, 근력 및 감각 저하의 원인은 '당뇨병, 알코올 중독, 매독, 후천성 면역 결핍증(에이즈), 갑상선 질환, 각종 암 등'일 수 있다.

P₂. 환자의 검사 결과 중 그러한 질병(원인)과 일치하는 증례는 없다.

C₁. 따라서 그러한 것들은 환자의 질병의 원인이 아니다.

[⑥-ⓑ: 빈혈]

P₃. **임상 경험과 데이터에 따르면**, 빈혈의 원인은 '겸상 적혈구 빈혈, 철분과 엽산 결핍, 비타민 B_{12} 결핍'일 수 있다.

P₄. 환자의 검사 결과 중 겸상 적혈구 빈혈과 일치하는 증례는 없다.

P₅. 환자의 검사 결과에서 철분과 엽산의 결핍은 발견되지 않았다.

P₆. 환자의 검사 결과에서 비타민 B_{12}의 결핍이 발견되었다.

C₂. 따라서 비타민 B₁₂의 결핍이 환자의 질병의 원인이다.

여기서 논증 [⑥-ⓐ: 근력 및 감각 저하]는 원인으로 추정되는 질병 중에서 환자의 증상을 설명할 수 있는 원인과 '일치'하는 것이 없다는 것으로부터 결론을 도출하고 있기 때문에 단순 소거법을 적용한 것이라고 할 수 있다. 그리고 논증 [⑥-ⓑ: 빈혈] 또한 단순 소거법에 의한 추론이라고 할 수 있다. 하지만 두 논증이 단순 소거법을 통해 결론을 도출할 수 있었던 것은 "임상 경험과 의학적 데이터"에 의존할 수 있었기 때문이다. 따라서 논증 [⑥-ⓑ: 빈혈]이 사용한 추론은 다음과 같은 것일 수 있다.

	선행 요소	결과
임상 경험(데이터)	ⓐ 겸상 적혈구 빈혈, ⓑ 철분과 엽산의 결핍, ⓒ 비타민 B₁₂ 결핍	빈혈
데이비드	ⓒ 비타민 B₁₂ 결핍	빈혈

4) 직관적 접근법과 분석적 접근법

이 절을 마무리하면서 팻 크로스케리(Pat Croskerry)가 제시한 의사가 갖추어야 할 두 가지 사고법을 소개하는 것이 좋을 듯하다. 그는 의사가 좋은 또는 훌륭한 의학적 추론을 수행하기 위해서는 진단에 있어 두 가지 접근법을 함께 사용할 수 있어야 한다고 말한다. 그 두 가지 접근법은 "직관적 접근법(intuitive approach)"과 "분석적 접근법(analytical approach)"이다. 그것들을 간략히 정리하면 다음과 같다.[25]

---

25) 리사 샌더스, 같은 책, pp.304-305

a) 직관적 접근법(intuitive approach)

이 접근법은 받아들인 정보를 자신이 알고 있는 어떤 패턴에 적용시켜 인지하는 비분석적 접근법이다. 이 방법은 "새로운 상황을 기억 속에 있는 여러 상황과 맞춰보는 과정으로, 가슴 통증을 호소하는 환자를 보고서 심장마비를 먼저 떠올리는 것에는 아무런 정신적 노력이 필요없다. 이것은 아이들이 네 발 달린 동물이라고 하면 개를 떠올리는 것과 마찬가지다."

직관적 접근법은 진정한 전문가가 순간적으로 상황을 파악하는 방법이다. 이에 대해 맬컴 글래드웰(Malcom Gladwell)은 『블링크(*Blink*)』에서 "빠르고 종합적이며 귀납적"이라고 설명했다. '얇게 조각내어 관찰하기의 힘', 즉 경험의 단편을 바탕으로 상황을 인식하는 방법이기 때문에 단편이 많을수록 유리하다. 직관은 머릿속의 재빠른 판단과 오래된 격언, 그리고 경험을 근거로 추론해내는 진단 기법이다. 이런 기술은 보통 응급실에서 환자를 진료하는 의사들이 주로 사용한다.

b) 분석적 접근법(analytical approach)

분석적 접근법은 직관적 접근법보다 느리고 연역적인 접근법이다. 이 접근법은 직선적인 방법이다. 이 방법은 문제를 해결하기 위해 정해진 규칙을 따르고 논리적 판단을 활용하는 과정이다.

크로스케리는 "경험이 풍부한 의사들이 질병의 특징적인 양상을 바로 인식하는 직관적 판단과 진단 과정에 '이것이 아니면 어떤 질환인가?'라는 가장 중요한 질문을 시작점으로 삼아 가능한 답을 찾기 위한 다양한 기법을 동원하는 분석적 방법 두 가지를 병용해야 최고의 진단적 사고방식이 가능하다"고 말한다. 그가 지적했듯이 직관적 접근법은 귀납추론을, 그리고 분석적 접근법은 연역추론의 다른 표현이다. 정리하자면, 의사의 훌륭한 의학적 추론은 질병의 종류와 환자의 증상에 따라 연역추론과 귀납추론을 적실성 있게 사용할 때만 도달할 수 있다는 것이다.

4. 의학의 인과적 추론과 빅 데이터

1) 빅 데이터와 인공지능

이제 의학 추론에 있어 전통적인 인과적 추론과 빅 데이터에 의거한 현대적인 상관성 추론에 관한 논의를 정리하자. 지금까지의 논의가 올바른 것이라면, 의학적 실험과 진료 과정에서 사용하는 통계적 삼단논법, 가설 연역적 추론, 인과 논증 등은 (완전히 동등한 정도로 일반화시켜 말하기는 어렵다고 하더라도) 결국 질병의 "원인과 결과"를 찾아내고 규명하려는 "인과적 추론"이라고 할 수 있다. 또한 의학에 있어 질병의 원인을 발견하려는 이와 같은 인과적 추론은 히포크라테스 이래로 수많은 의학자들이 고수해온 전통적인 추론 방식이라고 할 수 있다. 반면에 앞서 보았듯이, 빅 데이터에 기초한 추론은 해명하거나 발견하기 어려운 인과성 또는 인과관계를 규명하는 대신에 두 사건의 '상관성'을 발견하고자 한다. 충분히 큰 데이터가 축적된다면 문제를 해결하기 위해 인과성 대신에 상관성을 발견하는 것만으로도 충분하기 때문이다. 빅 데이터를 연구하는 사람들은 "빅 데이터로 인해 우리가 가진 고전적인 또는 전통적인 사고방식이 변화하고 있으며, 그러한 변화는 서로 연결되어 있고 서

로를 강화한다"고 주장한다. 그들이 말하는 변화는 다음과 같다.[26]

- 작은 데이터에 만족할 필요 없이 방대한 양의 데이터를 분석할 수 있게 된 것이다.
- 정밀함을 추구하는 대신 현실세계에 존재하는 들쭉날쭉한 특성을 기꺼이 받아들이게 된 것이다.
- 찾기 힘든 인과성에 매달리는 대신 상관성을 존중하는 것이다.

사실, 빅 데이터에 따른 상관성 추론으로 인해 가장 큰 변화를 겪고 있는 분야는 사회과학 영역이다. 예컨대 마케팅에서 수요 분석이나 동향 분석 같은 분야에서는 빅 데이터 분석이 고도로 훈련된 과거의 설문조사 전문가들을 대체함에 따라 사회과학은 사회와 관련된 경험적 데이터의 이해라는 영역에서 그동안 누려왔던 독점적 지위를 상실해가고 있다.

하지만 사정이 그렇다고 하여 의학이 빅 데이터에 의한 분석에서 자유로운 것은 결코 아니다. 예컨대, 우리는 몸이 아플 때 자신의 증상을 알아보기 위해 또는 의사의 처방을 스스로 검증하기 위해 구글이나 네이버 같은 검색 사이트를 이용하는 경우를 심심치 않게 접할 수 있다. 구글 같은 검색 사이트가 빅 데이터를 수집하는 대표적인 회사라는 측면에서 그리고 우리가 자신의 증상을 구글 같은 검색 사이트를 통해 확인한다는 점에서 의학 또한 빅 데이터의 분석에 따른 상관성 추론으로부터 자유로울 수 없다.[27]

---

26) 빅토르 마이어 쉔버거, 케네스 쿠키어, 『빅 데이터가 만드는 세상』, 이지연 역, 21세기북스, 2013, p.42

27) 이것과 관련된 흥미로운 논의는 샌더스의 『위대한 그러나 위험한 진단』의 「누구에게나 열려 있는 검색 사이트를 이용한 진단」, pp.343-353을 참고하라. 여기에서 샌더스는 검색 사이트를 이용한 진단이 매우 희귀하고 어려운 질병에 대해서는 매우 잘 진단하는 반면에 일반적이거나 흔한 질병에 대해서는 기대보다 진단율이 좋지 않다는 점을 지적한다.

다음의 글은 IBM의 인공지능 '왓슨'이 암을 진단하는 능력이 인간 의사보다 뛰어난 결과를 보여주었음을 보여주는 기사다. 물론, 엄밀히 말해서 빅 데이터의 분석과 인공지능은 몇 가지 측면에서 차이점이 있다.[28] 두 용어를 문자그대로 해석한다면 전자는 "엄청 크고 충분한 자료에 의거한 분석"으로, 후자는 "인간처럼 사고할 수 있는 인공물(컴퓨터)"로 옮길 수 있을 것이다. 하지만 최근에는 정보저장 및 분석 기술과 정보통신기술을 별개의 영역으로 구분하여 생각하기 쉽지 않다. 2016년 3월 이세돌 9단과 알파고의 바둑 대국이 전 세계의 이목을 집중시켰다. 몇몇 기사에 따르면, 이세돌 9단의 대국 상대였던 알파고는 바둑에 관한 빅 데이터를 슈퍼컴퓨터의 병렬처리 방식으로 연산처리한 것으로 알려져 있다.

(비록 충분하지는 않지만) 앞서 살펴보았던 전통적인 의학 추론의 방식과 빅 데이터의 분석 및 아래 기사를 통해 상상할 수 있는 현재와 미래의 의료 환경을 고려했을 때, 미래의 의료 환경에서 의사가 갖추어야 할 '의학적 추론'은 어떤 것이 되어야 하는지 생각해보자.

IBM 인공지능 '왓슨' 암 진단율 96% "전문의보다 정확"[29]

"인지컴퓨팅은 사람을 대신하기 위해 존재하는 게 아니라, 사람이 더 나은 방식으로 삶을 영위하고 일을 할 수 있도록 리서치(탐색)만 해주는 것이다."

롭 하이 IBM 최고기술책임자(CTO)는 17일 한국IBM 본사에서 열린 기자

---

28) 빅 데이터의 핵심은 예측에 있다. 혹자는 빅 데이터를 인공지능이라는 컴퓨터과학의 분과로 설명하거나 기계 학습(machine learning)이라는 분야의 일부로 설명하지만, 이런 식의 설명은 핵심을 오도하는 측면이 있다. 빅 데이터의 핵심은 컴퓨터가 인간처럼 '생각'하도록 '가르치려는' 데 있지 않다. 빅 데이터는 엄청난 양의 데이터에 수학을 적용해 확률을 추론하려는 노력이다. 빅토르 마이어 쉔버거, 케네스 쿠키어, 앞의 책, p.27

29) 동아경제, 2016. 03. 17.
http://economy.donga.com/List/ForeignIssue/3/all/20160317/77051527/2,

간담회에서 "인지컴퓨팅 기술의 발전은 인간을 배제하기보다는 사람들의 부족한 부분을 보완하고 강화시켜주는 방식으로 이뤄질 것"이라며 이같이 말했다. 인지컴퓨팅(Cognitive Computing)은 인간처럼 외부와의 의사소통을 통해 스스로 언어나 이미지를 인식하고 습득하는 기술을 말한다. IBM에서는 인공지능(AI)의 핵심기술을 '인지컴퓨팅'으로 표현하고 있다.

IBM은 구글과 함께 해당 분야의 최고 기술을 갖춘 양대 산맥으로 꼽힌다. IBM이 개발한 인공지능 '왓슨'에도 인지컴퓨팅 기술이 적용돼 있다. 왓슨은 2011년 미국의 유명 퀴즈쇼「제퍼디」에서 50년 역사상 처음으로 인간 챔피언을 꺾어 주목을 받았다. IBM에서 37년간 근무하며 왓슨 개발을 주도한 하이 CTO는 "인지컴퓨팅은 행동하는 법을 배워나가는 기술"이라며 "사람과 동일한 조건에서 스스로 터득한 데이터를 통해 진화할 수 있다"고 말했다.

IBM이 왓슨을 접목한 대표적 사례는 헬스케어다. 왓슨을 이용한 암 진단 서비스를 제공 중인 미국 앤더슨 암센터에 따르면 왓슨의 평균 암 진단율은 약 96%로 전문의보다 정확도가 높다. 하이 CTO는 "왓슨은 환자들에게 더 나은 치료 방식과 최적의 치료효과를 낼 수 있는 임상실험 등을 찾아내는 방식으로 작동한다"고 설명했다. 나아가 왓슨은 사람과 상호작용하면서 인간 고유의 의사소통 특징인 "자연어, 데이터 통찰, 추론능력, 시각화" 등을 습득하는 것까지 목표로 한다. 이를 통해 사람의 감정을 읽어내고 적합한 방식으로 의사소통을 한다는 설명이다. 하이 CTO는 "왓슨을 접목시킨 소셜 로봇 '코니'의 경우 대화를 하고 있는 사람의 감정을 파악해 서로 다른 솔루션을 내놓을 수 있다"고 강조했다.

하이 CTO는 인공지능 분야의 선두기업인 IBM이 관련 산업군과 생태계 발전에도 노력을 기울이고 있다고 설명했다. 그는 "현재 8만여 명의 개인 개발자들이 클라우드에 공개된 왓슨 플랫폼으로 애플리케이션을 개발하고 있다"면서 "530여 개 파트너사들도 인지컴퓨팅 관련 앱 개발에 왓슨을 활용하고 있다"고 말했다. 일각에서 제기되는 대규모 실업 가능성이나 '인류 지배론' 등의 부정적 시각에 대해서는 "새로운 기술이 나오면 사회에 영향을 미치는 것은 당연하다"면서도 "인공지능이 발전하더라도 사람을 대체하기는 어렵다"고 말했다.

그는 최근 힐튼호텔에 도입된 컨시어지 로봇 '코니'를 사례로 들었다. 코니에는 왓슨이 적용돼 있다. 하이 CTO는 "로봇 컨시어지가 나온다고 사람이 일자리를 잃을 가능성은 낮다"면서 "인간이 일일이 습득하고 처리하기 힘든 정보를 갖춘 코니가 있음으로써 사람들은 보다 고차원적이고 나은 방식으로 능력을 발휘할 수 있다"고 강조했다.

끝으로 하이 CTO는 최근 인공지능 기술개발 관련 종합대책을 수립한 우리나라에 대해 "한국은 제조업, 서비스업 등에서 가치창출에 능숙한 국가로서 좋은 위치에 있다"면서 "인지컴퓨팅 기술의 진화와 발전 과정에 한국이 참여하고 기술 적용분야를 파악한다면 잘해낼 것으로 보인다"고 했다.

인공지능(AI)이 발달한 미래사회에서 의사는 어떤 "의학적 추론" 역량을 갖추어야 하는가?

---

2) 빅 데이터와 개인정보의 활용

11장을 마무리하면서 마지막으로 함께 생각해볼 문제는 9장에서 살펴본 "자발적 동의"와 공공의 복지를 위한 빅 데이터의 문제다. 아래의 기사에서 알 수 있듯이, 일본은 2016년 의료 기관이 환자의 의료정보를 환자의 동의 없이 수집하고 사용할 수 있는 길을 열어둘 수 있는 법안을 추진하고 있다. 아래의 기사를 읽고 다음과 같은 문제에 대한 자신의 생각을 밝히는 글을 작성해보자.

[요미우리 보도 …… 국가인증 받은 기관에 빅 데이터 활용 허용][30]

일본 정부는 국가가 인증한 기관에 한해 치료, 건강진단 결과 등 의료정보를 환자 본인의 동의 없이 수집, 활용할 수 있도록 할 방침이라고 「요미우리신문」이 10일 보도했다.

일본 정부는 의료정보를 빅 데이터로 활용, 신약 개발 및 치료방법의 효율화에 도움되게 하기 위해 이 같은 방안을 담은 새 제도를 창설키로 했다. 일본 정부는 오는 12일 경제단체 요인들과 각료들이 참가하는 '관민대화'에서 새 제도의 창설을 공표한다고 「요미우리」는 전했다. 현재 일본의 개인정보보호법에 의하면, 개인을 특정할 수 있는 의료정보를 외부에 반출하려면 환자의 동의가 필요하다.

일본 정부는 불필요한 정보 수집이나 수집한 정보의 부당한 활용을 막기 위해 정보 수집 기관은 병원 등에서 개인정보를 제공받을 때 이용 목적을 명확히 밝히도록 할 예정이다. 또 각 병원에 대해서는 홈페이지 등을 통해

---

30) 조준형, 연합뉴스, 2016. 04. 10.
   http://media.daum.net/m/channel/view/media/20160410161441232

인증 받은 기관에 환자의 의료정보를 제공할 수 있음을 명시토록 할 계획이다. 일본 정부는 내년 정기 국회에 필요한 법안을 제출해 2018년부터 시행한다는 구상을 갖고 있다.

인간의 질병을 치유하기 위한 신약을 개발하기 위해 환자의 정보, 즉 개인의 의료정보를 본인의 동의 없이 수집하는 것은 사회적 이익을 위해 감수해야 할 기회비용인가, 그렇지 않은가?

12장
"히포크라테스 선서(Hippocrates Oath)"의 윤리적 명령 분석

　'의학의 아버지'라고 불리는 히포크라테스(Hippocrates)는 의사가 준수해야 할 윤리와 관련하여 중요한 원칙들을 제시했다. 그중에서도 가장 중요한 것은 "환자를 돕거나 적어도 해를 끼치지 말라"는 대원칙이라고 할 수 있다. 이 원칙을 통해 눈여겨볼 것은 의사와 환자의 관계에서 의사가 주도적인 역할을 한다고 가정하고 있다는 점이다. 말하자면, 좋은 의사는 질병으로 고통 받고 있는 환자에게 베풀 수 있는 가장 좋은 치료가 무엇인지 결정할 수 있어야 한다는 주장을 함축하고 있다고 볼 수 있기 때문이다. 히포크라테스 이후 의사와 환자의 관계에서 의사가 주도적인 역할을 해야 한다는 의식은 역사상 매우 최근에 이르기까지도 당연한 원리로 받아들여졌던 것으로 보인다.[1] 하지만 앞으로 살펴보겠지만, 히포크라테스가 제시한 원칙들은 다양한 관점에서 검토되어야 한다. 우선, 히포크라테스가 암묵적으로 가정하고 있는 것과

---

[1]　Walter Glannon, "The Patient-Doctor Relationship", *Biomedical Ethics*, Oxford University Press, pp.23-46 참조.

달리 오늘날의 의사는 치료 과정에서 항상 주도적인 역할을 한다고 볼 수 없다. 정보통신기술의 발달은 환자 또한 다양한 의료 신기술에 관한 정보에 쉽게 접근할 수 있도록 만들었기 때문이다. 또한 "환자를 돕거나 적어도 해를 끼치지 말라"는 대원칙만 살펴보더라도 겉으로 보기에 우선순위를 정하거나 충돌하는 지점이 없는지 깊이 있게 헤아려볼 원리들이 배후에 놓여 있기 때문이다.

오랜 시간 동안 의사들은 의료에 있어서 요약된 도덕적 금언으로 히포크라테스 선서를 사용해왔다는 것을 새삼 거론할 까닭은 없는 듯이 보인다. 그런데 히포크라테스 선서가 우리의 관심을 끄는 이유는 그것이 의료 전문직이 가져야 할 윤리적 명령을 담고 있기 때문이다. 그가 가진 의사로서의 윤리관에 비추어보았을 때 현대 의료 환경에서도 중요한 의미를 갖는 도덕적 문제들이 무엇인지 생각해보자. 아래의 제시문은 다양한 형태의 히포크라테스 선서 중에서 가장 원형에 가까운 글이라고 평가받고 있는 글을 옮긴 것이다.

[히포크라테스 선서][2]

치유자이신 아폴론 신과 아스클레피오스, 히기에이아, 파나케이아 신, 그리고 그 밖의 모든 신들과 여신들께 맹세하노니, 나는 내 능력과 판단력이 닿는 데까지 최선을 다해 이 선서를 지키리라.

나는 내게 이 의술을 가르친 은사를 내 부모만큼이나 높이 받들 것이며, 그분이 필요로 한다면 내가 가진 가장 좋은 것들을 모두 그분과 나누리라. 나는 그의 자녀들을 내 자신의 피붙이처럼 여길 것이며, 배우고자 하는 소망만 있다면 수업료나 책무 없이 그들을 가르치리라. 나는 모든 수단을 동원하여 이 기술을 내 아들들과 스승의 아들들, 그리고 의사의 법도에 따를

---

2) 쿤트 헤거 지음, 『삽화로 보는 수술의 역사』, 김정미 역, pp.73-74

것을 서약한 제자들에게 전수하리라. 나는 내 능력과 판단이 허용하는 한 환자들에게 해를 입히는 것이 아니라 그들의 건강을 위해 처방하리라. 설령 부탁을 받더라도 그 누구에게도 치명적인 약이나 치명적인 조언을 해주지 않을 것이며, 또한 임산부의 낙태도 돕지 않을 것이다.

나는 순수함과 경건함 속에서 삶을 이끌고 기술을 발휘하리라. 결석은 제 거하지 않되, 전문 치료인에게 위임할 것이라. 매 순간 병자를 이롭게 하기 위해 왕진을 나설 것이며, 모든 악행이나 부패를, 그리고 남녀를 막론하고 모든 유혹을 멀리하리라. 의료 행위를 하는 동안 혹은 그렇지 않은 때라도 내가 듣거나 본 것 그리고 퍼져서는 안 될 사실은 모두 비밀로 유지하고 절 대 발설하지 않으리라.

내가 충실하게 이 서약을 지킨다면 인생을 즐기면서 의술을 펼칠 수 있 을 것이니, 시대를 막론하고 만민에게 존경을 받으리라. 그러나 위반할 시 에는 그 반대가 나의 몫이 되리라.

히포크라테스 선서에서 비교적 명시적으로 발견할 수 있는 도덕적 또는 윤리적 금언은 "(1) 충심(loyalty)과 신의성실(信義成實)의 의무, (2) 선행의 원리 와 악행금지의 원리 그리고 (3) 비밀유지의 의무" 같은 3가지 정도라고 할 수 있다. 그것들을 좀 더 자세히 평가해보자.

1. 충심(loyalty)과 신의성실(信義成實)의 의무

먼저 살펴볼 것은 의업에 종사하는 사람들이 가져야 할 "충심과 신의성실"과 관련된 것이다. 히포크라테스 선서에서는 그것에 대해 다음과 같이 말한다.

> "나는 내게 이 의술을 가르친 은사를 내 부모만큼이나 높이 받들 것이며, 그분이 필요로 한다면 내가 가진 가장 좋은 것들을 모두 그분과 나누리라. 나는 그의 자녀들을 내 자신의 피붙이처럼 여길 것이며, 배우고자 하는 소망만 있다면 수업료나 책무 없이 그들을 가르치리라. 나는 모든 수단을 동원하여 이 기술을 내 아들들과 스승의 아들들, 그리고 의사의 법도에 따를 것을 서약한 제자들에게 전수하리라."

도덕과 윤리의 차원에서 충심과 신의성실은 전문직의 자율규제 문제와 깊은 관련이 있다고 볼 수 있다. 그리고 이 문제는 앞선 장에서 '자율규제'를 논의하는 과정에서 이미 살펴보았다. 따라서 여기에서는 전문가 집단에서 자율규제, 충심 그리고 신의성실과 관련하여 제기할 수 있는 중요한 문제가 무엇이었는지 다시 확인하는 것으로 짧게 정리하는 것이 좋을 듯하다. 그 문제들은 다음과 같은 것이었다.

- 역사와 철학적 관점에서 자율규제, 충심 그리고 신의성실의 올바른 정의(definition)는 무엇인가?
- 내가 속한 집단에 대해 가질 수 있는 올바른 충심은 무엇인가?
- 내가 속한 집단에 대한 충심은 어떠한 경우에도 지켜져야 하는 것인가?
- 기타

2. 선행의 원리와 악행금지의 원리에 의거한 합리적 의사결정

히포크라테스 선서에서 다음으로 살펴볼 도덕적 또는 윤리적 의무와 관련된 문제는 "선행의 원리와 악행금지의 원리"다. 우리가 이미 잘 알고 있듯이, 그 두 원리는 (의료)생명윤리의 4대 원칙에 포함되어 있다.[3] 히포크라테스 선서에서는 그 두 원리에 대해 다음과 같이 말하고 있다.

> [악행금지의 원리와 선행의 원리]
>
> "나는 내 능력과 판단이 허용하는 한 환자들에게 해를 입히는 것이 아니라 그들의 건강을 위해 처방하리라. 설령 부탁을 받더라도 그 누구에게도 치명적인 약이나 치명적인 조언을 해주지 않을 것이며, 또한 임산부의 낙태도 돕지 않을 것이다.
>
> (중략)
>
> 매 순간 병자를 이롭게 하기 위해 왕진을 나설 것이며, 모든 악행이나 부패를, 그리고 남녀를 막론하고 모든 유혹을 멀리하리라. ……"

먼저 악행금지의 원리(principle of non-maleficence)를 보자. 악행금지의 원리는 간략히 말해서 "우리가 타인에게 의도적(intentionally)으로 해를 입히거나 타인에게 해를 입히는 위험을 초래하는 것을 금지하는 것"을 의미한다. 이러한 원칙은 의료 윤리뿐만 아니라 (사회) 도덕의 근본 원리를 이룬다고 할 수 있다.

다음으로 선행의 원리(principle of beneficience)는 "우리는 타인에게 가장 최선

---

3) 생명윤리의 4대 원칙은 "자율성의 원칙, 선행의 원칙, 악행금지의 원칙 그리고 정의의 원칙"이다. 자율성의 원칙에 관해서는 "충분한 설명에 근거하는 자발적 동의"를 고찰하는 과정에서 다루었으며, "정의의 원칙"에 관해서는 "의료자원의 분배"를 논의하는 과정에서 살펴보았다. 따라서 여기서는 "선행의 원리와 악행금지의 원리"를 중점적으로 살펴볼 것이다.

이 되는 행위를 하거나 타인의 이익을 최우선으로 삼아야 한다"로 요약할 수 있다. 그리고 여기에서 '선행(善行)'이란 일상적으로 타인에 대한 친절한 행위, 사려 깊은 행위, 동정적 행위, 자비로운 행위 그리고 이타주의적(altruistic) 행위 등을 가리킨다. 또한 선행은 타인의 고통을 덜어주거나 타인에게 행복을 안겨주기 위해 그들을 배려하는 행위도 포함한다. 만일 이와 같이 선행을 두 유형으로 구분할 수 있다면, 선행은 타인에게 해를 입히지 말아야 하는 '소극적 의무(negative duty)'와 타인을 도와야 하는 '적극적인 의무(positive duty)'로 나누어 생각할 수 있다.[4)]

의무(duty, obligation)의 측면에서 악행금지의 원리와 선행의 원리를 구분한다면, 전자는 소극적인 의무에 해당하고 후자는 적극적인 의무에 속한다고 볼 수 있다. 악행금지의 원칙은 "어떠한 경우에도 타인에게 해를 입혀서는 안 된다"는 도덕적 명령이라는 점에서 '소극적인 의무'이며, 선행의 원리가 직접적으로 말하고자 하는 것은 "타인과의 관계에서 타인의 이익을 최우선적으로 고려하라"는 도덕적 명령이라는 측면에서 '적극적인 의무'이기 때문이다. 간략히 말해서, 선행의 원리는 악행금지의 원리를 넘어서서 타인의 이익까지 고려하는 것이라고 할 수 있다.[5)]

---

4) 프랑케나(W. K. Frankena)는 선행을 다음과 같은 네 개의 조건부 의무(prima facie duty)로 구성되어 있는 것으로 보았다.

① 피해나 해악을 입혀서는 안 된다.
② 피해나 해악을 방지해야 한다.
③ 해악을 (적극적으로) 제거해야 한다.
④ 선을 행하거나 증진시켜야 한다.

만일 선행에 관한 프랑케나의 분석이 옳다면, 선행의 원칙은 통상 "선을 행하고 피해의 방지를 요구"한다고 간략히 정리할 수 있다. 그런데 우리는 여기서 한 가지 의문점을 제기할 수 있을 것이다. 만일 선행을 프랑케나의 조건부 의무 분석에 따라 해석할 경우, 선행의 원칙은 악행금지의 원칙을 함축하고 있는 듯이 보이기 때문이다. 말하자면, 프랑케나가 제시한 조건부 의무 중에서 ①~③, 또는 적어도 ①과 ②는 악행금지의 원칙을 직접적으로 말하고 있는 듯이 보인다. 하지만 이와 같은 의문점은 "선행의 원칙"과 "선행의 의무"를 혼동한 데서 비롯된 오해라고 할 수 있다.

5) "선행이 의무인가"에 관해서는 많은 논의가 필요하다. 간략히 말해서, 선행이 '칭찬'받아 마땅하다

1) 검은 상자의 유비: 사고실험

다음과 같은 가정적 사례에서 당신은 어떤 선택과 결정을 하겠는가? 그러한 선택과 결정을 내린 나름의 이유를 제시하고 분석해보자.

A와 B는 유년기를 보낸 오랜 친구이기도 하지만 의학을 함께 연구하고 있는 학문적 동료이기도 하다. A와 B는 대학 연구소에서 유전자를 연구했다. 그런데 몇 해 전 B는 대학 연구소를 사직하고 그간의 연구 성과와 기술을 활용해 신약을 개발하기 위해 바이오 연구 업체를 창업했다. B의 회사는 초기에는 아무런 문제없이 잘 운영되는 듯이 보였다. 신약 개발을 위한 연구도 잘 진행되었으며, 회사 운영과 발전을 위한 외부 투자도 원활하게 이루어졌다. 그런데 최근에 문제가 발생했다. 오랜 연구를 통해 개발하고 있는 신약 연구에 대한 결과가 예상보다 많이 늦어지는 바람에 자금 압박을 받기 시작한 것이다. B는 며칠은 겨우 버틸 수 있겠지만, 조만간 자본을 잠식당해 현재 진행 중인 신약 개발 연구조차 완수할 수 없을뿐더러 파산하게 될 것을 알고 있다. B는 최후의 방편으로 (절친한 친구인) A에게 도움을 청하는 것이 좋겠다고 마음먹었다. A에게 연락을 취해 그간의 사정을 말하고 10억 원을 빌려줄 것을 청한다. B에게는 A만이 마지막 희망이다. 만일 A가 B의 요청을 거절한다면, B에게는 연구의 중단과 파산을 막을 다른 방법은 없다.

A는 미국에서 열리는 유전자 관련 학회에 한 달 일정으로 참석 중에 B로부터 전화를 받는다. A는 B로부터 그간의 사정을 듣고 흔쾌히 그를 돕고자 한다. 그런데 A는 얼마 전 곧 있을 결혼 때문에 주택을 구입해서 10억이라

는 데 동의하지 않을 사람은 없을 것이다. 하지만 선행을 하지 않는다고 해서 '비난'받아야 하는가에 대해서는 논란이 있을 수 있다. 이러한 측면에서, 선행은 의무를 넘어서는 요구라는 견해를 지지해볼 수 있다.

는 큰 현금을 가지고 있지 않다. 게다가 A는 현재 미국에 있기 때문에 대출을 신청할 수도 없는 상황이다. A는 불현듯 출국 전에 B에게 맡겨둔 '검은 상자'를 떠올렸다. 그 검은 상자에는 부모님께 상속받은 제법 큰 다이아몬드가 여러 개 들어 있다. 급하게 처분하거나 담보로 대출을 받는다고 하더라도 최소한 20억 정도는 받을 수 있을 것이다. A는 B에게 검은 상자의 잠금 장치의 비밀번호를 알려주려는 순간 잠시 머뭇거린다. 검은 상자에 들어 있는 다이아몬드가 아까워서 그런 것은 아니었다. A는 자신의 연구를 위해 맹독을 가진 방울뱀을 키우고 있는데, 그 방울뱀을 다이아몬드와 함께 검은 상자에 넣어둔 것 같은 생각이 들었기 때문이다. 그 방울뱀의 독은 매우 치명적이어서 만일 사람이 물린다면 독이 20초 이내에 심장을 공격하고, 그것은 곧 그 사람의 사망을 의미한다. 만일 다행스럽게도 A의 의구심이 틀린 것이라면, B는 안전하게 다이아몬드를 찾을 수 있을 것이다. 반면에 만일 A의 의구심이 불행하게도 맞는 것이라면, B는 방울뱀에게 물려 사망하게 될 것이다. 게다가 검은 상자는 특수한 공법으로 제작되었기 때문에 올바른 비밀번호를 입력하여 정상적으로 여는 방법 외에는 그것을 열 수 있는 다른 방법이 없으며, 또한 그것을 흔들거나 하는 방법으로는 그 안에 무엇이 들어 있는지 전혀 알 수 없다.

검은 상자의 (사고실험) 사례에서, 우리가 생각해보아야 할 것은 A의 입장에서 그리고 B의 입장에서 선택과 결정을 내릴 때 고려해야 할 것들 또는 원칙들에 관한 것이다. 먼저 B의 경우를 생각해보자. A가 B에게 비밀번호를 알려주었다고 가정할 경우, B의 선택과 결정 과정에서 그가 고려할 수 있는 조건과 원칙은 무엇인가?

[B의 경우]

A는 고민 끝에 그 모든 사실을 B에게 말하고 비밀번호를 알려준다고 해 보자. 만일 그렇다면, B에게 놓인 문제 상황을 간략히 정리하면 다음과 같다.

[문제 상황]

a. 다이아몬드가 검은 상자 안에 들어 있는 것은 분명하다(100%).

b. 방울뱀은 검은 상자 안에 들어 있을 수도 있고, 그렇지 않을 수도 있다 (50%).

c. B가 연구의 중단과 파산을 피할 수 있는 유일한 방법은 검은 상자 안의 다이아몬드를 찾는 것뿐이다.

d. 만일 방울뱀이 검은 상자 안에 들어 있고 그 뱀에게 물린다면 반드시 사망한다.

e. 검은 상자를 열지 않고 그 안의 내용물을 확인할 수 있는 방법은 없다.

그리고 만일 '검은 상자'의 문제 상황이 이와 같다면 B에게 주어진 선택지 는 다음과 같은 두 가지다.

선택 1: 죽음의 위험을 무릅쓰고 검은 상자를 열어 다이아몬드를 갖는다.

선택 2: 검은 상자를 열지 않는 대신에 다이아몬드를 포기한다.

만일 당신이 B라면 어떻게 하겠는가? 말하자면, 다이아몬드를 얻기 위해 방울뱀에 물려 사망할 수 있는 위험을 감수하고 검은 상자를 열겠는가, 아니 면 다이아몬드를 포기하고 검은 상자를 열지 않겠는가?

<B의 선택(결정)>

나는 검은 상자를 (　　　　) 것이다. 왜냐하면 ……

검의 상자의 사례에서 B는 어떤 결정을 내리기 위해 적어도 두 가지 원리 또는 접근법을 고려할 수 있다. 미리 말하자면, 그것은 "생명존중에 따른 자연적 접근법"과 "기회비용 계산에 따른 공리적 접근법"이다. 두 접근법의 세부적인 내용은 이렇다.

[생명존중에 따른 자연적 접근][6]

이와 같은 문제 상황에서 먼저 고려할 수 있는 것은 '생명존중 사상'에 따른 자연적 접근법이다. 우리 대부분은 일반적으로 사람에게 있어 생명보다 귀한 것은 없으며, (물질)세계의 그 어떠한 것도 생명의 가치보다 더한 것은 없다고 생각한다. 만일 B가 이러한 생각을 가장 기초적인 판단 근거로 삼는다면, 그는 비록 자신의 연구가 아쉽게도 중단되고 파산할 수 있다는 것을 안다고 하더라도 검은 상자를 여는 위험을 감수하지 않을 것이라고 일반적으로

---

6) 자연적 접근법은 자연법 윤리학을 의미한다. 그리고 자연법 윤리학은 인간이 가진 자연적인 인간의 경향성에 의해 구체화된 가치들에 의존하고 있다. 첫째, 인간의 신체와 밀접하게 관련되어 있고 다른 동물과도 공유하는 생물학적 가치. 둘째, 인간적인 측면과 더 긴밀하게 관련되어 있는 인간 특유의 가치. 그리고 인간의 생물학적 가치를 구성하는 중요한 두 요소는 '삶(생명)'과 '출산'이고 인간 특유의 가치를 구성하는 두 요소는 인간이 축적한 '지식'과 '사회성'이다. 그러한 측면에서 검은 상자의 사례에서 B가 자신의 생명을 중시하는 것은 자연법 윤리학을 따르는 결정이라고 할 수 있다. C. E. Harris, 『도덕 이론을 현실 문제에 적용시켜 보면』, 김학택 · 박우현 역, 서광사, 2004, pp.113-114

예견할 수 있다.

[기회비용 계산에 따른 공리적 접근]

B가 다음으로 고려할 수 있는 방법은 "기회비용 계산에 따른 공리적 접근"이다. 공리주의에 관한 대략의 내용은 7장과 9장 등에서 이미 살펴보았다. 간략히 말해서, 공리주의의 제1 원칙인 효용의 원리에 따르면 어떤 행위를 함으로써 산출되는 이익 또는 효용이 가장 큰 행위는 좋은(또는 선한) 행위다. 따라서 B가 공리주의적 접근법을 가장 기초적인 판단 근거로 삼는다면, B는 먼저 두 가지 비용을 계산하거나 상정해야 한다. 첫째, 자신의 생명 값을 상정해야 한다. 둘째, 검은 상자를 열 경우의 기대이익을 계산해야 한다. 우선 후자를 먼저 계산해보자. 검은 상자 안에 다이아몬드가 들어 있는 것은 확실하므로 확률적으로 1이고, 그 가치는 적어도 20억 원 이상이다. 반면에 검은 상자에 맹독의 방울뱀이 들어 있는지는 확실하지 않으므로 검은 상자 안에 방울뱀이 있을 확률은 0.5다. 따라서 B가 검은 상자를 열어 확인하는 행위의 기대이익은 "(명시적 이익) 20억 원 이상 × (위험 확률) 0.5"로부터 얻을 수 있으며, 따라서 적어도 10억 원 이상이다.

이 사례에서 B가 검은 상자를 열 경우에 기대할 수 있는 비용이 적어도 10억 원 이상이라면, B가 자신의 생명의 가치를 어떻게 상정하는가에 따라 그의 행위는 달라질 수 있다. 예컨대, B가 자신의 생명의 가치를 10억 원보다 더 큰 가치를 갖는다고 상정한다면, 그는 생명을 잃을 위험을 감수하면서 검은 상자를 열지는 않을 것이다. 반면에, B가 자신의 생명의 가치를 10억 원보다 작은 가치로 평가한다면, 그는 비록 생명을 잃을 수 있는 매우 큰 위험을 감수해야 하더라도 검은 상자를 열 것이다. (B가 자신의 생명 가치를 10억 원으로 상정한 경우 또한 위험을 감수하고 상자를 열 것이라고 예견할 수 있다. 다이아몬드로부터 발생하는 기대이익이 적어도 10억 원과 같거나 더 크기 때문이다.) 이것을 정리하면 다음과 같다.

기대이익	생명의 가치	기회비용	행위
20억(이상) × 0.5 = 10억(이상)	10억 초과	㉠ − a	검은 상자를 열지 않는다.
	10억	㉡ 0(또는 +a)	검은 상자를 연다.
	10억 미만	㉢ +a	검은 상자를 연다.

지금까지의 논의를 정리하면 다음과 같다. 말하자면, B는 생명존중에 따른 자연적 접근에 의거할 경우 생명을 잃을 수 있는 위험을 감수하지 않을 것이다. 또한 기회비용의 계산에 따른 공리적 접근을 하더라도 자신의 생명의 가치가 10억 원보다 크다고 생각할 경우에도 검은 상자를 열지 않을 것이다. 반면에 만일 B가 검은 상자를 여는 것의 기대이익과 생명의 가치에 대한 평가로부터 기회비용을 산출할 때 그 기회비용이 자신의 생명의 가치보다 크다고 판단한다면, 아마도 그는 비록 생명을 잃을 수 있는 위험이 있다고 하더라도 검은 상자를 열어볼 것이라고 예측할 수 있다.

[A의 경우]

다음으로 상황을 바꾸어 A의 입장에서 검은 상자의 사례를 평가해보자. 만일 당신이 A라면 어떻게 하겠는가? 말하자면, 당신은 B에게 모든 사실, 즉 검은 상자 안에 적어도 20억 원의 가치가 있는 다이아몬드가 있다는 사실(확률적 1)과 맹독의 방울뱀이 있는지는 확실하지 않다는 사실(확률적 0.5)을 알리고 B에게 그 상자의 비밀번호를 알려주겠는가, 또는 알려주지 않겠는가? A에게 놓인 문제 상황은 앞서 살펴본 B의 경우와 크게 다르지 않다.

[문제 상황]
f. 다이아몬드가 검은 상자 안에 들어 있는 것은 분명하다(100%).

g. 방울뱀은 검은 상자 안에 들어 있을 수도 있고, 그렇지 않을 수도 있다 (50%).

h. B가 연구의 중단과 파산을 피할 수 있는 유일한 방법은 검은 상자 안의 다이아몬드를 찾는 것뿐이다.

i. 만일 방울뱀이 검은 상자 안에 들어 있고 그 뱀에게 물린다면 반드시 사망한다.

j. 검은 상자를 열지 않고 그 안의 내용물을 확인할 수 있는 방법은 없다.

k. A는 B의 처지를 이해하고 있으며 그를 적극적으로 돕고 싶다.

그리고 만일 '검은 상자'의 문제 상황이 이와 같다면 A에게 주어진 선택지는 다음과 같은 두 가지다.

선택 1: B에게 검은 상자의 비밀번호를 알려준다.

선택 2: B에게 검은 상자의 비밀번호를 알려주지 않는다.

〈A의 선택(결정)〉

나는 검은 상자의 비밀번호를 (   ) 것이다. 왜냐하면 ……

검은 상자의 사례에서 A가 처한 상황은 B와는 사뭇 다르다고 볼 수 있다. 그렇기 때문에 A가 어떤 결정을 내리기 위해 직접적으로 고려할 수 있는 접근법도 다를 수밖에 없다. 그럼에도 불구하고 우선 A 또한 B가 어떤 결정을

내리기 위해 적용했던 원리 또는 접근법에 의거하여 평가해보는 것이 도움이 될 것이다.

[생명존중에 따른 자연적 접근법]

A 또한 앞선 상황에서의 B와 마찬가지로 생명존중에 따른 자연적 접근법에 기초하여 자신의 행위를 결정할 경우 B에게 검은 상자의 비밀번호를 알려주지 않을 것이다. A는 B에게 검은 상자의 비밀번호를 알려주지 않는다는 것은 곧 B가 수행 중인 연구의 실패와 파산을 의미한다는 것을 알고 있다. 그럼에도 불구하고 A가 1차적으로 고려하고 있을 뿐만 아니라 가장 중요한 가치로 삼고 있는 것은 '생명'이다. 따라서 A는 B가 맹독의 방울뱀에게 물려 죽을 수도 있다는 것을 알고 있음에도 불구하고 검은 상자의 비밀번호를 알려줄 것이라고 추론하는 것은 합리적이지 않다. 따라서 우리는 일반적으로 A가 B에게 비밀번호를 알려주지 않을 것이라고 추론할 수 있다.

[기회비용 계산에 따른 공리적 접근법]

결론부터 말하자면, A는 B와 달리 기회비용 계산에 따른 공리적 접근에 의거하여 어떤 결정을 할 수 없다. 왜냐하면 이 사례에서 어떤 행위의 결과로부터 A가 가질 수 있는 이익은 전혀 없거나 B가 가질 수 있는 이익과 질적으로 다르기 때문이다. 말하자면, B의 경우에는 (적어도 겉으로 보기에) '20억 원' 이상의 명목적인 실질이득 또는 '10억 원' 이상의 기회비용의 '물질적 이익'을 기대할 수 있다. 반면에 A의 경우에는 그 어떠한 물질적 이익도 얻지 못한다. A의 행위는 B가 절박한 상황에서 벗어날 수 있도록 돕고자 하는 것이기 때문이다. 설령, 이 상황에서 A가 어떤 이익을 얻는다고 하더라도 그것은 물질적 이익이 아닌 (다행스럽게도 검은 상자에 방울뱀이 없었기 때문에) B를 도울 수 있다는 또는 우정을 지키거나 굳건히 할 수 있다는 '정신적 또는 심리적 차원'의 이익

뿐이다.

어떤 사람은 A가 얻을 수 있는 정신적 또는 심리적 차원의 이익 또한 넓은 의미에서 '공리적 이익'을 얻는 것이라고 생각할 것이라고 추정해볼 수 있다. 하지만 그러한 반론이 적절한 것이라고 하더라도 적어도 검은 상자의 사례에서 A는 결국 비밀번호를 알려주지 않는 결정을 할 것이라고 어렵지 않게 추론할 수 있다. 앞선 B의 경우와 마찬가지로 기회비용에 따른 공리적 접근을 적용한다면, 우리는 다음과 같은 결과를 도출할 수 있기 때문이다. 말하자면, 검은 상자의 사례에서 A가 비밀번호를 알려주거나 알려주지 않을 경우에 산출되는 행위의 결과는 다음과 같은 4가지 경우라고 할 수 있다.

	방울뱀 없음	방울뱀 있음
비밀번호 알려줌	㉠ B를 도움	㉡ B의 죽음
비밀번호 알려주지 않음	㉢ B를 돕지 못함	㉣ B를 돕지 못함

A는 ㉠~㉣과 같은 4가지 경우 중에서 어떤 결과를 가장 피하고자 할 것인지를 생각해보면, 그가 내릴 결정을 추론해볼 수 있을 것이다. 만일 A가 ㉠이 주는 심리적 이익이 ㉡으로부터 얻을 수 있는 심리적 이익보다 크다고 판단하거나(㉠>㉡), ㉢과 ㉣로부터 초래되는 정신적인 미안함이 ㉡으로부터 발생하는 정신적인 괴로움보다 크다고 생각한다면, A는 B에게 비밀번호를 알려주기로 결정할 것이다. 그와 반대로, 만일 A가 ㉡으로부터 초래되는 정신적인 손해나 피해가 가장 크다고 판단한다면, A는 B에게 비밀번호를 알려주지 않을 것이다. 그리고 만일 우리 대부분이 '죽음'으로부터 초래되는 손실이 물질적 측면에서뿐만 아니라 정신적 측면에서도 가장 크다는 데 동의할 수 있다면, A의 선택은 (아마도) 비밀번호를 알려주지 않는 것이 될 것이라고 추론할 수 있을 것이다.

[선행의 원리와 악행금지의 원리에 따른 결정]

만일 사정이 이와 같다면, 검은 상자의 사례에서 A가 어떤 선택과 결정을 내리기 위해 직접적으로 고려할 수 있는 원리는 생명존중에 따른 자연적 접근법이나 기회비용 계산에 따른 공리적 접근법과 다른 것이어야 함을 알 수 있다. 그리고 A는 적어도 앞서 언급한 두 접근법에 더하여 다른 두 가지 원리에 의거하여 어떤 행위를 할지를 결정할 수 있다. 미리 말하자면, A는 '선행의 원리[7]'와 '악행금지의 원리'에 의거하여 자신의 행위를 결정할 수 있다. 선행의 원리에 의하면 행위자는 타인과의 관계에서 타인의 이익을 최우선적으로 고려해야 한다.[8] 그러한 측면에서 선행의 원리는 타인을 도와주어야 한다는 적극적인 의무를 반영하고 있다고 할 수 있다. 반면에 악행금지의 원리는 타인을 해하지 말아야 한다는 소극적 의무를 반영하고 있다고 볼 수 있다. 그런데 (적어도 검은 상자의 사례에서는) 이와 같이 서로 다른 의무의 성격을 갖고 있는 두 원리는 따로 떨어뜨려 생각하기 어려운 측면이 있다. A가 선택한 행위 결

---

7) 선행(beneficence)을 행하는 것과 자신의 이익이나 편리함을 추구하는 것의 양자 선택 상황에서 갈등하는 경우가 있다. 그리고 자신의 이익이나 편리함을 추구하여 선행을 행하지 못하는 경우, 윤리적 자책감을 갖기도 한다. 아마도 이것은 우리가 선행이 도덕의 일부이며, 의무라고 생각하기 때문일 것이다. 이러한 경향은 몇몇 전문직의 직업윤리 영역과 의료윤리 영역에서 현저하다. 그러나 선행을 의무로 간주할 수 없다는 주장도 있다. 즉 선행은 도덕적 의무의 요구를 넘어서는 것으로 칭찬받을 만한 것이며, 유덕한 것이지 의무는 아니라는 것이다. 이런 주장에 의하면, 내가 설령 누군가에게 선행을 행해야 한다 할지라도 그것은 그가 나의 선행에 대한 권리를 가지고 있는 경우에 한하는 것이다. 더구나 그가 그런 권리를 가지고 있다 할지라도 항상 가지고 있는 것도 아니다. Frankena, W. *Ethics*, Prentice-Hall, Inc., Englewood Cliffs, New Jersey, p.46 참조.

8) 선한 행위를 정의할 수 있는 방식은 적어도 두 가지가 있다. 첫째는 행위자의 의도에 따른 정의 방식이고, 둘째는 행위의 결과에 따른 정의 방식이다. 행위자의 의도에 따른 정의 방식에 의하면, 행위자의 의도가 명확하고, 그 의도가 타인에게 도움을 주려는 것이었다면, 그 의도에 따른 행위가 타인에게 사실상 이익이 되었다는 사실과 무관하게 그 행위는 선한 행위다. 행위의 결과에 따른 정의 방식에 의하면, 행위의 결과가 명확하게 타인에게 이익이 되었다면, 행위자가 선한 결과를 의도했다는 사실과 무관하게 그 행위는 선한 행위가 될 것이다. 이런 구분은 선의(benevolence)와 선행(beneficence)의 구분과 정확히 일치한다. Beauchamp, T. and Childress, J., *Principles of Biomedical Ethics* (5th eidtion), Oxford, p.166. 여기에서 선행은 타인에게 이익을 주려는 행위로, 선의는 타인에게 이익을 주려는 경향을 갖는 성품이나 덕으로 정의되고 있다.

정에 따라 다른 결과가 초래되리라고 예상할 수 있기 때문이다.[9]

우선, 검은 상자의 사례에서, A가 선행의 원리에 의거하여 행위를 결정한다고 해보자. A는 B가 매우 절박한 상황에 처해 있음을 알고 있고 그를 적극적으로 돕고자 하기 때문에 자신이 상속받은 다이아몬드를 B에게 선뜻 주고자 할 것이다. 만일 그렇다면, 우리는 아마도 A가 B에게 검은 상자의 비밀번호를 알려줄 것이라고 추론할 수도 있을 것이다. 하지만 문제는 그렇게 간단하지 않다. 만일 A가 B를 생명을 잃을 위험에 처하게 하지 않는 것 또는 그의 생명을 구하는 것이 그를 적극적으로 돕는 것이라고 생각한다면, A는 B에게 검은 상자의 비밀번호를 알려주지 않을 것이기 때문이다.

다음으로, A가 악행금지의 원리에 의거하여 행위를 결정한다고 해보자. 이 경우는 A가 선행의 원리에 의거하여 결정하는 경우를 분석하는 것보다 분명해 보인다. 우리 대부분은 사람의 생명에 견줄 만한 것이 없다는 데 일반적

---

9) 선행의 원리와 악행금지의 원리에 관한 근거는 기독교의 성경과 유학 같은 종교의 영역에서도 다양한 원전을 통해 확인할 수 있다. 예컨대, 기독교에서는 그것에 관해 다음과 같이 말한다.

- 황금률(Golden Rule)
  "무엇이든 남에게 대접을 받고자 하는 대로 너희도 남을 대접하라"(마태복음 7:12)
  "남에게 대접받고자 하는 대로 너희도 남을 대접하라"(누가복음 6:31)
- 은율(Silver Rule)
  "너에게 남이 행하기를 원하지 않는 것을 결코 남에게 행하지 말라"(외경, 토트비서 4:5)

그리고 유학에서는 다음과 같은 가르침을 제시한다. 『중용(中庸)』에서는 다음과 같이 말한다.

忠恕違道不遠(충서위도불원)하니 施諸己而不願(시제기이불원)을 亦勿施於人(역물시어인)이니라. (충과 서는 도에서 어긋남이 멀지 아니하니, 자기에게 베풀어짐을 원하지 않는 것을 또한 남에게 베풀지 말아야 한다.) [제13장] 도(道)의 현실성(現實性)과 충서(忠恕)

간략히 말해서, 공자는 "자기가 하고 싶지 않은 일을 남에게 시키지 말라"고 말했다. 이에 덧붙여, 증자는 충서(忠恕)에 관해 말한다.

충(忠, positive obligation): 다른 사람에게 최선을 다하라.
서(恕, negative obligation): 내가 원하지 않는 것은 타인에게도 원하지 말라.

"또는 그러면 선을 이루기 위해 악을 행하자 하지 않겠느냐, (어떤 이들이 이렇게 비방하여 우리가 그런 말을 한다고 하니) 저희가 정죄 받는 것이 옳으니라" - 선을 이루기 위해 악을 행할 수 없다(로마서 3:8).

으로 동의한다. 만일 그렇다면, A가 B에게 검은 상자의 비밀번호를 알려준다는 것은 B의 생명을 의도적으로 빼앗는 악행을 저지르는 것을 의미하고, 따라서 A는 B에게 비밀번호를 결코 알려주지 않을 것이다. 말하자면, A가 B에게 비밀번호를 알려준다는 것은 타인에게 해악을 끼치는 행위이기 때문이다.

2) 도덕적 판단과 합리적 의사결정

하지만 세상만사 모든 일이 선행과 악행으로 분명하게 구분되는 것은 아닐 것이다. 달리 말하면, 어떤 경우에는 일반적으로 선행이라고 여겨졌던 행위가 결코 선행이 아닐 수도 있다. 예컨대 그 행위는 악행이거나 적어도 선행은 아닐 수 있다는 것이다. 또는 우리가 어떤 문제에 대해 같은 결정을 내렸다고 하더라도 그렇게 결정한 이유는 서로 다를 수도 있다.

당신은 다음과 같은 사례에서 어떤 결정을 내리겠는가? 그리고 당신은 그러한 결정을 어떤 (도덕) 원리를 근거삼아 도출하고 있는가? 아래의 사례에 관련된 물음에 답함으로써 그것들을 생각해보자.

〈사례〉

다음의 가정적인 사례를 상상해보자. 홍길동은 현재 67세로 1기 비소세포폐암 환자다. 1기 비소세포폐암에 대한 치료방법은 수술과 약물치료가 있다. 홍길동의 현재 상태는 암을 초기에 발견했기 때문에 수술이 성공적으로 수행된다면, 암세포를 완전히 제거함으로써 완치될 수 있다. 반면에 환자의 나이를 고려했을 때 수술에 따른 부작용, 예컨대 폐렴 또는 뇌졸중 등이 동반될 수 있다. 이미 잘 알고 있듯이, 고령의 환자가 폐렴 등에 걸렸을 경우 회복이 쉽지 않으며, 최악의 경우 사망에 이를 수도 있다. 수술을 하지 않고 약물치료를 수행할 경우 수술에 따른 부작용은 걱정하지 않아도 되지만, 완

치를 장담할 수 없을뿐더러 치료 경과도 매우 느리다. 또한 제대로 관리하지 않을 경우 더 악화될 가능성도 있다. 게다가 경우에 따라서는 환자가 평생 약물을 복용해야 할 수도 있다.

제시된 사례에서 의사는 환자를 시술할 때 침습적 진료(수술)와 소극적 진료(약물치료) 중 어떤 것을 선택해야 하는가?

> 물음 1. 당신이 내린 결정은 히포크라테스 선서의 어떤 도덕 원리에 기초하고 있는가?

> 물음 2. 당신이 내린 결정을 분석적 요약의 형식에 맞추어 논증으로 구성해보자.

[1단계] 문제와 주장
  〈문제〉
  홍길동 환자에게 침습적 진료(수술)와 소극적 진료(약물치료) 중 어떤 선택을 해야 하는가?
  〈주장〉

[2단계] 핵심어(개념)

[3단계] 논증 구성
  〈숨은 전제(기본 가정)〉

〈논증〉

_____

_____

_____

_____

_____

_____

_____

[4단계] 함축적 결론
　〈맥락(배경, 관점)〉

_____

　〈숨은 결론〉

_____

　　다음에 제시하고 있는 예시글과 그것에 대한 반론은 같은 도덕 원리에 기초한 결정이라고 하더라도 다른 선택을 초래할 수 있다는 것을 보여주고 있다. 주어진 문제 상황에 대해 자신이 내린 결정과 아래의 글에서 밝히고 있는 결정과 이유를 비교해보자.

　　[예시] ○○의대 최△△(예과 2년)
　　히포크라테스 선서에 나온 도덕 원리 중 눈여겨볼 만한 점은 의사의 도덕적 판단행위를 당연시하고 있다는 점이다. 이는 비치가 제시한 의사의 4가지 모델 중 성직자 모델에 가깝다고 볼 수 있다. 이 내용이 히포크라테스 선서에서 구현된 부분을 각 문단별로 요약하면 다음과 같다.
　　우선, 첫 번째 문단에서 의사는 절대자로부터 신성한 힘을 받은 권위적 존재로 묘사되고 있다. 그들에게 힘을 부여한 자는 초월적 존재이기에 의사는 그들의 분신적 역할을 담당하는 대리자적 성격을 띤다. 이 과정은 '맹세'라는 행위를 통해 보다 확실시된다. 두 번째 문단에서는 의사의 윤리적 당위성에 대해 설명하고 있다. 여기서 의사는 단순히 자신만을 위하는 것이 아니라 은사의 자식들이나 자신의 제자들을 가르쳐야 할 의무를 지닌다. 세 번째 문단에서 의사는 환자의 부탁을 묵과할 수 있는 능력을 지닌다. 다시 말해서 환자가 아닌 의사가 모든 도덕적 판단을 내리며, 그 판단을 환자는 그저 따라야 하는 것이다. 이 문단에서 성직자 모델의 특성이 두드러진다. 네 번째 문단에서 의사는 악행과 부패, 유혹을 멀리해야 하는 의무를 지닌다. 이는 두 번째 문단과 대응되는 내용으로 의사의 윤리적 당위성을 강조한다. 마지막 문단은 '권선징악'적 내용이 표출된다. 의사는 신성한 직책이기에 그 의무를 다하지 않아 신성성을 훼손하는 경우 벌을 받게 되는 것이다. 이처럼 히포크라테스 선서는 의사를 도덕적 판단 능력을 겸비한 성직자의 개념으로 인식했고, 그들의 권위를 절대자의 힘을 빌려 정당화했다.

이러한 분석으로부터 히포크라테스 선서에 담긴 윤리적 주장의 핵심 내용과 근거들을 논증 형식으로 간략히 정리하면 다음과 같다.

[근거들]

① 의사는 능력과 판단이 허용하는 한 환자들에게 해를 입히는 것이 아니라 건강을 위해 처방해야 한다.

② 의사는 부탁을 받을지라도 그 누구에게도 치명적인 약이나 조언을 해서는 안 된다.

③ 건강이라 함은 개인에게 부여된 사회적 역할과 의무를 다할 수 있는 최적의 상태다.

④ 지속적인 고통을 받는 것은 죽음보다도 삶의 질을 떨어뜨린다.

⑤ 삶의 질이 떨어진 상태에서 개인은 그들의 사회적 역할과 의무를 이

행하는 데 어려움이 따른다.

⑥ 소극적 진료가 실패할 경우 지속적인 고통을 준다.

그리고 이와 같은 근거들로부터 다음과 같은 세 결론을 추론할 수 있는 것 같다.

C_1. 지속적인 고통을 받아 삶의 질이 떨어진 개인은 건강하지 못하다.

C_2. 의사는 지속적인 고통을 초래할 수 있는 처방을 해서는 안 된다.

C_3. 의사는 진료에 실패할 경우 지속적인 고통을 주는 소극적 진료행위를 설사 환자에게 부탁을 받을지라도 처방을 해서는 안 된다.

히포크라테스 선서를 분석하여 도출한 결론에서 알 수 있듯이, 의사는 주어진 사례와 같은 경우에 침습적 진료를 선택해야 한다. 내가 침습적 진료를 행해야 한다고 주장하는 근거로 든 내용들은 그저 내 사견에 불과한 것이 아니다. 그것은 오히려 현대의학의 추세에 근거한 논리의 산물이며, 그 객관성 또한 분명하다. 지금부터 그 내용을 기술하고자 한다.

먼저 ④번 내용의 뒷받침하는 내용을 말하자면, 삶의 질에 관한 논증임을 알 수 있다. 삶의 질에 관한 의학의 관점은 두 가지 면에서 그 변화를 겪었다. 죽음과 질병을 바라보는 관점이 그것이며, 이 둘의 변화의 공통적 특성이 ④번 내용이다. 첫 번째로, 죽음에 대한 관점이 치유의 개념에서 관리의 개념으로 바뀌고 있다. 이전의 의학이 환자를 어떻게 죽음으로부터 멀리해야 하는지에 주목했다면, 요즘의 추세는 어떻게 해야 잘 죽을 것인가(well-dying)에 대한 물음으로 변모한 것이다. 이는 더 이상 죽음이 무조건적으로 피해야 할 대상이 아니라 가장 효율적으로 죽는 방향을 택하는 선택의 과정으로 변했음을 의미한다.

또한, 질병을 바라보는 관점도 변모했다. 이전의 의학이 질병을 그저 '병'으로 인식했다면 최근의 의학은 질병을 앓고 있는 환자에게 주목하고 있다. 이는 WHO에서 국제표준건강분류 Code(WHO-FLC)를 만드는 과정에서 살펴볼 수 있는데, 예전의 방식에서는 질병(Disease)에 주목하여 분류를 하여 ICD(D는 Disease)를 만들었다면, 최근에 와서는 기능에 중점을 두어 ICF(F는 Functioning. 삶)에 그 초점을 두고 있다. 이를 통해 현대의학은 더 이상 질병에만 집중하는 것이 아니라, 환자의 삶의 질에 더 주목함을 알 수 있다. 이와 같은 상황에서 ④번 논증은 그 신뢰도가 높아진다. 특히 이 내용은 다른 논증들과 더불어 "계속 고통을 받느니 차라리 죽는 것이 낫다"라는 결론도 이끌어낼 수 있게 된다.

나는 이 주장을 히포크라테스 선서의 성직자 모델과도 관련짓고 싶다. 실상 환자가 죽음을 무조건적으로 반대하고 있더라도 환자는 자신의 선택에 대한 지식이 부족할 것임에 틀림없기 때문이다. 그들은 그저 인터넷 같은 멀티미디어를 통해 자신의 결정을 뒷받침하고 있을 것이기에 전문적인 지식을 갖춘 의사의 판단보다 미숙할 것이다. 그러므로 나는 의사가 본문 같은 상황에 있을 때 단호히 침습적 진료를 행해야 한다고 생각한다. 그 판단은 호기 넘치는 의사의 객기에 불과한 것이 아니라 환자를 위하는 순수한 마음에서 비롯되었다고 믿어 의심치 않기 때문이다.

지금까지 나는 현대의학의 추세를 근거로 하여 침습적 진료를 행해야 함을 주장했고, 그 주장을 확장시켜 의사의 도덕적 판단능력을 옹호하는 것까지 설명했다.

Q: 다음에 제시된 예과 2년 학생의 논증과 위의 글에서 제시된 논증을 비교 평가해보자. 두 논증 사이에 차이가 있다면, 그것이 무엇인지 비판적으로 평가해보자. 다음으로 아래 논증에 기초하여 위의 글을 반론하는 글을 작성해보자.

〈논증〉

P₁. 고령의 비소세포폐암 환자에게 수술을 하면 폐렴 등이 수반될 수 있다.

P₂. 폐렴에 걸리면 최악의 경우 사망에 이를 수 있다.

C₁. 나이든 환자에게 수술을 할 경우, 최악의 경우 죽음을 초래할 수 있다.

P₃. 히포크라테스 선서에 의거하면, 의사는 그 누구에게도 치명적인 약이나 조언을 하면 안 된다.

P₄. 죽음은 (상상할 수 있는 결과 중) 가장 치명적이다.

C₂. 히포크라테스 선서에 의거하면, 의사는 이 경우 수술을 해서는 안 된다.

P₅. 비소세포폐암에 대한 처치 방법은 수술 외에 약물치료가 있다.

P₆. 약물치료는 수술에 비해 덜 치명적이다.

C₃. 의사는 약물치료를 해야 한다.

〈예시글에 대한 반박글〉

위에서 살펴본 두 필자의 글은 주어진 문제 상황에 대해 서로 다른 결론을 내리고 있다. 말하자면, 전자는 고령의 환자임에도 불구하고 수술(침습적 진료)을 해야 한다고 주장하고 있으며, 반면에 후자는 약물치료(소극적 진료)를 해야 한다고 주장하고 있다. 하지만 여기서 서로 다른 주장을 뒷받침하고 있는 근거가 동일하다는 것을 파악하는 것이 중요하다. 즉, 두 논증은 모두 "의사는 그 누구에게도 치명적인 약이나 조언을 하면 안 된다"는 악행금지의 원리에 의거하여 침습적 진료와 약물치료를 주장하고 있다는 것이다. 만일 그렇다면, 우리가 의학적으로든 법적으로든 어떤 중요한 결정을 내릴 때 그 상황에 적용할 수 있는 1차적이고 기초적인 도덕적 또는 윤리적 원리나 명제를 알고 있다는 것만으로는 충분하지 않다는 것을 알 수 있다. 말하자면, 우리가 어떤 어려운 도덕적인 문제를 해결하고 대응하기 위해서는 그 문제에 적용할 수 있는 기초적인 도덕 원리나 이론을 아는 것뿐만 아니라 그 문제의 구조와 내용을 올바르게 분석함으로써 어떤 원리와 이론에 의거하여 어떠한 방식으로 적용할 것인지에 관한 실천적 판단과 분석 능력 또한 갖추어야 한다. 쉽게 말해서, 우리가 수학에서 인수분해, 이차방정식 그리고 미분과 적분의 원리에 대해 알고 있다는 것이 곧 그 문제를 풀 수 있다는 것을 함축하지는 않는다.

3. 비밀유지의 의무(Confidentiality of Information)와 개인의 도덕적 딜레마

1) 변호사 존슨과 의사 D의 딜레마

마지막으로 살펴볼 것은 비밀유지의 의무와 관련된 논의다. 히포크라테스 선서에서는 비밀유지와 관련하여 다음과 같이 말하고 있다.

> "의료 행위를 하는 동안 혹은 그렇지 않은 때라도 내가 듣거나 본 것 그리고 퍼져서는 안 될 사실은 모두 비밀로 유지하고 절대 발설하지 않으리라."

의사와 변호사 같은 전문직은 업무 수행 과정에서 획득한 환자와 의뢰인의 정보를 누설하거나 공개해서는 안 된다. 예컨대, 현행 변호사법은 제26조에서 "변호사 또는 변호사였던 자는 법률에 특별한 규정이 있는 경우가 아닌 한 그 직무상 알게 된 비밀을 누설해서는 아니 된다"고 규정하고 있다. 변호사법은 변호사였던 자에게도 비밀유지의무를 부과함으로써 변호사가 지는 비밀유지의무에는 시간적 한계가 없음을 분명히 하고 있다.[10] 의사 또한 비밀유지의 의무가 있다는 것은 명백하다. 의사의 비밀누설금지의무는 형법 및 의료법에 의해 규정되어 있다. 특히 의사의 비밀누설금지의무는 의료 행

---

10) 변호사윤리장전은 변호사의 비밀유지 또는 공개 금지 대상을 구체적으로 ① 직무상 알게 된 의뢰인의 비밀, ② 직무와 관련하여 의뢰인과 의사교환을 한 내용이나 의뢰인으로부터 제출받은 문서 또는 물건, ③ 직무를 수행하면서 작성한 서류, 메모, 기타 유사한 자료로 열거하고 있고, 요구되는 행위도 보다 명확하게 누설뿐만 아니라 부당하게 이용하는 것도 금하고 있다. 그리고 비밀유지의무의 예외로서 중대한 공익상의 이유가 있거나 의뢰인의 동의가 있는 경우, 그리고 변호사 자신의 권리를 방어하기 위해 필요한 경우를 인정하여 변호사법보다 예외 인정 범위를 넓게 인정하고 있다. 다만 비밀을 공개하거나 이용하는 경우에도 최소한의 범위에서 하도록 하고 있다.

위의 성질 및 목적에서 다른 직업 종사자와는 다른 제한이 필요하다. 즉, 의사는 환자의 신뢰 없이는 적절한 진료를 행하는 것이 불가능하다. 의사에게 상담하여 처치를 받는 것에 의해 사회적으로 불이익을 당할 가능성이 있으면 환자는 의사를 신뢰할 수 없을 것이다. 비밀유지는 의사의 직업윤리로서 당연한 것이고 형법에도 규정되어 있지만, 다시 의료법에 규정하게 된 이유가 여기에 있다.[11]

물론, 환자와 의뢰인의 모든 정보가 비밀로서 보호받을 수 있는 것은 아니다. 예컨대, 현행법은 이를 증언거부권 등과 관련하여 의뢰인의 사적 이익과 공익의 충돌이 있는 경우 의뢰인의 이익이 공익에 반하지 않을 것을 요구하고 있다. 즉, 형사소송에서 본인의 승낙이 있거나 공익상 필요가 있는 때에는 아무리 의뢰인의 비밀을 유지하기 위해서라도 변호사가 의뢰인의 비밀에 관한 증언이나 압수를 거부할 수 없고 민사소송에서도 비밀을 지킬 의무가 면제되는 경우에는 증언을 거부할 수 없다. 한편 이들 조문들은 변호사에 한하지 않고 개인의 비밀에 쉽게 접근할 수 있는 전문직을 널리 그 대상으로 하고 있다. 말하자면, 변호사 고유의 역할에 대한 고려보다는 다른 사람에게 알리고 싶지 않은 비밀, 즉 사생활 보호를 그 주된 목적으로 하고 있다.

이와 같이 변호사와 의사를 포함하는 전문직의 비밀유지의무는 의뢰인과 환자 같은 고객이 알리고 싶지 않은 비밀을 보호함으로써 그들의 사생활을 보호하는 데 1차적인 목적이 있지만, 만일 그와 같은 비밀을 보호하는 것이

---

11) 「의료법」제19조는 "의료인은 이 법 또는 다른 법령에서 특히 규정된 경우를 제외하고는 그 의료, 조산 또는 간호에 있어서 지득한 타인의 비밀을 누설하거나 발표하지 못한다"라고 규정하고 있고, 이를 위반한 경우에는 3년 이하 징역 또는 300만 원 이하의 벌금형에 처하도록 하고 있다. 이는 1차적으로 비밀누설금지의무를 단순히 윤리적 차원에서 규제하는 데 그치지 않고 환자가 의사를 신뢰하여 적정한 의료를 받도록 하는 취지도 포함한다고 생각된다. 그러나 환자 개인의 이익과 동시에 국민이 의사를 신뢰할 때 비로소 사회는 의료의 성과를 극대화할 수 있다고 하는 의미에서는 공공의 이익, 즉 국민의 건강유지, 증진도 보호목적으로 하고 있다고 할 수 있다. 다시 말해 의사는 지득한 비밀에 관해 환자를 위해서는 공표해서는 아니 된다고 하는 부작위 의무를 지는 것이지만 동시에 의사는 그 비밀을 바르게 이용해야 할 적극적 의무를 일반인에 대해 지는 것이다.

사회 전체의 안전과 공공의 이익을 현저하게 위협하고 침해하는 경우에는 그 비밀을 지킬 의무가 면제된다고 할 수 있다. 예컨대, 만일 어떤 의사가 전염성이 강한 질병을 앓고 있는 환자를 발견했다면, 그 의사는 그 질병이 사회에 전파되지 않도록 적절한 조치를 취해야 할 의무가 있다. 그리고 그 의무를 수행하는 과정에서 불가피하게 그 환자의 정보를 공개해야 한다면, 그 의사는 환자에 대한 비밀유지의 의무에서 면제된다고 볼 수 있다. 이와 같은 사례에서, 의사가 전염병의 전파를 막기 위해 환자의 비밀을 보호하지 않는 행위는 사회를 그 전염병으로부터 보호한다거나 공공의 안전을 수호한다는 점에서 공리적인 이익이 크다는 측면으로 옹호될 수도 있지만, "타인에게 해악을 주지 않아야 한다"는 악행금지의 원리 같은 기초적인 도덕 원리에 의거한 경우에도 동일하게 지지받을 수 있다. 하지만 전문직의 비밀유지의 의무와 관련된 많은 사건과 문제들이 전염병의 전파를 막는 것과 같이 공리적인 측면과 기초적인 도덕 원리의 관점 모두에서 지지받을 수 있을 만큼 분명한 사례만 있는 것은 아니다. 오히려 비밀유지의 의무와 관련된 많은 사건은 "공공의 이익을 위해 개인의 권리가 침해받는 것이 정당화될 수 있는가?"와 같이 더 근본적인 문제와 결부되어 있다. 게다가 전문직으로서 의뢰인이나 환자의 비밀을 유지할 의무가 '나'의 이익 및 권리와 밀접하게 관련을 맺는 경우에는 실천적으로 해결하기 쉽지 않은 문제들을 일으킬 수 있다. 다음의 사례는 어떤 변호사가 비밀유지의 의무와 관련하여 겪을 수 있는 도덕적인 딜레마 상황을 보여주고 있다. 당신이 변호사라면 이 사례에서 어떤 결정을 내리겠는가?

[변호사의 딜레마][12]

토미는 교통사고로 크게 다친 15세 소년이다. 토미는 운전사 A를 상대로

---

12) C. E. Harris, 『도덕 이론을 현실문제에 적용시켜보면』, 김학택 · 박우현 역, 서광사, 2004, pp.93-94

소송을 제기했다. 운전사 A의 변호인인 존슨은 자신의 주치의에게 토미의
상처를 살펴보도록 했다. 그 의사는 명백히 사고로 인해 생긴 대동맥 이상
팽창 증세를 발견했다. 하지만 토미의 주치의는 이것을 발견하지 못했다.
이 병은 수술을 하지 않으면 생명이 위험하다. 그러나 A의 변호사는 그 소년
이 이러한 사실을 안다면 더 많은 보상금을 요구하리라는 것을 알고 있다.
게다가 존슨은 변호사 윤리 규범에 따라 직업적 관계에서 얻은 정보에 대해
비밀을 지켜야 하며, 그러한 정보의 누설은 소송 의뢰인인 A에게 손해가 되
리라는 것을 알고 있다. 미국변호사협회의 규약에 따르면 변호사는 고객이
범죄를 의도하고 있지 않는 한 고객의 비밀을 지켜야 한다. 또한 그 규약에
따르면 '비밀'이란 "직업적 관계에서 얻은 것으로서 그것을 누설하면 고객
에게 손해가 되는 정보"이다.

　　만일 A의 변호사인 존슨이 토미의 변호사에게 정보를 누설한다면, 자신
의 고객을 변호하는 그의 능력은 실질적으로 약화될 것이다. 그리고 그의
능력 약화는 변호사로서의 명성에 해가 될 것이며 장차 의뢰 건수를 줄어들
게 할 것이다. 그는 또한 변호사 윤리 규범으로 자신을 변호할 수 있다는 것
을 알고 있다. 이러한 결과는 그가 정보를 누설하지 말아야 한다는 것을 보
여준다. 하지만 만일 그가 정보를 누설하지 않아서 그 소년이 죽는다면 자
신이 그 병에 대해 알고 있었다는 것이 공개될 경우에 그의 명성은 더욱더
손상될 것이다. 또한 그는 소년이 죽는 경우에 겪게 될지도 모르는 죄책감
도 고려해야 한다.

　　변호사 존슨이 처한 문제 상황에서 '나(개인)의 이익과 권리'의 측면에서
충돌하고 있는 것들을 간략히 정리하면 다음과 같다.

[문제 상황]

① 토미는 A에 의해 교통사고를 당했으며, 그 사고로 인한 대동맥 이상 팽창 증세가 발견되었다.

② 그 사실을 토미의 주치의는 알지 못하는 반면에 A의 변호사인 존슨은 알고 있다.

③ 수술을 하지 않을 경우 토미는 최악의 경우 사망할 수도 있다.

④ 존슨이 비밀을 누설할 경우 그의 변호사로서의 능력은 실질적으로 약화될 것이고, 그것은 곧 존슨의 경제적 손실을 의미한다.

⑤ (현행) 변호사법에 따르면, 존슨은 의뢰인 A에게 손해가 되는 비밀을 누설할 수 없다.

그리고 토미의 사례에서 변호사 존슨이 채택할 수 있는 일반적인 규칙은 다음과 같은 것들이다.

[규칙 1]

변호사와 소송 의뢰인 간의 신뢰관계에서 얻어진 정보가 범죄를 방지하거나 생명을 구하는 데 필요한 것이 아니라면, 변호사는 그 정보를 결코 누설해서는 안 된다.

[규칙 2]

변호사는 통상 소송 의뢰인과의 신뢰관계에서 획득된 정보를 누설해서는 안 된다. 그러나 그 정보가 범죄를 막거나 생명을 구하는 데 필요하다거나 또는 타인의 이해관계에 필수적일 때는 비록 그와 같은 정보 누설이 변호사의 소송 의뢰인에게 불리하게 작용한다고 하더라도 정보를 누설해야 한다.

당신이 A의 변호사인 존슨이라면 어떤 결정을 하겠는가?

나는 토미에게 비밀을 (　　　　) 것이다. 왜냐하면 ……

다음으로 변호사 존슨의 사례와 유사한 의사 D의 가상적 사례를 검토해 보자. 만일 당신이 A라면 어떤 결정을 내리겠는가?

[의사의 딜레마]

D와 B는 고등학교 동창이다. 그들은 고등학교 재학 시절 3년 동안 같은 반이었으며 취미와 일상의 관심사도 비슷하여 함께 보내는 시간이 많았다. 고등학교 졸업 후 D는 ○○의과대학에 진학하여 현재 ○○대학병원 내과 전문의로 근무하고 있다. B는 △△대학에서 정보통신을 전공한 후 같은 대학교의 경영전문대학원에 진학하여 공부하고 있다. D와 B는 고등학교 졸업 후 대학과 전공이 서로 다른 까닭에 자연스럽게 자주 만날 수 없게 되었지만, 여전히 서로를 좋은 친구로 생각하고 있다.

D는 심한 발열과 두통 그리고 극심한 피로감을 호소하는 환자 C를 진료하던 중 그의 상태가 간단한 처방으로 치료할 수 없다고 판단하여 입원할 것을 권유한다. C는 주치의인 D의 권유에 따라 입원을 하고 혈액검사와 심장 초음파검사 등 증상을 확인하기 위한 각종 검사를 받았다. D는 검사 결과와 증상을 살펴본 다음 C가 바이러스성 질환 L에 걸렸다고 진단한다. L

은 북미 지역에서 흔희 발생하는 바이러스성 질환으로 진드기가 사람을 무는 과정에서 나선형의 보렐리아(Borrelia)균이 신체에 침범하여 여러 기관에 병을 일으키는 감염질환이다. 질병의 초기에는 발열, 두통, 피로감과 함께 특징적인 피부병변인 이동홍반이 나타난다. 이동성 홍반은 특징적으로 황소 눈과 같이 가장자리는 붉고 가운데는 연한 모양을 나타내는 피부 증상이다. 치료하지 않으면 수일에서 수주 뒤에 여러 장기로 균이 퍼지게 되고 뇌염, 말초신경염, 심근염, 부정맥과 근골격계 통증을 일으킨다.[13] 초기에 적절하게 항생제를 이용해서 치료하지 않으면 만성형이 되어 치료하기 어려울 뿐만 아니라 최악의 경우 사망에 이를 수도 있다. 더 좋지 않은 것은 C가 걸린 L은 변형 바이러스여서 어느 정도 전염성도 갖고 있다. A는 생물학자인 C가 몇 달 전 북미 지역으로 연구를 다녀온 시기에 L에 걸렸을 것으로 추정한다. 또한 L이 국내에서는 흔하지 않은 병이었기 때문에 C가 처음에 방문한 병원에서는 제대로 된 진단을 내리지 못했고, 그 까닭에 C의 L 질환은 어느 정도 진행된 상태여서 항생제 등을 통해 치료한다고 해도 완치가 어려운 상황이었다. D는 C에게 이와 같은 상황을 알리고 지속적인 치료와 관리가 필요하기 때문에 적어도 보름 정도의 입원이 필요하다고 알린다.

어느 날 D는 오전 회진을 보던 중에 C의 병실에서 B와 마주친다. D로서는 예상하지 못한 일이었지만, 이내 B가 결혼을 전제로 교제하는 사람이 있다고 말했던 것을 떠올린다. B와 C는 1년 후 B가 경영대학원을 졸업하면 결혼할 예정이다.

그런데 D는 C가 B에게 자신이 어떤 병에 걸렸는지 정확한 사실을 알리지 않았다는 것을 알게 된다. C는 D에게 결코 B에게 자신의 병에 대해 알리

---

13) 여기서 바이러스성 질환 'L'은 라임병의 증상을 차용했지만, 다루고 있는 가정적 사례에서 약한 전염성 조건을 추가하기 위해 가상의 질병 'L'로 표기했다. 라임병에 대한 정보는 서울대학교병원 의학정보를 인용했다.
http://terms.naver.com/entry.nhn?docId=926587 & mobile & cid=51007 & categoryId=51007

는 것을 원하지 않는다고 말한다. C는 현재 앓고 있는 질환 L은 치료가 될 것이고, 비록 퇴원 후에도 지속적으로 항생제 치료를 받아야 하고 어느 정도 후유증은 있겠지만, 꾸준한 관찰과 치료를 한다면 현재의 상태보다 더 나빠지지 않을 것이기 때문에 B를 걱정시키고 싶지 않다고 말했다.

　　D는 일단 B에게 C의 병명을 알리지 않았지만, 곧 고민에 빠진다. D는 C의 병을 발견한 시기가 너무 늦어 지속적인 관찰과 치료를 받는다고 하더라도 결코 그의 병이 완치될 수 없으며, 최악의 경우 B마저도 같은 병에 걸릴 수 있다는 점을 염려하고 있다. 만일 D가 B에게 C의 현재 상태를 알린다면, B와 C의 관계에 문제가 생길 수도 있다. 반면에 D가 B에게 C의 상태를 알리지 않는다면 그들의 현재 관계는 유지되겠지만, 확률은 낮다고 하더라도 B가 미래에 같은 병에 걸릴 수도 있다. 또한 만일 B가 나중에라도 D가 C의 상태를 알고 있었음에도 B에게 그 사실을 알리지 않은 것을 안다면, D는 친구인 B로부터 원망을 받을 수도 있다. 반면에 의사 D는 진료 과정에서 얻은 환자의 정보를 특별한 사유 없이 누설해서는 안 된다는 것 또한 알고 있으며, 만일 환자의 정보를 누설할 경우에는 의사의 직무윤리를 어기는 것이기 때문에 제재를 받을 수 있다는 것을 알고 있다.

의사 D가 처한 문제 상황을 간략히 정리하면 다음과 같다.

　　[문제 상황]
　　① C는 바이러스성 질환 L에 감염되었으며 적절한 치료시기를 놓쳐 완치　　　 가 어려울 뿐만 아니라 낮은 확률이기는 하지만 공동생활을 하는 타　　　 인에게 그 병을 옮길 수도 있다.
　　② D는 C의 주치의로서 진료과정에서 획득한 환자의 비밀을 합당한 이　　　 유 없이 누설하지 말아야 할 의무가 있다.

③ D와 B는 친구 사이이고, B와 C는 결혼을 약속한 연인 사이다.

④ D가 B에게 C의 질병에 관한 정보를 알릴 경우 D는 비밀유지에 관한 의사 윤리를 위반하는 것이다.

⑤ D가 B에게 C의 질병을 알리지 않을 경우, B는 질환 L에 감염될 위험이 있다.

⑥ D가 B에게 C의 질병을 알리지 않고 B가 차후에 D가 C에 관한 질병 정보를 알고 있었음에도 불구하고 자신에게 알리지 않았다는 것을 안다면 둘 사이의 우정에 문제가 생길 것이다.

당신이 B의 친구인 동시에 C의 주치의인 D라면 어떻게 하겠는가?

나는 B에게 비밀을 (　　　) 것이다. 왜냐하면 ……

2) 도덕적 판단을 위한 적용 원리들

이제 비밀유지의 의무와 관련하여 개인으로서 전문가가 직면할 수 있는 딜레마 상황을 변호사 존슨의 사례와 의사 D의 가상적 사례로부터 평가해보자. 두 사례는 구조적으로 완전히 동일하지는 않지만 중요한 유사성을 공유하고 있다. 말하자면, 존슨의 사례와 의사 D의 사례는 모두 그들의 행위 선택에 따라 무엇보다도 자신이 가질 수 있는 이익과 손실에 크게 영향을 받는다는 것이다. 두 사례에서 전문가로서 존슨과 D가 "업무상 알게 된 고객의 비밀을 누설할 것인가 또는 누설하지 않을 것인가"와 관련하여 고려할 수 있는 각각의 접근법을 살펴보기 위해 그들의 결정에 따라 얻을 것으로 기대할 수 있는 이익과 잃을 것으로 예상할 수 있는 손실을 아래와 같이 정리해보자. 다음으로, 앞서 "검은 상자의 유비"를 평가하기 위해 적용했던 접근법들, 즉 '생명 존중에 따른 자연적 접근법', '기회비용 계산에 따른 공리적 접근법', '선행의 원리와 악행금지의 원리에 따른 결정'에 의거하여 존슨과 D의 사례를 평가해보고, 거기에 더하여 '윤리적 이기주의에 기초한 의사결정'과 '개인적인 내적 통일성과 충심에 기초한 의사결정'의 내용을 살펴보자.

<변호사 존슨의 이익과 손실>

	비밀 유지		비밀 누설		
	이익	손실	이익	손실	가중치
㉠	의뢰인 신뢰 유지			의뢰인 신뢰 상실	
㉡	변호사 명성 유지			변호사 명성 훼손	
㉢	경제적 이익			경제적 손실	
㉣		도덕적 자책감	도덕적 안도감		
㉤	기타		기타		

<의사 D의 이익과 손실>

	비밀 유지		비밀 누설		
	이익	손실	이익	손실	가중치
㉠	환자의 신뢰 유지			환자의 신뢰 상실	

㉡	–			의사 명성 훼손	
㉢	경제적 이익			경제적 손실	
㉣		위험 용인	위험 예방		
㉤		우정 훼손	우정 유지		

[생명존중에 따른 자연적 접근법]

변호사 존슨과 의사 D가 생명존중에 따른 자연적 접근법에 의거하여 행위를 결정할 경우, 그들은 모두 비밀을 누설하기로 결정하거나 그렇게 행위하는 것에 대해 심각하게 고려하리라고 예견할 수 있다. 앞선 검은 상자의 유비와 관련된 사고실험에 살펴보았듯이, 만일 존슨과 D가 사람에게 있어 생명보다 더 귀한 것은 없으며 (물질)세계의 그 어떠한 것도 생명의 가치보다 더한 것은 없다고 생각한다면, 비록 존슨의 경우 변호사로서 자신의 명성이 훼손되고 경제적인 손실을 감수해야 한다고 하더라도 최악의 경우 토미가 생명을 잃을 수 있는 경우를 막기로 결정할 수 있다[간략히 표현하면, ㉣ > (㉠ + ㉡ + ㉢)]. 그리고 이와 같은 추론은 의사 D에게도 동일하게 적용될 수 있다.

[선행의 원리와 악행금지의 원리에 따른 결정]

변호사 존슨과 의사 D가 선행의 원리와 악행금지의 원리에 따를 경우에도 앞선 생명존중에 따른 자연적 접근법과 비슷한 추론 과정에 따라 동일한 결론에 도달할 것이라고 예견할 수 있다. 두 원리에서 요구하는 적극적 의무와 소극적 의무에서 가장 핵심이 되는 것은 "선을 행하거나 증진시켜야 한다"는 조건부 의무가 아닌 "타인에 대한 피해나 해악을 방지 및 제거하고 타인에게 피해나 해악을 입혀서는 안 된다"는 조건부 의무라는 점을 염두에 둔다면, 존슨과 D는 그들의 결정으로부터 가장 큰 피해가 초래될 것이라고 예견할 수 있는 행위를 하지 않기로 선택할 것이라고 추론할 수 있기 때문이다.

간략히 표현하면, 손실 ㉣을 예방하는 것에 가장 큰 가치를 둘 것이다.

[기회비용 계산에 따른 공리적 접근법]

미리 말하자면, 여기서 다루고 있는 두 사례는 기회비용 계산에 따른 공리적 접근법에 의거해서는 명료한 답변을 제시하기가 쉽지 않다. 앞서 살펴본 '검은 상자의 유비'의 경우, 행위자 A 또는 B의 행위 결정에 따라 초래되는 기대이익과 손실이 비교적 계량적으로 제시될 수 있었던 반면에, 여기서 다루고 있는 변호사 존슨과 의사 D의 경우 그들의 결정에 따른 이익과 손실을 계량적으로 보여주기 어렵기 때문이다. [공리적 접근법에서 기회비용은 적어도 '이해관계 당사자 모두의 이익'을 포함하는 기대이익을 가리킨다. 반면에 윤리적 이기주의는 이해관계 당사자 모두의 이익이 아닌 '행위 당사자(개인)'의 이익만을 계산한다는 점에서 차이가 있다.] 다만, 다음과 같은 방식으로 기회비용을 대략적으로 계산해볼 수는 있을 것이다. 예컨대 존슨 사례의 경우, ① "㉠~㉤ 각각으로부터 발생할 것으로 예상되는 이익의 총량을 계산"하고 ② "각 항목의 가중치"를 매긴다. 다음으로 "① × ②"로부터 얻어지는 값에 따라 비밀을 유지할 것인가 또는 그렇지 않을 것인가를 결정할 수 있다.

[자기 이익 또는 윤리적 이기주의에 기초한 의사결정]

윤리적 이기주의(ethical egoism)에 기초한 의사결정 또한 기회비용 계산에 따른 공리적 접근법과 마찬가지로 행위 결과의 이익 또는 효용을 계산한 다음 산출된 이익이 더 큰 행위를 선택한다는 공통점이 있다. 하지만 윤리적 이기주의는 단지 "행위자 자신"만의 이익을 계산한다는 점에서 그 행위와 관련된 모든 사람의 이익을 고려하는 공리주의와 구별된다. 말하자면, 윤리적 이기주의는 일반적으로 개별 행위자의 '자기 이익(self interest)'에만 초점을 맞춘다.

우리는 일반적으로 '이기주의'라는 용어가 주는 부정적인 어감으로 인해 자기 이익에 기초하고 있는 윤리적 이기주의를 도덕적 결정을 내릴 때 적용할 수 있는 도덕 원리로 받아들이는 데 주저하는 경향이 있다.[14] 물론, 해리스(C. E. Harris) 등은 윤리적 이기주의가 도덕 규준과 규칙의 적용에 있어 '일관성, 신빙성, 유용성'을 충분히 충족하지 못하기 때문에 일반적인 도덕 원리로 받아들이기 어렵다고 본다.[15] 하지만 우리가 자기 이익을 추구하는 것이 본래적으로 잘못된 것이 아니듯 윤리적 이기주의 또한 어떤 행위에 대한 도덕적 판단을 내릴 경우 전혀 사용할 수 없는 무용한 도덕 원리는 아니다. 아리스토텔레스는 "자기 자신을 사랑하는 사람(self-loving)이 다른 어떤 종류의 사람보다 더 덕(virtue) 있는 사람이다. …… 그는 그 최상의 훌륭함을 자신에게 보상한다"고 말한다.[16] 간략히 말해서, 한 개인이 가진 자기 이익과 욕망은 인

---

14) 여기서 이기주의(egoism)에 관한 상세한 내용을 살펴보는 것은 논의의 범위를 너무 넓히는 것이기 때문에 자세히 논의하지는 않을 것이다. 하지만 이기주의에 관한 대략의 모습을 이해하는 것이 도움이 될 것이다. 이기주의는 일반적으로 '심리적(psychological) 이기주의'와 '윤리적 이기주의'로 구분된다. 전자는 인간의 모든 행위는 사실상 자기 이익에 의해 동기가 부여되며 인간의 본성은 그렇게 구성되어 있기 때문에 인간은 항상 이기적으로 행위한다고 본다. 후자는 인간의 모든 행위가 자기 이익에 의해 동기가 부여되어야 한다고 보는 도덕철학이다. 그러한 점에서 홉스는 심리적 이기주의자인 동시에 윤리적 이기주의자라고 볼 수 있다. 홉스의 사회계약론은 그가 제시한 심리적 이기주의를 이해해야만 잘 연구될 수 있다. 홉스는 자연 상태라고 부르는 하나의 가상적 상태를 고안했다. 홉스의 『리바이어던(Leviathan)』에 따르면, 마치 자연세계가 운동에 의해 산출되듯이 인간세계 또한 기계적으로 자기 이익이라는 요인에 의해 움직이는 것이다. (실제로 홉스는 당시의 과학 혁명에 크게 매료되어 있었다고 한다.) 인간은 합리적이고 계산적이며 또한 이기적인 본성을 가진다. 그런데 사회가 구성되기 전 자연 상태에서 인간은 한정된 자원으로 인해 서로 '개인 대 개인'으로서 마치 전쟁과도 같은 극한 상황에 처하게 된다. '만인에 대한 만인의 투쟁' 상태인 것이다. 따라서 인간은 이러한 상황을 벗어나기 위해 절대적인 권위에 복종하게 된다는 것이다. 사회를 지배하는 절대적인 권력, 즉 왕이 이러한 상태로부터 벗어난 생존(평화)을 보장해주기 때문이다. 윤리적 이기주의에 관한 보다 자세한 내용은 C. E. Harris, 『도덕 이론을 현실 문제에 적용시켜보면』, 김학택 · 박우현 역, 서광사, 2004, pp.77-106; Butler, J. Sermons. London, 1726. "Preface, I and XI". *Ethical Egoism Encyclopedia of Philosophy* 362 · 2nd edition, Kalin, J. "Two Kinds of Moral Reasoning: Ethical Egoism as a Moral Theory," *Canadian Journal of Philosophy* 5 (1975): 323 – 356; Rand, A. *Virtue of Selfishness*. Toronto: Signet. 1961 등을 참고하는 것이 도움이 될 것이다.

15) C. E. Harris, 『도덕 이론을 현실문제에 적용시켜보면』, 김학택 · 박우현 역, 서광사, 2004, pp.95-105

16) Aristotle, *Nicomachean Ethic*s (td,) Terence Irwin, Indianapolis, IN Hackett Publishing, 1985. 아리스토텔레스는 또한 다음과 같이 말한다. "만일 우리가 즐거움과 부유함 같은 것(만)을 추구한다면, 우리는 스스로를 해하거나 천박한 것을 추구하는 것이다." 만일 그렇다면, 그가 말하는 자기 이익은 훌륭

간을 풍요롭게 하는 중요한 요소이며 개인을 발전시키는 강한 원동력이기 때문이다.

또한 윤리적 이기주의는 사회과학적 측면에서 개인주의(individualism)[17]와 함께 논의될 수 있다. 개인주의는 일반적으로 전체론(holism)과 대비되는 개념으로 사회를 이해하는 하나의 방법론적 수단이다. 말하자면, 전체론은 전체 사회적인 차원에서 거시적으로 사회 현상을 다루어야 한다고 주장하는 반면에, 개인주의는 사회 현상을 개별적인 개인들 수준으로 환원하여 설명해야 한다고 본다. 또한 자유주의적 윤리에 따르면, 개개인이 개성과 능력을 실현하고 배양하는 것은 우리의 윤리적 목적이며 그 자체로 선(goodness)이다.[18] 전통적 자유주의자들에게 있어서 사회는 개개인들이 모인 집합체이며 각 개인들이 자신을 실현하고 자기 이익을 위해 협동하는 장소다. 따라서 개인주의는 자유주의와 맥락상 매우 유사한 용례를 가지는 개념으로 파악할 수 있다.

아무튼, 자기 이익에 기초한 윤리적 이기주의의 대략적인 모습이 이와 같다면 여기서 다루고 있는 두 사례에서 존슨과 의사 D가 윤리적 이기주의에 의거할 때 내릴 수 있는 결정은 무엇인가? 당연한 말이지만, 그들은 우선 공

함(arete) 또는 덕을 추구하는 이익을 가리킨다고 볼 수 있다. 반면에 "주변의 많은 사람들을 살펴보라"는 권고가 갖는 함축과 비교해보라. 이 조언은 우리가 덕을 추구해야 한다는 의미로 받아들여지지 않는다. 오히려 그 생각은 타인의 이익은 나 자신의 이익 다음에 놓여야 한다는 것이다. 덕은 일반적으로 자기 이익을 추구하는 것으로 보이지 않는다. 특히 덕은 어떤 경우에는 자기희생을 포함할 수 있기 때문이다. 이 충돌은 자기 이익 또는 타인의 이익을 효과적으로 추구하는 것은 '잘 있음(well-being)'의 본성에 관한 해명을 필요로 한다고 제시한다. 이러한 측면에서 젠킨스(J. L. Jenkins)와 카간(S. Kagan) 등은 '자기 이익'을 '잘 있음'으로 보는 것이 더 적절하다는 견해를 제시한다. 또한 자기 이익에 관한 최근의 철학적 논의 또한 '잘 있음'의 차원에서 활발하게 이루어지고 있다. Kagan, Shelly, "The Limits of Well-Being", *Social Philosophy and Policy* 9, 1992; Griffin, James, *Well-Being: Its Meaning, Management, and Moral Importance*, Oxford: Clarendon Press. 1986 참조.

17) D. M. Borchert (Chief Editor), *Encyclopedia of Philosophy*, 2nd edition, Macmillan Reference USA, Thomson Gale, Vol 4, 2006, pp.441-442. "Holism and Individualism In History and Social Science" 참조.

18) Gaus, Gerald, Courtland, Shane D. and Schmidtz, David, "Liberalism," *The Stanford Encyclopedia of Philosophy* (Spring 2015 Edition), Edward N. Zalta (ed.)

리적 접근법과 마찬가지로 자신의 선택이 초래할 것으로 예상하는 이익을 계산해야 할 것이다. 예컨대, 존슨과 D는 앞서와 마찬가지로 다음과 같은 절차를 통해 이익과 손실을 계산할 수 있다.

[이익 계산 방식과 절차]
① "㉠~㉤ 각각으로부터 발생할 것으로 예상되는 이익의 총량을 계산"하고,
② "㉠~㉤ 각 항목의 가중치"를 매기고,
③ "① × ②"로부터 얻어지는 값에 따라 행위를 결정한다.

하지만 이와 같은 계산 방식과 절차는 몇 가지 문제가 있는 듯이 보인다. 우선, 기회비용 계산에 따른 공리적 접근과 마찬가지로 각각의 항목에 대한 명시적 이익의 총량을 계량적으로 산출하기가 어렵다는 문제가 제기될 수 있다. 게다가 이러한 이익 계산에서 각 항목에 '가중치'를 매겨야 할 경우 문제는 더 복잡해진다. 말하자면, 명시적 이익이 크지만 가중치가 작고 명시적 이익은 작지만 가중치가 크다면, 그 두 값을 곱함으로써 얻어지는 이익의 차이로 인해 전자가 아닌 후자를 선택해야 할 상황이 도출될 수 있다. 예컨대 존슨의 경우 각 항목의 명시적 이익과 그것에 대한 가중치에 관한 명세표가 다음과 같다고 하자.

	비밀 유지		비밀 누설		이익	가중치
	이익	손실	이익	손실		
㉠	의뢰인 신뢰 유지			의뢰인 신뢰 상실	10	0.05
㉡	변호사 명성 유지			변호사 명성 훼손	20	0.05

ⓒ	경제적 이익			경제적 손실	60	0.1
ⓔ		도덕적 자책감	도덕적 안도감		10	0.8
					100	1

만일 존슨의 사례에서 이익과 가중치에 대한 명세표가 이와 같다면, 그는 비밀을 유지하는 것과 누설하는 것 중 어떤 행위를 선택할까? 위의 명세표에서 알 수 있듯이, 겉으로 보이는 명시적 이익은 ㉠~㉢은 90이고 ㉣은 10이지만, 그것에 가중치가 반영된 이익은 ㉠~㉢은 7.5이고 ㉣은 8이다. 따라서 그러한 결과에 따라 존슨은 비밀을 누설하기로 결정할 수 있다. (이러한 추론은 의사 D에게도 동일하게 적용될 수 있다.) 그리고 만일 이와 같은 생각이 옳다면, 자기 이익에 기초한 윤리적 이기주의에 따라 의사결정을 하기 위해서는 '자기 이익'을 어떻게 볼 것인가를 먼저 정의해야 한다. 당연한 말이지만, 이기주의자는 자기 이익을 '쾌락, 명성, 경제적 풍요, 사회적 지위, 도덕적 행위'와 같이 다양한 방식으로 정의할 수 있고, 그 정의에 따라 어떤 행위에 대한 가중치에 차이가 있을 수 있기 때문에 행위의 선택 또한 달라질 수 있다. 이와 관련된 문제를 좀 더 생각해보자.

[전문성 충심과 개인의 내적 통일성(integrity)에 의거한 의사결정]

만일 기회비용 계산에 의한 공리적 접근법과 자기 이익에 기초한 윤리적 이기주의에 의거한 의사결정에 대한 이와 같은 설명이 적절한 것이라면, 우리가 자기 이익을 추구할 권리를 가질 뿐만 아니라 많은 경우에 공리적 효용에 의존하여 의사결정을 내리는 것이 일반적인 경향이라고 하더라도 도덕적으로 중요한 문제를 해결하기 위해 그러한 원리나 접근법에만 의존할 수 없다는 것을 알 수 있다. 이와 관련하여 윌리엄스(B. Williams)가 공리주의가 가진

문제를 보이기 위해 제시한 다음과 같은 사례를 살펴보는 것이 도움이 될 듯 하다.[19)]

    화학 박사학위를 받은 지 얼마 되지 않은 조지는 (화학 전공과 관련된) 직장에 취업하기가 매우 어렵다는 것을 깨닫는다. 그는 건강이 매우 좋은 편도 아니어서 자신이 충분히 업무를 수행할 수 있는 일거리도 많지 않다는 것을 안다. 그의 부인은 가정을 유지하기 위해 일을 해야 할 뿐만 아니라 퇴근 후에는 슬하의 어린아이들을 돌봐야 하기 때문에 극심한 압박을 받고 있다. 이러한 여타의 사정, 특히 아이에 대한 문제는 그를 어려운 처지에 놓이게 만들고 있다. 조지의 이러한 사정을 잘 알고 있는 선배 화학자는 그에게 보수가 상당히 좋은 어떤 연구소에 채용할 수 있다고 말한다. 그 연구소는 화학 무기와 생물학 무기를 개발하는 연구를 수행하고 있다. 조지는 자신이 화학 무기와 생물학 무기에 반대하기 때문에 그의 제안을 수용할 수 없다고 말한다. 선배 화학자는 자신은 그 일에 그렇게 집착하고 있지 않으며, 결국 조지가 그 제안을 거절하는 것은 그 일자리가 없어지거나 연구소가 사라지는 것을 의미한다고 답변한다. 그는 또한 만일 조지가 그 일을 거절한다면, 화학 무기와 생물학 무기를 연구하는 것에 대해 양심의 가책을 느끼지 않거나 주저하지 않는 사람에게 그 일자리가 주어질 것이고, 그는 조지보다 훨씬 더 열심히 연구에 매진하리라는 것을 불현듯 깨닫는다. 물론 조지와 그의 가족의 관심사는 아니겠지만, 선배 화학자는 (정직하게 확신을 가지고) 조지가 자신의 제안을 거부할 경우 다른 사람이 더 큰 열의를 가지고 화학 무기와 생물학 무기를 연구할 수 있다고 경고함으로써 조지가 그 일자리를 받아들이도록 설득한다. …… 그의 말에 깊이 공감하는 조지의 부인은 화학 무기

---

19) Williams, Bernad, *A critique of utilitarianism*, "3. Negative responsibility: and two example", p.98

와 생물학 무기 연구소(CBW)에서 일하는 것이 특별히 그릇된 것은 없다고 본다. 조지는 어떻게 해야 하는가?

이와 같은 상황에서 조지에게는 두 가지 선택지가 있다.

선택 1: 조지는 CBW에서 연구를 한다.
선택 2: 조지는 CBW에서 연구를 하지 않는다.

조지가 현재 처한 어려운 상황을 개선하거나 극복할 수 있는 현실적인 방안은 선배 화학자의 제안, 즉 CBW에서 일하는 것(선택 1)을 받아들이는 것이다. 그리고 그것은 (적어도 조지의 입장에서) 공리적인 효용에 의거하여 결정했다는 것을 의미한다. 반면에 조지가 갖고 있는 신념, 즉 "어떠한 경우에도 인간을 살상할 수 있는 화학 무기와 생물학 무기를 만들기 위한 행위를 하지 않겠다"는 믿음의 측면에서 본다면, 조지가 자신의 곤궁한 처지를 개선하기 위해 공리적인 측면에서 CBW에서 일하는 선택을 하는 것은 그에게 너무 큰 희생을 요구하는 듯이 보인다. 이 사례에서 선택 1과 선택 2는 "물리적인 또는 공리적인 이익"과 "정신적인 또는 가치적인 이익" 사이에 메우기 어려운 틈이 있다는 것을 보여준다. 윌리엄스는 이러한 측면에서 공리주의가 개인의 내적 통일성(integrity)을 훼손한다고 주장한다.

우리는 앞서 '11장 자율규제의 두 얼굴'에서 개인의 (도덕적인) 내적 통일성이 충심(loyalty)을 이해하는 데 있어 중요한 원천이라는 것을 살펴보았다. 특히, 전문직 충심의 본성은 "개인적 차원"의 내적 통일성이 아닌 "집단(합)적 차원(collectively)"의 내적 통일성으로부터 나온다는 것을 보았다. 클레니그의 말을 빌리자면, "우리의 충심을 요구하는 그러한 집단이나 단체는 그 자체로 그럴만한 가치가 있는 것으로 간주되는 것이지, 그러한 집단이 보장하는 사회적 가치나 자기 이익을 위해서가 아니다." 달리 말하면, 변호사나 의사 같은 전문가에게 요청되는 충심은 개인의 자기 이익이나 그들이 속한 집단을 위한 공리적 이익으로부터 나오지 않는다. 전문가가 가져야 할 전문성 충심은 결국 그 전문직 종사자들의 공동체가 공유하고 있는 "가치, 소명 그리고 역할" 등에 의해 정의된 덕목들에 대한 도덕적 의무를 다하는 것이다.

우리가 어떤 중요한 문제나 사건에 대해 도덕적으로든 실천적으로든 올바른 선택과 결정을 내리기 위해서는 그 문제와 사건을 잘 이해하고 파악할 수 있는 원리와 이론을 아는 것이 중요하다. 하지만 더 중요한 것이 있다. 그것은 겉으로 드러난 문제의 배후에 놓인 요인들까지 고려하여 그러한 원리와 이론을 적실성 있게 적용할 수 있는 역량이다. 우리는 아마도 전자를 문제를 잘 이해하는 '분석'의 능력으로, 후자를 그 문제에 대한 판단을 내리는 '평가'의 역량으로 이해할 수도 있을 것이다. 다시 강조하지만, 어떤 문제에 대한 원리와 이론을 안다는 것이 곧 그 문제의 해결을 의미하는 것은 아니다. 중요한 문제를 해결하기 위해서는 우리가 알고 있는 원리나 이론을 올바르게 적용하는 것이 필요하기 때문이다.

맺음말:
대학, 전문가 그리고 웰빙
(University, Professional and well-being)

우리는 이 책의 첫머리에서 "대학이란 무엇인가?"라는 첫 번째 문제를 가지고 논의를 시작했다. 그리고 그 물음에 대해 "대학은 세계를 탐구하는 역할을 가진다"는 나름의 정의를 도출했다. 물론, 우리가 여기에서 도출한 대학에 대한 정의는 충분하지도 않을뿐더러 유일한 것은 아닐 것이다. 하지만 그것은 대학을 직업훈련소 정도로 인식하는 최근의 받아들이기 불편한 관점에 대한 비판적 자세를 보여주기에는 부족함이 없는 듯하다. 그 논의를 시작으로 우리는 이 책에서 다루고 있는 다양한 주제와 문제를 분석하고 평가하기 위한 사고 과정의 틀과 도구에 대해 간략히 살펴보았다. 그것은 의사를 포함하는 보건의료 전문 영역에 관련된 문제들을 고찰하기 위한 준비였다. 마지막으로 우리는 마련된 그 사고 도구를 가지고 전문직업성, 의료자원분배, 동물실험 등과 같은 보건의료 영역의 중요한 문제들을 비판적으로 분석하고 평가했다.

이 책의 시작을 한 가지 문제와 그것에 대한 나름의 답변으로 시작했듯이 이 책의 끝도 한 가지 문제와 그것에 대한 가능한 답변으로 마무리하는 것이 좋을 것 같다. "대학, 전문가 그리고 웰빙"이라는 세 단어를 매개하고 연결하여 의미를 갖는 진술문을 만든다면 무엇을 떠올릴 수 있을까? 다양한 답변이 가능하겠지만, 아마도 가장 쉽게 떠올릴 수 있는 가능한 답변은 다음과 같은 것일 수 있다.

"좋은 대학에 입학하여 최고의 전문가가 되면 웰빙한 삶을 살 수 있다."

이러한 답변은 언뜻 보기에 그럴듯할뿐더러 듣기에 익숙하기까지 하다. 하지만 우리가 이미 짐작하듯이 그와 같은 답변을 비판적인 반성 과정 없이 받아들이기에는 문제가 있는 듯이 보일 뿐만 아니라 답하기 어려운 더 많은 문제를 낳는 것 같다. 우선, 그 진술문을 옹호하기 위해서는 "좋은 대학, 최고의 전문가 그리고 웰빙한 삶"이 무엇인지에 대한 각각의 논의가 앞서 이루어져야 할 것이다. 다음으로 그 진술문에 드러나는 세 용어의 관계적 연결로부터 이끌어지는 의미가 받아들일 만한 것인지에 대한 폭넓고 깊은 논의 또한 함께 이루어져야 할 것이다. 대학 또는 좋은 대학에 관한 한 가지 가능한 답변은 앞선 논의를 길잡이 삼아 얻을 수 있을 것이기 때문에 여기서는 더 논의하지 않아도 될 것 같다. 그렇다면, 우리에게 남은 일은 '전문가'와 '웰빙'에 관한 통념을 분석하고 비판하는 문제가 될 것이다.

1. 전문가에게 요구되는 근본적인 물음들

우리는 어떤 사람들 또는 집단을 전문가 또는 전문가 집단이라고 부르는가? 다양한 직종을 떠올릴 수 있지만, 대표적인 전문가 집단은 변호사와 같이 법을 다루는 법률 전문가, 회계사, 경제 분석가, 전문 경영인과 같이 재화의 생산과 소비 그리고 흐름을 탐구하는 경제 및 경영 전문가, 그리고 의사와 같이 환자의 질병을 치료하고 치유하는 보건의료 전문가라고 할 수 있을 것이다. 법률, 경제 및 경영 그리고 의료와 의학은 다른 영역과 직종의 전문가에 비해 우리의 삶에 더 직접적이고 폭넓게 영향을 줄 뿐만 아니라 어떤 측면에서는 우리의 삶으로부터 떨어뜨려 생각할 수 없기 때문이다. 적어도 우리의 경우는 그렇다고 말할 수 있을 것이다. 만일 그렇다면, 이와 같은 전문 영역 또는 전문가 집단에게 요구되는 근본적인 물음은 무엇일까? 우리는 (적어도 아직까지는) 각 영역에 대한 전문가도 아닐뿐더러 그 분야에 대한 전문적 지식을 충분히 갖고 있지 않을 수도 있다. 하지만 우리가 그 분야의 전문적 지식이 충분하지 않거나 전문가가 아니라는 것이 그 분야에 대한 중요한 문제를 제기하거나 탐구할 수 없다는 것을 의미하지는 않는다. 따라서 우리가 여기서 "비전문가의 입장"에서 일반적으로 제기해볼 수 있는 문제들이 무엇인지를 생각해보는 것은 의미가 있다. 간략히 말해서, 우리는 법의 영역에 대해 우리의 삶과 생활을 규율하는 그 법이 공정하고 정의로운 것인지에 대해 생각할 수 있다. 만일 그 법이 내용적으로 공정하고 정의로운 것이라면, 다음으로 그 법이 모든 시민을 위해 올바른 방식으로 적용되고 있는지에 대해서도 문제를 제기해볼 수 있다. 경제 영역도 사정은 마찬가지다. 예컨대, 우리는 정당한 노동의 대가를 받고 있는지 또는 사회에서 생산된 재화는 공정한 방식으로 분배되고 있는지 등에 대한 깊이 있는 논의를 해야 할 필요가 있다. 그리고 아마도 법과 경제 영역에서 깊이 있게 탐구되고 논의되어야 할 것들은 이것들 말고도 무수히 많을 것이다.

우리가 이 책을 통해 중점적으로 다루었던 것들은 주로 의학과 의료에 관련된 것들이었다. 따라서 의학과 의료 영역에서 비전문가로서 제기할 수 있는 일반적이고 상식적인 문제들은 좀 더 살펴보는 것이 좋을 것 같다. 세상만사 모든 일이 그렇듯이 의학에 몸담고 있는 의사와 같은 전문가들도 다양한 역량과 속성을 가지고 있을 수 있다. 예컨대, (조금 과장되게 말해서) 어떤 의사는 정확하고 효과적인 수술을 수행하기 위해 환자를 뼈와 살로 이루어진 해부학적 대상으로 볼 수도 있다. 다른 의과학자는 인간에게 발생할 수 있는 질병을 탐구하고 발견하기 위해 인간을 세포와 유전자로 구성된 물질로 파악할 수도 있다. 그들의 그러한 태도와 자세는 현재 고통 받고 있는 환자를 치료하고 가장 효과적인 방식으로 치유하기 위해 또는 인간이 앞으로 겪게 될 수도 있는 질병을 미연에 방지하기 위해서일 것이라고 생각해볼 수 있다. 아마도 우리가 상상할 수 있는 가장 좋지 않은 상황 중 하나는 의사나 의과학자가 환자나 사람을 그저 바코드가 찍힌 물질이나 대상으로 바라보는 것일 수 있다. 그들은 환자나 인간을 그저 돈을 벌기 위한 수단으로 여길 것이라고 상상할 수 있기 때문이다.

하지만 우리는 인간을 해부학적 대상으로 또는 세포와 유전자의 조합으로 바라보는 태도와 자세에 대해서도 어떤 문제를 제기할 수 있는 듯이 보인다. 비록 그러한 태도와 자세가 환자의 고통을 해소하고 인간이 겪을 수 있는 질병에 미리 대처하기 위한 것이라고 하더라도 말이다. (철저하게 환자의 입장에서만 생각한다면) 그 이유는 이렇다. 환자가 현재 겪고 있는 고통은 올곧이 환자 자신의 것이다. 예컨대, 당신은 어찌하다가 손톱 밑에 아주 작은 가시가 박혀 고통스러워하는 연희를 만났다고 하자. 연희는 당신에게 (눈으로 확인도 잘 되지 않는) 손톱 밑에 박힌 가시 때문에 초래된 고통을 호소하고, 당신은 그녀의 고통에 공감하며 어떤 방식으로든 달래주려 할 수 있다. 그런데 당신은 연희가 현재 겪고 있는 고통이 어느 정도인지 정확히 알 수 있는가? 우리가 말할 수 있는 것은 (과거에 가시 때문에 고통을 느꼈던 경험에 의존하여) "대략 이러저러한 정도의 통증"이 있을 것이라고 미루어 짐작하는 정도에 불과할 것이다. 달리 말해서, 당신은 자신이 겪었던 경험에 의존하여 연희의 고통 정도를 예측할 수 있을 뿐이다. 우리는 타인의 몸에서 일어나고 있는 고통과 아픔을 완전히 이해할 수도 느낄 수도 없다. 만일 그렇다면, 비록 환자 또는 사람을 살과 뼈로 이루어진 해부학적 대상으로 여기는 의사가 성공적으로 수술을 함으로써 결과적으로 그 환자의 고통을 경감시키거나 제거했다고 하더라도 그 의사의 관심사에는 그 환자가 현재 겪고 있는 고통의 정도와 질은 없을 수 있다.

사람을 세포와 유전자로 구성된 물질로 파악하는 경우는 문제가 더 심각할 수 있다. 예컨대, 우리가 (현재와 미래의 건강 상태 등을 알기 위해) 지섭의 완전한 유전자 지도를 얻었다고 하자. 우리는 그 유전자 지도를 들여다봄으로써 지섭을 잘 이해할 수 있는가? 말하자면, 우리는 지섭의 완전한 유전자 지도를 통해 그의 "성격과 특성" 그리고 "성향과 감정" 등을 알 수 있을까? 아마도 우리가 지섭의 유전자 지도를 아무리 면밀히 들여다보고 분석한다고 하더라도 그러한 것들을 알 수는 없을 것이다. 우리가 오류를 저지르지 않고 말할 수 있는 것은 기껏해야 "유전자 정보에 따르면 (생물학적으로) 이러저러하다" 정도일 것이다. 거기에는 (지섭의 생물학적 정보를 제외하고) 그의 인격(personality)과 정체성(identity)을 파악할 수 있는 그 어떠한 정보도 없다. 게다가 우리는 다음과 같은 상상을 해볼 수도 있다. 예컨대, 당신이 유전자를 연구하는 의생명과학자라고 하자. 그리고 당신은 완전하게 일치하는 두 개의 유전자 지도 A와 B를 보고 있다고 하자. 만일 그렇다면, 당신은 (아마도) A와 B가 동일한 개체라고 추론할 것이다. (적어도) 미시적인 차원에서 A와 B의 유전자 정보는 완전히 일치하기 때문이다. 하지만 만일 A(또는 B)가 발달한 생명복제 기술에 의해 B(또는 A)를 완전히 동일하게 복제한 것이라면 어떤가? A와 B는 동일한 개체인가, 다른 개체인가? 오늘날과 같이 생명과학과 유전학이 놀랍도록 발달하고 있는 세계에서 이러한 이야기는 결코 낯선 것이 아니다.

지금까지의 이야기를 정리하면 이렇다. 인간을 물질의 값을 매긴 바코드로 인식하는 것뿐만 아니라 해부학적 대상이나 유전자의 조합으로 보는 관점에도 정작 "사람 그 자체"에 대한 고민과 숙고는 없을 수 있다는 것이다. 그런데 우리는 "의술은 곧 인술"이라는 말을 통해 의학과 의료를 이해하곤 한다. 만일 그러한 통상적인 관념이 일반적으로 수용할 수 있는 것이라면, 우리는 "사람 그 자체"를 제거한 의학과 의술에 대해 생각할 수 없을 것이다.

2. 'well-bing'인가, 'being'인가?

언제부터인가 우리의 삶과 생활에서 '웰빙(well-bing)'이라는 용어는 일종의 꾸밈말처럼 사용되고 있는 듯이 보인다. 예컨대, 웰빙은 웰빙 음식, 웰빙족, 웰빙 클럽, 웰빙 하우스 등과 같이 우리가 일상에서 접하는 거의 모든 대상에 대해 사용되고 있는 것 같다. 우리는 이러한 말을 통해 웰빙을 그저 '좋은' 또는 '훌륭한' 정도의 의미로 이해하는 듯하다. 말하자면, 우리는 '웰빙 음식'은 '좋은 음식'으로 '웰빙 하우스'는 '훌륭한 집' 정도로 받아들인다. 그런데 웰빙은 통상 사전적인 의미로는 "육체적·정신적 건강의 조화를 통해 행복하고 아름다운 삶을 추구하는 삶의 유형이나 문화를 통틀어 일컫는 개념"을 말한다. 또한 웰빙은 사회적으로는 미국과 유럽의 중산층이 "고도화된 산업화 사회에서 물질적인 풍요가 아닌 정신적인 풍요와 행복 그리고 자기만족을 삶의 중요한 가치로 삼는 일련의 행동 방식의 변화"라고 알려져 있다. 웰빙에 대한 이와 같은 의미와 접근법은 그리스어 에우다이모니아(Eudaimonia)에 대한 철학적인 해석을 통해 더 잘 확인할 수 있다. 에우다이모니아는 일반적으로 '행복' 또는 '풍요'로 번역되곤 한다. 하지만 에우다이모니아는 (겉으로 보이는) 행복이나 풍요만을 가리키는 것이 결코 아니다. 그것은 사람의 "충족적인 완전하고 온전한 삶"을 의미한다. 이러한 해석을 따를 경우, 에우다이모니아는

'잘 사는 것'으로 해석할 수도 있다. 그리고 여기서 '잘 사는 것'은 겉으로 보이는 풍요나 이기적인 차원의 행복을 추구하는 것만을 의미할 수 없다는 것 또한 분명한 듯이 보인다. 예컨대, 우리는 어떤 경우에는 '잘 살기' 위해 현실적인 또는 이기적인 '풍요'나 '행복'을 포기할 수 있기 때문이다. 만일 웰빙에 대한 이러한 설명이 옳다면, 우리가 웰빙을 그저 "몸 또는 건강에 좋은" 정도의 의미로 받아들이는 것은 웰빙의 폭넓고 다양한 개념에서 단지 물질적(또는 육체적)인 측면만을 강조한 것이라고 할 수 있다. 게다가 오히려 웰빙에서 더 중요한 것은 (앞서 살펴본 웰빙의 사전적, 사회적 그리고 철학적 의미에서 알 수 있듯이) 행복과 자기만족 같은 '정신적'인 측면이다.

다음으로 웰빙에 대해 (의학적 차원에서) 생각해볼 수 있는 상식적인 문제는 이렇다. (영어 단어) 'well-being'은 부사 'well'과 명사 'being'이 결합된 합성어다. 그리고 'well'은 우리말로 '잘(또는 훌륭히)', 'being'은 '있음(또는 존재)'을 의미한다. 만일 그렇다면, 웰빙을 문자 그대로 우리말로 옮긴다면 "잘 있음"이 될 것이다. 만일 이러한 해석을 받아들일 수 있다면, 웰빙(well-being)에서 '잘(또는 훌륭히)'과 '있음(또는 존재)' 중에서 더 근본적이고 기초적인 것은 무엇인가? 아마도 전자가 아닌 후자라고 생각하는 것이 자연스러울 것이다. 간략히 말해서, '잘 있기' 위해서는 우선 '있어야' 하기 때문이다. 덧붙여 말하자면, 있지 않는 것 (또는 존재하지 않는 것)에 대해 '잘 또는 훌륭한(나쁜 또는 훌륭하지 않은)'과 같은 가치를 부여하는 것은 언뜻 보기에도 이상하다. 이러한 해석을 따를 경우, 통상 (우리말) '인간'이 (영어 단어) 'human being'을 옮긴 것을 고려했을 때 '인간으로서 잘 있는' 것에 앞서 '인간으로서 있는 것'에 대한 고민과 숙고가 요구된다고 할 수 있다. 달리 말하면, "인간 또는 사람 그 자체"에 대한 고찰과 탐구가 이루어져야 한다는 것이다.

그런데 웰빙에 대한 이와 같은 해석을 따를 경우, 의학은 답하기 매우 어려운 곤란한 문제에 마주하게 되는 것 같다. 의학은 'well-being'을 추구하는가, 'being'을 지향하는가? 지금까지의 논의에 따를 경우 의학은 사람의 생명을 살린다는 측면에서 '있음(존재)'을 추구한다고 생각하기 쉽다. 게다가 우리가 의학과 의료에서 목격하는 가장 '극적인' 장면이 훌륭한 의술로 목숨이 경각에 달린 사람의 생명을 구하는 모습이라는 점을 염두에 둔다면 의학의 1차적인 소명은 '있음(존재)'에 있다고 여길 수도 있다. 또한 과학기술의 발달에 발맞춰온 의학과 의학기술의 발달은 예전 같으면 살릴 수 없었던 수많은 생명을 구하는 데 있어 매우 성공하고 있는 듯이 보인다. 하지만 그렇다고 하여 의학의 1차적인 소명이 "있음(존재)", 즉 사람이 (어떻게든) 살아있게 하는 데 있다고 보는 것에는 문제가 있는 것 같다. 그 문제를 파악하는 것은 안락사나 낙태 같은 생명의료윤리의 중요한 문제를 떠올리는 것만으로도 충분할 것이다. 또한 어떤 사건이 '극적'이라는 것은 곧 그 사건이 자주 일어나는 일도 아닐뿐더러 통상적이지도 않다는 것을 함축할 수도 있다. 우리가 일상에서 실제로 자주 접하는 의학과 의료는 목숨이 경각에 달린 사람을 극적으로 살려내는 장면이 아니다. 우리는 '감기 때문에, 극심한 두통 때문에, 소화불량 때문에, …… 골절 때문에' 등과 같이 (어떤 측면에서) 생명과 직접적으로 맞닿아 있지 않은 문제들로 의학과 의료를 경험한다. 그리고 그러한 경험 사례들은 '있음'이 아닌 '잘 있음'에 더 깊은 관련을 맺고 있는 것 같다. 게다가 의학의 본질적인 일이 사람의 건강을 유지하고 보존하며 개선하는 데 있다고 본다면 의학의 1차적 소명은 '잘 있음', 즉 사람이 건강하게 있게 하는 데 있다고 보는 것이 나을 듯하다.

하지만 이미 짐작했듯이, 의학의 1차적인 소명이 '있음'에 있는가 또는 '잘 있음'에 있는가를 따지는 논쟁은 잘못된 문제 제기일 수도 있다. 의학은 그 둘 모두를 중요한 1차적 소명으로 삼고 있다고 볼 수 있기 때문이다. 오히려 더 중요한 것은 그러한 의학의 중요한 두 소명이 충돌할 경우 그것을 어떻게 해소하고 화해시킬 것인가에 대한 끊임없는 반성과 고민일 수 있다.

참고문헌

권복규, 「한국 의과대학과 대학병원에서의 의학전문직업성의 의미」, 『J Korean Med Assoc.』 2011 November; 54(11)

김광수, 『논리와 비판적 사고』, 철학과현실사, 2007

게르트 기거렌처, 『숫자에 속아 위험한 선택을 하는 사람들』, 전우현 · 황승식 역, 살림, 2002

던컨 J. 와츠, 『상식의 배반』, 정지인 역, 생각연구소, 2011

데카르트(Rene Descartes), 『방법서설(Discours de la methode)』, 이현복 역, 문예출판사, 1997

마이클 리프 & 미첼 콜드웰, 『세상을 바꾼 법정』, 금태섭 역, 궁리, 2006

박이문, 『과학철학이란 무엇인가』, 민음사, 1995

빅토르 마이어 쉔버거, 케네스 쿠기어, 『빅 데이터가 만드는 세상』, 이지연 역, 21세기북스, 2013

리사 샌더스, 『위대한 그러나 위험한 진단』, 장성준 역, 랜덤하우스, 2009

새킷, 데이비드(Sackett, David L.) 외 4인, 『근거중심의학』, 안형식 외 3인 역, 아카데미아, 2004

세계의학연맹[WFME(World Federation for Medical Education)] Task Force Report, Copenhagen, Denmark 2010

싱어, 피터(P. Singer), 『실천윤리학』, 철학과현실사, 1997

안덕선, 「한국의료에서 의학전문직업성의 발전 과정」, 『J Korean Med Assoc.』 2011 November; 54(11)

이좌용 · 홍지호, 『비판적 사고: 성숙한 이성으로의 길』, 성균관대학교출판부, 2015

임종식, 『생명의 시작과 끝』, 로뎀나무, 1999

전대석, 「전문직업성의 자율규제와 충심의 개념」, 『인문과학』 62집, 2016. 08

전대석 & 김용성, 「전문직 자율규제의 철학적 근거에 대한 탐구」, 『J Korean Med Assoc.』 2016. August (JKMA, 2016. 08)

전대석, 안덕선, 한재진 외, 「한국의 의사상 설정 연구」, 보건복지부 정책연구 보고서 2013

장하성, 『왜 분노해야 하는가』, 헤이북스, 2016

제롬 그루프먼, 『닥터스 씽킹(How Doctors Thinking)』, 이문희 역, 해냄, 2007

탁석산, 『흄의 인과론』, 서광사, 1998

코피, 어빙(Copy, E.), 『논리학 입문(10판)』, 박만준 외 역, 경문사

쿤트 헤거 지음, 『삽화로 보는 수술의 역사』, 김정미 역, 이룸, 2005

포퍼, 칼(Popper, Karl), 『추측과 논박』, 이한구 역, 민음사, 2001

피셔, 어네스트(Ficher, Ernst Peter), 『과학을 배반하는 과학』, 전대호 역, 해나무, 2007

해리스(C. E. Harris), 『도덕 이론을 현실문제에 적용시켜보면』, 김학택 & 박우현 역, 서광사, 2004

홍경남, 『과학기술과 사회윤리』, 철학과현실사, 2007

Axinn, Sidney, "Thought in Response to Fr. John C. Haughey on Loyalty in the Workplace", *Business Ethics Quareterly* 4. no. 3, 1994

Abel, R., 'The Politics of the Market for Legal Services', 1982, in Disney

———, J., Basten, J., Redmond, P., Ross, S. and Bell, K., *Lawyers*, 2nd, 1986, The Law Book Co., Melbourne

Borchert, D. M. (Chief Editor), *Encyclopedia of Philosophy*, 2nd edition, Macmillan Reference USA, Thomson Gale, Vol 4, 2006: "Holism and Individualism In History and Social Science"

Butler, J. Sermons. London, 1726. "Preface, I, and XI." *Ethical Egoism Encyclopedia of Philosophy* 362, 2nd edition.

Chamberlain, John Martyn, *The Sociology of Medical Regulation*, Springer

Dancy, Jonathan, *An Introduction to Contemporary Epistemology*, Blackwell, 1985

Davis, Michael, "Some Paradoxes of Whistleblowing", *Business and Professional Ethics Journal* 15, no.1, 1996

Davidson, Donald, *Essays on Action and Event*, Oxford Univ. Press., 1963

Ducasse, C. J. *Causation and Type of Necessity*, New York, Dover, 1969

Dunfee, Thomas W. & Donaldson, Thomas, "Social Contract approach to business ethics: bridging to 'is-ought' gap.", *A Companion to Business Ethics*, Blackwell, 2007

Felten, Eric, *Loyalty: The Vexing Virtue*, Simon & Schuster, 2012

Fletcher, George, *Loyalty: An Essay on the Morality of Relationship*, New York, Oxford Univ. 1993

Frankena, W. K., *Ethics*, Prentice-Hall, Inc., Englewood Cliffs, New Jersey, 1973

Frederick, Robert E., *A Companion to Business Ethics*, Blackwell, 2003

Gaus, Gerald, Courtland, Shane D. and Schmidtz, David, "Liberalism", *The Stanford Encyclopedia of Philosophy* (Spring 2015 Edition), Edward N. Zalta (ed.).

George J. Annas & Michael A. Grodin, *Nazi Doctors and The Nuremberg Code: Human Right in Human Experimentation*, Oxford Univ. Press, 1995

Griffin, James, *Well-Being: Its Meaning, Management, and Moral Importance*, Oxford: Clarendon Press. 1986

Habib, Allen, "Promises", *The Stanford Encyclopedia of Philosophy* (Spring 2014 Edition), Edward N. Zalta (ed.)

Hart, H. L. A., "Are There any Natural Right?", *Philosophical Review* 64, no.2, 1995

Hursthouse, Rosalind, "Virtue Ethics", *The Stanford Encyclopedia of Philosophy* (Fall 2013 Edition), Edward N. Zalta (ed.)

Kagan, Shelly, "The Limits of Well-Being", *Social Philosophy and Policy* 9, 1992

Kalin, J. "Two Kinds of Moral Reasoning: Ethical Egoism as a Moral Theory." *Canadian Journal of Philosophy* 5 (1975)

Kasar J & Clark NE. *Developing Professional Behaviors*, Slack Inc., 2000

Kleinig, John, *On Loyalty and Loyalties*, Oxford Univ. Press. 2013

McDowell, John, "Virtue and Reason", *Monist*, 62, 1979

Mill, J. S. *Utilitarianism*, New York: Liberal Arts Press, 1957

Ogus, Anthony, "Rethinking Self-Regulation", *Oxford Journal of Legal Studies*, Vol. 15, No. 1 (Spring, 1995)

Ramsey, Paul, *The Patient as Person: Explanation of Medical Ethics*, New York, Yale Univ. Press, 1970

Rand, A. *Virtue of Selfishness*. Toronto: Signet. 1961

Rawls, John, "Two Concepts of Rules", *Philosophical Review*, 1955

_____, "Legal Obligation and the Duty of Fair Play", in *Law and Philosophy*, S. Hook (ed.), New York: New York University Press, 1964

_____, *A Theory of Justice*, Cambridge, MA: Harvard University Press, 1999[1971]

_____, "Justice as Fairness: A Restatement" [JF], E. Kelly (ed.), Cambridge, MA: Harvard University Press, 2001

Rawls, J., ibid. p.351. Greenwalt, Kent, *Conflict of Law and Morality*, Oxford: Clarendon, 1987

Reiss, Julian & Sprenger, Jan, "Scientific Objectivity", *The Stanford Encyclopedia of*

Philosophy(2014 Edition), Edward N. Zalta (ed.)

Ross Cheit(1997), Albert Hirschman, "Exit, Voice and Loyalty",1997, *Loyalty in Public Service*, Cambridge Univ. Press, 1966, *Violence and Police Culture*, ed.

Rueschemeyer, D., *Lawyers and their Society: A Comparative Study of the Legal Profession in Germany and the United States*, Harvard University Press, Cambridge, Mass., 1973

Schultz, Donald, O. ed. *Critical Issues in Criminal Justice*, Springfield, IL, 1975

Stigler, J. George, "The theory of economic regulation", *Bell Journal of Economics and Management Science*, no. 3, 1971

Trisha Greenhalgh & Anna Donald, 『근거중심의학 워크북』, EBM연구회 역, 아카데미아, 2007

Tony Coady, Stephen James, *Seumas Miller and Michael O'Keefe*, Melbourne Univ. Press, 2000

Veatch, Robert, "Morals for Ethical Medicine in a Revolutionary Age", Hastings Center Report, 1972

Walter Glannon, "The Patient-Doctor Relationship", *Biomedical Ethics*, Oxford University Press, 2004

Williams, Bernad, *A critique of utilitarianism*, "3. Negative responsibility: and two example", in *An outline of a system of utilitarian ethics*, ed. by J. J. C. Smart, Cambridge Univ. Press, 1973

William Russel & Rex Burch, "The Principle of Humane Experimental Technique", 1959

Benjamin Franklin's objection: "If you eat one another, I don't see why we mayn't eat you." (from The Autobiography of Benjamin Franklin). http://www.humanedecisions.com/benjamin-franklin-said-eating-flesh-is-unprovoked-murder/

김상봉, 「학교 체벌에 대하여」, 경향신문, 2010.08.03. http://news.khan.co.kr/kh_news/khan_art_view.html?artid=201008032104235 & code=990000

장하준 칼럼, 「부자들의 기부만으론 부족하다」, 경향신문, 2011.09.06. http://news.khan.co.kr/kh_news/khan_art_view.html?artid=201109061905555 & code=990000

중산층 직장인 설문. http://blog.naver.com/aladinet/30183428535

OECD의 중산층 기준. http://naeko.tistory.com/1059

중위소득. https://namu.wiki/w/%EC%A4%91%EC%82%B0%EC%B8%B5

최은경 기자, 「논란의 한방 넥시아……」, 조선닷컴, 2016.01.29. http://news.chosun.com/site/data/html_dir/2016/01/29/2016012902597.html

윤구현(블로그), 「서울 다나의원 사건 정리」, http://liverkorea.tistory.com/257

메르스 사태 정리, 연합뉴스, 2015.11.25 기사 인용. http://www.yonhapnews.co.kr/bulletin/2015/11/25/0200000000AKR20151125012600017.HTML?input=1195m

최강열, 「왓슨 & 크릭」, 과학창의재단. http://navercast.naver.com/contents.nhn?rid=21 & contents_id=4378

「IBM 인공지능 왓슨」, 동아경제, 2016.03.17. http://economy.donga.com/List/ForeignIssue/3/all/20160317/77051527/2

조준형, 「일본 정보 공개」, 연합뉴스, 2016.04.10. http://media.daum.net/m/channel/view/media/20160410161441232